“十四五”时期国家重点出版物出版专项规划项目

大宗工业固体废弃物制备绿色建材技术研究丛书（第二辑）

循环流化床电厂燃煤灰渣建材资源化综合利用技术

李　军　卢忠远◎编著

中国建材工业出版社

北　京

图书在版编目（CIP）数据

循环流化床电厂燃煤灰渣建材资源化综合利用技术 / 李军，卢忠远编著．--北京：中国建材工业出版社，2024.1

（大宗工业固体废弃物制备绿色建材技术研究丛书 / 王栋民主编．第二辑）

ISBN 978-7-5160-3586-3

Ⅰ.①循… Ⅱ.①李… ②卢… Ⅲ.①电厂－循化流化床锅炉－粉煤灰－固体废物利用－研究 Ⅳ.①X773.05

中国版本图书馆 CIP 数据核字（2022）第 183562 号

循环流化床电厂燃煤灰渣建材资源化综合利用技术

XUNHUAN LIUHUACHUANG DIANCHANG RANMEI HUIZHA JIANCAI ZIYUANHUA ZONGHE LIYONG JISHU

李军　卢忠远 ◎ 编著

出版发行：中国建材工业出版社

地　　址：北京市海淀区三里河路 11 号

邮　　编：100831

经　　销：全国各地新华书店

印　　刷：北京印刷集团有限责任公司

开　　本：787mm × 1092mm　1/16

印　　张：23.25

字　　数：380 千字

版　　次：2024 年 1 月第 1 版

印　　次：2024 年 1 月第 1 次

定　　价：118.00 元

本社网址：www.jccbs.com，微信公众号：zgjcgycbs

《大宗工业固体废弃物制备绿色建材技术研究丛书》(第二辑)

编　委　会

院士推荐

RECOMMENDATION

我国有着优良的利废传统，早在中华人民共和国成立初期，聪明的国人就利用钢厂、玻璃厂、陶瓷厂等工业炉窑排放的烟道飞灰，替代一部分水泥生产混凝土。随着我国经济的高速发展，社会生活水平不断提高以及工业化进程逐渐加快，工业固体废弃物呈现了迅速增加的趋势，给环境和人类健康带来危害。我国政府工作报告曾提出，要加强固体废弃物和城市生活垃圾分类处置，促进减量化、无害化、资源化，这是国家对技术研究和工业生产领域提出的时代新要求。

中国建材工业出版社利用其专业优势和作者资源，组织国内固废利用领域学术团队编写《大宗工业固体废弃物制备绿色建材技术研究丛书》（第二辑），阐述如何利用钢渣、循环流化床燃煤灰渣、废弃石材等大宗工业固体废弃物，制备胶凝材料、混凝土掺和料、道路工程材料等建筑材料，推进资源节约，保护环境，符合国家可持续发展战略，是国内材料研究领域少有的引领性学术研究类丛书，希望这套丛书的出版可以得到国家的关注和支持。

中国工程院　姜德生院士

院士推荐

RECOMMENDATION

我国是人口大国，近年来基础设施建设发展快速，对胶凝材料、混凝土等各类建材的需求量巨大，天然砂石、天然石膏等自然资源因不断消耗而面临短缺，能部分替代自然资源的工业固体废弃物日益受到关注，某些区域工业废弃物甚至出现供不应求的现象。

中央全面深化改革委员会曾审议通过《“无废城市”建设试点工作方案》，这是党中央、国务院为打好污染防治攻坚战做出的重大改革部署。我国学术界有必要在固体废弃物资源化利用领域开展深入研究，并促进成果转化。但固体废弃物资源化是一个系统工程，涉及多种学科，受区域、政策等多重因素影响，需要依托社会各界的协同合作才能稳步前进。

中国建材工业出版社组织相关领域权威专家学者编写《大宗工业固体废弃物制备绿色建材技术研究丛书》（第二辑），讲述用固废作为原材料，加工制备绿色建筑材料的技术、工艺与产业化应用，有利于加速解决我国资源短缺与垃圾“围城”之间的矛盾，是值得国家重视的学术创新成果。

中国科学院　何满潮院士

丛书前言

PREFACE TO THE SERIES

《大宗工业固体废弃物制备绿色建材技术研究丛书》（第一辑）自出版以来，在学术界、技术界和工程产业界都获得了很好的反响，在作者和读者群中建立了桥梁和纽带，也加强了学者与企业家之间的联系，促进了产学研的发展与进步。作为专著丛书中一本书的作者和整套丛书的策划者以及丛书编委会的主任委员，我激动而忐忑。丛书（第一辑）全部获得了国家出版基金的资助出版，在图书出版领域也是一个很高的荣誉。缪昌文院士和张联盟院士为丛书作序，对于内容和方向给予极大肯定和引领；众多院士和学者担任丛书顾问和编委，为丛书选题和品质提供保障。

“固废与生态材料”作为一个事情的两个端口经过长达10年的努力已经越来越多地成为更多人的共识，这其中“大宗工业固废制备绿色建材”又绝对是其中的一个亮点。在丛书第一辑中，已就煤矸石、粉煤灰、建筑固废、尾矿、冶金渣在建材领域的各个方向的制备应用技术进行了专门的论述，这些论述进一步加深了人们对于物质科学的理解及对于地球资源循环转化规律的认识，为提升人们认识和改造世界提供新的思维方法和技术手段。

面对行业进一步高质量发展的需求以及作者和读者的一致呼唤，中国建材工业出版社联合中国硅酸盐学会固废与生态材料分会组织了《大宗工业固体废弃物制备绿色建材技术研究丛书》（第二辑），在第二辑即将出版之际，受出版社委托再为丛书写几句话，和读者交流一下，把第二辑的情况作个导引阅读。

第二辑共有8册，内容包括钢渣、矿渣、镍铁（锂）渣粉、循环流化床电厂燃煤灰渣、花岗岩石材固废等固废类别，产品类别包括地质聚合物、胶凝材料、泡沫混凝土、辅助性胶凝材料、管廊工程混凝土等。第二辑围绕上述大宗工业固体废弃物处置与资源化利用这一核心问题，在对其物相组成、结构特性、功能研究以及将其作为原材料制备节能环保建筑材料的研究开发及应用的基础上，编著成书。

中国科学院何满潮院士和中国工程院姜德生院士为丛书（第二辑）选题进行积极评价和推荐，为丛书增加了光彩；丛书（第二辑）入选“‘十四五’时期国家重点出版物环境科学出版专项规划项目”。

固废是物质循环过程的一个阶段，是材料科学体系的重要一环；固废是复杂的，是多元的，是极富挑战的。认识固废、研究固废、加工利用固废，推动固废资源进一步转化和利用，是材料工作者神圣而光荣的使命与责任，让我们携起手来为固废向绿色建材更好转化做出我们更好的创新型贡献！

王栋民

中国硅酸盐学会　常务理事

中国硅酸盐学会固废与生态材料分会　理事长

中国矿业大学（北京）　教授、博导

院士推荐
（第一辑）
RECOMMENDATION

大宗工业固体废弃物产生量远大于生活垃圾，是我国固体废弃物管理的重要对象。随着我国经济高速发展，社会生活水平不断提高以及工业化进程逐渐加快，大宗工业固体废弃物呈现了迅速增加的趋势。工业固体废弃物的污染具有隐蔽性、滞后性和持续性，给环境和人类健康带来巨大危害。对工业固体废弃物的妥善处置和综合利用已成为我国经济社会发展不可回避的重要环境问题之一。当然，随着科技的进步，我国大宗工业固体废弃物的综合利用量不断增加，综合利用和循环再生已成为工业固体废弃物的大势所趋，但近年来其综合利用率提升较慢，大宗工业固体废弃物仍有较大的综合利用潜力。

我国“十三五”规划纲要明确提出，牢固树立和贯彻落实创新、协调、绿色、开放、共享的新发展理念，坚持节约资源和保护环境的基本国策，推进资源节约集约利用，做好工业固体废弃物等大宗废弃物资源化利用。中国建材工业出版社协同中国硅酸盐学会固废与生态材料分会组织相关领域权威专家学者撰写《大宗工业固体废弃物制备绿色建材技术研究丛书》，阐述如何利用煤矸石、粉煤灰、冶金渣、尾矿、建筑废弃物等大宗固体废弃物来制备建筑材料的技术创新成果，适逢其时，很有价值。

本套丛书反映了建筑材料行业引领性研究的技术成果，符合国家绿色发展战略。祝贺丛书第一辑获得国家出版基金的资助，也很荣幸为丛书作推荐。希望这套丛书的出版，为我国大宗工业固废的利用起到积极的推动作用，造福国家与人民。

中国工程院　缪昌文院士

院士推荐
（第一辑）
RECOMMENDATION

习近平总书记多次强调，绿水青山就是金山银山。随着生态文明建设的深入推进和环保要求的不断提升，化废弃物为资源，变负担为财富，逐渐成为我国生态文明建设的迫切需求，绿色发展观念不断深入人心。

建材工业是我国国民经济发展的支柱型基础产业之一，也是发展循环经济、开展资源综合利用的重点行业，对社会、经济和环境协调发展具有极其重要的作用。工业和信息化部发布的《建材工业发展规划（2016—2020年）》提出，要坚持绿色发展，加强节能减排和资源综合利用，大力发展循环经济、低碳经济，全面推进清洁生产，开发推广绿色建材，促进建材工业向绿色功能产业转变。

大宗工业固体废弃物产生量大，污染环境，影响生态发展，但也有良好的资源化再利用前景。中国建材工业出版社利用其专业优势，与中国硅酸盐学会固废与生态材料分会携手合作，在业内组织权威专家学者撰写了《大宗工业固体废弃物制备绿色建材技术研究丛书》。丛书第一辑阐述如何利用粉煤灰、煤矸石、尾矿、冶金渣及建筑废弃物等大宗工业固体废弃物制备路基材料、胶凝材料、砂石、墙体及保温材料等建材，变废为宝，节能低碳；第二辑介绍如何利用钢渣、矿渣、镍铁（锂）渣粉、循环流化床电厂燃煤灰渣、花岗岩石材固废等制备建筑材料的相关技术。丛书第一辑得到了国家出版基金资助，在此表示祝贺。

这套丛书的出版，对于推动我国建材工业的绿色发展、促进循环经济运行、快速构建可持续的生产方式具有重大意义，将在构建美丽中国的进程中发挥重要作用。

中国工程院　张联盟院士

丛书前言
(第一辑)
PREFACE TO THE SERIES

中国建材工业出版社联合中国硅酸盐学会固废与生态材料分会组织国内该领域专家撰写《大宗工业固体废弃物制备绿色建材技术研究丛书》，旨在系统总结我国学者在本领域长期积累和深入研究的成果，希望行业中人通过阅读这套丛书而对大宗工业固废建立全面的认识，从而促进采用大宗固废制备绿色建材整体化解决方案的形成。

固废与建材是两个独立的领域，但是却有着天然的、潜在的联系。首先，在数量级上有对等的关系：我国每年的固废排出量都在百亿吨级，而我国建材的生产消耗量也在百亿吨级；其次，在成分和功能上有对等的性能，其中无机组分可以谋求作替代原料，有机组分可以考虑作替代燃料；第三，制备绿色建筑材料已经被认为是固废特别是大宗工业固废利用最主要的方向和出路。

吴中伟院士是混凝土材料科学的开拓者和学术泰斗，被称为“混凝土材料科学一代宗师”。他在二十几年前提出的“水泥混凝土可持续发展”的理论，为我国水泥混凝土行业的发展指明了方向，也得到了国际上的广泛认可。现在的固废资源化利用，也是这一思想的延伸与发展，符合可持续发展理论，是环保、资源、材料的协同解决方案。水泥混凝土可持续发展的主要特点是少用天然材料、多用二次材料(固废材料)；固废资源化利用不能仅仅局限在水泥、混凝土材料行业，还需要着眼于矿井回填、生态修复等领域，它们都是一脉相承、不可分割的。可持续发展是人类社会至关重要的主题，固废资源化利用是功在当代、造福后人的千年大计。

2015年后，固废处理越来越受到重视，尤其是在党的十九大报告中，在论述生态文明建设时，特别强调了“加强固体废弃物和垃圾处置”。我国也先后提出“城市矿产”“无废城市”等概念，着力打造

"无废城市"。"无废城市"并不是没有固体废弃物产生，也不意味着固体废弃物能完全资源化利用，而是一种先进的城市管理理念，旨在最终实现整个城市固体废弃物产生量最小、资源化利用充分、处置安全的目标，需要长期探索与实践。

这套丛书特色鲜明，聚焦大宗固废制备绿色建材主题。第一辑涉猎煤矸石、粉煤灰、建筑固废、冶金渣、尾矿等固废及其在水泥和混凝土材料、路基材料、地质聚合物、矿井充填材料等方面的研究与应用。作者们在书中针对煤电固废、冶金渣、建筑固废和矿业固废在制备绿色建材中的原理、配方、技术、生产工艺、应用技术、典型工程案例等方面都进行了详细阐述，对行业中人的教学、科研、生产和应用具有重要和积极的参考价值。

这套丛书的编撰工作得到缪昌文院士、张联盟院士、彭苏萍院士、何满潮院士、欧阳世翕教授和晋占平教授等专家的大力支持，缪昌文院士和张联盟院士还专门为丛书做推荐，在此向以上专家表示衷心的感谢。丛书的编撰更是得到了国内一线科研工作者的大力支持，也向他们表示感谢。

《大宗工业固体废弃物制备绿色建材技术研究丛书》（第一辑）在出版之初即获得了国家出版基金的资助，这是一种荣誉，也是一个鞭策，促进我们的工作再接再厉，严格把关，出好每一本书，为行业服务。

我们的理想和奋斗目标是：让世间无废，让中国更美！

王栋民

中国硅酸盐学会　常务理事

中国硅酸盐学会固废与生态材料分会　理事长

中国矿业大学（北京）　教授、博导

目录

CONTENTS

1 绪论 …… 1

1.1 循环流化床锅炉燃煤灰渣产生 …… 1

1.2 循环流化床锅炉燃煤灰渣处理处置现状 …… 2

1.3 循环流化床燃煤灰渣建材资源化挑战 …… 3

2 循环流化床锅炉燃煤灰渣特性及加工改性 …… 5

2.1 循环流化床锅炉燃煤灰渣基本物化性能 …… 5

2.2 循环流化床锅炉燃煤灰渣特性 …… 12

2.3 循环流化床锅炉燃煤灰渣加工改性 …… 19

2.4 小结 …… 32

3 循环流化床锅炉燃煤灰渣基辅助性胶凝材料 …… 33

3.1 循环流化床锅炉固硫灰渣水泥混合材及缓凝剂 …… 33

3.2 固硫灰渣矿物掺合料 …… 42

3.3 固硫灰渣基复合矿物掺合料 …… 46

3.4 小结 …… 80

4 循环流化床锅炉燃煤灰渣制备特种水泥技术 …… 82

4.1 配料计算 …… 82

4.2 水泥熟料试制 …… 85

4.3 固硫灰渣特种水泥熟料制备技术优化 …… 95

4.4 固硫灰渣特种水泥制备及性能 …… 103

4.5 小结 …… 110

5　循环流化床锅炉燃煤灰渣道路工程材料应用技术 ………… 112
5.1　固硫灰渣路面基层材料应用技术 …………………………… 114
5.2　固硫灰渣路面面层混凝土应用技术 ………………………… 141
5.3　固硫灰渣沥青混凝土面层应用技术 ………………………… 146
6　循环流化床锅炉燃煤灰渣新型墙体材料应用技术 ………… 174
6.1　固硫灰渣加气混凝土 ………………………………………… 174
6.2　固硫灰渣泡沫混凝土 ………………………………………… 194
6.3　小结 …………………………………………………………… 224
7　循环流化床锅炉燃煤灰渣膨胀性利用技术 ………………… 225
7.1　固硫灰渣基膨胀剂制备及应用技术 ………………………… 225
7.2　固硫灰渣基无机灌浆材料 …………………………………… 232
7.3　固硫灰渣制备砌筑砂浆技术 ………………………………… 252
7.4　固硫灰渣制备自流平砂浆技术 ……………………………… 257
7.5　固硫灰渣制备活性粉末混凝土（RPC） …………………… 279
7.6　小结 …………………………………………………………… 304
8　循环流化床锅炉燃煤灰渣聚合物填料应用技术 …………… 305
8.1　固硫灰渣改性 ………………………………………………… 305
8.2　固硫灰在 PP 中的应用研究 ………………………………… 319
8.3　固硫灰在 EPDM 中的应用研究 ……………………………… 327
8.4　固硫灰在 PP/EPDM 中的应用研究 ………………………… 334
8.5　小结 …………………………………………………………… 339
9　展望 …………………………………………………………… 341
参考文献 ………………………………………………………… 342
致谢 ……………………………………………………………… 353

1 绪论

长期以来，我国的电力供应以煤电为主，截至 2019 年底，全国火电装机容量 20 亿 kW（国家能源局网站），在我国能源结构中占 70%（2019 年国家统计公报）。循环流化床锅炉燃煤发电技术被认为是清洁燃煤发电技术，其具有燃烧温度低、效率高、炉内脱硫、SO_2 和 NO_x 排放量低、可燃烧低热值高硫煤等优点，在国家节能减排的大形势下，该类型锅炉燃煤发电技术受到越来越多的青睐。截至 2018 年底，我国已投产 100MW（410t/h）及以上等级循环流化床 CFB 锅炉 440 台，总装机容量超过 82.3GW。2020 年 5 月，世界首台 660MW 循环流化床机组在山西中煤平朔并网发电。目前，我国已成为世界上循环流化床锅炉台数最多、单台装机容量和总装机容量最大、发展速度最快的国家。

循环流化床锅炉燃煤发电技术的飞速发展，极大地带动了高硫劣质煤以及煤矸石等低热值煤的高质高效利用，实现了燃煤发电行业大气污染物的超低排放。尽管如此，循环流化床锅炉燃煤固体污染物——循环流化床锅炉燃煤灰渣，尚未得到有效治理和规模化综合利用，这已经成为电力行业的痼疾。

1.1 循环流化床锅炉燃煤灰渣产生

循环流化床锅炉燃烧温度为 850～950℃，燃烧过程中进行炉内固硫反应，反应过程主要包括石灰石（固硫剂）煅烧分解、硫化物氧化反应和氧化钙吸收 SO_2，反应方程式如下：

$$CaCO_3 \longrightarrow CaO + CO_2 \uparrow \tag{1-1}$$

$$\text{硫化物} \longrightarrow SO_2 \tag{1-2}$$

$$CaO + SO_2 + 1/2O_2 \longrightarrow CaSO_4 \tag{1-3}$$

如式（1-1）～式（1-3）所示，循环流化床锅炉在燃烧过程中加入固硫剂（主要为石灰石），固硫剂在炉内（850～950℃）受热分解产生高活性 CaO，高活性 CaO 与燃料燃烧释放的 SO_2 发生反应，形成 $CaSO_4$ 黏附在颗粒表面或堵塞孔隙，固硫产物随燃煤飞灰或底渣排出，形成循环流化床锅炉燃煤灰渣（或称之为“固硫灰渣”）。根据收集方式的不同可分为固硫灰和固硫渣：经烟道收集的飞灰称之为固硫灰，而从炉底收集的底渣称之为固硫渣。固硫灰大多由小于 0.5mm 的细颗粒组成，由于流化床内高速气流很快经过沸腾段、悬浮段到达流化床锅炉尾部，故固硫灰在炉内停留时间比较短；固硫渣则是较粗的煤粒和固硫剂在沸腾段内燃烧脱硫反应的产物，其密度较大，故多逐渐层积在炉床面上，在炉内停留的时间长，受热温度也较高。

根据生态环境部 2019 年 12 月发布的《2019 年全国大、中城市固体废物污染环境防治年报》，2018 年我国粉煤灰年产量约为 5.3 亿 t，其综合利用率达到 75%，长年累月积累使得粉煤灰余量较高，目前总堆积量已达 20 亿 t。基于上述对循环流化床锅炉燃煤煤质特点、燃烧过程和炉内脱硫过程分析，相比于普通煤粉炉粉煤灰及底渣，循环流化床锅炉燃煤灰渣排放量更高。以循环流化床锅炉总装机容量估算，循环流化床燃煤灰渣（固硫灰渣）年排放量估计达 2 亿 t 以上，而其综合利用率远远低于普通煤粉炉粉煤灰和底渣，这也将使其继尾矿、粉煤灰之后，成为第三类大宗工业固体废弃物。循环流化床锅炉燃煤灰渣资源化综合利用迫在眉睫。

1.2 循环流化床锅炉燃煤灰渣处理处置现状

国内外针对普通煤粉炉粉煤灰和底渣组成、结构、特性研究有接近百年的历史，其资源化特别是在建筑材料中的综合利用技术较为成熟。而循环流化床锅炉燃煤出现时间较晚、早期排放量较少，燃煤发电和建材行业对它们的认识也十分有限，因此，其目前仍以堆存处置或简单回填为主。

循环流化床锅炉燃煤发电（或制蒸汽）技术在国外发展较早，20 世纪已出现循环流化床锅炉燃煤灰渣特性和综合利用的研究报道。美国年排放固硫灰约 120 万 t，主要用于煤矿回填；加拿大年排放固硫灰 13 万 t 左右，基本上没有得到应用；欧洲年排放固硫灰 100 万 t 左右，主要用于建筑工业回填，少量用于土壤修复、路基材料和水泥生产；波兰 Turow 电厂年排放固硫灰 100 万 t，绝大部分用于回填电厂附近的露天褐煤矿井，少量应用于混凝土中。当前，国外发达国家火电萎缩，包括循环流化床锅炉燃煤灰渣在内的煤灰和煤渣均逐年减少，燃煤灰渣资源化利用并没有引起太大关注，其处理处置主要为堆存、简单回填和废弃物稳定等方面，进一步的深加工和资源化利用几乎还是空白。

20 世纪 90 年代中后期，选用小型循环流化床锅炉燃用低质燃料的化工企业发现所产生的燃煤灰渣不同于传统煤粉炉的燃煤灰渣，既不能作为F类粉煤灰，也不能作为C类粉煤灰，但因此时固硫灰渣产生量小，其处理处置并未得到重视。2003年，四川白马循环流化床示范电站有限责任公司（四川内江白马）300MW循环流化床燃煤发电机组国家示范工程开建，并于2006年正式投入商业运行。随后，循环流化床燃煤发电技术开始在全国推广应用；2013年我国自主研发的世界首台600MW超临界循环流化床发电机组在内江投入运行。以四川内江白马循环流化床电厂为例，300MW燃煤发电机组正式运行后，年排放固硫灰渣40万~80万t（固硫灰20万~45万t，固硫渣20万~35万t）。该时期，固硫灰渣多按照传统煤粉炉粉煤灰来利用，主要用于水泥、混凝土和墙材生产，但由于颜色、成分波动性等问题，水泥和混凝土工业并不接受。而以固硫灰渣为原料生产的免烧免蒸压砖/砌块则出现了大规模膨胀开裂问题，固硫灰渣建材应用被叫停，其只能建设灰坝堆存。随着循环流化床锅炉燃煤发电技术的快速发展，固硫灰渣排放量逐年增多，从业者开始关注固硫灰渣的特性及其应用技术开发。这一时期，固硫灰渣的基本特性开始被逐步认识，其应用研究主要集中在用作水泥生产原料、混凝土的矿物掺合料、膨胀剂的制备、土壤固化剂以及化学肥料等几个方面。尽管如此，目前我国仍没有专门机构对固硫灰渣进行系统调查和分类统计，固硫灰渣也没有相应的标准、应用技术规范规定，这使其综合利用举步维艰。

1.3 循环流化床燃煤灰渣建材资源化挑战

建筑材料是大宗固体废弃物最主要的消纳和资源化利用途径，但固体废弃物建材资源化的前提是其不能危害建筑或建筑材料性能和功能。传统粉煤灰、矿渣等大宗工业固体废弃物直接作为建筑材料或用于建筑材料的制备均经过了数十年的基础研究、应用研究和工程验证。而对于固硫灰渣这种新生燃煤固废，组成、结构和性能等特异性为其建材资源化带来了极大的挑战：

（1）循环流化床锅炉燃煤灰渣未能与粉煤灰区分，由于两者同为火电厂排放燃煤灰渣，部分企业在使用时仍将循环流化床锅炉燃煤灰渣作为粉煤灰使用，而没有注意燃煤锅炉灰渣产生和排放工艺的差异；

（2）缺乏针对循环流化床锅炉燃煤灰渣的相关标准，其标准和应用技术规范尚属空白；

（3）对固硫灰自身特性及其对建筑材料影响的研究报道关注较少，行业领域仍以传统眼光看待该固废；

（4）电力行业和建材行业存在信息交换壁垒，循环流化床锅炉燃煤灰渣工程示范和应用案例较少。

针对于此，本书对循环流化床锅炉燃煤灰渣组成、结构和特性进行全面分析讨论，并针对其加工改性和应用关键技术问题提出解决方案，从而指导其建材资源化工业规模高质高效利用。

2 循环流化床锅炉燃煤灰渣特性及加工改性

明晰循环流化床燃煤灰渣（固硫灰渣）组成、结构，阐明其物理化学特性产生原理，是其建材资源化利用的理论基础。本章选取国内有代表性的几种循环流化床锅炉燃煤灰渣，重点分析灰渣的化学组成、矿物组成，由此揭示其组成、结构与特性的关系，进而明确其对建筑材料性能的影响，并提出针对性的加工改性技术。

2.1 循环流化床锅炉燃煤灰渣基本物化性能

2.1.1 灰渣形态

固硫灰为循环流化床锅炉烟道中收集到的飞灰，粒度较小（图2-1），与普通煤粉炉粉煤灰粒度接近，不同在于循环流化床锅炉固硫灰宏观呈红色或暗红色，而粉煤灰多为灰白色或灰黑色。固硫渣为循环流化床锅炉底部排出的灰渣，多数呈灰白色，少数偏暗红色，粒度较大（图2-2）；炉底渣外观特征与日常所见燃煤底渣近似。

颜色是区分循环流化床锅炉固硫灰和普通煤粉炉粉煤灰的最直观特征。一方面，循环流化床锅炉一般以高硫劣质煤或低热值煤矸石为主要原料，高硫煤中的硫多与铁以硫铁矿的形式共生，而煤矸石则存在较多的黏土矿物，故循环流化床锅炉固硫灰中铁含量较高；另一方面，循环流化床锅炉燃烧温度低，硫铁矿或黏土矿物分解产生的含铁矿物以赤铁矿（Fe_2O_3）为主，这不同于煤粉炉粉煤灰，粉煤灰中铁主要赋存于玻璃相中，而未以着色能力强的赤铁矿形式存在。以上原因使得循环流化床锅炉固硫灰宏观表现为红色。但是近年来，部分循环流化床锅炉燃料中优质煤或低铁煤矸石配比增加，这使得固硫灰中铁组分和赤铁矿减少，也使得其颜色趋向于灰白色，与普通煤粉炉粉煤灰外观差异减少，以外观颜色来区分固硫灰和粉煤灰也变得更为困难。较大尺寸和密度的燃料和固硫剂将沉积在炉底，因此固硫渣炉内停留时间较长，煤燃烧和固硫剂分解固硫反应较为充分。我们引入了扫描电镜来观察循环流化床燃煤固硫灰和固硫渣的微观形貌。从扫描电镜照片来看，固硫灰渣颗粒微观下均呈不规则棱角状、块状和层片状聚集体，且表面黏附有小颗

图 2-1　循环流化床锅炉固硫灰宏观及微观形貌

粒、疏松多孔，这是区分循环流化床锅炉固硫灰渣和普通煤粉炉粉煤灰的最有效证明。粉煤灰在 1200 ~ 1400℃之间形成，这一温度范围内出现液相，液相在表面张力作用下形成球状液滴，冷却后以球形玻璃体为主，表面光滑致密；循环流化床锅炉固硫灰渣燃烧温度在 850 ~ 950℃之

图 2-2　循环流化床锅炉固硫渣宏观及微观形貌

间，在这一温度范围内很难产生液相，不能形成玻璃体，且由于固硫剂和黏土矿物在此温度下分解产生 CO_2 和脱除结构水，造成固硫灰渣颗粒疏松多孔。

表 2-1　循环流化床锅炉固硫灰的物理特性

样品	密度/(g/cm³)	堆积密度/(g/cm³)	平均粒径/μm	标准稠度需水量/%
灰 A	3.08	0.61	34.951	66
灰 B	2.82	0.72	40.248	72
灰 C	2.62	0.76	19.922	48
灰 D	2.36	0.61	33.410	50
粉煤灰	2.33	0.99	19.982	26

表 2-2　循环流化床锅炉固硫渣的物理特性

样品	表观密度/(g/cm³)	堆积密度/(g/cm³)	紧密密度/(g/cm³)	含水率/%	吸水率/%	坚固性/%
渣 E	2.31	0.97	1.06	0.6	20.8	12.4
渣 F	2.24	1.04	1.17	0.8	17.5	13.7
渣 G	2.39	1.34	1.44	0.7	10.8	12.8
渣 H	2.70	1.24	1.33	0.6	9.1	13.5

由表 2-1 和表 2-2 可知，固硫灰的真密度在 2.36 ~ 3.08 之间，其堆积密度较粉煤灰低，这主要是由于固硫灰颗粒疏松多孔，堆积效果比球形颗粒的粉煤灰弱。固硫灰的标准稠度需水量较高，是粉煤灰需水量的 2 ~ 3 倍；固硫渣也具有较高的吸水率。固硫灰渣的表面疏松多孔，因此需水量大、吸水率高。粉煤灰以颗粒表面致密的球形颗粒为主，需水量低。见表 2-3，固硫渣颗粒级配和坚固性较差，理论上经过加工是可以作为细骨料使用的，但是其化学和矿物组成将可能带来骨料服役安定性不良隐患，我们将在下文做详细分析。

表 2-3　循环流化床锅炉固硫渣筛分结果

筛孔尺寸/mm	筛余/wt%			
	渣 E	渣 F	渣 G	渣 H
>4.75	1.42	1.08	18.80	12.48
2.36 ~ 4.75	5.62	3.10	17.30	13.62
1.18 ~ 2.36	9.00	7.82	10.86	10.00
0.6 ~ 1.18	19.84	16.44	12.26	11.22
0.3 ~ 0.6	22.84	17.98	12.96	22.20
0.15 ~ 0.3	17.56	18.08	12.28	10.86
0.075 ~ 0.15	9.84	17.00	4.88	8.19
<0.075	13.62	18.28	9.96	10.93

2.1.2　化学组成

对循环流化床锅炉固硫灰渣的化学成分进行分析，结果见表2-4。灰渣（A/E、B/F）来自云南某两个循环流化床锅炉燃煤电厂，是典型的高硫高钙灰渣，硫、钙含量均超高；灰渣（C/G）来自贵州某循环流化床锅炉燃煤电厂，灰渣中硫、钙含量低，组成与粉煤灰接近；灰渣（D/H）来自四川某循环流化床锅炉燃煤灰渣，灰渣中硫、钙含量中等。综合来看，与粉煤灰相比，固硫灰渣中硫、钙含量高，烧失量稍高，Al_2O_3 和 SiO_2 总量较低。结合国内外文献报道来看，F类粉煤灰总体来说化学组成较为稳定，而不同地域不同电厂固硫灰渣化学组成则波动较大。这与循环流化床锅炉所用的燃料品质和脱硫剂添加量有关：对于高硫煤，脱硫剂掺入量多，故固硫灰渣中脱硫产物含量高；而对于低硫煤/煤矸石或优质煤，脱硫剂添加量少，或不掺脱硫剂，固硫灰渣中脱硫产物含量低。近年来，循环流化床锅炉燃煤电厂已采取炉内脱硫和烟道尾部烟气湿法脱硫联用工艺，使得循环流化床锅炉燃煤灰渣化学成分波动性大幅降低。需要说明的是，固硫灰渣中含有f-CaO，这可能造成其建材资源化利用过程中安定性不良。固硫灰渣中CaO主要有四种存在形式：一是以 $CaSO_4$ 形式存在于脱硫产物中；二是存在于未完全分解的脱硫剂石灰石（$CaCO_3$）中；三是过量的石灰石分解产生的活性CaO；四是以f-CaO形式存在。我们所测试的f-CaO是基于《水泥化学分析方法》（GB/T 176—2017）的乙二醇法，该方法并不能很好地区分活性CaO和f-CaO。作为建筑材料使用，活性CaO很快发生水化反应，而f-CaO反应活性较低，其缓慢水化，水化产物体积膨胀将导致建筑材料长期安定性隐患。理论分析，循环流化床锅炉燃烧温度在1000℃以内，远低于煤粉炉粉煤灰和水泥熟料烧成温度，在此温度区间，石灰石分解产物会以活性CaO为主，f-CaO相对较少。表2-4所测得的f-CaO含量过高，推测是测试方法的适用性较差，将活性CaO也作为f-CaO导致。这在后续的固硫灰渣标准制定过程中，应做出特别说明。

表2-4　循环流化床固硫灰渣主要化学成分/wt%

样品名称	烧矢量	SiO_2	Al_2O_3	Fe_2O_3	CaO	MgO	SO_3	f-CaO
灰A	2.50	27.05	13.9	9.18	26.81	2.91	13.30	3.09
灰B	3.65	21.01	11.31	8.88	36.48	2.66	12.23	10.86
灰C	11.05	44.25	22.81	13.73	3.06	0.67	0.67	0.29

续表

样品名称	烧失量	SiO_2	Al_2O_3	Fe_2O_3	CaO	MgO	SO_3	f-CaO
灰 D	4.70	46.52	10.82	13.86	16.18	0.18	5.31	2.86
渣 E	3.03	31.03	14.56	3.11	26.64	2.98	15.01	6.95
渣 F	7.39	11.77	5.52	2.32	52.68	1.53	17.26	32.99
渣 G	6.40	42.49	26.70	11.36	4.76	0.89	1.82	0.88
渣 H	6.24	35.71	11.64	18.97	19.17	0.10	9.53	1.19
粉煤灰	2.56	54.50	30.89	8.01	2.35	1.69	0.36	—

2.1.3 矿物组成

循环流化床锅炉主要以高硫煤、煤矸石等为燃料，高硫煤、煤矸石中硫铁矿、黏土矿、石英等无机杂质较多，且在燃烧过程中还要添加脱硫剂石灰石等。由图 2-3 可知，固硫灰渣中主要含有Ⅱ-$CaSO_4$、f-CaO、$CaCO_3$、α-SiO_2 和赤铁矿。循环流化床锅炉所用燃料多为高硫煤和低热值煤矸石，原煤中除了可燃烬组分外，还有一部分黏土矿物、α-SiO_2、硫铁矿以及硫氮等有机元素，并且由于循环流化床锅炉的炉内固硫技术，使得灰渣中引入大量钙组分。固硫灰 C 衍射图谱中未见 f-CaO 和石灰石的吸收峰，它和其他固硫灰渣矿物组成差异可能是其所用燃煤硫含量低，燃烧过程中固硫剂石灰石投放量低，灰渣产生过程中固硫反应较少，CaO 含量很低；对应的固硫渣 G 中Ⅱ-$CaSO_4$ 和 CaO 含量也较低。需要说明的是，固硫灰渣中发现方解石衍射峰，这主要是由于固硫剂分解不完全造成，从另一个角度来看，固硫灰渣的高烧失量也与其石灰石分解不完全有关，而并不完全是由残炭造成的。参考国内外对普通粉煤灰的表征，煤粉炉 F 类粉煤灰中硫钙含量低，结晶矿物主要有 α-SiO_2、莫来石等。粉煤灰的 XRD 谱线在 20°～40°呈弥散的馒头状，说明它们结构中也含有一定量的结晶程度较差的物质，一般习惯称之为玻璃体。粉煤灰中一般不含固硫产物、方解石以及赤铁矿，普通煤粉炉一般不进行炉内脱硫，且燃烧温度高，在此温度下铁组分会以结构形成体形式进入玻璃体中，而不是单独以赤铁矿形式存在，这也是粉煤灰呈灰白色或灰黑色而未呈红色的原因。

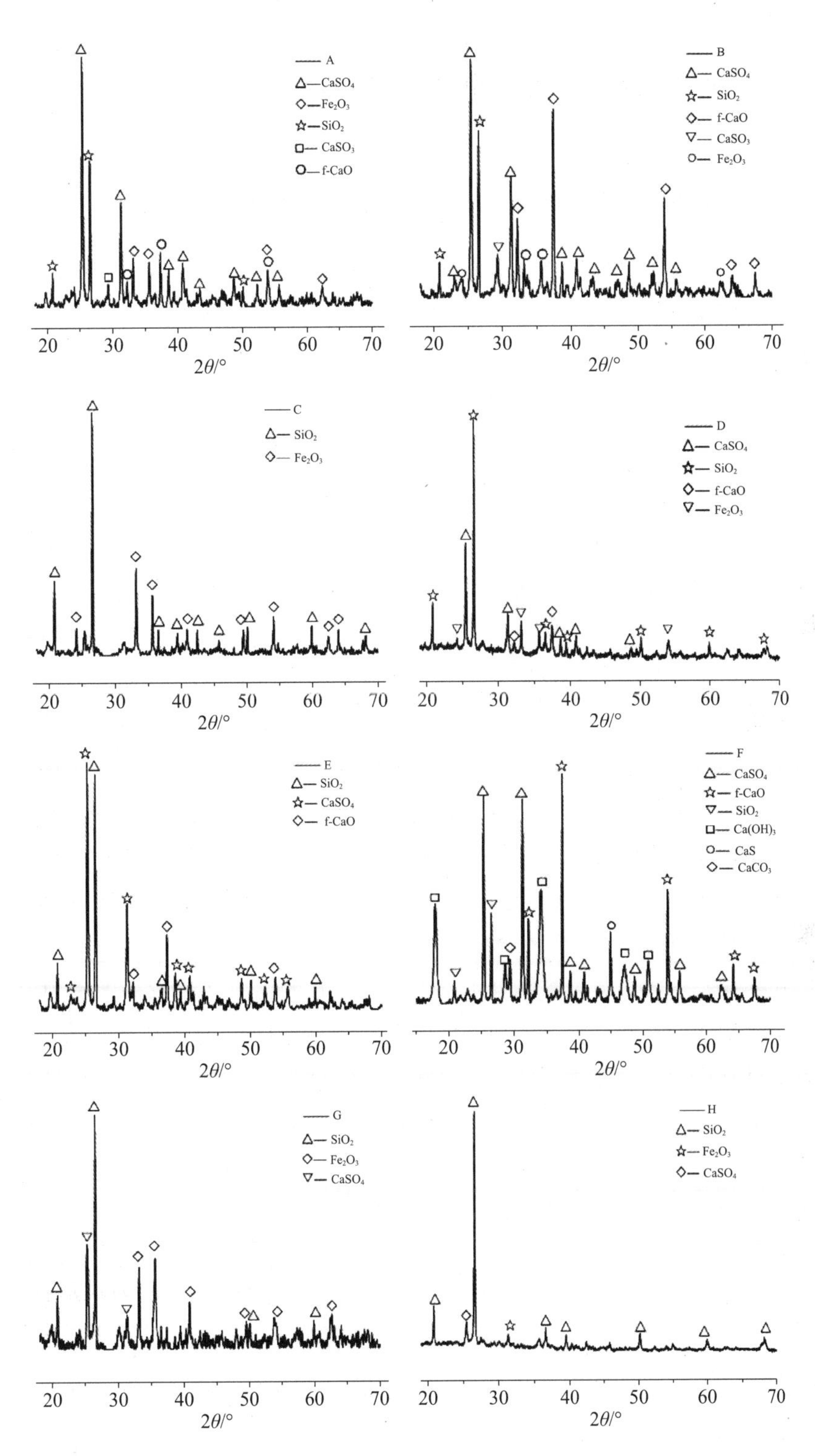

图 2-3　循环流化床锅炉固硫灰渣矿物组成

2.2 循环流化床锅炉燃煤灰渣特性

2.2.1 循环流化床锅炉燃煤灰渣自水化硬化特性

循环流化床锅炉固硫灰渣的水化反应特性是其他特性的产生基础。由本章前述固硫灰渣的化学组成和矿物组成分析，固硫灰渣可能发生的水化反应有：

$$CaO + H_2O \xlongequal{} Ca(OH)_2 \tag{2-1}$$

$$CaSO_4 + 2H_2O \xlongequal{} CaSO_4 \cdot 2H_2O \tag{2-2}$$

$$Ca(OH)_2 + Al_2O_3(active) + CaSO_4 \cdot 2H_2O + H_2O \xlongequal{} AFt/AFm \tag{2-3}$$

$$Ca(OH)_2 + Al_2O_3(active) + SiO_2(active) + H_2O \xlongequal{} C-S-H + C-A-H \tag{2-4}$$

从以上反应方程式可以看出，固硫灰渣的水化反应均与固硫灰渣中的固硫组分有关。其中式（2-1）、式（2-3）和式（2-4）均与CaO水化有关。式（2-2）、式（2-3）与Ⅱ-$CaSO_4$的水化有关。Ⅱ-$CaSO_4$又被称为“不溶硬石膏”，溶解度和溶解速率均较低。在水泥基胶凝材料中，CaO和石膏均为胶凝组分，两者还可作为激发剂使用，因此适量的活性CaO和硬石膏/二水石膏不会对水泥基胶凝材料产生影响，且还能够调节水泥基胶凝材料物理化学性能。但在固硫灰渣中，部分CaO以f-CaO形式存在，绝大多数石膏为Ⅱ-$CaSO_4$，两者在水泥基胶凝材料凝结硬化后发生如式（2-1）、式（2-2）和式（2-3）所示的反应，将使得水泥基胶凝材料后期发生膨胀，使得体系体积安定性不良。

采用XRD方法研究循环流化床锅炉固硫灰渣的水化特性，不但能够反映出固硫产物随着龄期的溶解情况，同时还能显示出其水化产物变化的规律。取标准稠度需水量，采用20mm×20mm×20mm模具成型，标准养护1d后拆模，放入标准养护箱中，养护至特定龄期后取出表面，取中间部位，并立即用无水乙醇终止水化。图2-4分别给出了固硫灰渣水化3d、7d、28d、56d的XRD图谱。在固硫灰渣水化3d时的XRD图谱中已经无法看见CaO的衍射峰，这是由于在固硫过程中由石灰石分解形成的CaO结构非常疏松、水化活性较高，也就是说固硫灰渣中f-CaO相对较少，而以活性CaO为主。但是除样品B、F外，其他样品中均未发现$Ca(OH)_2$。这是由于固硫灰渣的火山灰反应较快，$Ca(OH)_2$很快得以消耗。样品B、F中$Ca(OH)_2$的存在可能是与灰渣中CaO含量的高

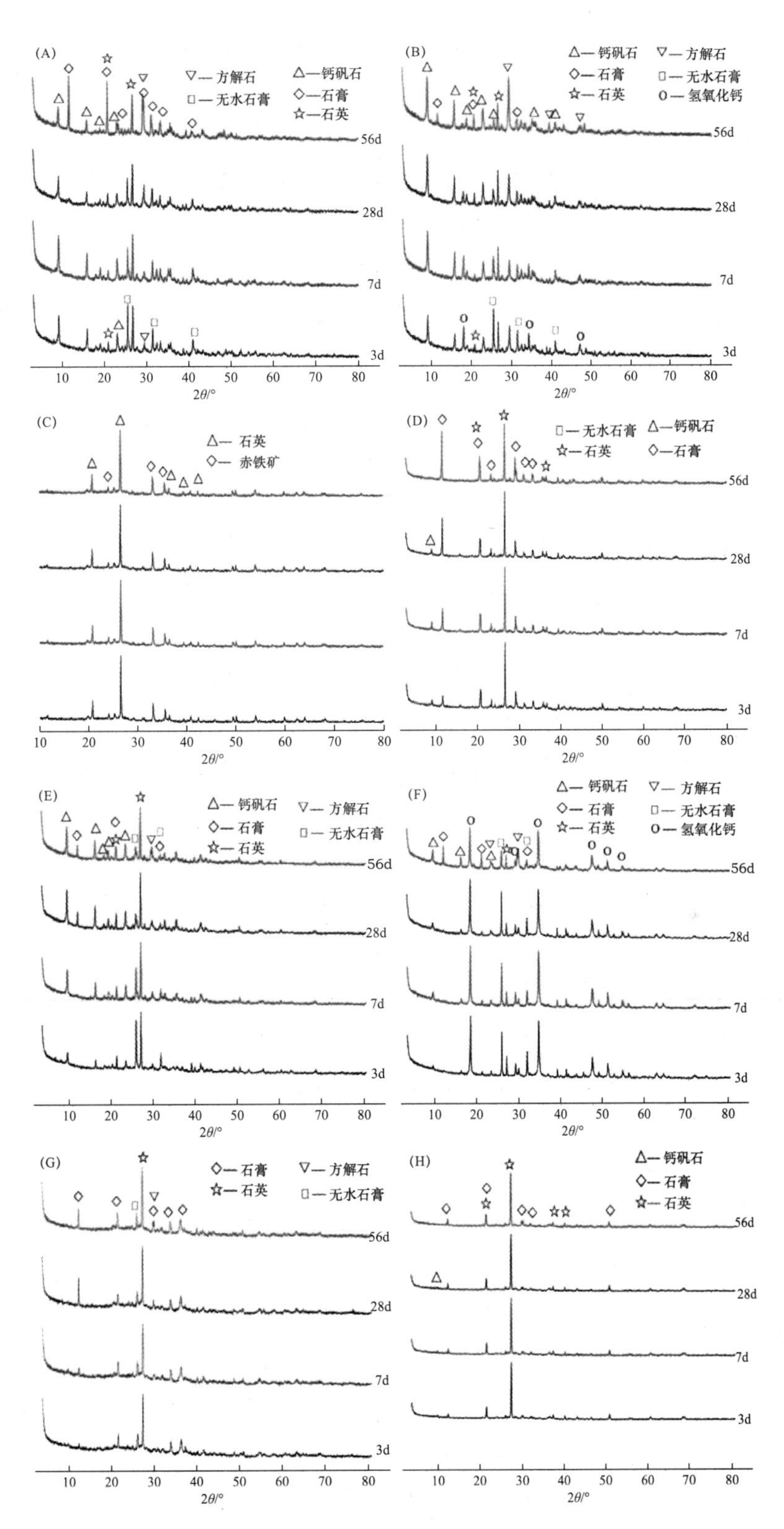

图 2-4　循环流化床锅炉固硫灰渣各龄期水化产物 XRD 图谱

低有关，样品 B、F 中 f-CaO 含量分别高达 10.86%、32.99%。XRD 物相分析表明，固硫灰的主要结晶水化产物为二水石膏和钙矾石。其中钙矾石形成较早，从水化 3d 的 XRD 图谱中可以明显看见钙矾石衍射峰的形成。然而随着水化龄期的增长，钙矾石含量逐渐降低，同时伴随着二水石膏的出现，并且从水化 56d 时开始，石灰石含量明显高于前期，这说明钙矾石在水化 56d 时可能发生分解，释放出石灰石和二水石膏。样品 B、C、D 中钙矾石含量未见降低，然而从图谱中 56d 时发现有明显的二水石膏产生，且石灰石含量比 28d 时有所上升，说明 56d 时钙矾石刚开始发生分解。另外样品 E、F 中钙矾石含量较低，因此对二水石膏和石灰石的影响相对较小。从样品 A 中看见水化 28d 时二水石膏开始形成，56d 时二水石膏含量很高，因此石灰石 *d* 值在 3.04 处的衍射峰几乎被二水石膏在 *d* 值 3.06 处的衍射峰覆盖，然而对比 28d 前水化产物发现石灰石含量明显增加，同时对比发现二水石膏的含量也明显增加。

固硫灰 B 和固硫渣 F 属于同一电厂，其水化前期有明显的$Ca(OH)_2$衍射峰出现。固硫渣 F 水化 56d 时，仍有明显的 $Ca(OH)_2$ 衍射峰。这是由于固硫灰 B 和固硫渣 F 中 f-CaO 含量较高，固硫渣 F 中 CaO 含量高达 32%，CaO 发生水化反应生成 $Ca(OH)_2$，水化生成的$Ca(OH)_2$较多，前期 $Ca(OH)_2$ 发生水化后有剩余，因此 XRD 图谱中有明显的衍射峰。另外，固硫灰 B 和固硫渣 F 中 Ⅱ-$CaSO_4$ 和 CaO 含量都较高，Ⅱ-$CaSO_4$ 溶解较慢。王智等通过实验证实了固硫渣中的 f-CaO 颗粒是以被 Ⅱ-$CaSO_4$ 包裹的形式存在。因此在水化过程中，Ⅱ-$CaSO_4$ 缓慢溶解使得 f-CaO 缓慢释放出来，继续水化生成 $Ca(OH)_2$，这也是为什么固硫渣 F 在水化 56d 时仍能看见 $Ca(OH)_2$ 衍射峰的原因。

2.2.2 自硬性

基于对固硫灰渣水化特性分析，可预测固硫灰渣应具有明显自硬性。基于此，取适量磨细固硫灰渣在 105~110℃烘箱中烘干至含水率小于 1%，按标准稠度需水量成型试饼，立即放入温度 (20±1)℃、相对湿度大于 90% 的标准养护箱中养护，7d 后取出浸入 17~25℃水中 3d，然后观察浸水试饼形状是否完整清晰。如其边缘保持清晰完整，则认为该固硫灰渣具有自硬性，反之则不具有。表 2-5 给出的是固硫灰渣和粉煤灰自硬性评定结果。粉煤灰和钙硫组分含量较低的固硫灰渣 C、G 不具有水硬性，而其他钙硫组分含量相对较高的固硫灰渣的水硬性则比较明显。这说明循环流化床固硫灰渣的水硬性与体系中钙硫组分含量高低有直接的关系。有研究指出，循环流化床固硫灰渣的早期水硬性与是否进行固硫有很大关系，固硫灰渣都有明显的早期水硬性，而未经固硫的灰渣则不明显，并且固硫灰渣的自硬性与钙质固硫剂的加入量也有很大关系，固硫灰渣中 CaO 含量越高，自硬性反应越明显，强度越高。

表 2-5 固硫灰渣自硬性评定结果

样品	试饼边缘状态	自硬性评定
A	清晰	明显
B	清晰	明显
C	不清晰	不明显
D	清晰	明显
E	清晰	明显
F	清晰	明显
G	不清晰	不明显
H	相对清晰	相对明显
FA	不清晰	不明显

固硫灰渣的净浆试块在对应的标准稠度用水量下成型。净浆强度仅由固硫灰渣中硫钙组分水化以及由此激发的火山灰反应提供，无任何外掺激发剂作用。固硫灰渣的标准稠度需水量以及标稠下的净浆强度测试结果见表 2-6。

表 2-6 固硫灰渣的净浆强度

样品	需水量	3d 强度/MPa	7d 强度/MPa	28d 强度/MPa	56d 强度/MPa
A	0. 66	2. 51	9. 03	12. 59	6. 27
B	0. 72	0. 63	3. 55	6. 83	2. 70
C	0. 50	0. 25	0. 26	0. 39	0. 46
D	0. 48	1. 23	2. 05	6. 18	6. 51
E	0. 42	10. 05	25. 81	35. 78	41. 99
F	0. 45	2. 09	6. 28	12. 37	0. 15
G	0. 33	0. 82	1. 36	0. 68	0. 83
H	0. 35	0. 67	1. 36	1. 72	1. 03

部分固硫灰渣具有一定的自硬性，固硫渣的净浆强度比固硫灰的净浆强度高。其中固硫渣 E 的自硬性强度最高，28d 净浆强度可达 35. 78MPa，56d 时净浆强度高达 41. 99MPa，在固硫灰渣的研究中尚未发现固硫灰渣净浆强度能达到如此之高。然而样品 C、G 的净浆强度较低，基本上无自硬性。结合表 2-4 可以看出固硫灰渣的自硬性和固硫灰

渣中 CaO 和 SO_3 的含量有很大关系。固硫灰 C 和固硫渣 G 中的净浆强度最低，这是由于这两种灰渣产生过程中没有固硫过程，灰渣中 CaO 和 SO_3 都很低。从表 2-6 中还可以看出，从 3d 到 28d，固硫灰渣的净浆强度有所增长，然而到了 56d，大部分净浆强度较 28d 有所降低，这可能是由于后期体积安定性不良所导致。

2.2.3 胶砂活性

固硫灰渣中的无定形 SiO_2 和 Al_2O_3 使其具有火山灰活性，能够在石灰质激发剂的作用下发生水化反应生成 C-S-H 和 C-A-H 凝胶。固硫灰渣产生温度较低，但刚好处于黏土矿物结构失水活化区间，理论来说活性硅铝较多，但由于灰渣中钙硫铁组分偏高，故其无定形物质含量低于普通粉煤灰。由于循环流化床固硫灰渣活性测试没有相关行业标准，其活性指数测定参考粉煤灰和粒化高炉矿渣粉两个标准进行。活性指数是衡量固硫灰渣火山灰活性和水化活性的重要判断标准。胶砂体系的强度是由水泥的强度，固硫灰渣中火山灰活性组分发生水化反应提供的强度以及固硫灰渣自硬性强度三部分共同组成。由表 2-7 可知，固硫灰渣的活性指数较高，参照粉煤灰标准时普遍高于粉煤灰活性指数。粉煤灰产生温度较高，活性硅铝玻璃体火山灰反应速率较低；而固硫灰渣产生温度低且存在 CaO、硫酸盐等自反应性和激发性组分，在高反应活性硅铝组分、自激发组分以及激发组分（水泥）共同存在下，其早期和后期均表现出高活性。随着灰渣掺量由粉煤灰标准的 30% 提高到粒化高炉矿渣粉的 50%，其活性指数明显降低，固硫渣样品 E 掺量达到 50% 时，其 28d 活性指数仍能达到 78. 77%，达到 S75 级矿渣粉标准。

表 2-7 固硫灰渣活性指数

样品	粉煤灰标准		矿渣粉标准			
	28d		7d		28d	
	抗压强度/MPa	活性指数/%	抗压强度/MPa	活性指数/%	抗压强度/MPa	活性指数/%
P·O 42. 5R	55. 94	100. 00	40. 08	100. 00	55. 94	100. 00
A	42. 28	75. 58	16. 31	40. 70	38. 86	69. 46
B	47. 15	84. 29	12. 68	31. 64	32. 61	58. 29
C	42. 35	75. 70	14. 09	35. 15	30. 15	53. 89
D	42. 06	75. 19	14. 89	37. 16	31. 57	56. 43
E	47. 49	84. 89	15. 88	39. 62	44. 06	78. 77

续表

样品	粉煤灰标准		矿渣粉标准			
	28d		7d		28d	
	抗压强度/MPa	活性指数/%	抗压强度/MPa	活性指数/%	抗压强度/MPa	活性指数/%
F	44.64	79.80	11.82	29.48	15.45	27.62
G	44.67	79.86	13.30	33.18	30.85	55.14
H	44.66	79.83	18.33	45.73	27.11	48.46

结合表2-4固硫灰渣的化学组成分析，灰渣中SO_3和CaO含量对灰渣活性指数影响较大。同时也应该注意到，掺入固硫灰渣后，胶凝材料体系的SO_3和f-CaO会突破水泥中两者的最高限量要求。

2.2.4 膨胀性

图2-5、图2-6分别给出了部分固硫灰和固硫渣净浆试件线性膨胀率随龄期变化的测定结果，固硫灰C基本无自硬性，无法成型试件。从图2-5可以看出，三种固硫灰线性膨胀率的大小为B > A > D，固硫灰A、固硫灰D膨胀率较小，且在拆模后1d龄期时膨胀基本结束，后期膨胀较小；固硫灰B膨胀率最大。由图2-5可知，固硫渣F的线性膨胀率最大，其余较小，固硫渣G的线性膨胀率几乎为零，且固硫渣B、D的线性膨胀率主要发生在前三天。四种固硫渣线性膨胀率的大小为F > E > G > H，固硫渣F的线性膨胀率最大，并且一直持续到90d的时候仍然有膨胀趋势。固硫渣E膨胀前期发展较快，然而3d后膨胀基本结束，后期趋于稳定。固硫渣G、H膨胀较小，其中固硫渣H膨胀率最小，几乎为零。

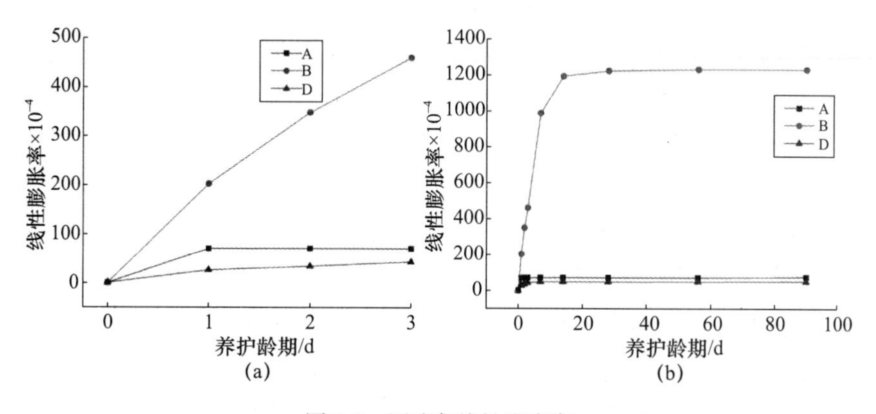

图2-5 固硫灰线性膨胀率

(a) 1～3d；(b) 1～90d

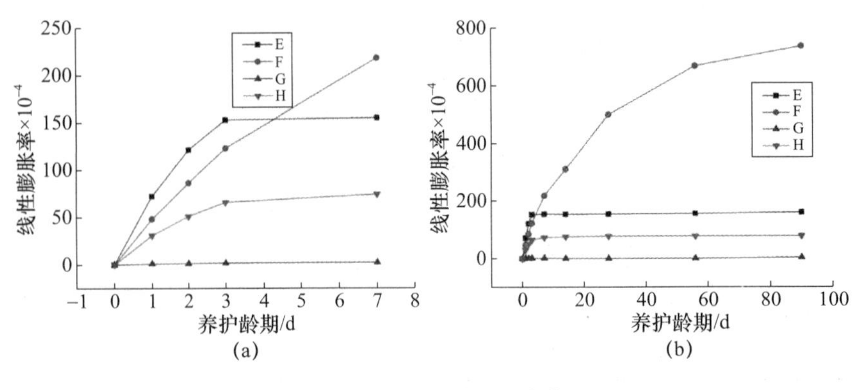

图 2-6　固硫渣线性膨胀率

(a) 1～3d；(b) 1～90d

根据循环流化床固硫灰渣的化学成分和物相分析，以及对固硫灰渣水化反应特性研究可知，最有可能导致固硫灰渣膨胀的组分为 SO_3 和 f-CaO，SO_3 主要以Ⅱ-$CaSO_4$ 形式存在。固硫灰渣中的 CaO、f-CaO 和Ⅱ-$CaSO_4$遇水后，Ⅱ-$CaSO_4$ 除可水化为二水石膏外，还可以与活性 Al_2O_3、$Ca(OH)_2$ 发生火山灰反应生成钙矾石，另外活性 CaO 和 f-CaO 可以水化为 $Ca(OH)_2$，这些水化反应都会引起明显的体积膨胀。活性 CaO 遇水迅速反应生成 $Ca(OH)_2$，随之参与火山灰反应，这部分 CaO 在低活性Ⅱ-$CaSO_4$ 存在情况下并不会产生早期膨胀。而活性较低的 f-CaO 的水化主要发生在体系凝结硬化后，其水化为 $Ca(OH)_2$，体积增大到原来的 1.98 倍；固硫灰渣Ⅱ-$CaSO_4$ 水化为 $CaSO_4 \cdot 2H_2O$，体积增大到原来的 2.26 倍；$CaSO_4 \cdot 2H_2O$ 与活性 Al_2O_3 和 f-CaO 缓慢水化生成的$Ca(OH)_2$反应生成钙矾石，体积增大到原来的 2.22 倍。固硫灰渣中多数 CaO 疏松多孔，活性很高，水化速率较快，并且固硫灰渣火山灰反应较快，一般在水化固硫灰渣中难以有大量剩余。从图 2-4 可以看出，除固硫灰 B、固硫渣 F 外，其余固硫灰渣的物相分析结果中几乎没有$Ca(OH)_2$的衍射峰。然而固硫灰 B 和固硫渣 F 中 f-CaO 含量远远高于其他固硫灰渣，f-CaO 后期水化生成的 $Ca(OH)_2$ 远远高于其他固硫灰渣，并且 f-CaO 被Ⅱ-$CaSO_4$ 包裹存在，Ⅱ-$CaSO_4$ 水化较慢，Ⅱ-$CaSO_4$水化后 f-CaO 缓慢溶出，所以固硫渣 F 中后期仍能看见$Ca(OH)_2$的衍射峰。因此，f-CaO 也可能不是造成固硫灰渣膨胀的主要因素，然而却有可能为固硫灰 B、固硫渣 F 持续膨胀提供条件。另外，f-CaO 含量的高低，决定了硬化体系后期液相碱度的高低，研究表明碱度较低时，生成的钙矾石较粗，膨胀能较小；碱度高，生成钙矾石较为细小，膨胀能较大。因此 f-CaO 通过影响钙矾石的结晶形态影响固硫灰渣的膨胀。但是 f-CaO 毕竟不直接影响固硫灰渣的膨胀，仅间接影响，而直接对固硫灰渣产生影响的应为其水化产物。结合图2-4可以看出，固硫灰渣的水化产物为钙矾石和二水石膏，两者都具有较大的膨胀性。

2.3 循环流化床锅炉燃煤灰渣加工改性

通过对循环流化床锅炉燃煤灰渣基本物理化学性能及其特性的表征分析，得出其与粉煤灰的性能对比，如表2-8所列。可见，循环流化床锅炉燃煤灰渣与粉煤灰在组成、结构和性能方面均存在极大区别，而其建材资源化利用技术也将与粉煤灰截然不同。若固硫灰渣直接大掺量用于建筑材料，则可能出现建筑材料产品颜色变化、后期膨胀开裂等系列问题。

表2-8 循环流化床锅炉固硫灰渣与粉煤灰性能对比表

项目	固硫灰渣	粉煤灰
生成温度	850～900℃	1300℃以上
颜色	暗红色	灰色
密度	2.57g/cm^3	2.54g/cm^3
化学组成	硅铝铁，钙含量和硫含量较高，存在游离氧化钙	硅铝质
矿物组成	石英、硬石膏、碳酸钙、赤铁矿、游离氧化钙	石英、莫来石、玻璃体
颗粒微观形貌	不规则，表面疏松多孔	多为球形，致密
标准稠度需水量	44.30%	28%
自硬性	具有自硬性	不具有自硬性
活性	火山灰活性、水化活性，自激发水化	火山灰活性，需激发
膨胀性	膨胀较大	—

针对固硫灰渣直接大掺量建材资源化难题，我们思考采取下述加工改性方案解决。

（1）粉磨加工改性。利用机械粉磨打破固硫灰渣颗粒疏松多孔结构，降低其物理结构吸水量；打破f-CaO颗粒的硬石膏包裹层，使f-CaO早期水化释放；提高硬石膏比表面积，赋予其更多表面活性位点，提高其早期反应速率。通过粉磨加工，可有效降低体系硬化后的膨胀。

（2）化学激发改性。以水泥、钙质或强碱为激发剂，形成碱-钙-硅-铝-硫胶凝材料体系，变有害的膨胀性组分为胶凝材料体系的黏结组分。

（3）复合改性。发挥固硫灰渣中硫钙组分的化学激发效应，以其激发火山灰质或钙硅铝体系活性，稀释固硫灰渣的硫钙组分，使复合体系协同增效。

2.3.1 粉磨加工改性

粉磨改性是工业废渣建材资源化工艺中最为通用和成熟的技术。为对比粉磨改性效果，采用实验室球磨机和蒸汽气流磨对固硫灰渣进行粉磨，并研究其性能。

实验采用两种粉磨设备（球磨机和蒸汽气流磨）对固硫原灰进行物理加工改性。由于粉磨机理不同，所以两种粉磨方式得到的固硫灰性质存在差异。将两种粉磨方式下中位径相同的固硫灰进行对比，X 标记球磨灰，Q 标记气流磨灰，其中 X0 为固硫原灰。由表 2-9 可知，粉磨后，固硫灰的细度增加，比表面积和密度增大。图 2-7 为固硫原灰与粉磨灰的扫描电镜图。粉磨细化后，随着疏松多孔的结构被破坏，吸水孔径减少，固硫灰在相同稠度下的需水量也随之降低。然而，当细度进一步增大时，比表面积的急剧增加促使表面包裹水量迅速上升，导致需水量增大。各细度固硫灰的需水量测试结果如图 2-8 所示。

表 2-9　固硫灰原灰及磨细灰渣粒度分析

编号	d（0.1）	d（0.5）	d（0.9）	平均粒径 /μm	比表面积 /(m^2/kg)	密度 /(g/cm^3)
X0	3.892	22.873	74.205	31.933	416	2.67
X17	2.657	16.669	62.587	25.63	574	—
X15	2.317	15.068	55.269	22.371	590	2.73
X10	1.955	10.186	45.663	17.874	719	—
X9	1.823	9.185	40.623	16.097	878	2.76
X8	1.692	8.467	34.392	13.845	912	—
X5	0.167	5.419	29.143	10.736	1023	2.78
Q15	2.557	15.189	48.999	21.072	620	—
Q9	2.098	9.185	32.195	13.586	898	—
Q6	1.840	6.170	14.251	7.227	1012	—
Q5	1.63	5.083	14.231	6.880	1123	—

随着细度的增加，固硫灰在相同稠度下的需水量先减小后增大。固硫灰是在高温下形成的疏松多孔结构，吸水孔径破坏所减少的用水量与比表面积增加所增大的用水量之间的关系决定了粉磨过程中需水量的变化。在粉磨初期，由于大量的吸水通道被破坏，减小的用水量大于比表

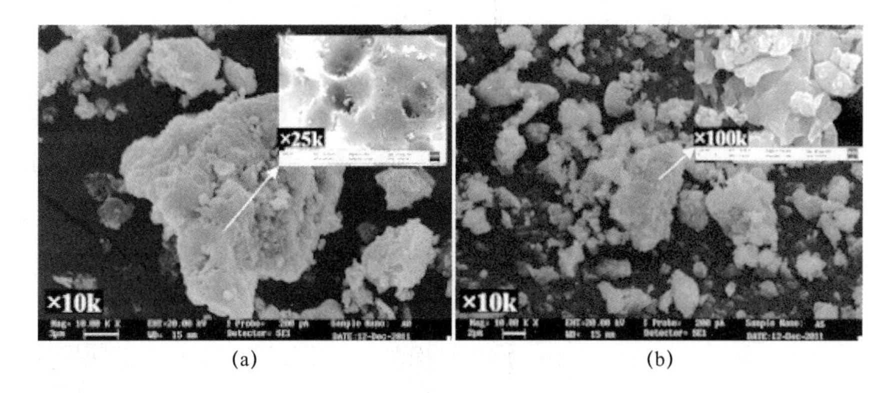

图 2-7　固硫原灰与粉磨灰的扫描电镜图

（a）原灰；（b）粉磨灰

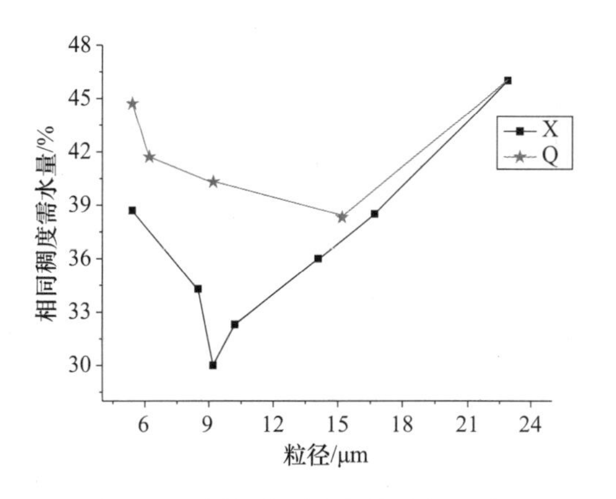

图 2-8　不同细度固硫灰的需水量测试

面积增加所增大的需水量，总体表现为用水量降低；在粉磨后期，随着细度的进一步增加，细颗粒逐渐增多，颗粒比表面积增大所增加的表面包裹用水量大于吸水孔径破坏所减少的用水量，总体表现为用水量增加。在相同的中位径下，由于气流磨粒径分布范围较窄，固硫灰中的粗颗粒较少，比表面积之和较大，因而采用气流磨粉磨的固硫灰在相同稠度下的需水量高于球磨灰。

不同细度固硫灰水化各阶段产物的 XRD 分析结果如图 2-9 所示。固硫灰中结晶态的水化产物是二水石膏和钙矾石。细度影响着硬石膏的溶解速率以及二水石膏和钙矾石的生成时间：随着细度的增加，硬石膏的溶解速率加快，二水石膏和钙矾石的生成时间提前。原状固硫灰中硬石膏衍射峰在水化 28d 时还依稀可见，而超细固硫灰在水化 3d 时已十分微弱，7d 时完全消失；较细的 X9 和 Q5 在水化 1d 时已能看到明显的二水石膏的衍射峰；原状固硫灰中 28d 才出现钙矾石的衍射峰，而在超细灰中 3d 时已很明显。

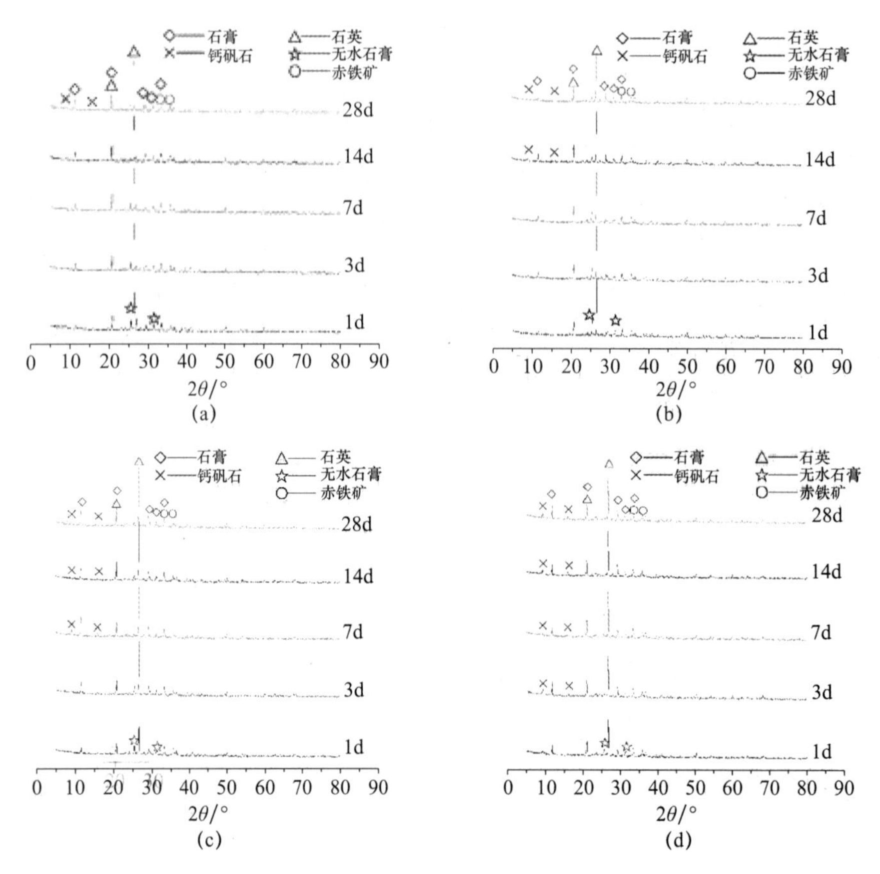

图 2-9 不同细度固硫灰净浆水化产物物相分析

(a) X0；(b) X15；(c) X9；(d) Q5

测试水化放热量及水化热流是对比不同细度固硫灰水化反应活性的间接方法。单位质量的水化放热量越高，水化热流曲线中的放热峰位置越靠前，则表明该物质的水化反应速率越快，水化活性越高。原状固硫灰与气流磨灰的水化放热量及水化热流曲线对比如图 2-10 所示。在水化 24h 前，固硫灰的水化放热量和水化速率随细度的增加而增大。然而，到了水化后期（超过 24h 后），较细的两种固硫灰其水化放热量小于较粗的两种固硫灰，最终的累计水化放热量也不及较粗的固硫灰。在水化热流曲线中，四种细度的固硫灰在溶解热的高峰后均有自己的水化反应放热峰包。较粗的两种固硫灰各有两个峰包，但在较细的固硫灰中均只有一个峰包，且峰包出现的位置随着细度的增加而提前，固硫原灰在 11d，次粗灰在 9d，次细灰在 5d，超细灰在 3d。由于在测试时，待测灰（$W/B=0.8$）预先在环境中搅拌均匀后才放入水化热测试仪中进行试验，而气流磨粉磨的固硫灰粒径分布狭窄，细度较高，比表面积较大，所以固硫灰在与水接触后立即反应，部分热量来不及测量迅速散失在环境中，故较细灰和超细灰实测的放热量比实际的放热量低。这在热流曲线的溶解热高峰中也可以看出：最粗的原灰放热量较低，故峰值较低，而次粗的固硫灰由于细度的增加，放热量较原灰大大升高，次细的固硫灰细度进一步增大，一部分热量损失未能测出，峰值低于次粗灰，超细灰因高细度而反应迅速，很大一部分热量损失在测量之外，峰值也较低。因此，迅速的反应放热使两种细灰累计放热量比粗灰低。

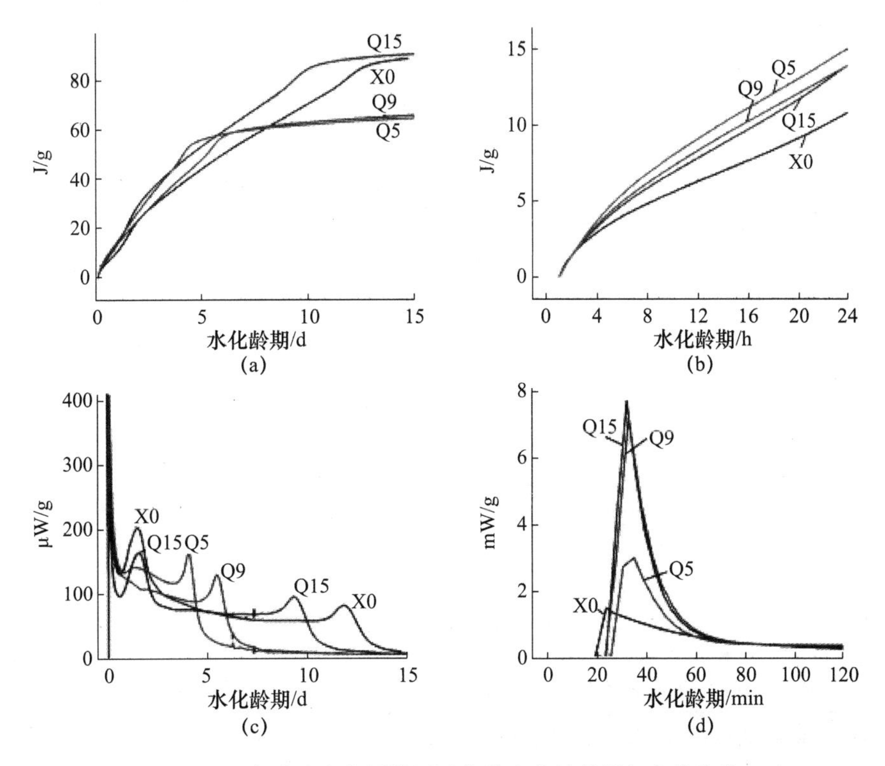

图 2-10　气流磨灰与原状固硫灰的水化放热量与水化热流

分析固硫灰水化反应的程度同样是一种采用间接手段了解固硫灰活性的方法，即通过监测直接参与反应的物质的含量变化以及水化产物的数量变化了解整个体系的反应进程。固硫灰中参与水化反应的主要物质有 f-CaO，Ⅱ-$CaSO_4$ 以及难以用 XRD 图谱定性表征的无定形活性硅铝组分，它们中只有 f-CaO 容易定量检测。所以，通过检测不同水化龄期的固硫灰中 f-CaO 的含量变化可以了解体系的反应情况，尤其是对比不同细度固硫灰的反应活性。

由图 2-11 可知，随着水化龄期的延长，X0 和 Q5 的 f-CaO 含量都在逐渐降低，但 Q5 下降的速度明显快于 X0。在燃煤过程中为充分固硫，通常会加入过量的固硫剂。因此，固硫灰颗粒内部存在相当部分的 f-CaO 未被利用。这些未反应的 f-CaO 被固硫生成的难溶 $CaSO_4$ 外壳包裹。因而，它的水化受到 $CaSO_4$ 溶解速率的影响。固硫灰的细度越大，$CaSO_4$ 外壳的溶解速率越高，核心处的 f-CaO 越容易发生反应参与水化。由于 Q5 细度较大，Ⅱ-$CaSO_4$ 的溶解速率较快，所以不仅未水化的 f-CaO 含量比原灰高，而且水化反应速率也明显高于 X0。在水化 3d 时，Q5 的f-CaO含量已消耗 90%，水化 7d 时已消耗殆尽；但 X0 在水化 14d 时仍有 f-CaO 存在，28d 时 f-CaO 才完全耗尽。综上可知，f-CaO 的水化与硬石膏的溶解紧密相关。超细灰 Q5 由于硬石膏的溶解较快，f-CaO 迅速参与反应被消耗，所以早期的水化反应迅速，而原灰 X0 水化缓慢。

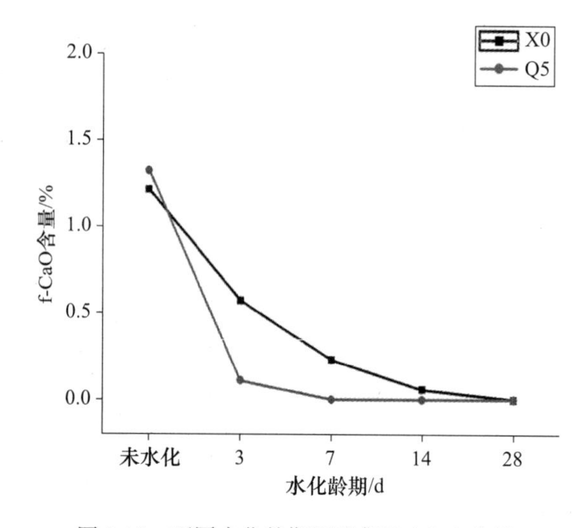

图 2-11　不同水化龄期固硫灰的 f-CaO 含量

由图 2-12 可知，在相同稠度用水量下成型的各细度固硫灰净浆试块，随着细度的增加，固硫灰的净浆强度先增大后减小。细度的增加使反应接触面积增大，促使反应活性和反应速率提高，试块强度增大；但比表面积的增大促使需水量上升，体系的强度受水胶比影响而被严重削减，且过细的粉体反应较快，部分活性丧失在塑性阶段使整体强度降低。故当细度超过一定值时（此时体系达到相同稠度的最低需水量），粉体越细，强度越低。在水化前期（28d 前），各细度固硫灰的净浆强度随龄期的增长而增大，且越细的固硫灰发挥水化活性的速率越快，达到强度峰值的时间越短。强度的增长率随着水化的进行而逐渐变缓。在水化后期（56d），体系的强度呈现整体下降趋势，这是由于水化产物钙矾石因体系碱度不足而分解造成的。球磨系列固硫灰的净浆强度整体好于气流磨灰。在水化前期，两种粉磨灰的强度均随细度的增加而增大。但在 14d 之后，粒度分布较宽的球磨灰的强度继续增加，在 28d 时增至最大值，之后因水化产物钙矾石的分解体系强度降低；而粒度分布较窄的气流磨灰在 14d 时强度已达到最大值，之后体系强度下降。

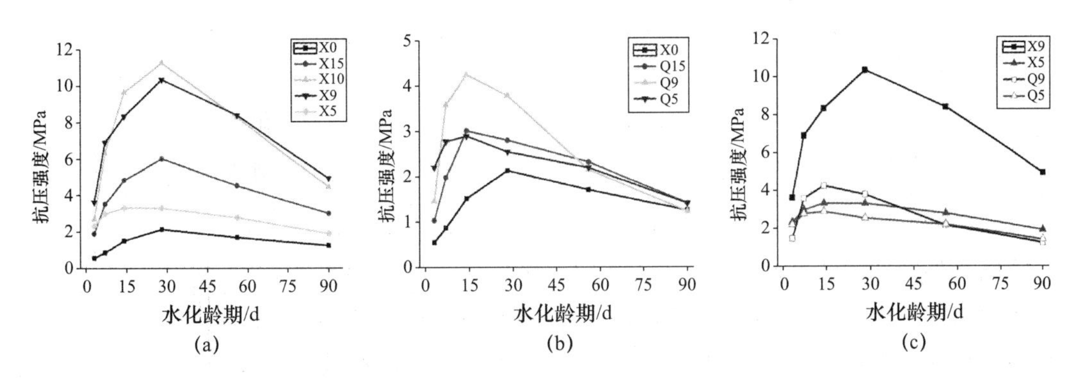

图 2-12　不同细度固硫灰的净浆强度

（a）球磨灰；（b）气流磨灰；（c）Q 与 X 对比

不同细度固硫灰的活性指数测试结果见表 2-10，随着固硫灰细度的增加，固硫灰的活性指数增大。

表 2-10　不同细度固硫灰的活性指数

样品编号	*D*（0.5）/μm	比表面积/(m^2/kg)	标准稠度需水量/%	矿粉标准 28d/%	粉煤灰标准/%
0	18.244	360	44.30	64.18	82.69
1	15.189	452	38.33	68.78	85.00
2	9.185	826	40.33	70.40	—
3	5.083	1014	44.67	75.43	—
4	3.819	1500	47.30	97.60	107.93

固硫灰属于燃煤副产物，中低温的燃烧环境使固硫灰中没有粉煤灰里的玻璃体物质，但是 850～900℃的温度区间是煤中高岭石类黏土系矿物脱去结构水变成无定形组分的最佳温度范围。固硫灰具有火山灰活性就是因为其中存在烧黏土类的无定形物质，这种无定形物质的主要成分是活性 SiO_2 和活性 Al_2O_3。两种粉磨方式下不同细度固硫灰的无定形组分含量测试结果见表 2-11。随着中位径的减小，固硫灰中的无定形组分含量增大。细度的增加有利于提高固硫灰中参与反应的有效组分含量和反应的速率。气流磨灰由于粉体粒度分布较窄，粗颗粒较少，反应速率较快且有效反应组分含量较高，因此，测出的无定形组分含量比中位径相同但粒径分布较宽的球磨灰高。但是随着中位径的继续减小，球磨机通过过粉磨的方式实现超细化，体系中的细颗粒数量急剧上升，粗颗粒数量减少，两种粉磨方式的固硫灰参与反应的有效组分含量接近。因此，测出它们的无定形组分含量相近并接近真实值。

表 2-11　不同细度固硫灰无定形组分含量测试

名称	X0	X10	X9	X5	Q15	Q9	Q5
无定形组分含量/%	25. 6	37. 1	42. 6	49. 4	43. 2	45. 8	50. 3

不同细度纯固硫灰净浆体系的膨胀率测试结果如图 2-13 所示。随着细度的增加，X 系列固硫灰净浆的膨胀率呈现先增大后减小的趋势，而 Q 系列固硫灰的膨胀率先减小后增大，且各细度固硫灰达到膨胀稳定期的时间也逐渐缩短。固硫灰的细度直接影响其参与反应的有效组分含量和反应的速率。细度越大，参与反应的有效组分含量越高，膨胀越大；但细度的增加同时也导致了相同稠度需水量的增加以及反应速率的提高。膨胀性的过快发挥以及高水胶比产生的孔隙消耗了部分膨胀能，使总膨胀率降低。所以 X 系列固硫灰在中位径由 22μm 减小至 10μm 的过程中膨胀率先增大，当中位径继续减小时，膨胀率开始降低。但 Q 系列固硫灰因粒度分布较窄，随细度增加需水量呈直线上升，虽然较大的细度会使反应速率加快，消耗部分膨胀能，但净浆强度受水胶比的影响强烈，体系发挥膨胀性所受的限制作用大大降低，膨胀率升高。

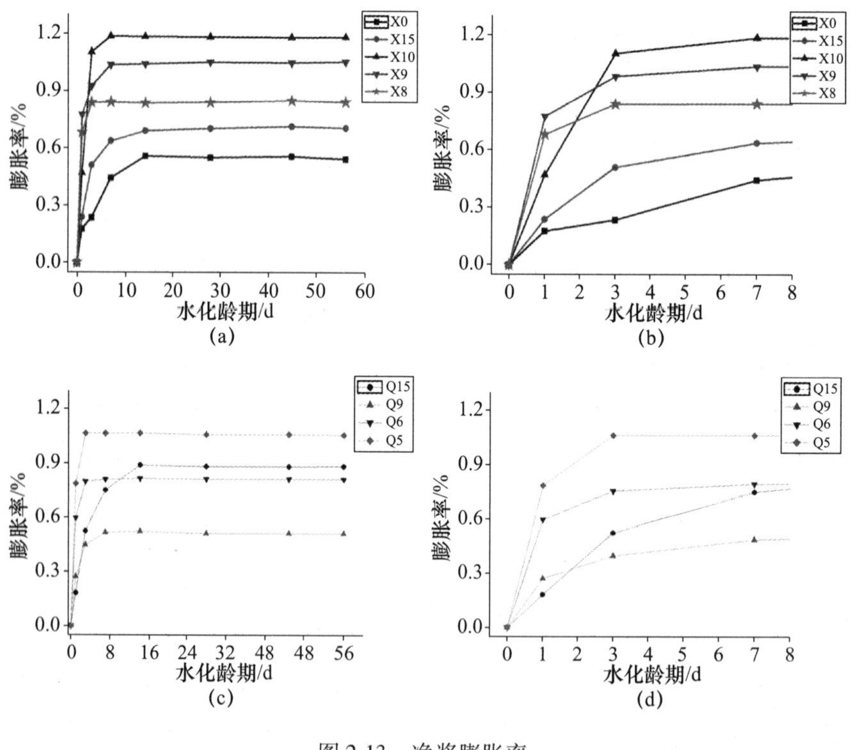

图 2-13　净浆膨胀率

（a）球磨灰-长期；（b）球磨灰-早期；（c）气流磨灰-长期；（d）气流磨灰-早期

2.3.2 化学激发

固硫灰中含有大量的硅铝质物质，它们是固硫灰水化后生成 C-S-H 以及 C-A-H 的重要组分。但难溶的硬石膏的存在，严重阻碍了固硫灰中的硅铝质组分发挥作用，为体系提供强度。通过外掺激发剂，加快硬石膏的溶解，以及促使硅铝组分从原有的结构中溶出，是增强固硫灰活性的重要手段之一。

固硫灰中含火山灰活性的无定形组分，它们在钙质激发剂的作用下发生反应并产生强度。固硫灰中含有一定量的钙，但它的含量受燃料和燃烧环境的影响而波动，使其中无定形组分的激发受影响。通过外掺一定量的钙质组分，调节体系的碱度，研究强度随碱度的变化情况。由于主要研究钙质激发剂与硅铝质组分的影响，因此，在固硫灰体系中掺入 50% 的偏高岭土补充硅铝源。为加速反应的进行，采用高温（90℃）养护。表 2-12 为三种钙质激发剂的掺量对固硫灰-偏高岭土体系强度的影响。

表 2-12 石灰质激发剂激发固硫灰体系强度测试

组数	碱含量/%	石灰质激发剂/g	7d 抗压强度/MPa		
			电石渣	熟石灰	$Ca(OH)_2$
1	5	5	15.2	9.0	11.4
2	10	10	26.3	15.1	16.5
3	15	15	25.0	15.4	19.1
4	20	20	28.3	16.1	19.7
5	25	25	26.8	27.3	21.9
6	30	30	25.7	21.6	22.3

采用三种以 $Ca(OH)_2$ 为主要组分的钙质激发剂进行试验。由表 2-12 可知，碱含量从 5% 增至 30% 的过程中，体系的强度呈整体上升趋势：碱含量从 5% 增至 15% 的过程中，增幅较大；碱含量超过 20% 后增速变缓。电石渣、熟石灰和 $Ca(OH)_2$ 三种激发剂分别在 20%、25% 和 30% 的掺量下强度达到最大值，而掺电石渣组的固硫灰强度略高于其他两者。电石渣、熟石灰与化学纯的 $Ca(OH)_2$ 试剂均是以 $Ca(OH)_2$ 作为主要成分的激发剂，但是三者在最佳掺量以及强度间存在差异，原因主要是整个激发过程采用高温养护，高温会降低 $Ca(OH)_2$ 的溶解度，影响反应的进行。而作为工业废渣的电石渣以及已经过消化反应的熟石灰均有热处理的历史，所以在试验中高温作用不仅不影响其反应活性，而且还能增进反应动力。

相比钠水玻璃和 NaOH 的碱性而言，$Ca(OH)_2$ 的碱性略显不足。通常情况下，硅铝组分在高碱环境中更容易溶出，因此采用不同模数水玻璃溶液激发固硫灰。在本体系中同样掺入 50% 的偏高岭土补充硅铝源。表 2-13 显示的是不同模数水玻璃溶液激发固硫灰的实验结果。水玻璃溶液激发固硫灰能取得较好的激发效果，与单纯用 $Ca(OH)_2$ 激发的体系相比，强度增长近一倍。其中水玻璃模数为 1.5，养护温度为 90℃ 的试验组，强度最高，接近 60MPa。硅铝聚合结构在高碱性环境中被破坏，硅铝质组分从原有的结构中大量溶出，形成［SiO_4］和［AlO_4］四面体单元。这些结构基元在后续的养护过程中进一步反应，通过相互搭接重新聚合形成具有良好空间结构和力学性能的材料。

表 2-13　碱性激发剂激发固硫灰体系强度

组数	水玻璃/g	碱含量/%	水玻璃模数	养护温度/℃	NaOH/g	强度/MPa
1	25	30	1.0	60	34.13	12.7
2	25	30	1.0	90	34.13	50.5
3	25	30	1.0	105	34.13	33.8
4	25	30	1.5	60	35.75	12.2
5	25	30	1.5	90	35.75	58.9
6	25	30	1.5	105	35.75	56.9
7	25	30	2.0	60	36.74	11.5
8	25	30	2.0	90	36.74	40.4
9	25	30	2.0	105	36.74	45.6

水泥的存在不仅为固硫灰提供了良好的碱性环境以激发其活性，而且提供了大量的 $Ca(OH)_2$ 补充固硫灰自身钙源的不足，使其火山灰反应充分进行。表 2-14 是固硫灰与水泥复掺的净浆强度测试结果。

表 2-14　水泥激发固硫灰体系净浆试块强度

固硫灰：水泥	7d 强度/MPa			28d 强度/MPa		
	A	X	G	A	X	G
5：5	19.5	15.9	24.3	50.4	44.7	39.9
7：3	10.0	10.6	16.3	29.8	29.7	31.7
9：1	4.6	3.3	9.5	14.3	12.7	30.3

从表 2-14 可知，随着固硫灰量的增加、水泥量的减少，三种固硫灰试块的净浆强度降低。在固硫灰掺量为 50% 时，固硫灰 A 由于细度较细具有较高的强度；随着固硫灰掺量的增加，固硫灰 G 高钙高硫的优势得

以发挥，在固硫灰掺量由 70% 增至 90%，对应水泥掺量由 30% 降至 10% 的过程中，钙硫含量较低的两种灰 A 和 X 强度下降明显，而固硫灰 G 强度几乎不变，这主要是由于固硫灰 G 中的钙硫含量较高，在水泥量降低时，凭借超过其他两种灰一倍钙硫含量的优势，生成更多的钙矾石、C-S-H 及C-A-H凝胶等产物，弥补了水泥量减少所造成的钙质组分不足的不利条件，具有较高的强度。

2.3.3 复合改性

固硫灰中的钙硫质组分含量较高，远高于粉煤灰，而中温的燃烧环境使得其中的无定形物质含量较少，后期火山灰活性不及粉煤灰。通过将固硫灰与粉煤灰复掺，能够将两者的优势结合，改善固硫灰的性质。表 2-15 显示的是三种固硫灰与不同比例粉煤灰复掺得到的净浆强度。

表 2-15 固硫灰与粉煤灰复掺的净浆试块强度

固硫灰：粉煤灰原灰	7d 强度/MPa			28d 强度/MPa		
	A	X	G	A	X	G
5 : 5	1.3	0.6	5.5	1.6	0.9	11.5
7 : 3	1.4	0.7	6.9	1.7	1.1	17.6
9 : 1	1.5	0.8	8.0	2.1	1.5	19.7

固硫灰与粉煤灰原灰复掺时，三种灰均遵循相同的规律：随着固硫灰掺量的增加，净浆试块的强度增大，但钙硫含量较高的固硫灰 G 与其他两种灰的强度差距较大。这是由于在固硫灰与粉煤灰复掺的体系中，粉煤灰与固硫灰中的无定形物质发生火山灰反应所需的钙质组分都由固硫灰提供，因此，随着固硫灰钙含量依次降低，净浆试块的抗压强度也依次降低：G > A > X，由于固硫灰 G 的钙含量远高于其他两种固硫灰，因此，其复掺后的净浆试块强度也远好于固硫灰 A 和 X。

粉磨后的超细固硫灰与粒化高炉矿渣粉双掺可以利用固硫灰中的无定形组分以及矿粉中充足的钙源互相激发，提高二者的活性，增进体系的强度；固硫灰与粉煤灰互掺可以充分利用粉煤灰的无定形组分补充体系的活性，促进难溶的硬石膏溶解；超细固硫灰与超细粉煤灰双掺可以利用巨大表面积带来的活性效应，促进二者相互激发。见表 2-16，在超细固硫灰分别复掺矿粉、粉煤灰原灰以及超细粉煤灰的过程中，胶砂体系的 7d 活性指数呈现整体上升的趋势，三种体系均在固硫灰掺量为 90% 时达到最大值。由于采用经气流磨处理的超细固硫灰，所以体系的强度不仅来自水泥、固硫灰以及其他矿物掺合料发生水化反应生成的胶凝性产物，还来自超细灰掺入后对整个体系粉体粒度分布的优化，使其级配更加合理，孔隙率更小，产生由密实度增加带来的强度效应。这一点可以通过对比掺粉煤原灰和超细粉煤灰的试验组证实。另外，粉磨超细化的矿物掺合料具有优良的早期强度，掺超细粉煤灰的复合矿物掺合料体系强度甚至超过部分矿粉试验组。这对于提高类似于粉煤灰等水化缓慢的矿物掺合料的早期强度具有借鉴意义。

表 2-16　固硫灰与其他矿物掺合料复掺的活性指数测试

编号	固硫灰/%	其他掺合料/%	与矿粉复掺的活性指数/%		与粉煤灰原灰复掺的活性指数/%		与超细粉煤灰复掺的活性指数/%	
			7d	28d	7d	28d	7d	28d
1	10	90	51.47	65.62	43.07	58.38	53.45	77.03
2	20	80	53.91	74.71	43.18	67.22	55.49	78.14
3	30	70	56.00	75.02	44.82	68.54	56.47	79.81
4	40	60	58.59	77.82	44.82	70.25	58.22	80.13
5	50	50	61.43	81.53	55.08	73.01	55.53	77.76
6	60	40	60.13	82.74	52.93	73.48	58.16	79.32
7	70	30	59.74	83.65	55.05	76.03	60.52	83.14
8	80	20	56.82	83.19	56.14	81.51	60.52	89.05
9	90	10	61.82	88.21	56.65	87.93	60.76	92.02

固硫灰虽然含有一定量的钙质组分，但由其提供的自硬性较弱，需要外界提供一定量的钙质组分，尤其是在掺有骨料的砂浆体系中。水泥的存在不仅补充了固硫灰的碱度，而且强烈影响着整个体系的强度，对膨胀性的发挥具有重要影响。

图 2-14 显示的是不同固硫灰掺量下固硫灰-水泥二元砂浆体系的线性膨胀率变化情况。就总体趋势而言，两种细度的固硫灰（X0 和 Q15）均呈现相同的规律：随着固硫灰掺量的增加，二元砂浆体系的最终线性膨胀率逐渐增大，但早期的线性膨胀率却随固硫灰掺量的增加呈现先增大后降低的趋势。随着固硫灰掺量的增加，水化产生的膨胀性组分增多，提高了砂浆体系的膨胀性；而体系的强度也随着水泥掺量的减少而降低，削弱了对膨胀性发挥的限制作用，故膨胀率增大。但是当固硫灰的掺量继续增加时，水泥含量减少，体系在早期缺少足够的 $Ca(OH)_2$ 激发固硫灰活性生成膨胀性组分，故线性膨胀率降低。由于固硫灰中的钙主要以Ⅱ-$CaSO_4$ 的形式存在，其不溶或难溶，水化反应缓慢，而以 f-CaO形式存在的钙质组分含量较少。因此，在早期，固硫灰掺量较大的体系需要水泥水化生成的 $Ca(OH)_2$ 激发或参与反应形成膨胀性组分以提供膨胀性。而在高固硫灰体系中，水泥掺量较少，难以迅速提供大

量的 $Ca(OH)_2$，从而影响了固硫灰水化产物的生成，延迟了高固硫灰体系膨胀性在早期的发挥。到后期时，不仅水泥水化提供了大量的 $Ca(OH)_2$，而且水化较慢的Ⅱ-$CaSO_4$ 也逐渐溶解，为体系提供了充足的钙硫来源，膨胀组分的大量生成提高了体系的膨胀率。

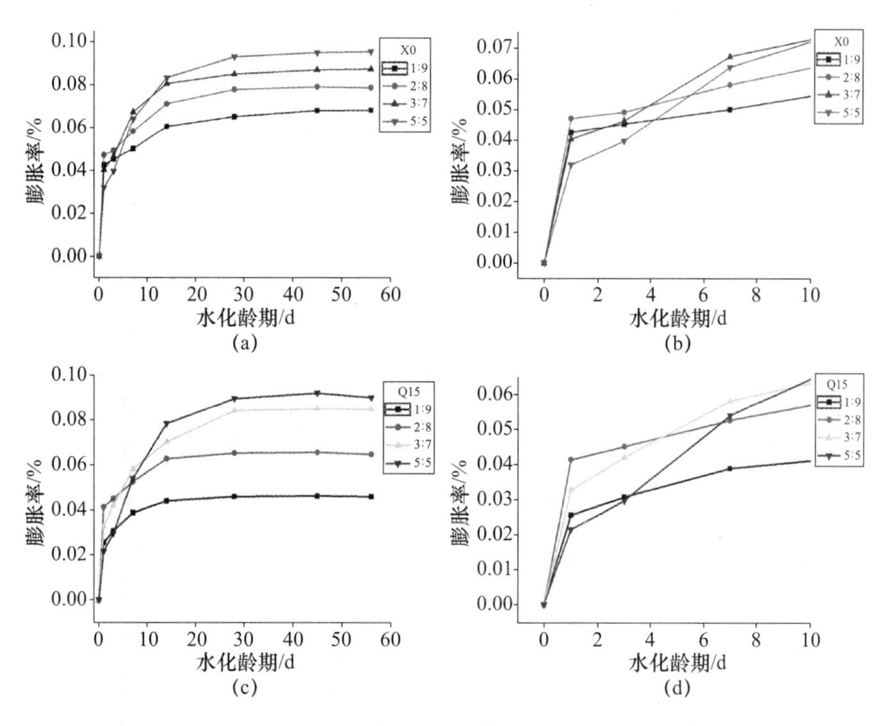

图 2-14　固硫灰掺量对固硫灰-水泥二元砂浆体系线性膨胀率的影响

（a）X0 长期；（b）X0 早期；（c）Q15 长期；（d）Q15 早期

在固硫灰-水泥二元砂浆体系中，固硫灰掺量的变化直接影响着水泥的掺量，从而影响砂浆体系的强度。所以固硫灰掺量与线性膨胀率之间的关系，不仅受固硫灰掺量的影响，而且受体系强度限制作用的影响。因此，采用固定水泥掺量，改变固硫灰与粉煤灰之间的比例来研究固硫灰掺量变化对整个体系膨胀性的影响。

图 2-15 是固硫灰掺量变化对固硫灰-水泥-粉煤灰三元净浆体系线性膨胀率的影响情况（试块成型配方见表 2-17）。由图 2-15（a）可知，随着固硫灰掺量的增加，净浆体系的线性膨胀率随之增大。从图 2-15（b）中可看出，当体系的水泥用量达到一定时，不存在先前因体系中 Ca（OH）$_2$ 含量不同而出现的线性膨胀率随固硫灰增多而先增后减的现象。这是由于水泥掺量固定，保证了体系中活性 $Ca(OH)_2$ 含量大致相同，而粉煤灰属于火山灰材料，虽然它的水化同样需要 $Ca(OH)_2$ 激发，但其玻璃质表面使得粉煤灰的火山灰反应缓慢。因此，在早期，粉煤灰的存在不会影响固硫灰的水化反应，固硫灰通过自身 f-CaO 的水化以及水

泥水化提供的$Ca(OH)_2$生成膨胀性组分。故固硫灰掺量越大，膨胀性组分越多，膨胀率越高。

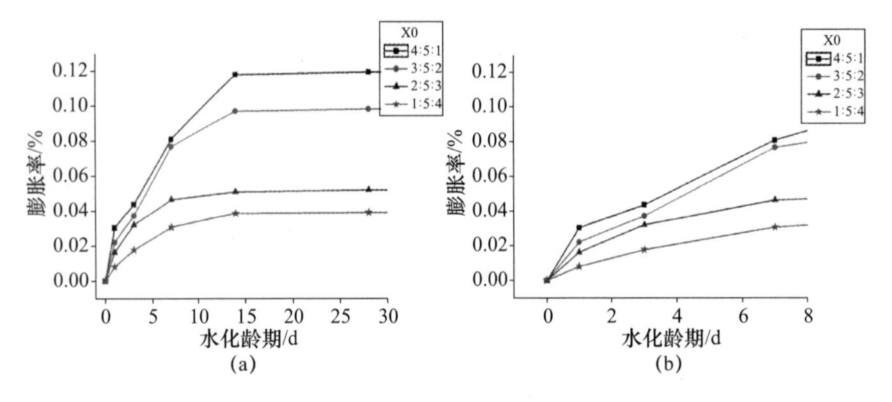

图 2-15 固硫灰掺量对三元净浆体系线性膨胀率的影响

（a）长期；（b）早期

表 2-17 固硫灰-水泥-粉煤灰三元净浆体系线性膨胀率试块成型配方

种类	体系组成	配比（固硫灰：水泥：粉煤灰）				水胶比
净浆	固硫灰 + 水泥 + 粉煤灰	4：5：1	3：5：2	2：5：3	1：5：4	0.33

2.4 小结

本章对循环流化床锅炉燃煤灰渣（固硫灰渣）物化性能和特性进行了系统测试、表征和分析，发现固硫灰渣在外观、物理性质、化学组成、矿物组成和特性方面与煤粉炉粉煤灰/底渣有本质区别。两者虽同为燃煤电厂燃煤废弃物，但固硫灰渣不能按照粉煤灰的建材资源化利用技术和途径进行应用。

基于固硫灰渣物理化学特性，初步分析了物理粉磨、化学激发、复合等加工改性手段对固硫灰渣性能的影响，发现上述改性手段能够在一定程度上降低固硫灰渣物理需水量，提高其火山灰和水化反应活性，更重要的是可以稀释硫钙组分或缩短膨胀性反应时间。上述加工改性手段将为固硫灰渣的建材资源化利用提供较好的预处理技术指导，从而利于其在建筑材料中的安全高质高效利用。

下述各章节将基于本章的固硫灰渣特性及其加工改性研究成果，就固硫灰渣建材资源化利用技术做深入讨论。

3 循环流化床锅炉燃煤灰渣基辅助性胶凝材料

循环流化床锅炉燃煤灰渣（固硫灰渣）作为水泥和混凝土用辅助性胶凝材料是其建材资源化的最主要途径。尽管固硫灰渣具有自硬性、火山灰活性等优点，但其高硫钙组分始终是建材从业者担忧的问题，且目前关于燃煤灰渣、火山灰质材料的相关标准均对原料的 SO_3、f-CaO 含量做了严格限定，这是固硫灰渣建材应用的壁垒。事实上，水泥基材料中硫钙组分均为主要组成成分，合理应用可以有效提高建筑材料产品的性能。例如，石膏是调节水泥凝结时间的主要组分；而钙硅铝则是辅助性胶凝材料的主要组分。因此，高钙硫组分不应成为固硫灰渣建材资源化利用的障碍，关键是根据固硫灰渣自身组成、结构和性能做好组配和预处理加工改性。

3.1 循环流化床锅炉固硫灰渣水泥混合材及缓凝剂

3.1.1 固硫灰渣水泥混合材和缓凝剂

固硫灰渣中硬石膏可作为水泥缓凝剂使用，而钙、硅、铝矿物可作为水泥混合材使用，也即固硫灰渣在水泥中可同步作为缓凝剂和混合材使用。本研究以硅酸盐水泥熟料、天然石膏、固硫灰渣（第 2 章所述四个不同循环流化床锅炉产生的 A-H 固硫灰渣样品）为原料，采用两种设计方法制备了普通硅酸盐水泥：A 系列，固定固硫灰渣代替 30% 水泥熟料，不限定水泥中 SO_3 含量；B 系列，控制固硫灰渣掺量，固定水泥中 SO_3 含量为 3.5%，不足部分以天然石膏补充。

如表 3-1 所示，固硫灰渣代替水泥熟料掺入时，水泥标准稠度需水量增大，其中 AA 和 AG 的标准稠度需水量最大，分别为 32.5%、36.7%。固硫灰渣形貌不规则，表面疏松多孔，其需水量较大，所以固硫灰渣大掺量使用，水泥需水量随之增加。另外，由于不同固硫灰渣粒径大小、粒径分布以及对水泥熟料的助磨性质不一样，因此在球磨过程中其细化程度不一样，这也是导致其需水量存在差异的原因之一。如表 3-2 所示，固定水泥中 SO_3 含量时，相比于大掺量固硫灰渣，水泥标准稠度需水量降低。

表 3-1　A 系列水泥基本性能

样品	需水量/%	初凝/min	终凝/min	安定性	流动度
水泥	25.0	105	142	合格	185
AA	32.5	102	145	合格	137
AB	26.9	104	140	合格	159
AC	32.3	19	42	合格	125
AD	28.0	83	114	合格	170
AE	23.7	115	157	合格	169
AF	36.7	117	160	不合格	164
AG	25.6	53	88	合格	179
AH	27.6	87	126	合格	165

表 3-2　B 系列水泥基本性能

样品	熟料/%	灰渣掺量/%	天然石膏/%	标稠/%	凝结时间/min		安定性
					初凝	终凝	
BA	80.8	19.2	0	25.0	93	126	合格
BB	78.9	21.1	0	25.6	89	141	合格
BC	69.0	25.0	6	30.2	157	219	合格
BD	71.85	25.0	3.15	28.8	147	190	合格
BE	83.2	16.8	0	25.8	92	130	合格
BF	85.52	14.48	0	25.6	80	114	合格
BG	69.75	25.0	5.25	27.5	120	154	合格
BH	74.4	25.0	0.6	27.0	122	158	合格

当掺入30%固硫灰渣时，AF的体积安定性不合格。这是由于固硫渣F中Ⅱ-$CaSO_4$和f-CaO含量均较高，分别高达17.26%、32.99%，固硫渣F掺入水泥熟料中导致AF样品Ⅱ-$CaSO_4$和f-CaO含量随之升高，分别达到6%、11.93%。Ⅱ-$CaSO_4$和f-CaO水化时引起体积膨胀，最后导致开裂，给安定性带来影响。在GB 175标准中明确规定，除矿渣硅酸盐水泥外，其余硅酸盐水泥中SO_3含量不能超过3.5%；当SO_3含量超过3.5%，可能会给安定性带来影响。当控制水泥中SO_3含量在3.5%时，其安定性均合格。

不同固硫灰渣的加入对水泥凝结时间也有一定的影响，当固硫灰渣掺量为30%时，无须外掺石膏，水泥凝结时间基本满足水泥对凝结时间的标准要求。然而各组样品的凝结时间存在一定的差异，其中AC样品凝结时间最短，不满足水泥对凝结时间的要求。固硫灰渣中含有一定的

SO_3，且不同固硫灰渣 SO_3 含量也存在很大的差异。SO_3 在固硫灰渣中主要以Ⅱ-$CaSO_4$ 的形式存在，从结晶角度来说，固硫灰渣中的无水硫酸钙和天然石膏中的无水硫酸钙具有相同的晶体结构，因此对水泥的凝结时间也有一定的调节作用。图 3-1 给出了 A 组各样品的凝结时间随着 SO_3 含量变化的线性关系。随着 SO_3 含量的增加，水泥的凝结时间逐渐延长。石膏的缓凝作用是 C_3A 在石膏、石灰的溶液中生成钙矾石保护膜，封闭水泥颗粒表面，阻碍水分子以及离子扩散，延缓水泥颗粒特别是 C_3A 的继续水化。固硫灰中硬石膏初始溶解速率比较慢，掺量较少时溶出的 SO_4^{2-} 离子量少，对 C_3A 的抑制作用不够明显，随着硬石膏掺量增加，溶液中 SO_4^{2-} 离子量增加，对 C_3A 的抑制作用越来越明显，因此水泥凝结时间随硬石膏掺量增加而延长。另外，水泥的凝结时间取决于水泥浆体中网状结构的形成，随着固硫灰渣的掺入，体系中具有胶凝性质的组分减少，阻碍了网状结构的形成，因此凝结时间变长。

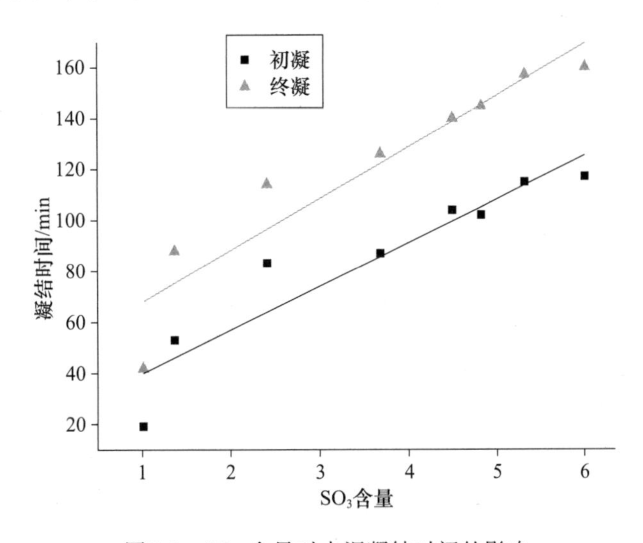

图 3-1　SO_3 含量对水泥凝结时间的影响

表 3-3、表 3-4 分别给出了两种配比下的水泥胶砂力学性能。当掺入 30% 固硫灰时，AA、AB、AD 水泥样品 3d、28d 抗折强度和抗压强度均满足 P · O 42. 5R 水泥力学性能要求；掺入 30% 固硫渣时，AE 样品 3d、28d 抗折强度和抗压强度均满足 P · O 42. 5R 水泥力学性能要求。当掺入 30% 固硫灰渣时，水泥的抗折强度、抗压强度整体上随着体系中 SO_3、f-CaO 含量增加而增加。固硫灰渣中的Ⅱ-$CaSO_4$ 不仅可以水化生成二水石膏调节水泥凝结时间，而且其与 CaO 一同可同时提高体系碱度，从而提高体系的强度，而硫钙组分含量较低的固硫灰渣大掺量使用时，体系碱度不足，水化反应速度和程度均降低。然而 SO_3、f-CaO 水化的同时伴随着体积的膨胀，给体系的安定性带来一定的影响，因此随

着固硫灰渣中 SO_3、f-CaO 含量增加，其大掺量应用时，体积安定性风险大幅增加。

表 3-3　A 系列水泥胶砂力学性能

样品	抗折强度/MPa			抗压强度/MPa		
	3d	28d	56d	3d	28d	56d
AA	4.02	7.82	8.73	24.79	53.27	56.17
AB	5.76	6.83	7.18	28.02	47.66	51.21
AC	4.03	6.16	6.04	19.60	43.22	45.06
AD	5.63	6.63	6.79	27.62	46.52	49.39
AE	5.64	6.81	8.86	28.99	45.64	52.55
AF	2.34	5.90	6.58	14.09	40.17	46.89
AG	3.39	6.32	7.04	14.87	32.76	41.51
AH	4.35	6.74	8.51	22.95	41.78	49.79

从表 3-4 可以看出，当控制水泥中 SO_3 含量为 3.5% 时，灰渣掺量降低。B 系列水泥样品抗折强度、抗压强度较 A 系列水泥有明显提高，所配制水泥皆可以达到 P·O 42.5R 要求。可以看出，通过限制水泥中 SO_3 含量保持在 3.5% 范围时，固硫灰渣可以大掺量作为水泥缓凝剂和混合材使用。

表 3-4　B 系列水泥胶砂力学性能

样品	抗折强度/MPa			抗压强度/MPa		
	3d	28d	56d	3d	28d	56d
BA	6.64	8.47	8.76	29.38	55.48	59.91
BB	5.55	8.45	8.65	36.06	54.51	56.78
BC	4.07	8.14	9.05	24.90	49.56	57.68
BD	3.55	8.04	8.05	19.55	51.42	57.79
BE	6.53	7.60	8.71	35.23	56.85	60.92
BF	5.48	8.62	9.21	29.63	58.12	55.33
BG	4.93	8.23	8.65	28.47	51.67	55.18
BH	3.68	6.63	7.56	19.92	44.90	50.05

图 3-2 给出了掺量 30% 时固硫灰、固硫渣对水泥线性膨胀率的影响规律。从图 3-2（a）可以看出，掺入 30% 固硫灰时，随着养护龄期的增加，线性膨胀率逐渐增大，前期膨胀较大，后期趋于稳定。其中样品 AC、AD 的膨胀主要发生在前 14d，后期几乎不膨胀，样品 AA、AB 膨胀主要发生在前 28d，28d 后趋于稳定。固硫灰 B 对水泥线性膨胀率的

影响最大，固硫灰 C 对水泥线性膨胀率的影响最小，其膨胀大小顺序为：AB > AA > AD > AC。这可能和原料化学成分有关，样品 AC、AD 的 SO_3 含量较低，分别为 1.02%、2.41%，样品 AA、AB 的 SO_3 含量较高。《硫铝酸钙改性硅酸盐水泥》（JC/T 1099—2009）和《低热微膨胀水泥》（GB/T 2938—2008）标准中要求，水泥净浆试块在水中养护至 28d 的线性膨胀率不得大于 0.60%。本实验掺入 30% 固硫灰时，AB 组配制而成的水泥净浆试体线性膨胀率最大，28d 时约为 0.25%，满足标准要求。因此，AA ~ AD 水泥满足上述标准中对线性膨胀率的要求。

从图 3-2（b）可以看出，掺入 30% 固硫渣时，水泥线性膨胀率随着龄期的增长逐渐增大，其中样品 AE、AG、AH 的线性膨胀率主要发生在前期，后期趋于稳定。样品 AE 的线性膨胀主要发生在 28d 前，28d 后趋于稳定。样品 AG、AH 的膨胀主要发生在 7d 前，7d 后趋于稳定。样品 AG 的膨胀率最小，AF 的膨胀率最大，并且一直持续到 56d，预计后期仍然会继续膨胀。其膨胀率大小为 AF > AE > AH > AG。样品 AF28d 时的线性膨胀率为 0.998%，不满足《硫铝酸钙改性硅酸盐水泥》（JC/T 1099—2009）和《低热微膨胀水泥》（GB/T 2938—2008）中对水泥膨胀率的要求，AE、AG、AH 膨胀率均小于 0.6%，满足上述两个标准对膨胀率的要求。

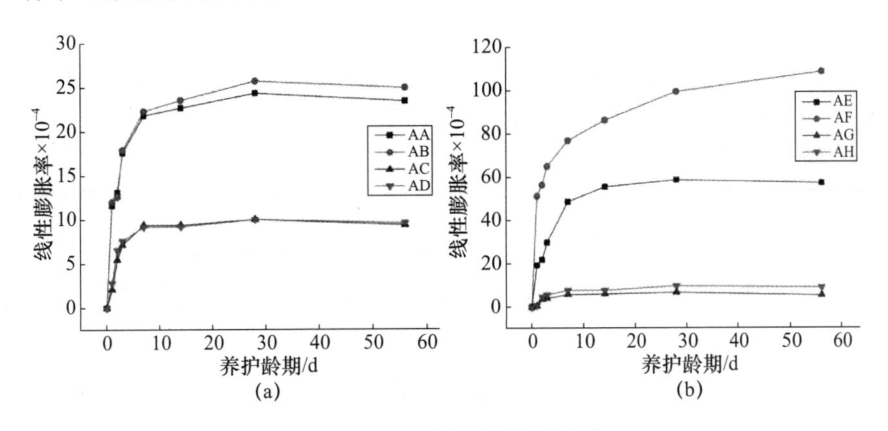

图 3-2　A 系列水泥线性膨胀率

（a）固硫灰；（b）固硫渣

图 3-3 给出了保持 SO_3 含量在 3.5% 时，且固硫灰渣总掺量 ≤25% 情况下，固硫灰渣对水泥线性膨胀率的影响。从图 3-3（a）中可以看出，其膨胀率大小顺序为 BD > BC > BB > BA，并且膨胀率主要发生在 28d 前，28d 后趋于稳定。其中 BD 样品的膨胀率最大，28d 膨胀率为 0.25%，满足上述标准中对水泥膨胀率的要求。对照固硫灰的掺量以及 B 组样品化学成分含量可知，固硫灰的掺量为 BD = BC > BB > BA，样品

BA 固硫灰掺量最少，其膨胀率最低。从图 3-3（b）中可以看出，水泥样品的膨胀率大小顺序为 BF > BG > BE > BH，并且其膨胀率主要发生在 28d 前，28d 后趋于稳定。其中 BF 膨胀率最大，28d 膨胀率为 0.21%，满足上述两种标准中对水泥膨胀率的要求。

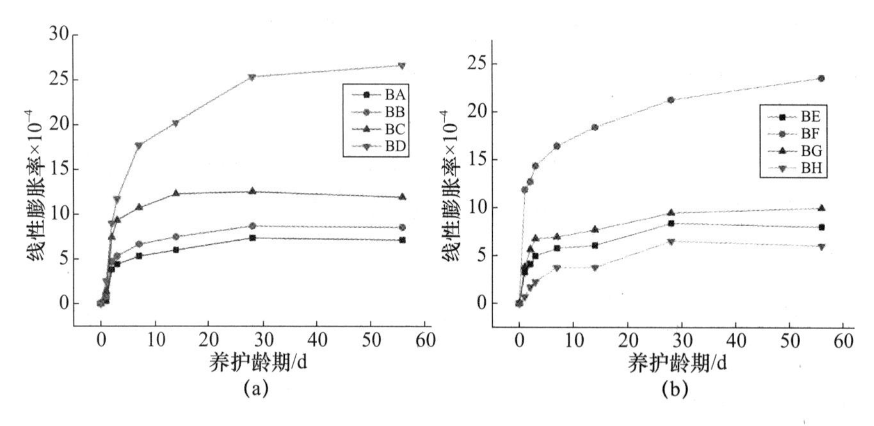

图 3-3　B 组固硫灰渣对水泥熟料线性膨胀率的影响

（a）固硫灰；（b）固硫渣

综上可知，固硫灰渣单独作为水泥混合材和缓凝剂加入对水泥工作性影响较大，但在合适的用量下，水泥物理化学性能能够满足相关标准要求。

3.1.2　固硫灰渣基复合水泥混合材和缓凝剂

上一小节研究已经表明，固硫灰渣单独作为水泥混合材和缓凝剂对水泥工作性能影响较大，且需要特别控制水泥中 SO_3 含量以满足水泥标准要求。事实上，水泥混合材品种多种多样，水泥中混合材至少在两种以上。基于固硫灰渣高吸水性以及高石膏含量特点，若能遴选具有减水性和低硫酸盐含量的另外一种原料组配，则有望克服固硫灰渣缺陷。我们遴选了四川地区丰富的钒钛磁铁矿炼铁产生的高炉高钛矿渣作为辅助原料。高钛矿渣虽然具有钛含量高、易磨性差、活性低的缺点，但由于其较好的减水及填充作用，已有研究证明其可以作为水泥混合材。本研究在综合两种工业废渣特点的基础之上提出利用钛矿渣和固硫灰复合作水泥混合材生产复合水泥（表 3-5）。

表 3-5　原材料化学成分组成/%

成分	烧失量	SiO_2	Al_2O_3	Fe_2O_3	CaO	MgO	Na_2O	K_2O	SO_3	TiO_2
熟料	1.09	19.56	4.87	3.77	65.22	1.72	0.13	1.03	1.52	0.51
固硫灰	9.45	31.78	10.61	17.15	20.14	0.53	0.04	1.10	10.09	2.34

续表

成分	烧失量	SiO_2	Al_2O_3	Fe_2O_3	CaO	MgO	Na_2O	K_2O	SO_3	TiO_2
钛矿渣	—	24.04	12.01	4.09	31.28	7.52	0.37	0.54	2.1	17.31
石膏	21.42	1.06	0.29	0.13	32.24	2.66	—	—	41.90	—

根据原材料的化学成分和水泥对 SO_3 含量的限定（≤3.5%），将钛矿渣和固硫灰固定为 2∶1 的比例（质量比）做混合材，分别以 30%、40%、50% 的掺量与水泥熟料置于球磨机中混磨 30、45、60min（不掺石膏），制得的水泥中 SO_3 的含量在 1.5%～3.0% 的范围内。另外，将石膏以 5% 的比例与水泥熟料混磨 45min，作为对比组，按照《水泥胶砂强度检验方法（ISO 法）》（GB/T 17671—2021）操作方法分别在水中养护 3d、28d、60d 后测定强度。其具体配比及实验结果见表 3-6。

表 3-6　水泥胶砂强度试验结果

编号	粉磨时间/min	配比/%				抗折强度/MPa			抗压强度/MPa		
		水泥熟料	钛矿渣	固硫灰	石膏	3d	28d	60d	3d	28d	60d
0	45	95.0	0.0	0.0	5.0	7.61	8.42	11.16	31.10	52.50	58.90
HA30	30	70.0	20.0	10.0	0.0	5.85	7.94	10.82	30.54	48.66	47.37
HA45	45	70.0	20.0	10.0	0.0	6.21	7.20	9.16	33.66	50.10	55.53
HA60	60	70.0	20.0	10.0	0.0	6.35	7.02	9.93	34.96	52.32	56.38
HB30	30	60.0	26.7	13.3	0.0	4.67	6.76	9.46	19.65	46.89	50.49
HB45	45	60.0	26.7	13.3	0.0	5.55	7.00	9.58	25.76	48.90	57.62
HB60	60	60.0	26.7	13.3	0.0	5.60	7.19	8.87	26.03	51.10	58.80
HC30	30	50.0	33.3	16.7	0.0	4.17	6.21	8.07	19.17	38.70	43.10
HC45	45	50.0	33.3	16.7	0.0	4.97	6.32	8.48	23.71	46.12	54.35
HC60	60	50.0	33.3	16.7	0.0	5.07	6.98	9.15	23.79	46.71	55.70

由表 3-6 可知，随着混合材掺量的增加、水泥熟料量的减少，水泥的抗折和抗压强度整体呈现下降趋势，但具体表现为在 70% 熟料用量的 HA 组各龄期抗压强度均表现优异，在 3d 时其抗压强度甚至超过了对比水泥组。而在熟料用量为 60%、50% 的 HB 和 HC 组 3d 强度下降明显，这是因为随着水泥熟料量的减少，发生水化反应起到增加强度作用的 C_3S 和 C_2S 矿物大量减少，而且在早期这种效应尤为明显。但随着水化反应的进行，复合水泥的强度开始逐渐增加，在 28d 时用 60% 熟料的 B 组强度可达到纯水泥强度 93% 以上，在 60d 时其强度更是发展到对比水泥强度的 97% 以上，这是因为随着水泥水化反应的进行，生成的大量

$Ca(OH)_2$使得水泥体系内碱度增高，促使了固硫灰发挥自身的火山灰活性，使得体系生成了更多的水化凝胶，增加了水泥的后期强度。另外对比国标可知，在钛矿渣和固硫灰作混合材替代40%熟料的情况下，配制的水泥仍旧能达到P·C 42.5R强度标准，这对于指导水泥生产有重要意义。随着水泥粉磨时间的延长，水泥的整体强度呈现增加的趋势，而且粉磨对于复合水泥3d强度的提升远远大于中后期强度，这是因为随着粉磨时间的延长，水泥混合材中固硫灰的细度增加，这将使固硫灰渣中的f-CaO释放，加速水泥熟料水化，同时磨细的固硫灰具有更高的活性，有利于水泥强度的发展。此外，水泥整体细度的增加也会加速水泥早期的水化，提高早期强度。对于HB45组3d强度较低的原因，可能是由于钛矿渣和固硫灰易磨性不同，导致在该配比和粉磨时间条件下，水泥整体的颗粒级配连续性不好，进而引起了早期强度的下降。

如表3-7，固硫灰的加入使得水泥的标准稠度用水量增加。而高钛矿渣的加入，则能够降低水泥标准稠度用水量。钛矿渣颗粒密实，且其反应活性低，这是其减水效应的基础；另外，活性较低的钛矿渣细颗粒，主要填充在水泥颗粒之间，起到微骨料的作用，占据了颗粒之间的充水空间，原来填充于空间中的水就被释放出来，使得浆体稀释化，所以水泥标准稠度用水量减少。另外，钛矿渣加入之后会使水泥的水化速度减慢，也使标准稠度用水量减少，即在保持同样的需水量的情况下，加入钛矿渣可以增加浆体的流动度。总体而言，钛矿渣和固硫灰复掺作混合材使得所配制的复合水泥具有了较低的标准稠度需水量。从表3-7还可以看出，随着水泥混合材掺量的增加，水泥的凝结时间随之延长，但均满足相关标准要求。

表3-7　水泥的配比及物理性能

编号	配比/%				SO_3/%	比表面积/(m^2/kg)	标准稠度	凝结时间/min		安定性
	熟料	钛矿渣	固硫灰	石膏			%	初凝	终凝	
HA	70.0	20.0	10.0	0.0	2.5	436.2	26.5	95.0	119.0	合格
HB	60.0	26.7	13.3	0.0	2.8	460.0	26.6	105.0	128.0	合格
HC	50.0	33.3	16.7	0.0	2.9	376.6	25.8	135.0	190.0	合格
HD	83.3	0.0	16.7	0.0	3.0	369.1	27.0	95.0	133.0	合格
HE	95.0	0.0	0.0	5.0	1.5	377.7	25.0	69.0	98.0	合格

将水泥以0.40的水胶比成型净浆，测得水泥水化各龄期产物的XRD图谱，如图3-4所示。由图中可以看出，加入钛矿渣的HA、HB和

HC 三组在各龄期的水化产物种类基本一致，但部分峰强有所变化，主要表现在随着混合材掺量的增加，钛矿渣中钙钛矿的峰强逐渐增强，此外，随着混合材中固硫灰含量的逐渐增加，水化产物中钙矾石的含量也逐渐增加。对比未加入钛矿渣的 HD 组可以看出，加入钛矿渣水泥水化产物中还出现了明显的 C_4AH_{13} 的峰，而且随着龄期和钛矿渣含量的增加，峰强也增加，这是因为熟料中硫酸盐含量本身较低，在加入硫酸盐含量更低的钛矿渣之后，体系中的硫酸盐不足以消耗水泥水化产生的铝酸盐，因此形成了相应的 C_4AH_{13} 峰，随着钛矿渣含量的增加，体系中硫酸盐的含量进一步降低，从而形成的铝酸盐越多，导致了峰强的增加；此外随着龄期增长，混合材中的活性 Al_2O_3 与水泥中的 $Ca(OH)_2$ 发生反应，也会导致峰强的增加，而由于只加入高硫含量的固硫灰的 HD 组中硫酸盐含量足够，因此在各龄期都未生成 C_4AH_{13}。

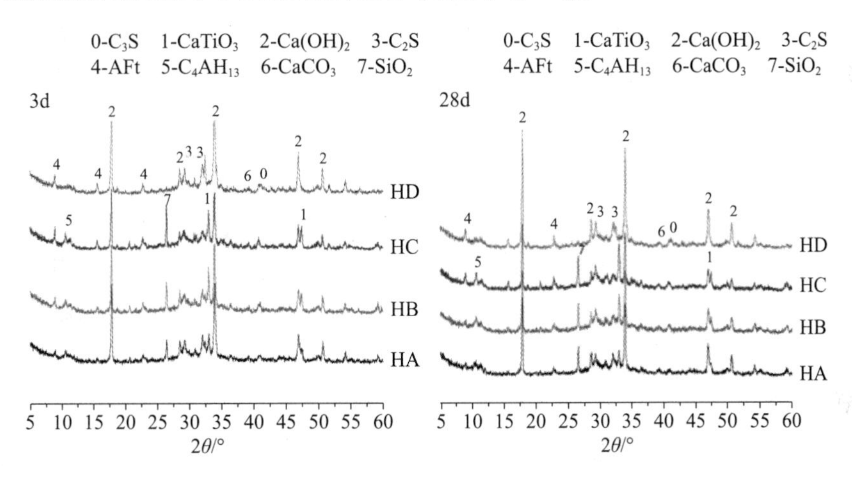

图 3-4 水泥水化产物 XRD 图谱

钛矿渣和固硫灰复合作水泥混合材制备复合水泥是可行的，在保持二者质量比为 2∶1 的前提下，随着混合材掺量的增加，复合水泥的强度整体呈现下降趋势，且早期强度下降更为明显，但后期强度有较高增长；粉磨时间的延长有利于复合水泥早期强度的提升，对后期强度增长也有一定促进作用。固硫灰单独作混合材生产的复合水泥标准稠度需水量较纯水泥有较大增加，但加入钛矿渣和固硫灰复合混合材制备的复合水泥标准稠度需水量较只加固硫灰的有所降低，体现了钛矿渣的减水效果；混合材中固硫灰可以替代石膏作缓凝剂，凝结时间随固硫灰含量的增加而增加。钛矿渣的加入限制了复合水泥中硫酸盐的含量，使得水化产物中出现了 C_4AH_{13}，一定程度上保证了复合水泥的体积稳定性，进一步反应可提高体系的密实度，有利于水泥后期强度发展。

3.2 固硫灰渣矿物掺合料

用粉磨细化固硫灰渣制备混凝土用矿物掺合料，是其辅助性胶凝材料应用的另一重要领域。固硫灰的高吸水性和膨胀性是影响其矿物掺合料应用的主要因素。本书前述介绍了粉磨改性可以降低固硫灰渣结构吸水量，加速膨胀性组分释放和提前膨胀性反应，同时也能够提高灰渣中火山灰活性组分含量。基于此，以第 2 章所述的球磨固硫灰渣和蒸汽气流磨超细固硫灰为矿物掺合料单掺替代 20% 水泥制备混凝土，混凝土的配合比方案见表 3-8。

表 3-8　掺磨细固硫灰渣混凝土的配合比设计

组数	水泥	磨细固硫灰渣	W/C	减水剂	石/(kg/m³)	砂/(kg/m³)
1	450	—	0.37	JS-Ⅰ/0.3%	1014	676
2	360	X0/90	0.37	JS-Ⅰ/0.3%	1014	676
3	360	X15/90	0.37	JS-Ⅰ/0.3%	1014	676
4	360	X9/90	0.37	JS-Ⅰ/0.3%	1014	676
5	360	Q15/90	0.37	JS-Ⅰ/0.3%	1014	676
6	360	Q5/90	0.37	JS-Ⅰ/0.3%	1014	676
7	450	—	0.37	JS-Ⅱ/0.3%	1014	676
8	360	X0/90	0.37	JS-Ⅱ/0.3%	1014	676
9	360	X15/90	0.37	JS-Ⅱ/0.3%	1014	676
10	360	X9/90	0.37	JS-Ⅱ/0.3%	1014	676
11	360	Q15/90	0.37	JS-Ⅱ/0.3%	1014	676
12	360	Q5/90	0.37	JS-Ⅱ/0.3%	1014	676
13	450	—	0.37	N/1.3%	1014	676
14	360	X0/90	0.37	N/1.3%	1014	676
15	360	X15/90	0.37	N/1.3%	1014	676
16	360	X9/90	0.37	N/1.3%	1014	676
17	360	Q15/90	0.37	N/1.3%	1014	676
18	360	Q5/90	0.37	N/1.3%	1014	676

图 3-5 显示的是三种减水剂对掺磨细固硫灰渣混凝土工作性的影响。掺入 20% 的磨细固硫灰渣后，混凝土的工作性呈整体下降趋势。三种减水剂对混凝土工作性的影响趋势大致相同：随着磨细固硫灰渣细度的增加，混凝土的工作性先增大后减小。由于固硫灰颗粒疏松多孔结构在粉磨过程中被破坏，所以随细度的增加，固硫灰对减水剂的吸附性减弱，

工作性提高；但超过一定细度后，细度的继续增加使比表面积急剧增大，包裹颗粒的减水剂和水用量增加，故工作性下降。其中，掺X15磨细固硫灰渣的混凝土工作性优于掺磨细固硫灰渣X0和X9，掺磨细固硫灰渣Q15的工作性优于Q5。JS-Ⅰ型减水剂具有较高的减水率，其混凝土体系的工作性优于其余两组；除原灰外，N型减水剂对其他细度固硫灰的影响略好于JS-Ⅱ型减水剂。粒度较大，内部孔隙较多的原灰对三种减水剂的适应性差别较大。减水剂的类型对基准试验组的强度影响较小，但对掺固硫灰的混凝土试验组影响较大。这是由于不同类型的减水剂与固硫灰之间存在相容性造成的。

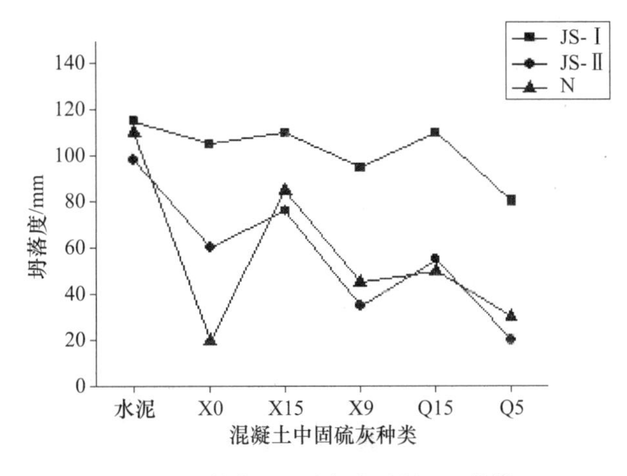

图3-5　掺磨细固硫灰渣混凝土工作性

由掺磨细固硫灰渣混凝土的抗压强度测试结果知（表3-9）：在早期，掺磨细固硫灰渣的混凝土强度均不及基准组，但随着龄期的增长，两者之间的强度差距逐渐减小，到90d时，掺磨细固硫灰渣的混凝土强度甚至超过基准组。在三种减水剂中，掺JS-Ⅰ型减水剂的混凝土强度最高，N型次之，掺JS-Ⅱ型的混凝土强度最低。三种减水剂下的混凝土强度受固硫灰种类变化的影响关系大致相同：在水化3d时，掺原灰X0与较细的X9、Q9组混凝土的强度较高；水化28d时，除Q15外，各组混凝土的强度差异较小，掺原灰与X9、Q9的混凝土仍保持领先优势；到90d龄期时，掺原灰的混凝土强度依然最高，但此时掺最细灰Q9的混凝土强度不及其他组。固硫灰Ⅱ-$CaSO_4$的包裹结构影响其水化反应的进行，因此，粉磨后的固硫灰水化较快，而掺磨细灰（如X9、Q9）的混凝土早期强度较高。随着Ⅱ-$CaSO_4$的缓慢溶解，到水化后期，各细度的固硫灰水化反应基本完成，此时掺不同细度固硫灰的混凝土强度差异较小；到90d龄期时，由于过细灰Q9在早期生成的钙矾石较多，后期由于体系碱度不足发生分解，造成体系强度下降。由于混凝土属于多级配体系，其中的各种原料粒径差距较大，不同于净浆或砂浆，因此粒度较大的原灰虽然水化较慢，但是能在混凝土中与砂石形成良好的级配，提高强度。而且由于水化较慢，膨胀性发挥较晚，受体系强度和碱度的限制作用，不会大量产生具有较大膨胀性的物质，所以，后期因碱度影响发生分解的组分较少，不会对体系产生较大影响，仍保持较高强度。

表 3-9　掺磨细固硫灰渣混凝土的力学性能

组数	抗压强度/MPa		
	3d	28d	90d
1	45.8	60.6	69.0
2	41.1	58.5	72.2
3	39.7	57.4	70.3
4	40.3	57.9	70.8
5	38.4	56.2	71.7
6	40.5	58.3	70.2
7	42.9	54.6	60.9
8	36.8	49.1	65.4
9	37.2	47.3	63.3
10	39.5	48.8	64.8
11	35.4	47.0	62.9
12	39.0	49.8	62.1
13	44.9	59.3	68.0
14	37.8	57.3	70.6
15	35.4	56.9	68.7
16	36.9	57.5	69.5
17	35.8	53.6	69.1
18	38.9	56.2	68.4

图 3-6 显示的是掺 20% 磨细固硫灰渣混凝土浆体在 28d 龄期时的扫描电镜图。掺固硫原灰水化 28d 的混凝土结构相对密实；在掺 Q15 的混凝土中，有二水石膏和纤维状的凝胶生成；在掺 Q5 的混凝土中，有二水石膏和针棒状的钙矾石等水化产物存在。原灰的水化较慢，这不仅使产物在生成过程中分布相对均匀，而且后期缓慢生成的膨胀性组分能令结构密实，有利于提高体系后期的强度。因此，掺原灰的混凝土早期强度较低，但是随着龄期的增长，水化反应完全，尤其是在低水胶比的高强度限制作用下，更有利于将膨胀能转化为密实结构的内部动力。在掺 Q15 的混凝土中，由于 Q15 经过粉磨处理，Ⅱ-$CaSO_4$ 的包裹结构遭到一

定程度的破坏，水化过程加快，因此，早期就表现出比原灰较高的强度，在后期，随着水化的进行，结构进一步密实，凝胶状的物质使体系继续保持较高的强度。在掺超细灰 Q5 的混凝土中，由于固硫灰被超细化，不仅Ⅱ-$CaSO_4$ 的包裹结构被完全破坏，而且巨大的比表面积使水化反应速率急剧增大，水化产物迅速生成，所以早期强度较高，但是早期大量生成的钙矾石由于后期体系碱度不足会发生分解，使体系中存在较大的孔隙，体系的缺陷增多，导致长期强度（90d）与掺其他细度固硫灰的混凝土相比不具优势。

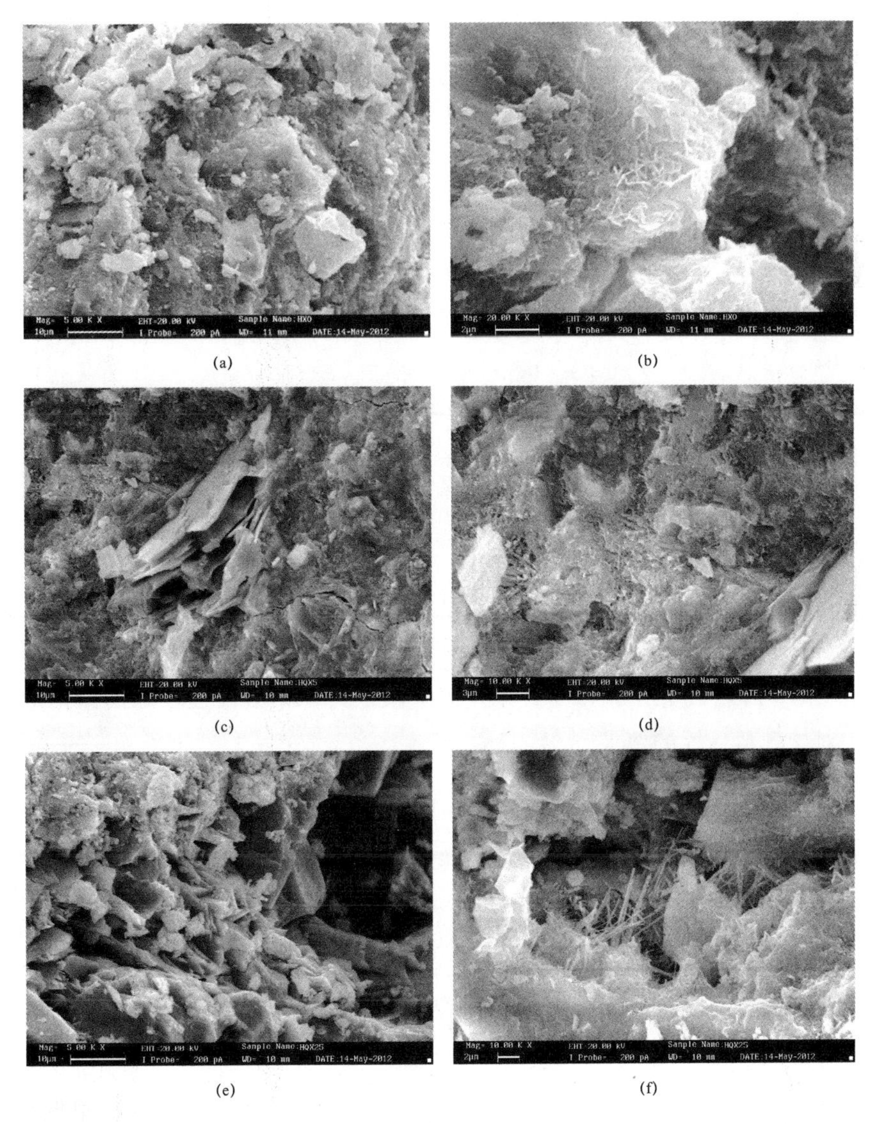

图 3-6　掺 20% 不同细度磨细固硫灰渣混凝土浆体 28d 水化龄期的微观形貌

（a）与（b）：X0；（c）与（d）：Q15；（e）与（f）：Q5

3.3 固硫灰渣基复合矿物掺合料

磨细固硫灰渣单掺直接作为混凝土用矿物掺合料使用，所制备混凝土力学性能优势较为明显。但是，各类混凝土用矿物掺合料的标准均规定其组分中 SO_3 含量不高于 3.5% 的强制，也即磨细固硫灰渣单掺直接作为混凝土用矿物掺合料无标准可依。那么，根据第 2 章的研究结果，若能以低硫、低 f-CaO 的原料为辅助材料，则将形成一种新的复合矿物掺合料，能够发挥组分稀释和协同增效效果。因此，我们研制了多系列固硫灰渣基复合矿物掺合料。

3.3.1 固硫灰渣-粉煤灰-矿粉二元及三元矿物掺合料

选取四川省内 S75 级别矿渣微粉和 I 级粉煤灰为辅助材料，设计了固硫灰渣-粉煤灰-矿粉二元和三元复合矿物掺合料，复合矿物掺合料性能测试参考《用于水泥、砂浆和混凝土中的粒化高炉矿渣粉》（GB/T 18046—2017）执行。

固硫灰渣-矿粉二元矿物掺合料配比设计及活性指数见表 3-10。固硫灰掺量在 30% 以内，复合矿物掺合料的活性变化幅度不大，固硫灰掺量 5% 时，二元复合矿物掺合料活性优于 S75 矿粉活性。这说明固硫灰与矿粉在早期存在相互激发的作用。在表 3-10 中可以看到，随着固硫灰掺量的增加，复合矿物掺合料的 28d 活性逐渐降低，这是固硫灰本身的活性较低的原因引起的。但固硫灰掺量在 50% 以内，仍然符合国家标准，28d 活性大于等于 75%，单掺固硫灰，其 28d 活性达不到国家标准中对掺合料活性的要求。

表 3-10　固硫灰-矿粉二元复合矿物掺合料活性指数

组号	固硫灰和矿粉的比例/%		强度/MPa		活性/%	
	固硫灰	矿粉	7d	28d	7d	28d
C	0	0	36.9	52.1	—	—
K	0	100	24.5	47.9	66.4	91.9
GK05	5	95	25.4	48.0	68.8	92.1
GK1	10	90	24.5	46.4	66.4	89.1
GK15	15	85	24.5	46.3	66.4	88.9
GK2	20	80	25	46.1	67.8	88.5

续表

组号	固硫灰和矿粉的比例/%		强度/MPa		活性/%	
	固硫灰	矿粉	7d	28d	7d	28d
GK3	30	70	23.4	44.5	63.4	85.4
GK5	50	50	22.3	40.6	60.4	77.9
G	100	0	11.4	25.7	30.9	49.3

表3-11是固硫灰-粉煤灰二元复合矿物掺合料活性指数，可以看到固硫灰-粉煤灰二元复合矿物掺合料的7d活性随着固硫灰掺量的增加而降低，但固硫灰掺量在50%以内，复合矿物掺合料的活性差距不大，固硫灰掺量较小时，甚至活性高于单掺粉煤灰的活性。固硫灰-粉煤灰的28d活性差别不大。随固硫灰掺量的变化，复合矿物掺合料的活性变化幅度不大。测试是按照国标《用于水泥、砂浆和混凝土中的粒化高炉矿渣粉》（GB/T 18046—2017）进行的，故粉煤灰和固硫灰及其复合体系活性未达到S75矿粉要求。

表3-11　固硫灰-粉煤灰二元复合矿物掺合料活性指数

组号	固硫灰和粉煤灰的比例/%		强度/MPa		活性/%	
	固硫灰	粉煤灰	7d	28d	7d	28d
C	0	0	36.9	52.1	—	—
F	0	100	14.9	26.2	40.4	50.3
GF05	5	95	15.8	27.8	42.8	53.4
GF1	10	90	14.9	26.7	40.4	51.2
GF15	15	85	14.8	27.2	40.1	52.2
GF2	20	80	15.1	27.5	40.9	52.8
GF3	30	70	14.5	26	39.3	49.9
GF5	50	50	13.3	25.9	36.0	49.7
GF7	70	30	11.0	25.8	29.8	49.5
GF8	80	20	10.3	24.9	27.9	47.8
GF9	90	10	10.3	25	27.9	48.0
GF95	95	5	10.2	24.1	27.6	46.3
G	100	0	11.4	25.7	30.9	49.3

以上结果表明，固硫灰掺量控制在50%以内，对固硫灰-矿粉二元复合矿物掺合料和固硫灰-粉煤灰二元复合矿物掺合料的活性影响较小，固硫灰掺量较小时，活性甚至优于单掺矿粉或粉煤灰。将固硫灰的掺量控制在30%和50%，制备固硫灰-矿粉-粉煤灰三元复合矿物掺合料，其

活性数据见表3-12。固硫灰掺量固定在30%时，复合矿物掺合料的活性基本是随着矿粉掺量的增加而增加，也即随着粉煤灰掺量的增加而降低，且粉煤灰的掺量大于20%时，无论是7d活性，还是28d活性，复合矿物掺合料的活性已达不到国家标准要求。此外还可以看到固硫灰、矿粉、粉煤灰的比例为30：60：10时，活性达到最大，甚至大于单掺矿粉的活性。固硫灰掺量固定在50%时，粉煤灰的掺量大于20%时，复合矿物掺合料的活性达不到国家标准要求，其中固硫灰、矿粉、粉煤灰的比例为50：40：10，复合矿物掺合料的活性达到最大。

表3-12　固硫灰-粉煤灰-矿粉三元复合矿物掺合料活性

组号	固硫灰-矿粉-粉煤灰设计比例/%			强度/MPa		活性/%	
	固硫灰	矿粉	粉煤灰	7d	28d	7d	28d
C	0	0	0	36.9	52.1	—	—
GF3	30	0	70	14.5	26.0	39.3	49.9
GKF31	30	10	60	15.6	29.0	42.3	55.7
GKF32	30	20	50	15.4	30.9	41.7	59.3
GKF33	30	30	40	17.5	31.3	47.4	60.1
GKF34	30	40	30	16.5	35.7	44.7	68.5
GKF35	30	50	20	19.6	36.4	53.1	69.9
GKF36	30	60	10	25.0	47.0	67.8	90.0
GK3	30	70	0	23.4	44.5	63.4	85.4
GF5	50	0	50	13.3	25.9	36.0	49.7
GKF51	50	10	40	14.2	29.3	38.5	56.2
GKF52	50	20	30	15.4	31.2	41.7	59.9
GKF53	50	30	20	17.4	35.3	47.2	67.8
GKF54	50	40	10	23.0	40.5	62.3	77.7
GK5	50	50	0	22.3	40.6	60.4	77.9

二元复合矿物掺合料胶砂流动度及流动度比数据见表3-13。从表中的数据可以看到，在水泥中掺入粉煤灰和矿粉后，其胶砂流动度明显增大，且粉煤灰对流动度的改善效果更明显。单固硫灰掺入后，胶砂流动度大幅度降低，其流动度比仅为74%，不满足国家标准要求。这说明固硫灰单独作为矿物掺合料，会降低混凝土的工作性能，故要考虑与其他矿物掺合料混合制备复合矿物掺合料，以弥补其对流动度的降低幅度。

表 3-13 二元复合矿物掺合料的胶砂流动度及流动度比

组号	固硫灰与矿粉（粉煤灰）		固硫灰-矿渣		固硫灰-粉煤灰	
	固硫灰	矿粉（粉煤灰）	流动度 /mm	流动度比 /%	流动度 /mm	流动度比 /%
C	0	0	162	—	162	—
K（F）	0	100	186	115	220	136
GK05（GF05）	5	95	187	115	213	131
GK1（GF1）	10	90	181	112	215	133
GK15（GF15）	15	85	178	110	203	125
GK2（GF2）	20	80	178	110	207	128
GK3（GF3）	30	70	168	104	198	122
GK5（GF5）	50	50	155	96	165	102
GK7（GF7）	70	30	154	95	167	103
GK8（GF8）	80	20	145	90	146	90
GK9（GF9）	90	10	140	86	143	88
GK95（GF95）	95	5	125	77	127	78
G	100	0	120	74	120	74

从表 3-13 中可以看到随着固硫灰掺量的增加，复合矿物掺合料的流动度比逐渐降低，这是由于固硫灰具有疏松多孔的结构，使得其需水量大，从而降低了体系的流动度比。固硫灰掺量在 70% 以内，均符合国家标准（胶砂流动度比大于等于 95%）的要求。此外，粉煤灰-固硫灰二元复合矿物掺合料的胶砂流动度比均大于矿粉-固硫灰二元复合矿物掺合料，这说明粉煤灰对固硫灰流动度的改善比矿粉好。

固硫灰掺量固定在 30% 和 50%，对固硫灰-粉煤灰-矿粉三元复合矿物掺合料的胶砂流动度进行测试，测试结果见表 3-14。三元复合矿物掺合料胶砂流动度介于固硫灰-矿粉二元复合矿物掺合料胶砂流动度和固硫灰-粉煤灰二元复合矿物掺合料胶砂流动度之间，其流动度比均是满足国家标准要求的。且固硫灰掺量固定在 30% 或 50%，矿粉和粉煤灰掺量的变化，对复合矿物掺合料的胶砂流动度影响不大。那么通过上述的活性和胶砂流动度分析，可认为固硫灰、矿粉、粉煤灰制备复合矿物掺合料的较佳配合比例为 30：60：10 和 50：40：10。

表 3-14　固硫灰-矿粉-粉煤灰复三元复合矿物掺合料的胶砂流动度及流动度比

组号	固硫灰-矿粉-粉煤灰比例/%			流动度/mm	流动度比/%
	固硫灰	矿粉	粉煤灰		
C	0	0	0	162	—
GF3	30	0	70	198	122
GKF31	30	10	60	178	110
GKF32	30	20	50	178	110
GKF33	30	30	40	178	110
GKF34	30	40	30	177	109
GKF35	30	50	20	182	112
GKF36	30	60	10	176	109
GK3	30	70	0	168	104
GF5	50	0	50	165	102
GKF51	50	10	40	166	102
GKF52	50	20	30	163	101
GKF53	50	30	20	168	104
GKF54	50	40	10	163	101
GK5	50	50	0	155	96

将较佳比例的复合矿物掺合料用于C30混凝土制备，混凝土配合比设计见表3-15。混凝土工作性能见表3-16。塑性混凝土坍落度随着复合掺合料中固硫灰掺量的增加而降低，当单掺固硫灰时，其坍落度远小于单掺粉煤灰和矿粉，其中单掺粉煤灰的混凝土坍落度最大，这说明粉煤灰的球形颗粒对混凝土的工作性能有较好的改善作用，而固硫灰原灰掺入到混凝土中极大地影响了混凝土的工作性能。固硫灰-矿粉-粉煤灰混合制备的复合矿物掺合料与两者制备的复合矿物掺合料掺入到混凝土中，坍落度差别不大。大流动度混凝土，单掺固硫灰大幅度降低了混凝土的坍落度，这可能是由于固硫灰疏松多孔的结构，一方面对水有一定吸收，另一方面对减水剂有一定的吸收，使得混凝土坍落度降低。但固硫灰与矿粉或粉煤灰混合时，坍落度降低幅度不明显，故在实际生产中可考虑混合使用。

表 3-15　多元复合矿物掺合料混凝土配合比设计

种类	水泥/(kg/m^3)	矿物掺合料/(kg/m^3)	水/(kg/m^3)	砂/(kg/m^3)	石/(kg/m^3)	砂率	减水剂	备注
塑性混凝土	259	111	185	664	1181	36	—	—
大流动度混凝土	227	97	162	861	1053	43	0.3%	KS-JS50M

表 3-16 新拌混凝土的工作性能

组号	矿物掺合料的比例/%			塑性混凝土		大流动度混凝土	
	固硫灰	矿粉	粉煤灰	坍落度/mm	密度/(kg/m³)	坍落度/mm	密度/(kg/m³)
G	100	0	0	25	2390	140	2460
K	0	100	0	75	2370	205	2420
F	0	0	100	80	2390	205	2420
GF3	30	0	70	40	2390	200	2450
GK3	30	70	0	30	2440	195	2450
GKF36	30	60	10	35	2440	200	2440
GF5	50	0	50	35	2350	195	2420
GK5	50	50	0	25	2380	180	2460
GKF54	50	40	10	35	2400	200	2440

塑性混凝土的抗压强度见表 3-17。随着龄期的增长，混凝土强度逐渐增大，到了 90d 以后，固硫灰和矿粉的强度增长缓慢，水化基本完成，而粉煤灰仍有较大幅度增长。这也说明固硫灰作为混凝土掺合料，并不会影响混凝土的后期强度，而粉煤灰早期水化较缓慢，后期仍然存在水化。单掺矿粉的混凝土强度高于单掺固硫灰的混凝土强度，两者混合后，随着固硫灰掺量的增加，混凝土的强度降低，但降低幅度不大，基本与单掺矿粉的混凝土强度接近。这说明固硫灰与矿粉混合，有利于固硫灰应用。掺入粉煤灰的混凝土强度低于掺入固硫灰的混凝土强度，两者混合后，随着固硫灰掺量的增加，混凝土的强度增大。因此固硫灰、粉煤灰、矿粉制备的复合矿物掺合料掺入混凝土后，其强度高于双掺的混凝土强度。尤其是 GKF36 组的混凝土强度达到最高，甚至高于单掺矿粉的混凝土强度。

表 3-17 塑性混凝土的抗压强度

组号	矿物掺合料的比例/%			强度/MPa			
	固硫灰	矿粉	粉煤灰	7d	28d	90d	120d
G	100	0	0	22.0	36.5	45.5	47.5
K	0	100	0	27.1	42.5	52.7	53.7
F	0	0	100	24.8	34.3	40.6	45.9
GF3	30	0	70	23.1	35.5	39.8	45.1
GK3	30	70	0	26.8	39.7	51.5	52.3
GKF36	30	60	10	28.0	41.7	52.8	56.3

续表

组号	矿物掺合料的比例/%			强度/MPa			
	固硫灰	矿粉	粉煤灰	7d	28d	90d	120d
GF5	50	0	50	24.4	35.5	45.9	48.0
GK5	50	50	0	26.4	39.9	49.6	51.9
GKF54	50	40	10	27.2	39.3	49.2	51.9

大流动度混凝土的抗压强度见表3-18。相同龄期混凝土的抗压强度相当。大流动度混凝土的单方胶凝材料用量明显低于塑性混凝土，其强度却相差不大，甚至高于塑性混凝土。固硫灰-矿粉-粉煤灰二元及三元复合矿物掺合料掺入混凝土中，混凝土抗压强度明显高于单掺一种矿物掺合料的混凝土强度，尤其是早期强度，因此固硫灰与粉煤灰或矿粉混合制备复合矿物掺合料是可行的。单掺矿物掺合料的混凝土强度大小顺序为：矿粉 > 固硫灰 > 粉煤灰，且随着龄期的增长，固硫灰的强度逐渐接近矿粉的强度，远大于粉煤灰的强度。到90d以后，矿粉、固硫灰的强度增长缓慢，粉煤灰的强度仍有大幅度增长。固硫灰-矿粉-粉煤灰三者混合制备的复合矿物掺合料，掺入混凝土中，其强度达到最高，不论是早期强度还是后期强度。

表3-18　大流动度混凝土的抗压强度

组号	矿物掺合料的比例/%			强度/MPa			
	固硫灰	矿粉	粉煤灰	7d	28d	90d	120d
G	100	0	0	24.7	38.4	48.5	48.3
K	0	100	0	24.4	40.8	50.5	52.1
F	0	0	100	23.6	33.8	40.1	44.6
GF3	30	0	70	28.7	36.9	42.9	46.5
GK3	30	70	0	30.4	41.0	50.8	55.1
GKF36	30	60	10	33.5	42.9	51.6	53.7
GF5	50	0	50	26.7	34.2	43.0	45.6
GK5	50	50	0	29.1	37.3	50.0	50.5
GKF54	50	40	10	29.6	39.0	51.0	51.4

固硫灰-矿粉-粉煤灰三元复合矿物掺合料对混凝土的抗压强度有所改善，尤其是早期强度，这样在相同矿物掺合料掺量时，可提前脱模时间，提高工作效率。但为了进一步将其应用于实际工程中，需对混凝土进行耐久性测试。因此选择大流动混凝土中的GKF36、G、K、F组进行耐久性测试。

混凝土的抗冻融循环采用的是慢冻法，根据 D25 的抗冻测试标准，测试各混凝土的性能，其抗冻融循环结果见表 3-19。各组混凝土的质量损失率较小，质量基本不变。但掺入固硫灰的混凝土的质量是增大的，这可能是在冻融循环的过程中，结冰的水体积膨胀，渗透到固硫灰的细孔中，而融化后，水又来不及析出，故密度变大。此外从它们的强度损失率来看，固硫灰的掺入极大地降低了混凝土的抗冻融性能，这可能就是因为试块中的固硫灰孔结构中还存在融化水，从而大幅度降低了混凝土试块的强度。粉煤灰和矿粉在一定程度上对混凝土的抗冻融性也有所降低，但降低幅度不大。固硫灰、矿粉、粉煤灰混合制备的矿物掺合料掺入混凝土，虽降低强度损失率，但效果不明显。

表 3-19　混凝土的抗冻融性能

试验编号	抗冻性能（25 次冻融循环、间隔 4 小时）					
	抗冻前试块质量平均值 /g	抗冻后试块质量平均值 /g	质量损失率 /%	对比组抗压强度 /MPa	试块抗冻后抗压强度 /MPa	强度损失率 /%
C	2404	2400	0.17	50.8	48.0	5.5
GKF36	2446	2445	0.06	49.4	41.0	14.3
G	2453	2456	-0.12	44.7	38.1	18.5
K	2447	2445	0.08	44.6	41.8	6.4
F	2442	2442	0	38.3	35.8	6.5

混凝土的抗硫酸盐侵蚀，是根据 KS15 等级标准测定的，其测试结果见表 3-20。水泥的抗硫酸盐侵蚀性能最差，这主要是因为混凝土中的 $Ca(OH)_2$和 C-A-H 与硫酸盐溶液中的 SO_4^{2-} 反应生成 AFt，钙矾石会产生膨胀内应力，导致硬化后的混凝土结构受到破坏，强度降低。而 AFt 产生膨胀的内应力大小，与 AFt 结晶的形貌和大小息息相关。当混凝中液相碱度较低时，往往形成大的板条状 AFt，这类 AFt 在混凝土中一般不产生有害的膨胀；当混凝土中液相碱度较高时，尤其是在纯水泥的混凝土体系中，液相碱度大，一般形成为针状、片状或胶凝状 AFt，这类 AFt 的吸附能力强，可产生较大的吸水肿胀能力，从而对混凝土的结构产生破坏。

$$Na_2SO_4 \cdot H_2O + Ca(OH)_2 = CaSO_4 \cdot 2H_2O + 2NaOH + 8H_2O \quad (3\text{-}1)$$

$$3(CaSO_4 \cdot 2H_2O) + 4CaO \cdot Al_2O_3 \cdot 12H_2O + 14H_2O = 3CaO \cdot Al_2O_3 \cdot 3CaSO_4 \cdot 32H_2O(AFt) + Ca(OH)_2 \quad (3\text{-}2)$$

混凝土中掺入矿物掺合料以后，体系中液相的碱度降低，生成的钙矾石不产生有害的膨胀，改善了水泥的抗硫酸盐侵蚀性能，强度反而增大，尤其是掺入粉煤灰，效果最明显，固硫灰对混凝土的抗硫酸盐侵蚀性能改善也较好。

表 3-20　混凝土的抗硫酸盐侵蚀性能

试验编号	抗硫酸盐侵蚀		
	对比组抗压强度/MPa	侵蚀后抗压强度/MPa	抗压强度耐蚀系数/%
C	52.3	46.5	88.8
GKF36	47.5	48.4	102.0
G	47.2	51.0	108.1
K	47.0	46.0	97.8
F	39.9	51.8	129.7

采用室外环境中的自然碳化，其碳化结果见表 3-21。从表中数据可以看到，在自然环境中，混凝土的碳化深度较小，且随着龄期增长，碳化深度逐渐加深。混凝土的抗碳化能力，主要取决于混凝土中的$Ca(OH)_2$含量和混凝土的孔隙结构，由于矿物掺合料掺入水泥后，早期水化相对缓慢，使得初始水化相的孔隙率增大、大孔含量增多，使得 CO_2 更容易与体系中的 $Ca(OH)_2$ 反应，尤其固硫灰具有疏松多孔的结构，其碳化更严重。矿粉因早期水化比固硫灰和粉煤灰快，故其碳化深度较它们小。掺入三元复合矿物掺合料的混凝土抗碳化性能有所改善。

表 3-21　混凝土的碳化性能

试验编号	碳化深度/mm			
	3d	28d	45d	56d
C	0.05	0.64	0.78	0.84
GKF36	0.23	1.22	1.75	2.00
G	0.46	1.80	2.63	2.85
K	0.08	1.05	1.33	1.57
F	0.30	1.50	1.93	2.21

采用接触法，在混凝土卧式收缩仪上测试混凝土的收缩值，混凝土试件尺寸为 100mm × 100mm × 515mm 的棱柱体，其测试结果见表 3-22。粉煤灰掺入混凝土中，由于粉煤灰活性低，而使初始水化相的孔隙率增大、大孔含量高，此时大孔失水减小了混凝土的收缩，故可从表 3-22 中看到粉煤灰的收缩率最小。矿粉掺入混凝土中，因矿粉的早期水化较水泥慢，且其微骨料效应不及粉煤灰，从而使得初始水化相的孔隙率增大、大孔含量较粉煤灰高，此时粗大孔隙失水减小了混凝土的收缩，一

方面使得掺入矿粉的混凝土收缩率最小；后期随矿粉的水化反应，水化相的孔隙率趋于降低，但其水化相的孔隙率仍较高，此时粗大孔隙加快失水速度，增大了混凝土收缩，因此后期掺入矿粉的混凝土收缩率大于粉煤灰的收缩率，但仍小于水泥的收缩率。固硫灰具有的疏松多孔的结构，一方面使得混凝土结构中的孔隙率相对较大，加快了混凝土的失水速度，另一方面，粗大的孔隙失水时收缩小，故掺入固硫灰的混凝土收缩率较水泥小，但比粉煤灰和矿粉大。掺入矿物掺合料混凝土的收缩均小于未掺掺合料混凝土的收缩，且掺固硫灰-粉煤灰-矿粉三元复合矿物掺合料的混凝土收缩率较单掺固硫灰有所改善。

表 3-22　混凝土的收缩性能

试验编号	收缩率 $\times10^{-5}$/%						
	1d	3d	7d	28d	40d	60d	90d
C	19.4	27.6	29.8	51.3	51.9	51.9	51.9
GKF36	17.6	19.3	20.6	41.1	41.5	41.5	41.5
G	19.1	24.8	26.5	44.8	44.8	44.8	44.8
K	7.4	14.8	23.1	35.2	35.2	35.6	35.6
F	10.0	16.3	17.4	27.4	27.4	28.1	28.1

3.3.2　固硫灰渣-高钛矿渣复合矿物掺合料

我们在前述研究中发现高钛矿渣、固硫灰复合可直接制备 P·C42.5 复合硅酸盐水泥，那么固硫灰渣-高钛矿渣复合体系粉磨后，也可作为混凝土用复合矿物掺合料。高钛矿渣和固硫灰渣单独作为混凝土的掺合料使用：高钛矿渣可以起到减水效果，且物理化学性质稳定，但活性低；固硫灰有激发特性并具有较高的活性，但需水量大，颜色偏红。从以上分析，可以看出这两者的特点有互补性，但是其互补的效果怎么样，其比例为多少的时候两者互补的效果能够达到最佳，这些都有待深入研究。

矿物掺合料对混凝土整个生命周期的性能都有影响，准确而完整地评价矿物掺合料对混凝土性能的影响是一个比较复杂且烦琐的过程。现在国家标准只对传统的矿物掺合料粉煤灰和矿渣粉有相应的规范和要求，其分别是《用于水泥和混凝土中的粉煤灰》（GB/T 1596—2017）和《用于水泥、砂浆和混凝土中的粒化高炉矿渣粉》（GB/T 18046—2017），固硫灰渣和高钛矿渣，它们与传统的粉煤灰和矿渣粉因为生产工艺或原料的成分不同而导致性能有很大的差异，不能完全满足上面两个标准，但却可以借鉴这两个标准对相应的性能进行评价并进行对比。

如表3-23，我们设计和制备了系列固硫灰渣-高钛矿渣复合矿物掺合料，并参考粉煤灰和矿渣粉标准对复合矿物掺合料性能进行了分析。所选择固硫灰渣为四川内江所产，SO_3 平均含量约6%；高钛矿渣同样来自四川内江，TiO_2 平均含量17%；矿渣粉为市售S75矿渣粉；粉煤灰为四川江油Ⅰ级粉煤灰；硅灰和偏高岭土作为矿物外加剂使用。

表3-23　固硫灰渣-高钛矿渣复合掺合料配合比设计

序号	编号	原料组成（代号）（单位:%）					
		水泥	钛矿渣（T）	固硫灰（S）	磨细固硫灰（Ss）	偏高岭土（M）	硅灰（G）
1	BZ	100.0	—	—	—	—	—
2	S50	50.0	0.0	50.0	—	—	—
3	T50	50.0	50.0	0.0	—	—	—
4	T1S2-50	50.0	16.7	33.3	—	—	—
5	T1S1-50	50.0	25.0	25.0	—	—	—
6	T2S1-50	50.0	33.3	16.7	—	—	—
7	T1Ss2-50	50.0	16.7	—	33.3	—	—
8	T1Ss1-50	50.0	25.0	—	25.0	—	—
9	T2Ss1-50	50.0	33.3	—	16.7	—	—
10	T2S1M4-50	50.0	30.7	15.3	—	4.0	—
11	T2S1M8-50	50.0	28.0	14.0	—	8.0	—
12	T2S1G4-50	50.0	30.7	15.3	—	—	4.0
13	T2S1G8-50	50.0	28.0	14.0	—	—	8.0
14	K50	50.0	50.0（矿粉）		—	—	—
15	S30	70.0	0.0	30.0	—	—	—
16	T30	70.0	30.0	0.0	—	—	—
17	T1S2-30	70.0	10.0	20.0	—	—	—
18	T1S1-30	70.0	15.0	15.0	—	—	—
19	T2S1-30	70.0	20.0	10.0	—	—	—
20	T2S1M4-30	70.0	18.4	9.2	—	2.4	—
21	F30	70.0	30.0（粉煤灰）		—	—	—

如表3-24，矿渣粉28d的活性指数为82%，而钛矿渣和固硫灰在掺量50%时，活性都比较低，其28d的活性指数分别是44%和51%，钛矿渣与固硫灰分别按照质量比为1∶2、1∶1和2∶1复合得到的复合矿物掺合料28d的活性指数分别是59%、54%和50%，明显高于钛矿渣的活性指数，达到甚至超过了单掺固硫灰的活性指数，而早期（3d和7d）

钛矿渣与固硫灰复合后的活性也高于单掺固硫灰的活性，但是在后期60d时，固硫灰的活性增加到65.9%，钛矿渣为51.0%，两者复合后的活性在58%～62%范围内波动。胶砂的抗压强度受胶凝材料水化后的凝胶体网状结构强度以及砂浆的密实度两个方面影响；早期水化形成的凝胶较少，对强度的影响较小，而钛矿渣表现较强的填充效应，使胶砂形成密实结构，有利于提高早期强度，所以早期钛矿渣的比例越大强度越高；但后期固硫灰中的活性 SiO_2 和 Al_2O_3 能够与水泥水化产物 $Ca(OH)_2$ 反应生成 C-S-H、C-A-H 凝胶，使凝胶网络结构强度增高，同时浆体更加密实，因此随着固硫灰掺量增加强度也就越高。考虑工作性，同时避免过多的固硫灰导致 SO_3 含量过高以及处理钛矿渣的需要，确定复合矿物掺合料中钛矿渣与固硫灰的质量比为2∶1。

表3-24　固硫灰渣-高钛矿渣复合掺合料性能

序号	编号	流动度比/%	活性指数/%		
			7d	28d	60d
1	BZ	100	100.0	100.0	100.0
2	S50	84	31.1	51.3	65.9
3	T50	108	37.3	44.7	51.0
4	T1S2-50	94	32.5	56.4	62.3
5	T1S1-50	98	38.5	54.5	60.2
6	T2S1-50	103	41.0	50.9	58.5
7	T1Ss2-50	82	32.5	58.4	64.3
8	T1Ss1-50	96	38.5	56.5	62.2
9	T2Ss1-50	100	46.0	52.5	60.2
10	T2S1M4-50	95	51.8	65.1	68.1
11	T2S1M8-50	90	62.8	66.9	70.3
12	T2S1G4-50	85	48.8	56.9	65.6
13	T2S1G8-50	80	51.3	61.2	61.3
14	K50	112	66.4	82.0	92.9
15	S30	—	68.9	76.9	86.4
16	T30		64.9	68.9	78.2
17	T1S2-30		72.7	79.4	90.1
18	T1S1-30		75.0	74.8	83.3
19	T2S1-30		74.0	77.2	86.8
20	T2S1M4-30		81.9	87.8	95.8
21	F30		73.2	78.9	81.6

钛矿渣和S75级矿渣粉有利于提高砂浆的工作性，其流动度比分别为108%和112%；而固硫灰仅为84%，但是当钛矿渣与固硫灰分别按照1∶2，1∶1和2∶1进行复合后其流动度比分别达到了94%、98%和103%，得到明显改善。钛矿渣颗粒棱角分明、分散性好且都比较密实光滑，具有较好的填充减水效应，而固硫灰主要是由团聚在一起的小颗粒和类似棉絮状的大颗粒组成，吸水量较大；当钛矿渣与固硫灰复合后，既降低了吸水率大的固硫灰比例，又能提高固硫灰的分散性，所以表现出掺入了复合掺合料的胶砂流动度比较高。粉磨30min和粉磨60min的两种细度固硫灰对活性的影响较小，其砂浆强度的增加值都在1～2MPa，但是却明显降低了砂浆的扩展度，其固硫灰的比例越高，其降低的幅度就越大，从而确定固硫灰的细度不应该太小，本实验采用粉磨30min的固硫灰。

钛矿渣、固硫灰两种掺合料无论单掺还是复掺，其活性指数都较低，与传统的S75级别矿渣粉要求28d活性指数达到75%以上有一定的差距，因此有必要采取一定的方法来提高钛矿渣-固硫灰复合体系的活性指数。对于这种低活性的矿物掺合料，传统的改性方法包括机械活化，使颗粒的超细化，提高比表面积，降低表面活化能和化学激发，加入外来组分通常为碱或盐，破坏粉体中玻璃体降低活化能或直接参与反应形成产物。这两种方法中前者要消耗大量的能量，并且对钛矿渣这类易磨性差，活性低的矿物效果很不明显；化学激发可以在一定程度上提高固硫灰和钛矿渣的活性，但是激发剂大多属于强碱或含有强碱金属离子的盐类，其成本高，不利于胶凝材料与外加剂的适应性，对混凝土后期耐久性有不利影响，因此不利于实际生产的推广。固硫灰中含有f-CaO、$CaSO_4$可作为化学激发剂，那么是否可以加入活性矿物以发挥固硫灰的化学激发性呢？本研究加入两种高活性矿物偏高岭土和硅灰来测定其对钛矿渣-固硫灰体系的影响。掺入偏高岭土和硅灰两种高活性粉体都有利于增加该体系的活性，但偏高岭土比硅灰的作用更加明显，添加4%的偏高岭土，其胶砂28d的抗压强度增加了5MPa左右，活性指数提高了15%；而同样用量硅灰，其28d的活性指数仅增加了6%左右。这可能是因为偏高岭土含有活性SiO_2和活性Al_2O_3，能够与固硫灰中的硫酸盐以及整个体系反应生成的$Ca(OH)_2$反应生成钙矾石、水化硅、铝酸盐等产物，相比于硅灰只含活性SiO_2，具有更大的反应容量，致使体系强度会更高。而继续增加4%的偏高岭土和硅灰的量，其各龄期的强度及活性指数进一步得到提高，但继续增加的强度值较小，与其增加的经济成本不匹配，且两种矿物掺加的量越多，砂浆的扩展度就会降低得越明显，硅灰的扩展度减少幅度更大。因此钛矿渣-固硫灰体系中适当掺入偏高岭土，能够较为有效地提高复合矿物掺合料体系的强度。

图3-7是固硫灰渣-高钛矿渣复合掺合料代替30%水泥，并按照0.3水胶比成型硬化样品的XRD图谱。从中可以看出，配方T30、K30和F30除去本身含有的矿物，如T30含有的钙钛矿，F30中含有的莫来石、石英外，它们在各龄期的水化产物种类及峰强都基本一致，在28d时都出现了明显的C_4AH_{13}峰；掺入了固硫灰的S30，S1T2-30和S1T2M4-30与T30、K30和F30三种矿物掺合料之间相比较，各龄期都有钙矾石（AFt）的峰，且S30没有出现C_4AH_{13}峰。出现这种现象是因为水泥中固有的硫酸盐含量较低，再掺入低硫含量的活性掺合料（钛矿渣与矿粉）后，体系中的硫酸盐更难以消耗水泥水化产生铝酸盐，因此形成了相应的C_4AH_{13}，后期掺合料中的活性Al_2O_3与$Ca(OH)_2$反应生成更多的水化铝酸钙使其峰强增加，但掺入高硫含量的固硫灰（SO_3）后能够吸收消耗水化铝酸钙形成AFt，且峰强随时间延长而增强，使其在各龄期都没有出现C_4AH_{13}；S1T2-30和S1T2M4-30中固硫灰的硫酸盐在3d、28d时能够有效地与水泥和钛矿渣中的活性Al_2O_3反应形成钙矾石，而不会出现C_4AH_{13}，60d时钙矾石的峰强几乎没有变化，但出现了

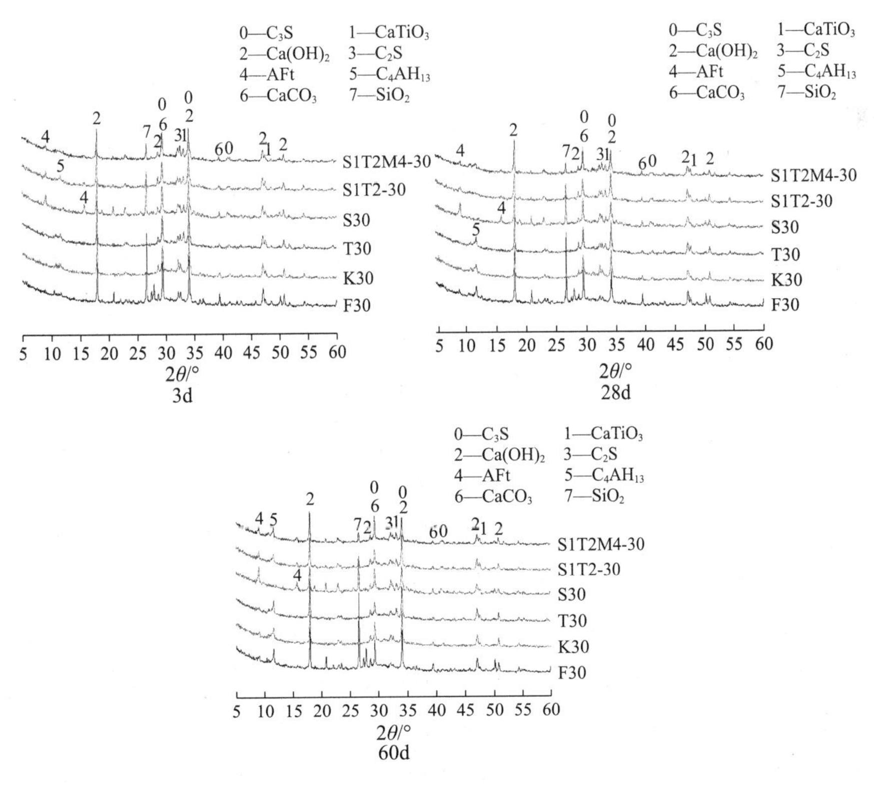

图3-7 固硫灰渣-高钛矿渣复合掺合料水化产物XRD图谱

C_4AH_{13}，说明 S1T2-30 和 S1T2M4-30 配方中并不存在过多的硫酸盐，在一定程度上来说能够确保混凝土体积的稳定性。且掺入了固硫灰的配方中 $Ca(OH)_2$ 的峰强弱于其余三者，其中 S1T2M4-30 的峰是最弱的。

图 3-8 是固硫灰渣-高钛矿渣复合掺合料水化 60d 的水化产物热分析，表 3-25 是统计各配方在不同温度段的烧失量值。

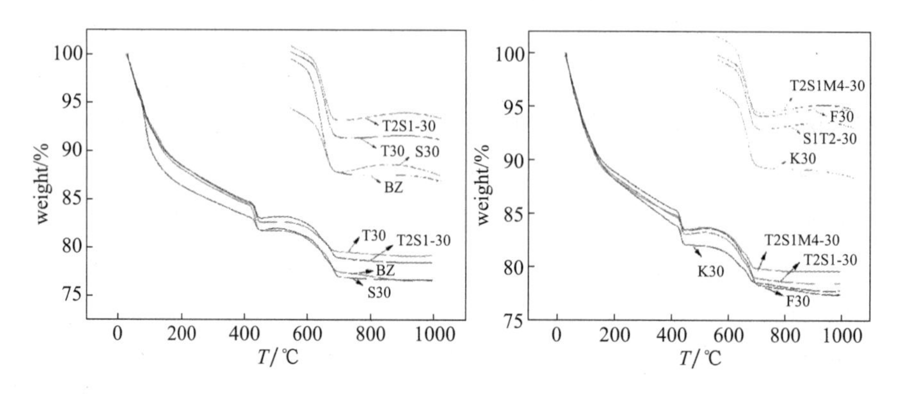

图 3-8 固硫灰渣-高钛矿渣复合掺合料 60d 水化产物热分析

表 3-25 固硫灰渣-高钛矿渣复合掺合料 60d 水化产物失重（%）

编号/温度段	<200℃	200～400℃	400～550℃	550～800℃
BZ	11.92	3.51	3.03	4.52
S30	13.65	3.02	1.65	4.95
T30	11.53	3.73	2.17	3.25
S1T2-30	11.57	3.54	1.80	4.48
K30	11.83	4.06	2.33	3.67
S1T2M4-30	11.82	3.19	1.43	3.95

200℃以前，主要是二水（半水）石膏，C-S-H、C-A-H 凝胶及钙矾石的脱水过程，S30 样品在该温度段的烧失量最高，说明了固硫灰促进了胶凝体系生成较多的水化产物，其后是纯水泥 BZ，K30 与 S1T2M4-30 基本一致。400～550℃范围是 $Ca(OH)_2$ 的脱水过程，$Ca(OH)_2$ 的量越少反映了相应掺合料的火山灰反应程度越高。纯水泥 BZ 中熟料矿物量含量高，且未掺入可消耗 $Ca(OH)_2$ 的掺合料，因此其在该温度段热重损失量最高；$Ca(OH)_2$ 含量最低的是 S1T2M4-30，仅含有 1.43%，低于 S30 样品热重损失量 1.65%，说明了掺入少量的偏高岭土能够提高复合矿物掺合料体系火山灰反应活性，一方面偏高岭土中活性 SiO_2 和 Al_2O_3 能够吸收 $Ca(OH)_2$，另一方面偏高岭土可以与固硫灰中的矿物水化产生的 $Ca(OH)_2$ 反应，同时也促进了固硫灰本身发生火山灰反应；S1T2-30

样品中 $Ca(OH)_2$ 含量为 1.80%，低于按照固硫灰与钛矿渣为 1∶2 的计算值 2.00%（1.65% ×1/3 +2.17% ×2/3 =2.00%），与固硫灰 1.65% 的烧失量更接近，这说明固硫灰对钛矿渣能起到激发作用，促进复合体系与 $Ca(OH)_2$ 反应生成更多凝胶物质，提高强度。这三者都明显比 T30 和 K30 的热重损失量低，这可以比较明显地看出体系中掺入固硫灰能够较为明显地促进火山灰反应，这是因为固硫灰中含有的 SiO_2 和 Al_2O_3 在固硫灰所经历的热条件（800 ~950℃）下具有明显的活化作用，同时含有的硫酸盐及含钙类物质都有较好的激发作用。在 550 ~800℃ 范围内，固硫灰的比例越大烧失量越高，这是因为固硫灰中含有少量未分解的石灰石和黏土类矿物。

将钛矿渣、固硫灰以及相应的复合体系掺入到水泥中，分析了水泥水化的水化热流和水化放热量，并同时与粉煤灰、S75 级矿渣粉做了相应的对比。为了使得体系的水化进行得比较完全，采用 0.8 水胶比。从图 3-9 能够看到，在 10 ~20h 之间，出现了明显的放热峰，其中能够看到纯水泥的放热流是最高的，其次是掺入了钛矿渣与偏高岭土的 TM4-30 配方，然后是掺入固硫灰的配方 S30。TM4-30 配方硫含量较低，同时加入了偏高岭土早期能够与水化产生的 $Ca(OH)_2$ 发生反应产生热量，因此早期的放热速率快，放热量较大。比较钛矿渣与粉煤灰、矿渣粉的水化放热速率，早期钛矿渣略高、后期水化热流曲线差别不大，但矿粉活性高，在发生火山灰反应后水化热流有所增加；从累计水化热曲线能够看出，后期的 K30 总的放热量高于粉煤灰和钛矿渣，后两者的水化热流和放热总量都相当。

固硫灰中含有较高的硫酸盐可以起到一定的激发作用，而本身含的游离氧化钙和活性矿物使其早期放热速率也比较高，单掺固硫灰体系在较长时间内处于一种较高放热量的状态。从累计水化热曲线中可以看到，在 25h 左右 S30 的放热总量甚至超过了纯水泥；也使得同时加入了钛矿渣的复合体系在 10 ~40h 的水化热流都处在高位，而钛矿渣-固硫灰-偏高岭土的水化热流在短时间内更高，但持续时也更短。T2S1M4-30 的配方放热总量在前期比钛矿渣-固硫灰体系略低，但后期热流增加、放热总量超过了 T2S1-30，与 TM4-30 的总热量相同，且放热趋势也一致，这说明了偏高岭土掺入到钛矿渣-固硫灰中，对于早期的水化没有大的影响，反而在后期持续反应，这与砂浆在后期强度增加幅度较大的结果是相吻合的。在 80h 左右的时间，S30 出现了明显的放热峰，可能是因为早期胶凝体系颗粒表面附着的钙矾石或其他矿物，在后期水泥水化以及活性矿物的火山灰反应的作用下出现破裂，

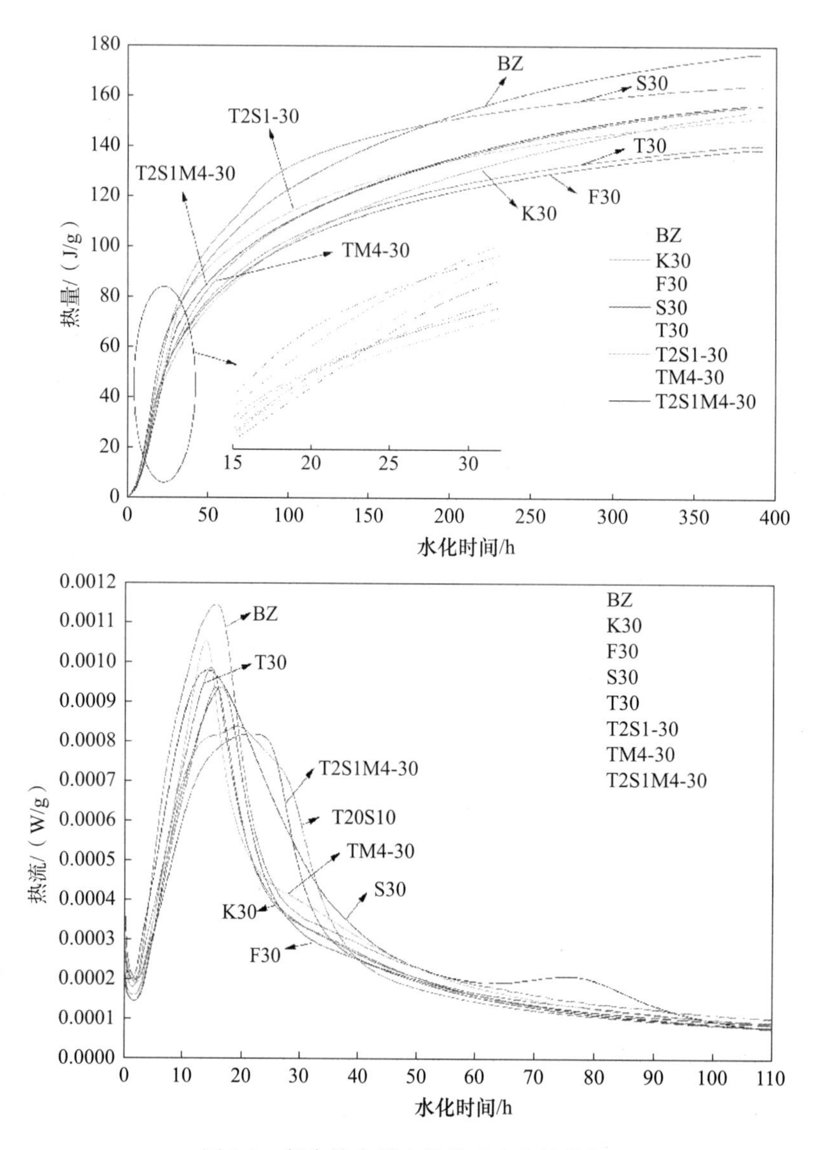

图 3-9　复合掺合料水泥体系水化热分析

从而出现了短暂的水化加速现象。从总的放热量来说固硫灰的放热量最大，其次是加入了偏高岭土的 TM4-30 和 T2S1M4-30，T2S1-30 体系的放热总量高于矿渣粉，粉煤灰的放热量最低，钛矿渣略高于粉煤灰。

上述研究表明钛矿渣与固硫灰复合能够制备得到满足要求的复合掺合料。按照标准《普通混凝土配合比设计规程》（JGJ 55—2011），同时结合各掺合料性能特点，设计了混凝土：胶凝材料总量 345.6kg/m^3，水胶比为 0.46，减水剂为胶凝材料质量的 0.3%，砂率为 43%，见表 3-26。复合掺合料用量设计见表 3-27。

表 3-26　固硫灰渣-高钛矿渣复合掺合料混凝土基础配合比

胶凝材料 /(kg/m³)	水胶比	骨料 /(kg/m³)	砂率	减水剂 /(kg/m³)	设计密度 /(kg/m³)
345.6	0.46	1881.6	43%	1.04	2387.2

表 3-27　混凝土中矿物掺合料用量

序号	编号	水泥 /%	钛矿渣 /%	固硫灰 /%	偏高岭土 /%	粉煤灰 /%	矿渣 /%
1	BZ	100.00	—	—	—	—	—
2	T10	90.00	10.00	—	—	—	—
3	T20	80.00	20.00	—	—	—	—
4	T30	70.00	30.00	—	—	—	—
5	T40	60.00	40.00	—	—	—	—
6	S10	90.00	—	10.00	—	—	—
7	S20	80.00	—	20.00	—	—	—
8	S30	70.00	—	30.00	—	—	—
9	S40	60.00	—	40.00	—	—	—
10	F10	90.00	—	—	—	10.00	—
11	F20	80.00	—	—	—	20.00	—
12	F30	70.00	—	—	—	30.00	—
13	K10	90.00	—	—	—	—	10.00
14	K20	80.00	—	—	—	—	20.00
15	K30	70.00	—	—	—	—	30.00
16	T1S2-30	70.00	10.00	20.00	—	—	—
17	T1S1-30	70.00	15.00	15.00	—	—	—
18	T2S1-30	70.00	20.00	10.00	—	—	—
19	T2S1-10	90.00	6.67	3.33	—	—	—
20	T2S1-20	80.00	13.33	6.67	—	—	—
21	T2S1M4-10	90.00	6.13	3.07	0.80	—	—
22	T2S1M4-20	80.00	12.26	6.14	1.60	—	—
23	T2S1M4-30	70.00	18.40	9.20	2.40	—	—

从表 3-28 可以看出，随着钛矿渣、固硫灰、粉煤灰和矿粉掺量的增加，混凝土抗压强度降低。但固硫灰在掺量为 10% 时，各龄期的抗压强度高于纯水泥组 5 ~ 7MPa。在分别利用四种掺合料制备的混凝土中，单

掺固硫灰的试样强度最高，这与四种掺合料的活性指数测试结果有所不同。分析认为，普通混凝土中的薄弱区域是水泥砂浆与粗骨料的界面过渡区，它的形成是因为水富集在骨料边缘，导致 $Ca(OH)_2$ 不断地定向生长出现较大孔隙。固硫灰本身疏松多孔具有大量吸水通道，可以有效避免骨料边缘出现水的富集，从而可能改善界面过渡区；同时固硫灰中含有的 SO_3 能够与活性 Al_2O_3、$Ca(OH)_2$ 反应生成钙矾石（AFt），从而增加过渡区的密实度，降低孔隙率，提高混凝土的强度。钛矿渣、粉煤灰和矿粉都经历了超过1000℃的高温热处理过程，其颗粒表面都比较光滑密实，在本实验设计的配方上其活性发挥较缓慢，因此它们三者的强度都较固硫灰低；矿粉中的钙含量高、活性高，因此其强度仅次于固硫灰。由于钛矿渣中钛含量高，且其中的钙及玻璃体难以在水泥水化形成的碱性条件下溶解和反应；同样粉煤灰在1400℃的高温下形成了致密的玻璃体结构，因此也同钛矿渣一样难以溶解和反应，因此二者的强度表现基本一致。钛矿渣、矿粉和粉煤灰替代水泥的量增大，坍落度先增加，钛矿渣掺量超过30%、矿粉和粉煤灰超过20%后，混凝土会出现离析现象而降低坍落度；但固硫灰掺量增加，混凝土的坍落度不断下降，在代替10%的水泥时，坍落度从200mm降低到170mm，而掺入40%的固硫灰后坍落度仅有55mm。出现以上现象是因为钛矿渣、矿粉和粉煤灰颗粒表面光滑密实，具有较好的填充效应和减水作用；固硫灰的疏松多孔结构以及其含有的不规则棱柱颗粒及碎屑会导致其吸水率升高，需水量大，且固硫灰比表面积大，这些因素的作用会导致掺固硫灰混凝土拌合物中的游离水减少，从而表现出随固硫灰掺量增加混凝土坍落度下降。

表3-28　混凝土工作性和力学性能

序号	编号	坍落度/mm	抗压强度/MPa		
			3d	28d	60d
1	BZ	200	31.5	60.3	62.1
2	T10	205	26.6	49.2	54.3
3	T20	210	23.9	43.6	51.3
4	T30	210	19.0	40.4	45.7
5	T40	200	18.3	32.8	37.8
6	S10	170	36.0	66.9	69.7
7	S20	145	28.6	54.5	60.7
8	S30	125	21.8	48.8	58.8
9	S40	55	19.2	42.6	56.7

续表

序号	编号	坍落度/mm	抗压强度/MPa		
			3d	28d	60d
10	F10	180	30.1	43.3	55.3
11	F20	200	24.2	43.8	50.1
12	F30	190	23.1	41.9	48.9
13	K10	205	27.6	53.5	59.7
14	K20	220	19.0	49.3	56.9
15	K30	190	17.6	48.2	49.6
16	T1S2-30	185	29.2	49.5	59.6
17	T1S1-30	205	26.7	46.7	59.0
18	T2S1-30	210	26.3	46.6	57.6
19	T2S1-10	190	33.6	59.2	62.3
20	T2S1-20	200	29.9	54.5	63.8
21	T2S1M4-10	165	32.0	54.0	63.7
22	T2S1M4-20	200	27.3	52.5	67.2
23	T2S1M4-30	185	24.4	49.7	65.1

掺复合掺合料的混凝土拌合物坍落度在180～210mm之间，相比单掺固硫灰混凝土的坍落度125mm有较大提高，这是由于钛矿渣较好的填充特性可以减少固硫灰、水泥的团聚现象，增加自由水量从而提高混凝土坍落度。掺复合矿物掺合料混凝土3d抗压强度明显高于单掺钛矿渣或单掺固硫灰的强度，28d和60d强度分别达到了45MPa和55MPa以上，相比于单掺钛矿渣的分别有6MPa和10MPa以上的提高，基本与单掺固硫灰时的强度相同。随复合掺合料中固硫灰的比例增大，混凝土的坍落度降低、强度增加，但增加幅度很小，同时考虑到固硫灰含量过高不利于体积的稳定性，因此研究复合掺合料与S75矿粉对混凝土性能的影响和相关机理采用的是钛矿渣与固硫灰的比例为2：1的配方T2S1。T2S1与K组在各掺量下制备的混凝土拌合物坍落度都在190～220mm范围内，说明T2S1与K组掺合料对混凝土工作性的影响相差不大，T2S1组掺合料随着代替水泥量的增加坍落度增加，而矿粉在代替30%时明显出现了离析泌水现象；T2S1与K在相同掺量时，前者的强度略高于后者，是因为T2S1能够避免早期具有较好填充性，形成的过渡区孔隙率较小，后期都能够发生火山灰反应促进混凝土密实度，致使其强度较高。由此可以知道T2S1对混凝土工作性能和力学性能方面的影响与S75矿粉相当。

钛矿渣-固硫灰-偏高岭土复合掺合料代替水泥制备的混凝土在3d时的强度与对照组（BZ）相差不大，但是28d的抗压强度随掺量的增加而降低，其降低幅度在6～10MPa范围；在同时代替30%的水泥时，该三元体系和钛矿渣-固硫灰二元体系，在3d和28d时的强度基本相同，但是在60d时钛矿渣-固硫灰-偏高岭土体系的抗压强度都超过了对照组，在掺量为20%时的强度达到67.2MPa，相比于对照组的62.1MPa提高了5.1MPa；在掺量为30%时，达到了65.1MPa，相比于同等掺量的钛矿渣-固硫灰体系提高了7.5MPa，因此掺入偏高岭土可以有效地提高混凝土后期抗压强度。这是因为该三元复合体系中的偏高岭土颗粒细度小、活性高，其一方面能够起到填充作用降低混凝土的孔隙率，另一方面它能够与水泥水化后产生的$Ca(OH)_2$反应生成更多的凝胶，同时也能提高含有硫酸盐矿物的固硫灰反应程度。钛矿渣-固硫灰-偏高岭土三元复合掺合料掺入到水泥中后，随其掺量的增加，其坍落度先降低后增加，其坍落度甚至高于对照组。这可能是因为适当掺入偏高岭土到水泥体系中，能够使混凝土中的自由含水量和黏聚性处于一个较佳的平衡状态，而当体系中偏高岭土的含量过多后，会导致混凝土中的自由水含量过低，黏度过高，从而不利于混凝土的坍落度。从上面的分析可以看到添加偏高岭土到钛矿渣-固硫灰体系中后，其强度增加，同时对混凝土的坍落度影响较小；另外，相关文献表明偏高岭土能够有效促进固硫灰中的硬石膏溶解并反应生成相应的钙矾石，能够降低甚至避免固硫灰中的硬石膏后期反应产生的膨胀应力。

上述研究阐明了钛矿渣、固硫灰、钛矿渣复合掺合料对混凝土力学性能和工作性能的影响，并同时与传统的矿物掺合料粉煤灰和S75级矿渣粉进行了对比，但是混凝土的寿命周期长达几十甚至上百年，在这个周期中，混凝土往往会在各种环境因素的作用下，耐久性能受到影响，因此研究了这几种复合掺合料对混凝土的耐久性的影响，其内容包括混凝土抗硫酸盐侵蚀、抗冻融循环以及抗碳化的能力。耐久性测试的混凝土配合比设计见表3-26，胶凝组成设计见表3-29。

表3-29　复合掺合料混凝土耐久性试验原料组成

编号	水泥/%	钛矿渣/%	固硫灰/%	偏高岭土/%	粉煤灰/%	矿渣/%	减水剂/%
N1	100	—	—	—	—	—	0.30
N2	70	—	30	—	—	—	0.30
N3	70	30	—	—	—	—	0.30
N4	70	20	10	—	—	—	0.30

续表

编号	水泥 /%	钛矿渣 /%	固硫灰 /%	偏高岭土 /%	粉煤灰 /%	矿渣 /%	减水剂 /%
N5	70	—	—	—	—	30	0.25
N6	70	—	—	—	30	—	0.23
N7	70	18.4	9.2	2.4	—	—	0.30

混凝土抗硫酸盐试验借鉴了《普通混凝土长期性能和耐久性能试验方法标准》（GB/T 50082—2009），但却有所改变：采用的是质量分数为10%的 Na_2SO_4 溶液浸泡混凝土试块，同时每隔7d取出试块在80℃的烘箱中烘干8h，待试块冷却至室温后再次浸泡，分别在浸泡28d和60d时，测定其抗压强度（每组为三个试块，强度取其平均值），并与正常水养护的试块进行对比，其实验结果见表3-30。

表3-30　复合掺合料混凝土抗硫酸侵蚀性能

编号	28d	60d			120d		
		正常养护 /MPa	硫酸盐养护		正常养护 /MPa	硫酸盐养护	
			强度 /MPa	相对强度 /%		强度 /MPa	相对强度 /%
N1	60.3	62.1	56.8	91.5	63.7	51.3	80.6
N2	48.8	58.8	55.4	94.2	66.4	57.6	86.7
N3	40.4	45.7	39.0	85.4	44.3	35.8	80.7
N4	46.6	57.6	50.5	87.6	60.0	47.5	79.1
N5	48.2	56.1	51.9	92.6	59.4	48.2	81.2
N6	41.9	51.3	50.2	97.9	59.8	55.9	93.5
N7	49.7	65.1	61.0	93.7	68.3	58.2	85.3

在120d时，纯水泥和单掺钛矿渣的抗硫酸盐侵蚀性能较差，其中纯水泥中含有大量水化产生的 $Ca(OH)_2$，在硫酸盐浸泡的作用下，体系中 $Ca(OH)_2$ 与硫酸盐反应生成石膏，导致混凝土出现了具有破坏性的体积膨胀，出现强度降低。当只掺入钛矿渣时，混凝土的强度较低，硫酸盐易进入混凝土中，导致其抗硫酸盐侵蚀能力较弱。掺入固硫灰的混凝土中，由于固硫灰中含有一定量的活性 SiO_2、活性 Al_2O_3 以及硫酸盐，能够与 $Ca(OH)_2$ 发生反应生成水化硅酸钙、水化铝酸钙，并可以进一步生成钙矾石等矿物，从而减少了能够与外来硫酸盐反应的成分，同时火山灰反应使得混凝土结构密实，可以有效阻止硫酸盐的侵蚀，因此一定量的固硫灰可以起到提高抗硫酸盐性能的作用。但掺入较少的固

硫灰的时候抗硫酸盐能力下降。若添加少量的偏高岭土，却能够继续提高抗硫酸盐性能。这可能是因为掺入少量的固硫灰，火山灰反应消耗的f-CaO较少，且难以提高混凝土的密实度，而提供的硫酸盐不能够完全消耗体系中的活性 Al_2O_3，所以对于外界的硫酸盐有一定的需求，从而导致混凝土的抗硫酸盐性能下降，但掺入偏高岭土后使得活性矿物增多，反应产生的凝胶增加，混凝土的强度增加，因此具有较好的抗硫酸能力。

混凝土的抗冻融循环研究采用的是快冻法分析不同冻融循环次数的质量损失和相对动弹模量，结果见表3-31。除了掺入30%固硫灰N2组配方达不到200次冻融循环外，其他各组都能够达到设计的200次冻融循环次数要求。并且掺入30%固硫灰将会严重降低混凝土的抗冻融性能，其在150次冻融循环的时候质量损失超过了规定的5%以内的要求，且相对动弹模量也低于60%，从实验过程中能够看出，固硫灰的吸水率大，在冻融循环过程中水在降温时结冰膨胀，升温时冰融化体积又减小收缩，在这种不断膨胀收缩的过程中，使得掺入了较多固硫灰的混凝土表面出现剥落，从而进一步增加了混凝土的吸水量，出现更严重的质量损失，在这种不断循环加剧的过程下，混凝土抗冻融性能不断下降。掺入30%钛矿渣的混凝土抗冻融性效果也相对较差，这可能是因为钛矿渣掺入后混凝土强度值降低幅度较大，导致混凝土的整体密实性降低，抗冻性差。钛矿渣复合掺合料混凝土抗冻性有一定的提高，与传统的粉煤灰和S75级矿渣粉的抗冻融效果基本没有差别，这主要在于复合体系中吸水率最高的固硫灰含量降低，且不同原料组成的掺合料的颗粒级配更加合理，有利于提高混凝土的密实性，加上该复合体系有利于促进水泥水化和自身的火山灰反应，对混凝土强度影响较小，因此复合体系与传统的粉煤灰和矿渣粉的抗冻性能基本相同。

表3-31 复合掺合料混凝土抗冻融性能

编号	50次/%		100次/%		150次/%		200次/%	
	质量损失率	相对动弹模量	质量损失率	相对动弹模量	质量损失率	相对动弹模量	质量损失率	相对动弹模量
N1	0.3	95.3	1.0	80.8	2.3	70.2	3.2	64.1
N2	1.4	92.1	3.7	67.1	5.2	41.0	7.9	—
N3	0.2	96.0	1.3	78.5	2.7	71.8	4.0	61.7
N4	0.1	94.5	0.8	82.2	2.0	76.1	3.4	67.2
N5	0.1	95.6	0.7	84.2	1.7	78.5	2.7	70.3

续表

编号	50 次/%		100 次/%		150 次/%		200 次/%	
	质量损失率	相对动弹模量	质量损失率	相对动弹模量	质量损失率	相对动弹模量	质量损失率	相对动弹模量
N6	0. 1	94. 7	1. 4	82. 6	2. 6	74. 2	3. 7	68. 0
N7	0. 0	96. 9	1. 2	83. 2	2. 1	75. 1	3. 2	65. 2

测定了复合掺合料混凝土的抗碳化性能，从表 3-32 中可以看到掺入 30% 固硫灰的 N2 组混凝土碳化深度最大，其次是 N3（掺入 30% 的钛矿渣）和 N4（钛矿渣-固硫灰辅助性胶凝材料）；钛矿渣复合掺合料三元体系与粉煤灰的碳化深度相近，碳化深度最低的是掺入 30% 的 S75 级矿渣粉的 N5。影响混凝土碳化深度分为内在因素和外在因素，其中外在因素主要是指混凝土的养护温度、湿度、龄期，混凝土的水胶比等外在条件，本实验的外在因素是一致的，而不同的是采用了不同的矿物掺合料，它们决定了混凝土的密实性、含水率、碱度等内在特性。出现了上面的不同结果是因为固硫灰含有的活性 SiO_2、活性 Al_2O_3 以及硫酸盐，能够吸收水泥水化产生的 $Ca(OH)_2$ 使混凝土的碱度降低，因此在用酚酞试剂测定时，碳化的深度较高，固硫灰本身具有较好吸水特性，也有利于混凝土的碳化。掺入 30% 钛矿渣的 N3 由于强度较低，密实度较低，因此 CO_2 进入混凝土的内部较为容易，其碳化的深度也较大；钛矿渣与固硫灰复合后能够增加强度，同时固硫灰的含量也较低，因此相应配方 N4 的抗碳化能力得到稍许的改善，而在该体系基础上再加入偏高岭土，这种效果得到进一步的提高，从而与粉煤灰和纯水泥的抗碳化处在同一个水平。

表 3-32　复合掺合料混凝土抗碳化性能

编号	不同龄期的碳化深度/mm			
	3d	7d	14d	28d
N1	2. 2	4. 1	6. 8	10. 7
N2	3. 5	9. 3	13. 2	16. 8
N3	3. 1	6. 3	9. 7	13. 4
N4	2. 2	4. 5	10.	13. 1
N5	1. 7	3. 4	4. 8	7. 5
N6	2. 6	5. 1	8. 4	10. 8
N7	1. 7	4. 9	7. 3	11. 3

通过研究钛矿渣、固硫灰以及矿物激发剂（偏高岭土、硅灰）两者或三者的组合对砂浆和净浆的宏观及微观性能的影响，并与传统的粉煤灰和S75级矿渣粉作对比，可以发现，钛矿渣与固硫灰复合在砂浆力学及工作性能两个方面都能够起到叠加作用，复合体系的活性明显高于钛矿渣，且能改善掺入固硫灰急剧降低工作性的现象。固硫灰可以促进钛矿渣后期发生火山灰反应，复合体系中加入偏高岭土可以形成更多水化凝胶，使微观结构的致密性进一步提高。钛矿渣与粉煤灰的放热量都很低且总量基本一致；固硫灰放热总量大，早期可以起到缓凝的效果，延缓放热速率，降低放热水化热流，但它可以延长体系处于较高水化热流的时间；偏高岭土可以促进水泥体系早期的水化放热；钛矿渣-固硫灰体系、S75级矿渣粉和钛矿渣-固硫灰-偏高岭土的放热总量相近，三者中钛矿渣-固硫灰早期的放热速率快，其次是钛矿渣-固硫灰-偏高岭土，S75级矿渣粉的放热速率最慢。复合矿物掺合料所制备的混凝土同样能够克服单掺固硫灰渣和高钛矿渣混凝土工作性和力学性能缺陷，且对混凝土耐久性有一定的改善。

3.3.3 固硫灰渣-磷渣复合矿物掺合料

磷渣含较多的可溶性 P_2O_5，其掺入水泥中，早期会与水化产物 $Ca(OH)_2$快速反应，生成胶凝性较差的磷酸盐，使得水泥水化体系早期碱度大幅下降，严重延缓水泥早期水化并大幅降低力学性能；磷渣颗粒表面光滑，具有明显的减水作用，需水量小，容易造成水泥砂浆和混凝土离析。一般来说，将磷渣预处理，洗出可溶性 P_2O_5或将其预消耗，能够解决上述问题。固硫灰渣活性 CaO 较高，且需水量大，若能结合固硫灰渣和磷渣各自特性，则复合体系可同时解决磷渣和固硫灰渣的性能缺陷。基于此，选取四川地区磷渣与固硫灰进行复合，制备固硫灰渣-磷渣复合矿物掺合料。

磷渣与固硫灰渣按照一定的质量比例混合，进行共同球磨处理，编号 L4G6 的表示 40% 磷渣与 60% 固硫灰复合，编号为 L5G5 的表示 50% 磷渣与 50% 固硫灰复合，以此类推。二者复合后共同粉磨 45min，特征粒径见表 3-33。磷渣与固硫灰复合粉磨后颗粒粒度介于单独粉磨磷渣与固硫灰之间。不同磷渣掺量下磷渣-固硫灰复合粉体的需水量比见表 3-34，粉磨后固硫灰需水量比为 105%，磨细磷渣的需水量比为 100%，掺入不同比例磷渣的固硫灰需水量比均为 100%，说明磷渣掺入可以降低固硫灰的需水量比。当磷渣取代固硫灰的量达到 50% 以后，在同样用水量的情况下，粉体的流动度与纯水泥体系的流动度相当。掺入磷渣粉的固硫灰在细度、烧失量、需水量比等方面均满足Ⅱ级粉煤灰的要求。

表 3-33 磷渣 ML-固硫灰复合胶凝材料特征粒径

编号	*d*（0.1）/μm	*d*（0.5）/μm	*d*（0.9）/μm	45μm 筛余/%
ML	3.22	20.93	62.95	14.6
G	2.00	11.25	46.90	7.5
L4G6	2.88	16.01	58.49	9.0
L5G5	2.48	16.63	58.88	9.3
L6G4	2.62	17.76	60.38	10.0
L7G3	2.79	18.91	63.72	11.3

表 3-34 磷渣 ML-固硫灰需水量比

编号	原材料组成成分/%			用水量/g	流动度/mm	中砂/g	需水量比/mm
	水泥	磷渣	固硫灰				
JZ	100	0	0	130.0	135	750	100
ML	70	30	0	130.0	140	750	100
G	70	0	30	136.5	135	750	105
L4G6	70	12	18	130.0	132	750	100
L5G5	70	15	15	130.0	135	750	100
L6G4	70	18	12	130.0	135	750	100
L7G3	70	21	9	130.0	135	750	100

磷渣-固硫灰复合粉体胶砂流动度及各龄期抗压强度见表 3-35，活性指数如图 3-10 所示。随磷渣掺量增加，胶砂流动度逐渐增加，说明磷渣的掺入对于固硫灰的流动性具有一定的改善作用。磷渣早期活性较低，这是因为磷渣中含有部分可溶性的磷、氟，易与水泥水化产生的 $Ca(OH)_2$发生反应，降低体系碱度，另一方面生成磷酸钙等物质覆盖在 C_3A 表面，抑制水泥 C_3A 水化导致缓凝。掺入磷渣的固硫灰早期活性介于磷渣与固硫灰之间，说明固硫灰对于磷渣而言，可以减弱其缓凝作用，提高其早期强度。磷渣-固硫灰复合粉体后期强度高于单掺磷渣与固硫灰组，说明磷渣可以促进固硫灰的后期强度增长。综合起来，磷渣可以改善固硫灰的流动性，并提高其后期活性；固硫灰也可以提高磷渣的早期活性，削弱磷渣的缓凝作用，二者复合可以起到优势互补作用。磷渣-固硫灰复合粉体的 28d 活性指数超过 90%，对于固硫灰基复合矿物掺合料的推广应用具有十分重要的价值。

表 3-35　磷渣 ML-固硫灰水泥胶砂抗压强度

编号	胶砂流动度/mm	3d 抗压强度/MPa	7d 抗压强度/MPa	28d 抗压强度/MPa
JZ	195	33.37	43.49	53.59
ML	190	12.02	29.97	50.13
G	180	22.54	31.71	47.61
L4G6	180	22.45	33.46	50.78
L5G5	185	22.15	32.81	50.95
L6G4	190	21.91	31.90	51.40
L7G3	195	21.55	32.48	52.94

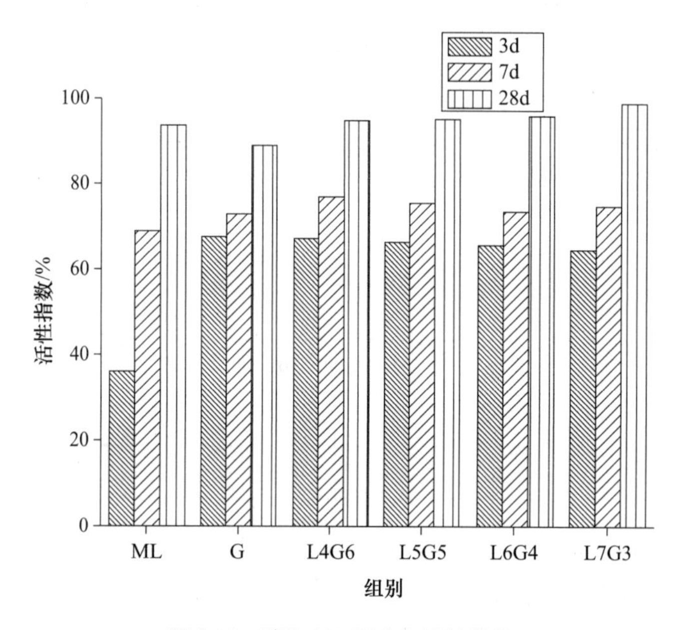

图 3-10　磷渣 ML-固硫灰活性指数

成都地区磷渣-固硫灰复合粉体水泥体系水化放热速率及水化放热量结果如图 3-11、图 3-12 所示。对比各组水化放热速率容易看出纯水泥组水化放热速率最快，单掺固硫灰组次之，单掺磷渣组最慢，复掺磷渣-固硫灰组水化放热速率介于单掺固硫灰及单掺磷渣组之间，说明磷渣的掺入延缓了固硫灰的水化放热时间，并且降低了固硫灰的水化放热速率。出现这样现象的主要原因是磷渣具有明显的缓凝作用，磷渣溶出的磷、氟离子与浆体中的钙离子发生化学反应生成致密的磷酸钙等物质包裹在水泥颗粒表面，延缓水泥、固硫灰颗粒的水化反应进程。

对比各组水化放热量容易看出：水化早期放热量，纯水泥组 > 单掺固硫灰组 > 磷渣-固硫灰复合组 > 单掺磷渣组；水化至 7d 水化放热量，

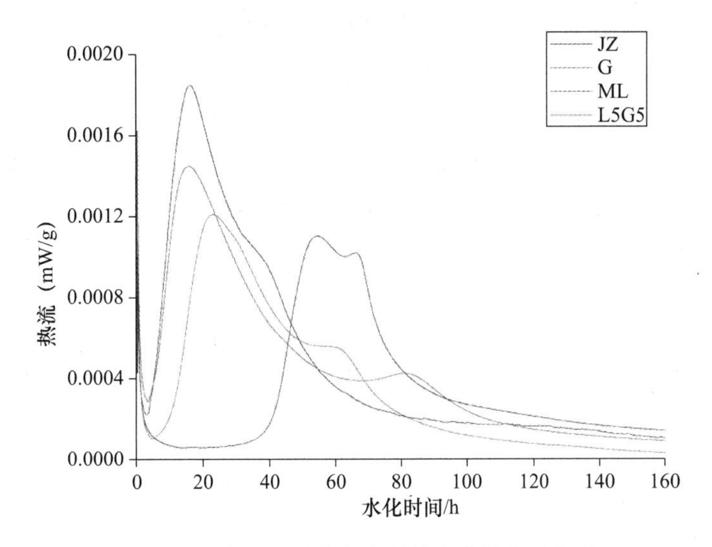

图 3-11　磷渣-固硫灰复合粉体水化放热速率图

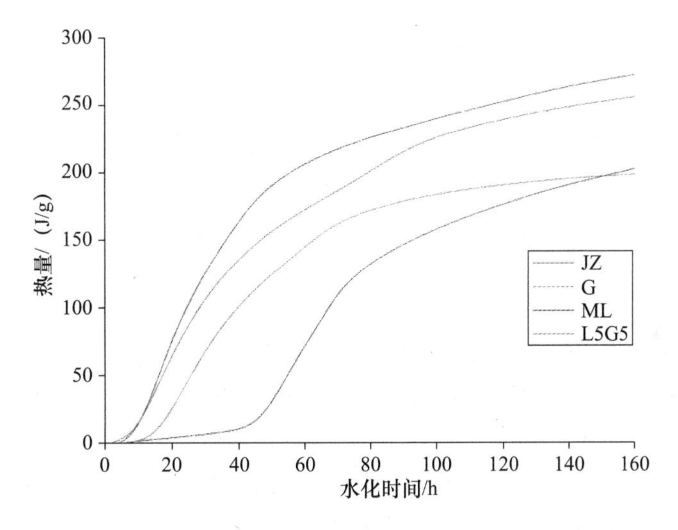

图 3-12　磷渣-固硫灰复合粉体水化放热量图

纯水泥组 > 单掺固硫灰组 > 单掺磷渣组 > 磷渣-固硫灰复合组。说明磷渣-固硫灰复合有利于降低整个体系的水化放热总量，这为磷渣-固硫灰复合粉体作为复合矿物掺合料在水工和大体积混凝土中的应用奠定基础。

参照国家建材标准《水泥与减水剂相容性试验方法》（JC/T 1083—2008），采用净浆流动度法测定磷渣-固硫灰复合粉体与外加剂的相容性，减水剂采用三三科技聚羧酸高效减水剂，掺量为 0.18%，经实验验证，该减水剂属于缓释型高效减水剂，故研究净浆的初始流动度及 2h 流动度，试验结果如图 3-13 所示。单掺磷渣组初始流动度值最大，单掺固硫灰组初始流动度值最小，掺入磷渣粉的固硫灰组初始流动度介于两者之间，且随着磷渣掺量的增加，初始流动度逐渐增大，当磷渣掺量超过60%时，初始流动度值超过基准组。单掺磷渣组2h后浆体出现分层现象，单掺固硫灰组2h后失去流动性，掺入磷渣的固硫灰组2h后流动度出现损失，且随着磷渣掺量的增加，流动度损失逐渐减小。因此可以得出结论：单掺磷渣或者单掺固硫灰与外加剂的适应性差，掺入磷渣粉有助于改善固硫灰与外加剂的适应性；但磷渣掺量过高，则有可能使浆体离析。

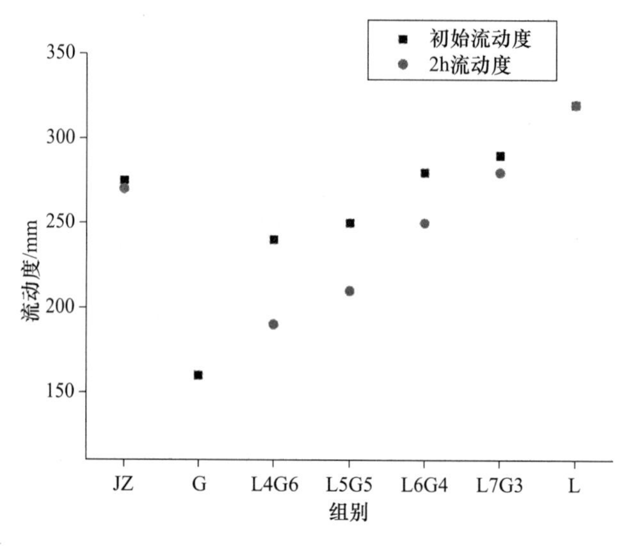

图3-13　磷渣-固硫灰复合粉体与外加剂的相容性

选取磷渣-固硫灰按照1：1的质量比例复合得到复合掺合料，单掺固硫灰和单掺磷渣组作为对照组，其净浆强度见表3-36。单掺固硫灰水化早期强度最高，后期增长速度缓慢，单掺磷渣粉水化早期强度较低，后期强度增长速度较快。磷渣-固硫灰复合粉体早期强度偏低，但是后期强度快速增长，增长率超过单掺固硫灰组20%。复合粉体28d强度接近80MPa，超过单掺磷渣组以及固硫灰组，说明磷渣与固硫灰复合起到强度相互促进的作用，这与活性指数结果相印证。

表3-36　磷渣-固硫灰复合粉体净浆强度

编号	原材料组成成分/%			抗压强度/MPa			
	水泥	磷渣	固硫灰	1d	3d	7d	28d
G	70	0	30	19.84	38.11	47.55	58.14
ML	70	30	0	9.40	37.00	50.65	64.23
L5G5	70	15	15	13.90	40.86	55.73	79.36

将复合粉体以及对照组净浆试块养护至相应龄期，经破碎粉磨成粉，通过X射线衍射分析、热分析以及扫描电镜等手段对水化产物进行微观分析。3d、28d水化产物的XRD分析结果如图3-14所示。单掺固

硫灰 3d 水化产物主要包含 $Ca(OH)_2$、$CaCO_3$、SiO_2、AFt，以及未水化完全的 C_3S、C_2S。单掺磷渣 3d 水化产物主要包含 $Ca(OH)_2$，以及未水化完全的 C_3S、C_2S，没有 AFt 生成。主要原因是磷渣粉中含有部分可溶性磷、氟，溶出后易与 Ca^{2+} 等反应生成磷酸钙等物质包裹在水泥颗粒表面，阻止水化反应的进行，限制了 AFt 的生成。磷渣-固硫灰复合粉体水化产物的种类与对照组没有变化。单掺固硫灰 28d 水化产物与 3d 水化产物种类一致，但 C_3S、C_2S 进一步水化生成更多的 AFt 晶体。单掺磷渣 28d 水化产物主要包含 $Ca(OH)_2$，少量 AFt 和 $CaSO_4 \cdot 2H_2O$，C_3S 基本水化完全。固硫灰中掺入磷渣，水化产物中产生了二水石膏相，C_3S 基本水化完全。主要原因是磷渣的掺入延缓了 AFt 的形成，降低了固硫灰中石膏的消耗，因此水化后期出现二水石膏结晶相。

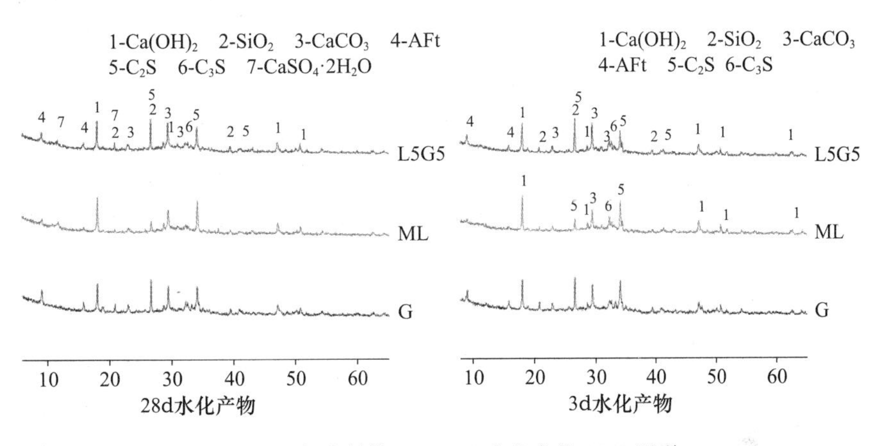

图 3-14 复合粉体 3d、28d 水化产物 XRD 图谱

28d 水化产物的热重分析如图 3-15 所示，磷渣-固硫灰复合粉体以及对照组 28d 水化产物在不同温度段下的质量损失见表 3-37。

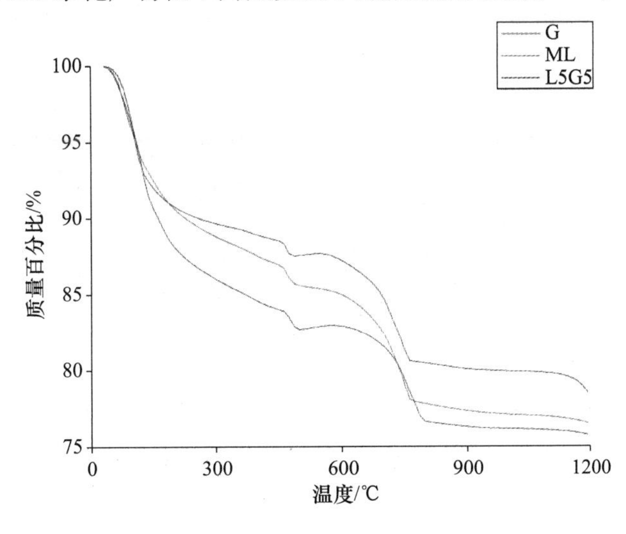

图 3-15 复合粉体 28d 水化产物热重分析

表 3-37　复合粉体水化产物在不同温度段下的质量损失（%）

编号	<200℃	200~400℃	400~600℃	600~900℃
G	9.18	1.95	1.67	7.10
ML	9.30	3.22	2.52	7.63
L5G5	11.81	3.65	1.64	6.60

200℃以前，产生质量损失的原因主要包含吸附水的散失，C-S-H、AFt 化学结合水的失去以及二水石膏脱水。磷渣掺入固硫灰在此阶段质量损失最大，说明其生成 C-S-H、Aft 以及 $CaSO_4 \cdot 2H_2O$ 的量最多，水化反应最彻底。400~600℃是 $Ca(OH)_2$ 的脱水阶段，单掺磷渣 $Ca(OH)_2$ 的含量最高，说明磷渣可以促进 C_3S、C_2S 水化生成 $Ca(OH)_2$。$Ca(OH)_2$ 的含量可以反映原材料的火山灰反应程度。磷渣粉掺入固硫灰 $Ca(OH)_2$ 的含量最低，说明磷渣掺入固硫灰可以激发固硫灰的活性，促进水泥的二次火山灰效应消耗 $Ca(OH)_2$。600~800℃是 $CaCO_3$ 的分解过程，磷渣掺入固硫灰 $CaCO_3$ 的含量降低（$6.60 < 7.10 \times 50\% + 7.63 \times 50\%$），说明磷渣的掺入可以有效抑制水化产物中 $CaCO_3$ 的生成，有利于复合粉体的抗碳化性能的改善。

28d 水化产物的扫描电镜图谱如图 3-16 所示，单掺固硫灰，28d 水化产物主要包含大量细针状钙矾石，以及未水化的水泥、固硫灰颗粒。单掺磷渣，28d 水化产物主要是凝胶状物质，同时含大量未水化的磷渣颗粒。磷渣掺入固硫灰，28d 水化产物主要包含少量片状 $Ca(OH)_2$，以及大量的针状 AFt，表面被凝胶状物质包裹。综合来看，磷渣-固硫灰复合粉体水化程度最彻底，水化产物最多，结果说明磷渣与固硫灰之间存在相互激发作用，磷渣掺入固硫灰有助于水泥、固硫灰的水化反应程度的提高。

L

G

L5G5

图 3-16　复合粉体 28d 水化产物 SEM 图片

磷渣改性固硫灰可以降低需水量比，提高活性指数，延缓水化放热速率，改善与外加剂的适应性，这些性能特点的改善有助于改性后固硫灰在混凝土中的应用。参照国家标准《普通混凝土配合比设计》（JGJ

55—2011)，结合固硫灰本身的性能特点，得出磷渣-固硫灰混凝土的基础配合比，如表 3-38 所示：胶凝材料的用量为 375kg/m^3，实际用水量为 170kg/m^3，砂率为 45%，减水剂掺量为胶凝材料用量的 0.38%。在基础配合比的基础之上，单掺 30% 固硫灰以及单掺 30% 磷渣粉作为对照组，取代水泥质量 30%，不同质量配比的磷渣-固硫灰复合粉体作为实验组同样取代 30% 水泥质量，其混凝土坍落度以及不同龄期的抗压强度见表 3-39。

表 3-38　磷渣-固硫灰混凝土基础配合比

胶凝材料 /(kg/m^3)	用水量 /(kg/m^3)	骨料 /(kg/m^3)	砂率 /%	减水剂 /%	设计密度 /(kg/m^3)
375	170	1857	45	0.38	2400

表 3-39　磷渣-固硫灰混凝土坍落度及抗压强度

编号	原材料组成成分/%			坍落度 /mm	抗压强度/MPa		
	水泥	磷渣	固硫灰		3d	28d	60d
JZ	100	—	—	135	35.68	56.37	59.27
G	70	—	30	85	26.16	45.75	51.44
L*	70	30	—	185	10.09	55.46	58.72
L4G6	70	12	18	95	25.50	53.77	54.98
L5G5	70	15	15	105	24.41	49.91	50.71
L6G4	70	18	12	125	20.85	48.05	52.59
L7G3	70	21	9	140	20.00	50.28	50.85

注：单掺磷渣，混凝土出现离析现象。

根据表 3-39 所示，单掺固硫灰组坍落度较小，主要原因是固硫灰颗粒表面疏松多孔，游离氧化钙及硬石膏遇水快速反应，需水量较大。单掺磷渣组坍落度较大，超过纯水泥组，但存在离析现象。主要原因是磷渣缓凝作用明显，遇水反应程度低，生成的胶凝物质太少，难以对骨料形成包裹，因此浆体与骨料的黏聚性不好，造成混凝土出现离析现象。掺入磷渣的固硫灰组混凝土的坍落度介于单掺固硫灰组和单掺磷渣组之间，且随着磷渣掺量的增加，坍落度逐渐增大，当磷渣掺量达到 70% 时，混凝土的坍落度超过纯水泥组。说明磷渣的掺入可以极大地改善固硫灰的和易性，并且可以削弱磷渣的缓凝作用，解决混凝土的离析问题。制备的普通混凝土强度与胶砂活性指数呈现类似的结论。3d 强度，单掺磷渣组 < 掺磷渣的固硫灰组 < 单掺固硫灰组 < 纯水泥组；28d 强度，

单掺固硫灰组＜掺磷渣的固硫灰组＜单掺磷渣组＜纯水泥组；60d 强度，单掺固硫灰组＜掺磷渣的固硫灰组＜单掺磷渣组＜纯水泥组。主要原因总结为磷渣缓凝，早期强度低，但含有大量硅铝活性物质，在固硫灰中的硫酸盐及碱的激发作用下，后期表现出较高的强度。固硫灰含有游离氧化钙及硬石膏等具有自胶凝性物质，早期水化反应快，强度较高，在磷渣的活性激发下，后期强度得到较快发展，强度甚至超过固硫灰组。因此容易得出以下结论：磷渣、固硫灰可以起到相互激发的作用，二者复合可以部分取代水泥用于拌制普通混凝土，有助于提高混凝土的早期强度，并促进混凝土的后期强度发展。

参照国家标准《普通混凝土长期性能和耐久性能试验方法标准》（GB/T 50082—2009）的试验方法，分析掺磷渣-固硫灰复合掺合料混凝土的抗冻融循环性能、抗碳化性能以及抗硫酸盐侵蚀性能。混凝土的基础配合比见表 3-38，减水剂掺量为胶凝材料质量的 0.40%，掺合料用量为胶凝材料总量的 30%。

混凝土的抗冻融循环采用快冻法，不同循环次数的混凝土质量损失见表 3-40。单掺固硫灰组冻融循环 100 次，质量损失超过 5%。磷渣-固硫灰复合体系冻融循环次数超过 200 次后质量损失超过 5%。在相同循环次数的条件下，单掺固硫灰组质量损失最大，单掺磷渣组次之，磷渣-固硫灰复合体系质量损失最小，说明磷渣与固硫灰复合可以有效提高混凝土抗冻融循环能力。单掺固硫灰组需水量较大，形成的混凝土中孔隙率较大，在冻融循环降温的过程中孔隙中的水结冰膨胀，破坏混凝土的结构稳定性，不断升温降温过程导致混凝土表面剥落，出现较大质量损失。磷渣颗粒填充到固硫灰中，需水量降低，混凝土的结构密实，形成的混凝土中孔隙相对较少，在冻融循环的过程中因为水结冰导致的膨胀作用较弱，并且磷渣复合固硫灰，可以相互激发二次火山灰反应，生成较多的胶凝物质，混凝土的结构相对密实，因此抗冻融循环能力明显提高。

表 3-40　混凝土抗冻融循环质量损失

编号	25 次质量损失 /%	50 次质量损失 /%	75 次质量损失 /%	100 次质量损失 /%
C	0	0.10	0.12	1.29
G	0	0.25	2.39	5.79
ML	1.40	2.77	3.08	3.87
L5G5	0.47	0.77	1.26	1.60

续表

编号	125 次质量损失/%	150 次质量损失/%	175 次质量损失/%	200 次质量损失/%
C	1.59	1.69	2.06	2.54
G	—	—	—	—
ML	3.68	4.14	4.54	5.11
L5G5	3.64	4.12	4.44	4.95

混凝土的抗碳化性能测试条件为二氧化碳浓度为 20%，温度为 20℃ ±2℃，湿度为 70% ±5%。不同龄期碳化深度见表 3-41，3d 龄期所有组别的碳化深度均为 0。磷渣碳化深度高于固硫灰，磷渣-固硫灰复合体系碳化深度介于单掺磷渣和固硫灰之间，说明磷渣掺入固硫灰可以适当改善磷渣的抗碳化性能。混凝土的碳化伴随着 CO_2 气体向混凝土内部扩散，并且溶于混凝土的孔隙水中成为 H_2CO_3，再与水泥水化产物［主要是 $Ca(OH)_2$］发生反应的复杂的物理化学过程。影响混凝土碳化的因素包括混凝土的密实程度、孔隙率、水化产物中 $Ca(OH)_2$ 含量等内部因素和 CO_2 气体的浓度、环境的湿度等外部因素。混凝土碳化过程中外部因素保持一致，因此影响混凝土碳化的主要因素就是内部因素。前文通过对复合体系水化产物进行热分析知道，单掺磷渣组生成的 $Ca(OH)_2$ 含量高于单掺固硫灰组，因此单掺磷渣组碳化深度大于单掺固硫灰组。磷渣与固硫灰复合，其混凝土的密实度及混凝土的孔隙率介于单掺组之间，因此其碳化深度也介于单掺组之间。

表 3-41　混凝土碳化深度

编号	7d 碳化深度/mm	14d 碳化深度/mm	21d 碳化深度/mm	28d 碳化深度/mm
C	0	1.5	2.0	4.5
G	0	2.8	3.2	5.6
ML	1.8	4.5	5.6	6.5
L5G5	1.0	3.2	4.8	6.0

混凝土的抗硫酸盐侵蚀性能借鉴国家标准《普通混凝土长期性能和耐久性能试验方法标准》（GB/T 50082—2009），分别采用质量分数为 5%、10% 的 Na_2SO_4 溶液浸泡混凝土试块，每隔 7d 取出试块在 80℃的烘箱中烘干 24h，待试块自然冷却至室温后再放到配制好的溶液中继续进行实验，分别测定 28d 和 56d 混凝土的强度损失，实验结果见表 3-42。

表 3-42　不同 Na_2SO_4 浓度溶液下混凝土强度损失

编号	5% Na_2SO_4 溶液浸泡		10% Na_2SO_4 溶液浸泡	
	28d 强度损失/%	56d 强度损失/%	28d 强度损失/%	56d 强度损失/%
C	2.70	3.38	5.42	-2.24
G	5.07	4.60	13.41	1.02
ML	5.85	-9.31	6.57	-7.34
L5G5	2.13	1.26	0.74	-8.71

当 Na_2SO_4 溶液浓度较低（5%）时，浸泡至28d，磷渣-固硫灰复合体系混凝土强度降低率最低。固硫灰本身含有硫酸盐组分，阻滞了外部硫酸盐渗入；同时其具有自激发效应，减少了体系 $Ca(OH)_2$ 含量，使得膨胀性组分减少。磷渣-固硫灰复合组与单掺对照组相比强度损失率最小。浸泡至56d，单掺磷渣组强度反而增加，磷渣与固硫灰复合组强度损失小于单掺固硫灰组和纯水泥组混凝土强度。

当 Na_2SO_4 溶液浓度较高（10%）时，浸泡至28d，混凝土强度均出现损失。磷渣-固硫灰复合体系质量损失远远低于单掺磷渣及固硫灰组，说明磷渣与固硫灰复合可以有效提高抗硫酸盐侵蚀性能。浸泡至56d，单掺磷渣组强度增加，单掺固硫灰组强度出现损失，磷渣与固硫灰复合组强度增加率高于单掺磷渣组。在不同硫酸盐浓度溶液的浸泡下，磷渣与固硫灰复合组抗硫酸盐侵蚀性能优于单掺固硫灰组。浸泡不同时间，混凝土强度的变化存在较大差异，有的出现强度损失，有的出现强度增加，主要与混凝土的密实度与孔隙率有关，同时混凝土的水化反应程度以及 $Ca(OH)_2$ 含量也有较大影响。

综合以上混凝土的抗冻融循环性能、抗碳化性能以及抗硫酸盐侵蚀性能的分析，可以得出以下结论：磷渣与固硫灰复合，其抗冻融循环、抗碳化性能以及抗硫酸盐侵蚀性能优于单掺固硫灰组，这也展现出复合体系的优势。

3.4　小结

本章的研究结果表明，循环流化床锅炉燃煤灰渣（固硫灰渣）可以成为水泥和混凝土用辅助性胶凝材料的重要组成部分。经过物理粉磨改性，解决不了固硫灰渣中高硫钙含量问题，其直接掺入水泥或混凝土中，需严格根据硫钙含量确定掺量。因此，物理粉磨和复合化改性同步开展，则能够优势互补，克服各自缺点，从而充分发挥复合辅助性胶凝材料体系优势。我们建议，用于水泥或混凝土中的循环流化床锅炉燃煤灰渣，应主要以复合体系为主。目前，西南地区部分水泥生产企业和矿物掺合料加工企业，均已利用复合化技术开展了固硫灰渣基复合辅助胶凝材料在水泥和混凝土中应用。

4 循环流化床锅炉燃煤灰渣制备特种水泥技术

我国水泥产量连续多年居于世界水泥产量首位，其中绝大多数为普通硅酸盐水泥，特种水泥产量占比约1%，远远低于发达国家水平。随着国家各类大型基础设施建设力度的加大，对具有低水化热、低收缩、早强高强和高耐久性的特种水泥需求量剧增。硫铝酸盐水泥是由中国建筑材料科学研究总院于1975年研制成功。其以石灰石、矾土、石膏为原料，经1300～1350℃低温煅烧而成，主要矿物组成为无水硫铝酸钙（C_4A_3S，55wt%～75wt%）和硅酸二钙（β-C_2S，8wt%～25wt%））。其中主矿物C_4A_3S有高强、早强、抗渗、抗冻、低碱度和耐蚀等优良特性，相应地，该水泥则具有早强、快硬、低碱度等一系列优异性能。高贝利特水泥的主导矿物为硅酸二钙［w（β-C_2S）>50%］，其具有煅烧温度低、CaO含量低、后期强度增进率高、水化热低、耐蚀、干缩小、工作性好等优点。高贝利特-硫铝酸盐水泥（HBSAC）则是把β-C_2S和C_4A_3S两种矿物结合起来的新型水泥，是当今水泥研究领域的一大热点，该体系水泥具有熟料煅烧温度低、早强、后期强度增进率高、耐腐蚀、干缩性能小等优点，有着良好的发展前景。固硫灰渣中钙、硫含量高，可以考虑以其为特种水泥熟料生产原料，生成以硫铝酸钙、贝利特、铁相和少量硫酸钙为主要矿物的特种水泥。

4.1 配料计算

4.1.1 配料计算条件假设

假定所制备水泥熟料为贝利特-硫铝酸盐水泥熟料，根据该种水泥熟料矿物组成进行计算。为了简化计算，特做出以下条件假设：

（1）假定水泥熟料的矿物组成为C_2S、C_4A_3S、C_4AF、$CaSO_4$，不考虑熟料中可能形成的极少量的C_2F、C_3A（或CA）等；

（2）因SO_3含量较高，并且SO_3相对过剩，所以假定全部Fe_2O_3与部分Al_2O_3、CaO转化为C_4AF，剩余的Al_2O_3与CaO、SO_3全部转化为C_4A_3S，SO_3部分参与形成C_4A_3S，部分以CS、R_2SO_4形式存在，部分

固溶于其他矿物（以下不考虑熟料中 R_2SO_4 和固溶 SO_3）；

（3）不考虑玻璃相的影响。

4.1.2 率值公式推导

该种水泥熟料主要含有 SiO_2、Al_2O_3、Fe_2O_3、CaO 和 SO_3 五种化学成分，形成 C_2S、C_4A_3S、C_4AF、$CaSO_4$ 和 C_3S 五种主要矿物（假设在钙足量的时候有 C_3S 生成）。用石灰饱和系数（KH）、硅酸率（SM）、铝氧率（IM）、硫铝比（Pm）和碱度系数（Cm）表征各氧化物之间的比例关系。基于条件假设，下面推导。

（1）石灰饱和系数（KH）

CaO 除了 SiO_2 化合生成 C_3S、C_2S 外，主要与 Fe_2O_3、CaO 化合生成 C_4AF；与 Al_2O_3、SO_3 化合生成 C_4A_3S。

熟料的饱和系数可写为：

$$KH = (CaO - 0.55Al_2O_3 - 1.05Fe_2O_3 - 0.7SO_3)/2.8SiO_2 \quad (4\text{-}1)$$

（2）硅酸率（SM）和铝氧率（IM）

计算公式与传统公式完全相同，即：

$$SM = SiO_2/(Al_2O_3 + Fe_2O_3) \quad (4\text{-}2)$$

$$IM = Al_2O_3/Fe_2O_3 \quad (4\text{-}3)$$

硅酸率和铝氧率的表达式虽然与传统硅酸盐水泥熟料的率值公式完全相同，但它们的含义有所不同：对于该种硫铝酸盐水泥熟料，上述两个率值公式中的 Al_2O_3 除参与形成 C_4AF 外，主要是参与形成 C_4A_3S，而不是 C_3A。

（3）铝硫比（Pm）

表示熟料中 CaO、Al_2O_3 和 SO_3 形成 C_4A_3S 矿物时，SO_3 和 Al_2O_3 的比例关系。其计算公式为：

$$Pm = (Al_2O_3 - 0.64Fe_2O_3)/SO_3 \quad (4\text{-}4)$$

式（4-4）的分子表示能够参与形成 C_4A_3S 的 Al_2O_3 的量。由于形成一个 $3CaO \cdot 3Al_2O_3 \cdot CaSO_4$ 分子，要求 Al_2O_3 和 SO_3 的比例为 3.85，所以，在 $IM > 0.64$ 时，根据 Pm 的大小，可以判定 Al_2O_3、SO_3 和 Fe_2O_3 之间的匹配关系及生成的矿物种类。分为以下三种情况：

①当 $Pm = 3.85$ 时，熟料中 Al_2O_3 配入量与 Fe_2O_3、SO_3 的含量相匹配，各自均无剩余，中间相除 C_4AF 之外，其余均为 C_4A_3S，没有 C_3A 和 $CaSO_4$；

②当 $Pm > 3.85$ 时，SO_3 配入量不足，或 Al_2O_3 过量，中间相除 C_4AF 和 C_4A_3S 之外，还会有 C_3A（或 CA 出现）；

③当 $Pm < 3.85$ 时，SO_3 配入过量，或 Al_2O_3 不足，中间相会同时出现 C_4AF、C_4A_3S 和 $CaSO_4$。

（4）碱度系数 Cm

表示熟料中的 CaO 满足于生产熟料中有用矿物所需 CaO 量的程度。对该硫铝酸盐熟料，Cm 表示熟料中氧化硅、氧化铝和氧化铁被氧化钙饱和形成 C_2S、C_4A_3S 和 C_4AF 的程度。其计算公式为：

$$Cm = CaO/[1.87SiO_2 + 0.55Al_2O_3 - 0.7(SO_3 + Fe_2O_3)] \quad (4\text{-}5)$$

4.1.3 熟料矿物组成计算

采用由化学成分计算熟料矿物组成的方法。因为原料成分 Al_2O_3 较多，一般 $IM > 0.64$，$Pm < 3.85$。此时，熟料的矿物组成为 C_2S、C_4A_3S、C_4AF 和少量 $CaSO_4$。假设在钙过量时，熟料中有 C_3S 形成。

钙不足时，钙除参与形成 C_4A_3S、C_4AF 和少量 $CaSO_4$ 外，其余全部参与形成 C_2S。

C_4AF 的含量可由 Fe_2O_3 的含量算出：

$$C_4AF = 3.04Fe_2O_3 \quad (4\text{-}6)$$

C_4A_3S 含量的计算，应先从总 Al_2O_3 量中减去形成 C_4AF 所消耗的 Al_2O_3 量（$0.64Fe_2O_3$），用剩余的 Al_2O_3 量即可算出其含量：

$$C_4A_3S = 1.99(Al_2O_3 - 0.64Fe_2O_3) \quad (4\text{-}7)$$

$CaSO_4$ 含量的计算，应先从总 SO_3 量中减去形成 C_4A_3S 所消耗的 SO_3 量（$0.1311C_4A_3S$），用剩余的 SO_3 量，即可算出其含量：

$$CaSO_4 = 1.70(SO_3 - 0.1311C_4A_3S) = 1.70(SO_3 - 0.26Al_2O_3 + 0.17Fe_2O_3) \quad (4\text{-}8)$$

钙除参与形成 C_4A_3S、C_4AF 和少量 $CaSO_4$ 外，其余全部参与形成 C_2S。因此，C_2S 含量的计算，应先从总 CaO 量中减去形成 C_4AF、C_4A_3S 和 $CaSO_4$ 所消耗的 CaO 量，用剩余的 CaO 量即可算出其含量：

$$\begin{aligned} C_2S &= 1.536[(CaO - 0.55(Al_2O_3 - 0.64Fe_2O_3) - 1.40Fe_2O_3 - 0.7SO_3] \\ &= 1.536(CaO - 0.55Al_2O_3 - 1.05Fe_2O_3 - 0.7SO_3) \quad (4\text{-}9) \end{aligned}$$

钙足量时：钙参与形成 C_4A_3S、C_4AF 和少量 $CaSO_4$ 后，剩余的钙参与形成 C_2S 和 C_3S。设与 SiO_2 反应的 CaO 为 Cs；设与 CaO 反应的 SiO_2 为 Sc，则：

$$Cs = CaO - (0.55Al_2O_3 + 1.05Fe_2O_3 + 0.7SO_3) \quad (4\text{-}10)$$

$$Sc = SiO_2 \quad (4\text{-}11)$$

在通常的煅烧条件下，CaO 与 SiO_2 反应先形成 C_2S，剩余的 CaO 再和部分 C_2S 反应生成 C_3S。由剩余的 CaO 量（$Cs - 1.87Sc$）可算出 C_3S

含量。

$$C_3S = 4.07(Cs - 1.87Sc) = 4.07Cs - 7.6Sc \tag{4-12}$$

将式（4-10）代入式（4-12）中，并将 KH 值计算式代入，整理后得：

$$C_3S = 4.07(2.8KH \cdot Cs) - 7.06Sc = 3.8(3KH - 2)SiO_2 \tag{4-13}$$

由 $Cs + Sc = C_2S + C_3S$，可算出 C_2S 含量：

$$C_2S = Cs + Sc - C_3S = 8.61Sc - 3.07Cs \tag{4-14}$$

整理后得：

$$C_2S = 8.61(1\text{-}KH)SiO_2 \tag{4-15}$$

以上为由化学成分计算熟料矿物组成的公式。

4.2 水泥熟料试制

4.2.1 生料配比设计

分别用固硫灰、铝矾土和石灰石以及固硫渣、铝矾土和石灰石配制成固硫灰、固硫渣贝利特-硫铝酸盐水泥。其中 L-石灰石，A-CFB 固硫灰，S-CFB 固硫渣，B-CFB 铝矾土。原料化学成分见表 4-1。特别说明，试制研究主要以固硫灰为原料。

表 4-1 原料化学成分/wt%

原料	SiO_2	Al_2O_3	Fe_2O_3	MgO	CaO	Na_2O	K_2O	SO_3	TiO_2	烧失量
石灰石 L	3.02	0.67	0.50	0.89	51.86	0.00	0.00	0.01	0.02	42.20
铝矾土 B	8.92	69.36	3.63	0.12	0.42	0.00	0.00	0.39	3.11	13.74
固硫灰 A	33.37	12.91	9.60	1.69	19.26	0.04	1.10	10.79	1.03	9.45
固硫渣 S	35.79	18.06	7.03	2.23	15.41	0.40	1.63	10.30	1.61	6.15
石膏 G	2.30	0.30	0.18	3.73	36.50	0.10	0.47	51.24	0.06	4.80

固硫灰的掺量控制在 24.4% ~37%，进行三个系列水泥熟料试制。

A 组配料，原料只有石灰石和固硫灰，1# ~4#固硫灰掺量逐渐增大，掺量依次为 34%、35%、36%、37%（质量分数），配料方案见表 4-2。B 组配料，原料有石灰石、固硫灰和铝矾土，1# ~5#固硫灰的掺入量依次为 30.1%、31.1%、31.7%、32.3%、32.9%。配料方案见表 4-3。C 组配料中则在 B 的基础上考虑提高早期矿物含量而配料，其固硫灰的掺量分别为 24.4%、29.8%、30.1%、31.1%、31.3%。配料方案见表 4-4。

表 4-2　由生料化学成分计算的熟料化学成分、率值及矿物组成（A 组）

科目	组号	1#	2#	3#	4#
化学成分/%	SiO_2	20.62	21.00	21.38	21.75
	Al_2O_3	6.68	6.80	6.92	7.04
	Fe_2O_3	5.47	5.60	5.72	5.85
	MgO	1.16	1.18	1.20	1.22
	CaO	59.57	58.80	58.04	57.29
	Na_2O	0.39	0.39	0.39	0.39
	K_2O	0.68	0.74	0.70	0.71
	SO_3	5.33	5.46	5.59	5.72
率值	KH	0.81	0.78	0.75	0.72
	SM	1.70	1.69	1.69	1.69
	IM	1.22	1.22	1.21	1.20
	Cm	1.20	1.16	1.12	1.09
	Pm	0.60	0.59	0.58	0.58
熟料矿物/%	C_4A_3S	6.32	6.40	6.48	6.56
	C_2S	71.29	69.67	68.07	66.48
	C_4AF	16.64	17.02	17.40	17.77
	$CaSO_4$	7.69	7.90	8.10	8.30

表 4-3　由生料化学成分计算的熟料化学成分、率值及矿物组成（B 组）

科目	组号	1#	2#	3#	4#	5#
化学成分/%	SiO_2	19.54	19.88	20.08	20.28	20.48
	Al_2O_3	14.00	13.18	12.70	12.22	11.73
	Fe_2O_3	5.63	5.68	5.71	5.74	5.77
	MgO	1.03	1.05	1.07	1.09	1.10
	CaO	53.30	53.64	53.84	54.04	54.24
	Na_2O	0.36	0.36	0.37	0.37	0.37
	K_2O	0.82	0.81	0.80	0.79	0.79
	SO_3	4.61	4.77	4.86	4.95	5.05
率值	KH	0.52	0.54	0.55	0.56	0.57
	SM	1.00	1.05	1.09	1.13	1.17
	IM	2.48	2.32	2.22	2.13	2.03
	Cm	1.04	1.04	1.04	1.04	1.04
	Pm	2.25	2.00	1.86	1.73	1.59

续表

科目	组号	1#	2#	3#	4#	5#
熟料矿物/%	$C_4A_3\bar{S}$	20.68	19.00	18.00	17.00	16.00
	C_2S	56.00	56.96	57.53	58.10	58.68
	C_4AF	17.13	17.27	17.36	17.45	17.54
	$CaSO_4$	3.28	3.92	4.30	4.68	5.06

表 4-4　由生料化学成分计算的熟料化学成分、率值及矿物组成（C 组）

	组号	1#	2#	3#	4#	5#
化学成分/%	SiO_2	17.38	19.47	19.68	19.78	19.83
	Al_2O_3	14.19	14.17	13.67	11.59	11.07
	Fe_2O_3	4.98	5.62	5.65	5.54	5.52
	MgO	0.91	1.02	1.04	1.07	1.07
	CaO	56.69	53.23	53.44	55.56	56.05
	Na_2O	0.34	0.36	0.36	0.37	0.37
	K_2O	0.78	0.82	0.82	0.66	0.76
	SO_3	3.83	4.58	4.67	4.81	4.85
率值	KH	0.65	0.67	0.67	0.72	0.65
	SM	0.90	0.98	1.02	1.15	1.19
	IM	2.85	2.52	2.42	2.09	2.00
	Cm	1.22	1.04	1.04	1.11	1.11
	Pm	2.87	2.31	2.15	1.67	1.56
熟料矿物/%	$C_4A_3\bar{S}$	21.90	21.04	20.00	16.00	15.00
	C_3S	34.56	—	—	12.29	15.01
	C_2S	23.60	55.94	56.39	47.29	45.37
	C_4AF	15.13	17.09	17.19	16.85	16.79
	$CaSO_4$	1.68	3.14	3.54	4.65	4.94

4.2.2　生料制备

水泥熟料的质量不仅受到烧成过程的影响，还与生料的均齐性有着密切关系，生料的混合均齐性越好，易烧性就越好。采用先分别粉磨各种原料至过 0.08μm 方孔筛筛余小于 6%，再按设计的生料配合比进行配料。为确保生料的均匀性，配得的生料在混料机中混合 30min。将制备好的生料取出适量保存，以备其他实验用，其余生料可以将其成型用于煅烧。将制备好的生料加入6%的水再充分混合均匀。最后进行压片成型，在30MPa的压力下压制成ϕ25mm×5mm小试饼或ϕ80mm×20mm大试饼，入袋密封，以备煅烧。

在进行配方设计时，结合硅酸盐水泥与硫铝酸盐水泥的特点，从保证水泥的强度出发，确定了特种水泥的主要矿物组成大概范围为w（β-C_2S）高于40%、w（C_4A_3S）15%~30%。为了充分地利用固硫灰，设定了三组配方：A组为充分利用固硫灰中所含有的硫，则以石灰石和固硫灰作为原料进行配制；B组中加入铝矾土补充A组的铝不足；C组则在B组的基础上考虑生产硅酸三钙或提高硫铝酸钙含量来提供早强。

4.2.3 熟料烧成

基于DTA-TG分析确定，A组不同配方物料设置了1260℃、1280℃、1290℃、1300℃、1320℃五个煅烧温度。B组不同配方物料设置了五个煅烧温度：1260℃、1280℃、1300℃、1320℃、1340℃。C组配方和B组的非常相似，设置了五个煅烧温度：1260℃、1280℃、1300℃、1320℃、1340℃。

按照标准《水泥化学分析方法》（GB/T 176—2017）中的甘油-无水乙醇法测试熟料中所含有的f-CaO。表4-5为A组配方烧制熟料的f-CaO的测定结果。随着烧成温度的逐渐升高，熟料中的游离氧化钙的含量呈明显的下降趋势；同一煅烧温度下，1#~4#的游离氧化钙含量降低。煅烧温度在1260℃时，游离氧化钙的含量一般都比较大，有些甚至接近10%，这说明熟料中的绝大多数碳酸钙已经分解，但是由于固相反应程度还没完全，不能快速吸纳所分解出来的大量氧化钙。同一温度下，1#~4#熟料游离氧化钙含量逐渐降低，说明随着固硫灰的加入量增加，生料易烧性变好。当温度达到1320℃时，游离氧化钙的含量却有所增加，说明开始出现了硫酸盐的分解。该组中可以看出，温度和原料配比是影响熟料游离氧化钙的含量两个重要因素。A组配方中，3#和4#在1300℃的氧化钙含量相对低，初步确定3#和4#为较优配方，1300℃为较优煅烧温度。

表4-5　A组f-CaO的测定结果/%

科目	1260℃	1280℃	1290℃	1300℃	1320℃
1#	6.34	5.36	3.65	2.04	3.01
2#	4.83	2.91	1.39	0.37	1.02
3#	3.29	1.60	0.76	0.35	0.55
4#	1.85	0.89	0.08	0.27	0.31

表4-6为B组配方配料煅烧熟料的f-CaO含量的测定结果。温度对游离氧化钙的影响比较明显，煅烧温度越高，游离氧化钙含量越低。整个配方中煅烧出来的熟料游离氧化钙的含量较低，基本在1%以下。而且随着固硫灰的掺量的增加，游离氧化钙含量在相同煅烧温度的情况下呈递减趋势。综合以上因素，确定3#、4#和5#为较优配方，最优煅烧温度为1320℃。

表4-6 B组f-CaO的测定结果/%

	1260℃	1280℃	1300℃	1320℃	1340℃
1#	1.24	0.49	0.32	0.08	0.20
2#	0.64	0.48	0.14	0.04	0.09
3#	0.62	0.34	0.14	0.03	0.10
4#	0.41	0.34	0.13	0.04	0.08
5#	0.37	0.17	0.09	0.03	0.06

C组不同配方在不同温度下煅烧出来的熟料的f-CaO含量见表4-7。表中数据的变化和A、B组有差异，只有2#、3#随着固硫灰掺量的增加其易烧性变好，但是对于1#、4#、5#中游离氧化钙含量都高于2#、3#，其原因主要是在配方设计中考虑了形成C_3S，但是由于有硫酸盐以及较高的铁含量，导致其煅烧温度低，在低温下不易形成C_3S，从而使考虑参与反应形成C_3S的钙转变为游离氧化钙，导致了其游离氧化钙含量较高。f-CaO含量同样是到高温1340℃就有所增加，即熟料过烧。通过f-CaO含量可以得到与物料外观形貌特征相同的结论，2#、3#的煅烧温度为1320℃，1#、4#、5#的煅烧温度为1300℃，同时也可以发现2#、3#配方较优。

表4-7 C组f-CaO的测定结果/%

	1260℃	1280℃	1300℃	1320℃	1340℃
1#	2.44	1.62	0.61	0.77	0.78
2#	0.64	0.48	0.32	0.14	0.40
3#	0.62	0.34	0.24	0.12	0.48
4#	1.41	1.04	0.53	0.51	0.04
5#	1.37	0.92	0.50	0.88	1.10

图4-1是A组配方所配制的生料在不同温度煅烧条件下得到的熟料XRD图谱。由图谱可知，熟料的主要矿物是$3CaO \cdot 3Al_2O_3 \cdot CaSO_4$、

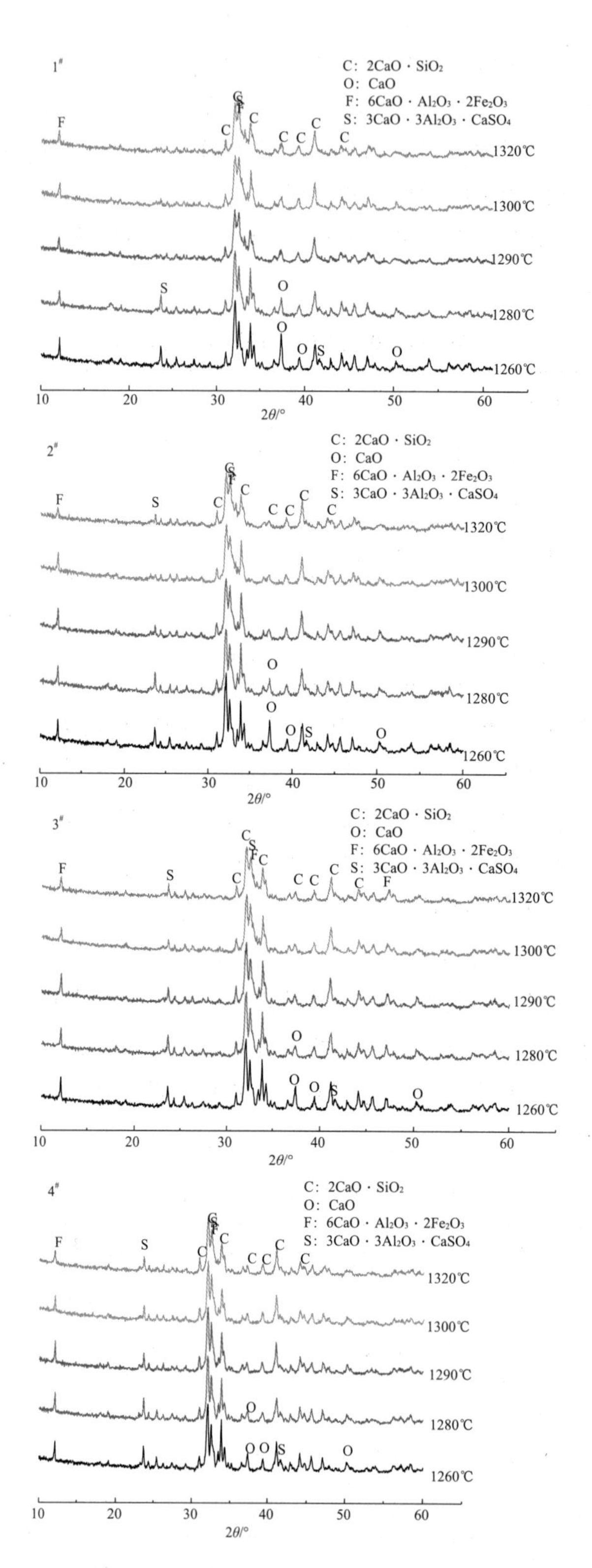

图 4-1　A 组在不同煅烧温度下的 XRD 图谱

$2CaO \cdot SiO_2$、$6CaO \cdot Al_2O_3 \cdot 2Fe_2O_3$ 和少量的硫酸钙（由于其含量很低，在图谱中没有出现）。几组配方在 1260℃时有明显的 f-CaO 存在，到 1290℃时，其峰逐渐减弱，到 1300℃后在图谱中几乎不能看到 f-CaO 的峰，说明随着温度升高，反应更完全，CaO 更充分地被矿物吸收；且随着固硫灰的增加，f-CaO 的峰值也在减弱，由此就更加验证了固硫灰中的硫酸盐有着矿化剂的作用。随着固硫灰掺量的增加，其中 $3CaO \cdot 3Al_2O_3 \cdot CaSO_4$ 矿物的含量也在增加。在每一个配方中，都出现了一个普遍的现象，随着温度的升高，铁相的峰值在减弱，$2CaO \cdot SiO_2$ 也出现同样的规律，而硫铝酸钙的峰则是先增加后降低。

图 4-2 是 B 组试样不同配料在 1300℃、1320℃、1340℃的 XRD 图谱。对于 B 组试样其主要矿物仍为 $3CaO \cdot 3Al_2O_3 \cdot CaSO_4$、$2CaO \cdot SiO_2$、$6CaO \cdot Al_2O_3 \cdot 2Fe_2O_3$ 和少量的硫酸钙，其出现的规律和 A 组也类似，因铝质校正原料铝矾土的加入，使烧成熟料矿物中的硫铝酸钙的相对含量提高，所以硫铝酸钙的峰型尖锐且很明显，铁相的峰没有 A 组的高。其中明显不同的在于 B 组的图谱中无游离氧化钙的峰。而对于 C 组试样，在配方设计时，考虑到提高早强矿物，设想让硫铝酸钙与硅酸三钙共存，但由于硫铝酸钙的形成温度比普通硅酸盐水泥的烧成温度（即硅酸三钙形成的温度 1450℃）低，导致硅酸三钙不能形成，以致熟料中的钙过剩，由此在试样中出现了急凝矿物。如图 4-3，$1^{\#}$中明显有 C_3A 的峰存在，但在 $2^{\#}$、$5^{\#}$的图谱中未发现 C_3A 的峰，但在后期时，却和 $1^{\#}$一样发生了急凝。$2^{\#}$、$5^{\#}$出现规律和 B 组是一样的。

对结构致密，硬度高的熟料制样进行岩相分析。分析结果可以看到熟料均有呈交叉双晶纹的圆形 C_2S，呈六方或四方片状的硫铝酸钙和白色中间相，且 C_2S 晶棱完整，晶形较好；温度过高时，硫铝酸钙的结构不完整，似乎有被蚀掉的样子，应属于硫铝酸钙在较高温度下开始分解导致的。但在 A 组中出现的硫铝酸钙远少于 B、C 两组。

图 4-4 为 A 组 $3^{\#}$在 1300℃时的岩相图，可以看到结晶程度很好的 C_2S，但硫铝酸钙含量很低。B 组中则可以看到较多量且晶型很好的硫铝酸钙，且 C_2S 与硫铝酸钙均匀分布，见图 4-5。在 C 组的 $1^{\#}$试样中除了有硫铝酸钙和 C_2S 存在，还明显能看到大量长条形和不规则的矿物存在（图 4-6），其可能是造成熟料急凝的矿物。而在 C 组的 $2^{\#}$试样中除了看到有硫铝酸钙和大量圆形的 C_2S 外，还有像手指、花蕾状的 C_2S 存在（图 4-7），正是各种形状的 C_2S 存在，使得其活性比较高，水化反应迅速，促使水泥的强度发展。

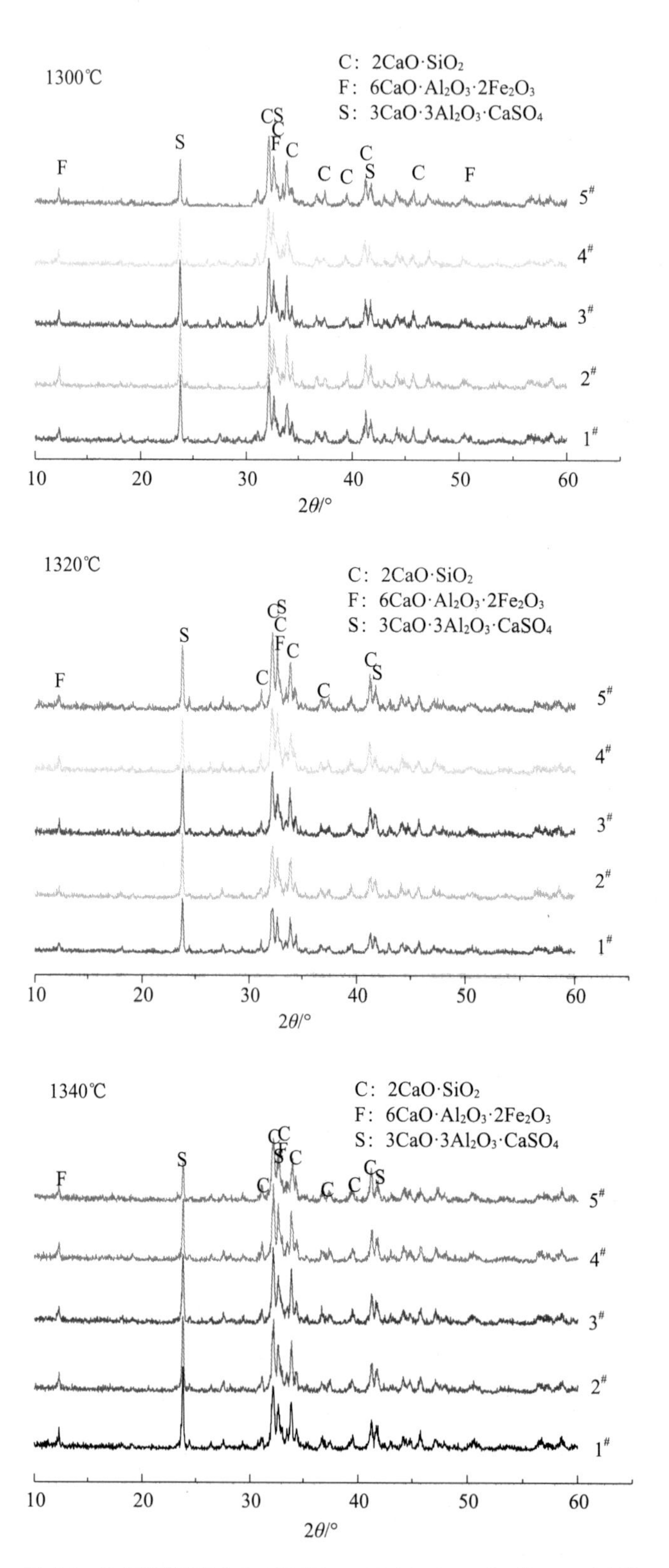

图 4-2　B 组不同配方在 1300℃、1320℃、1340℃的 XRD 图谱

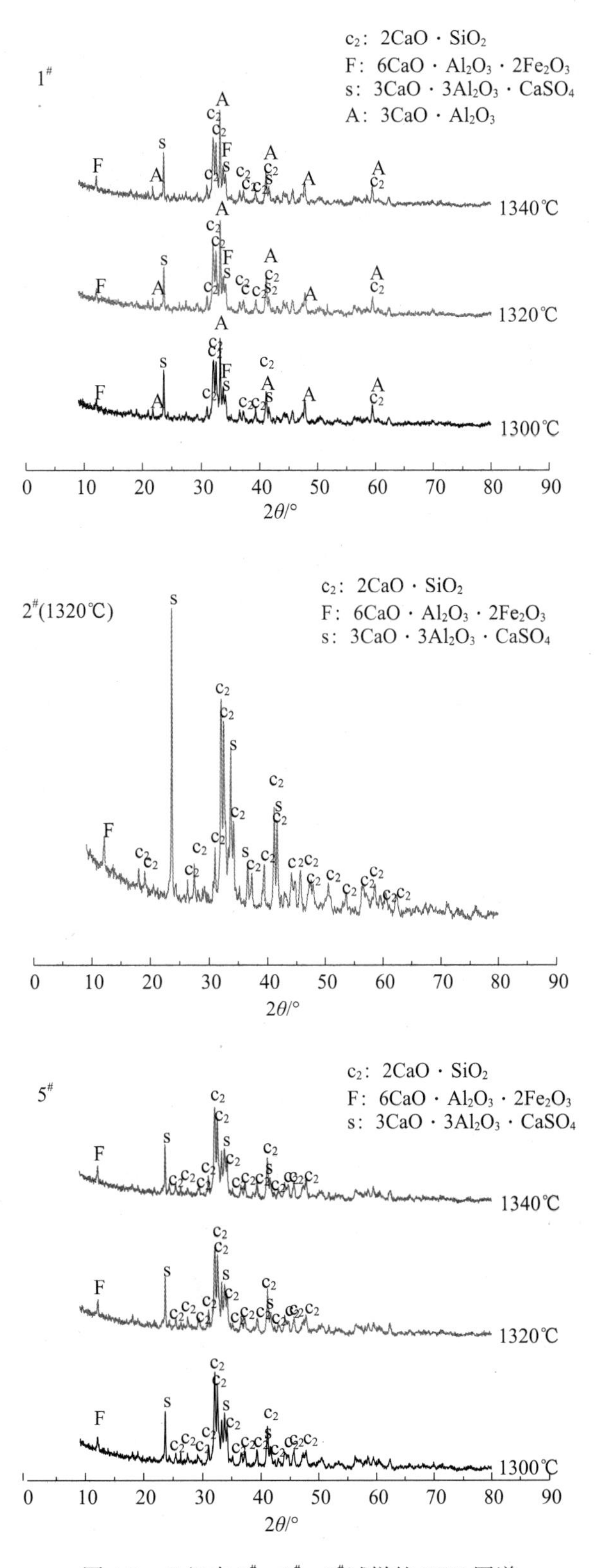

图 4-3　C 组中 1#、2#、5#试样的 XRD 图谱

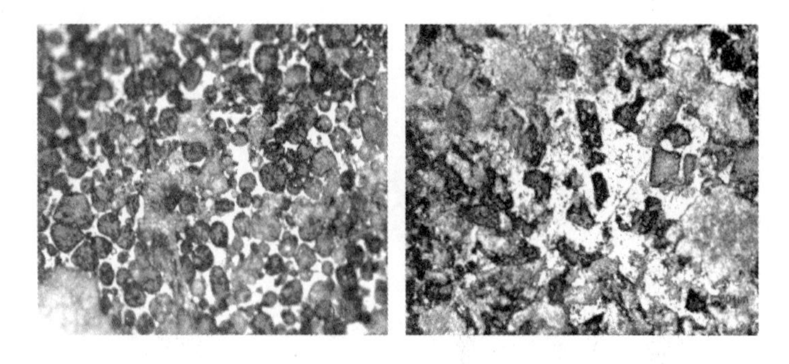

图 4-4　A 组 3# – 1300℃熟料岩相照片

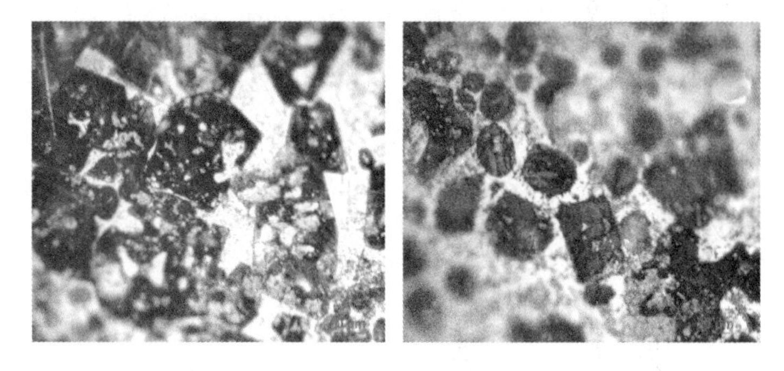

图 4-5　B 组 2# – 1320℃熟料岩相照片

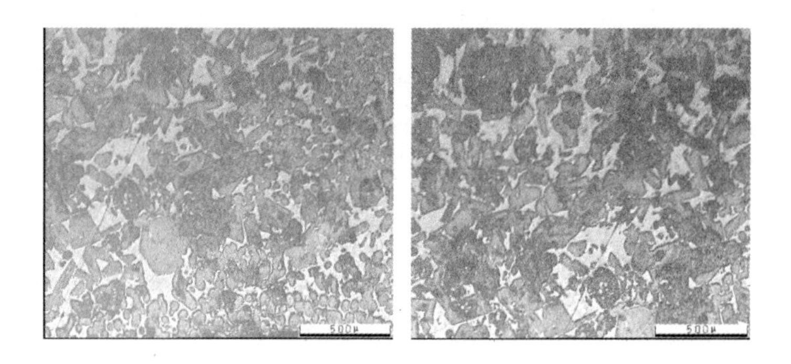

图 4-6　C 组 1# – 1300℃熟料岩相照片

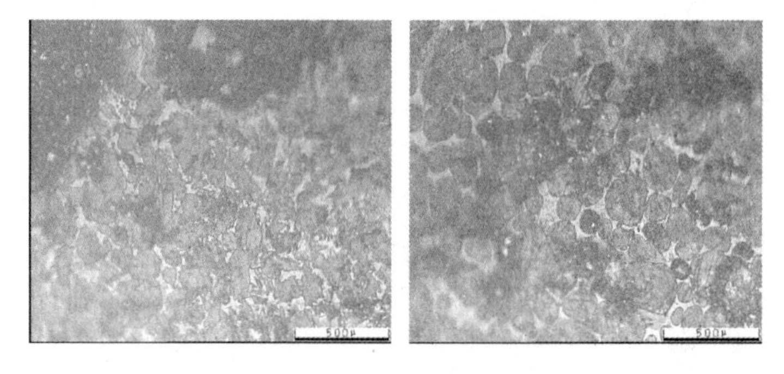

图 4-7　C 组 2# – 1320℃熟料岩相照片

4.2.4 熟料性能

综合以上结果，对 A 组中在 1300℃烧成的 3#和 4#试样，B 组中在 1320℃烧成的 2#、3#、4#试样，C 组中在 1320℃烧成的 2#、3#试样的强度及水化性能做探索研究。将熟料粉磨，细度控制在 80μm 筛筛余量小于 4%。将磨细后的熟料试样按 $W/C = 0.30$ 加水，成型为 20mm × 20mm × 20mm 净浆抗压小试体，24h 脱模，放入 20℃ ±2℃的水中养护至龄期 3d 和 28d，测试其抗压强度。测定结果见表 4-8。从强度数据看，早强矿物的含量严重影响了熟料水化后的早期强度。C_2S 含量不同体现出来的 28d 强度也有着明显的区别，但整体来看，该体系熟料的后期强度增进率大；在不掺石膏的情况下，28d 的强度都相对较高，则说明该熟料中的 C_2S 具有较高的活性。综合强度发展情况，发现 C 组中的 2#、3#强度最佳。

表 4-8 水泥熟料净浆强度测试结果/MPa

编号	3d	28d
A-3#	13.87	26.73
A-4#	16.61	22.58
B-2#	27.12	44.01
B-3#	26.42	41.62
B-4#	22.70	53.21
C-2#	31.30	54.30
C-3#	30.97	45.62

4.3 固硫灰渣特种水泥熟料制备技术优化

4.3.1 生料配合比设计

根据前述研究成果，按照所推导计算公式进行配料计算，设计两个系列不同矿物组成的熟料。A 组配料，原料为固硫灰、石灰石和铝矾土；B 组配料，原料为固硫渣、石灰石、铝矾土。其中 A 组熟料煅烧温度为 1280℃，60min，B 组熟料煅烧温度为 1290℃，60min，熟料的性能与碱度系数 Cm、铝硫比 Pm 等有很大的关系，在前期研究的基础上对配方进一步优化，见表 4-9 ~ 表 4-13。

表 4-9　实验配方

组号	1#	2#	3#	4#	5#
A（石灰石/固硫灰/铝矾土）	58.4：25.5：16.1	58.2：27.7：14.2	58.1：29.6：12.3	58.4：30.2：11.4	58.8：31.5：9.7
B（石灰石/固硫渣/铝矾土）	62.4：25.1：12.5	62.4：27.2：10.4	62.4：29.2：8.4	62.8：29.7：7.5	63.3：30.9：5.8

表 4-10　设计配方的熟料化学成分（%）

组号		SiO_2	Al_2O_3	Fe_2O_3	CaO	MgO	Na_2O	K_2O	SO_3	TiO_2
A 组	1#	16.55	20.96	4.700	49.88	1.372	0.014	0.397	3.989	1.094
	2#	17.28	19.45	4.880	50.16	1.410	0.015	0.429	4.296	1.040
	3#	19.73	17.97	5.043	50.508	1.153	0.156	0.459	0.459	0.986
	4#	18.13	17.19	5.083	50.96	1.471	0.016	0.468	0.468	0.955
	5#	18.54	15.79	5.174	51.66	1.505	0.017	0.488	0.488	0.900
B 组	1#	17.47	19.91	3.695	50.20	1.610	0.148	0.604	3.898	1.18
	2#	18.23	18.32	3.787	50.54	1.699	0.160	0.651	4.184	1.133
	3#	18.96	16.83	3.876	50.85	1.726	0.171	0.696	4.457	1.088
	4#	19.16	16.05	3.890	51.31	1.749	0.174	0.710	4.540	1.060
	5#	19.58	14.75	3.93	51.93	1.790	0.181	0.738	4.705	1.015

表 4-11　设计配方的熟料率值及矿物组成

组号		矿物组成/%					熟料率值		
		$CaSO_4$	C_4A_3S	C_2S	C_4AF	CT	Cm	P	N
A 组	1#	—	35.7	47.5	14.28	1.86	0.97	4.5	1.08
	2#	0.118	32.5	49.6	14.8	1.77	0.97	3.8	0.94
	3#	1.298	29.3	51.5	15.3	1.68	0.97	3.22	0.82
	4#	1.803	27.7	52.0	15.5	1.62	0.98	2.9	0.77
	5#	2.765	24.8	53.2	15.7	1.53	1	2.57	0.67
B 组	1#	—	34.9	50.1	11.2	2.0	0.97	4.5	1.00
	2#	0.109	31.64	52.33	11.51	1.9	0.98	3.8	0.87
	3#	1.257	28.56	54.4	11.8	1.85	0.98	3.22	0.76
	4#	1.747	27.0	55.0	11.8	1.75	0.99	2.99	0.71
	5#	2.616	24.35	56.2	11.9	1.72	1	2.6	0.62

表 4-12 熟料实际化学成分/%

组号		SiO_2	Al_2O_3	Fe_2O_3	CaO	MgO	SO_3
A 组	1#	16.57	19.62	5.95	51.01	1.74	4.01
	2#	17.31	17.86	6.78	51.09	5.95	4.25
	3#	17.52	17.40	5.95	51.51	1.32	4.53
	4#	17.63	16.47	6.31	51.52	1.56	4.58
	5#	18.59	15.58	6.54	52.51	1.20	4.46
B 组	1#	17.31	18.81	5.24	51.26	1.68	2.53
	2#	17.63	17.76	4.40	51.84	1.86	4.09
	3#	17.20	15.97	4.52	52.34	1.68	3.60
	4#	18.69	15.22	4.10	53.01	1.80	4.53
	5#	19.65	13.60	5.35	52.51	2.22	4.62

表 4-13 熟料实际矿物组成/%

组号		矿物组成/%				
		$CaSO_4$	$C_4A_3\bar{S}$	C_2S	C_4AF	$C_4A_3\bar{S}+C_2S$
A 组	1#	—	31.47	47.56	18.09	79.03
	2#	1.29	26.91	49.68	18.09	76.59
	3#	2.07	27.05	50.28	18.09	77.33
	4#	2.33	24.74	50.60	19.18	75.34
	5#	2.59	22.67	53.35	19.88	76.02
B 组	1#	—	30.76	49.68	15.93	80.44
	2#	0.71	29.74	50.60	13.38	80.34
	3#	0.37	26.02	49.36	13.74	75.38
	4#	2.33	25.07	53.64	12.46	78.71
	5#	3.39	20.25	56.39	16.26	76.64

4.3.2 熟料组成及结构

按照配方分别在1280℃、1290℃下煅烧出来的熟料其游离氧化钙含量测试结果见表4-14。各配方的游离氧化钙均小于1%，符合要求。按照A组配方煅烧出的熟料中，随着固硫灰加入量的增多，$C_4A_3\bar{S}$ 含量的减少，C_2S 含量的增加，f-CaO 量由0.56%减少至0.13%，生料的易烧性变好。而按照 B 组配方煅烧出的熟料，当固硫渣量小于 30.4% 时，随着固硫渣加入量增加，C_4A_3S 含量的减少，C_2S 含量的增加，熟料中 f-CaO 量由 0.74% 减少至 0.31%，熟料煅烧情况逐渐变好；当固硫渣掺入量大于 30.4% 时，熟料中的 f-CaO 的含量增加，生料易烧性变差。

表 4-14　熟料的 f-CaO 含量/%

编号	1#	2#	3#	4#	5#
A	0.56	0.46	0.43	0.39	0.13
B	0.74	0.66	0.31	0.45	0.61

图 4-8 表示 A 组熟料 SEM 图片，熟料的主要矿物结晶完整，形貌清晰，分布较均匀，且 C_2S 和 C_4A_3S 都是聚集分布。其中 1#、2#熟料矿物颗粒大小不均，形成较差，分布比较疏松；3#的矿物形态较好，边界清晰，C_4A_3S 含量较多，呈四方形柱状或六角形板状，尺寸在 5～10μm 之间，C_2S 尺寸依次增大。4#、5#矿物分布比较密集，并且同种矿物尺寸间存在较大的差异，C_2S 尺寸细小者占大多数，一般在 5～10μm 之间，极少数大于 10μm，其数量明显比 1#、2#、3#多，而且在矿物之间存在较多铁相固溶体，使各种矿物黏结，阻碍了矿物的生长。因此相对于 1#、2#、4#、5#熟料，3#熟料矿物大小均匀、矿物形态完好，C_4A_3S 最多，这样有利于熟料矿物强度的发挥。

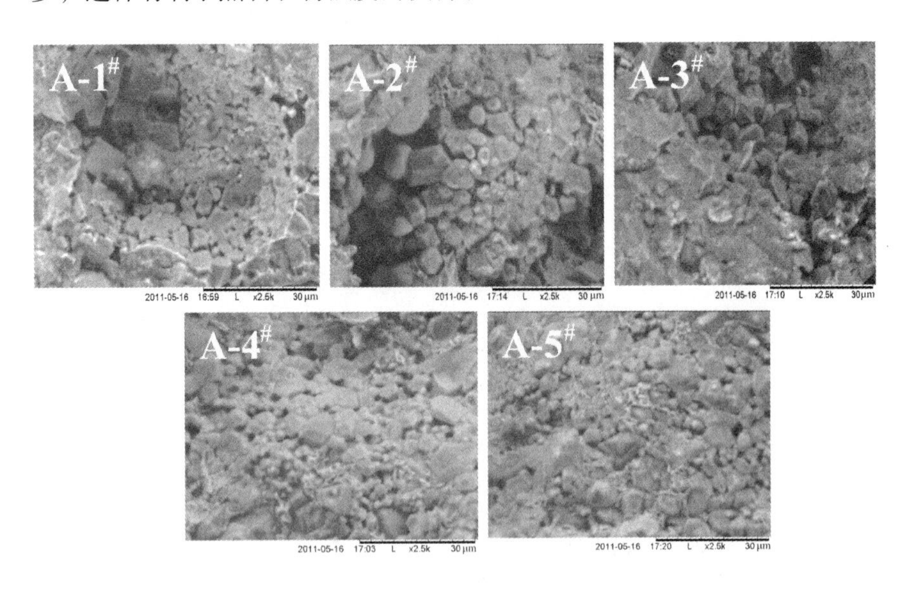

图 4-8　A 组熟料 SEM 图片

由图 4-9 可见 1#、2#、3#熟料的主要矿物结晶完整，形貌清晰，分布较均匀，且 C_2S 和 C_4A_3S 都是聚集分布，1#呈六方板状或四方柱状的 C_4A_3S 矿物较多，但尺寸普遍较小，C_2S 矿物相对较少；2#熟料矿物尺

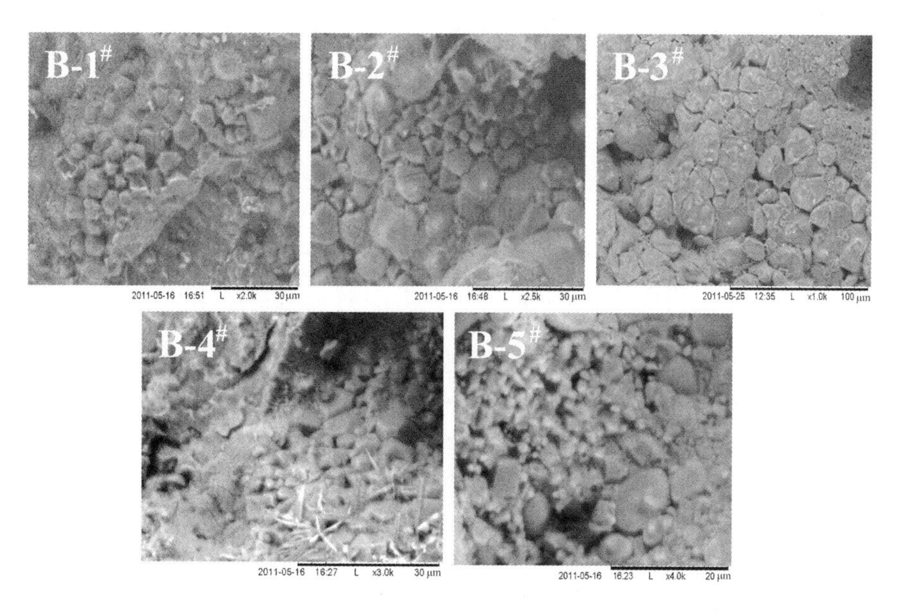

图 4-9　B 组熟料的 SEM 图片

寸大小不均匀，C_4A_3S 含量多，$3^{\#}$相对于 $1^{\#}$来说，尺寸分布比较均匀。$1^{\#}$和 $2^{\#}$的 C_4A_3S 矿物尺寸较小，在 3～6μm 之间，比正常的 C_4A_3S 矿物小，发育不完全。在 $4^{\#}$中，观察到铁相的存在，但是矿物堆积得太紧密，熔融形成了大块状相连，这样有可能造成矿物性能改变。$5^{\#}$熟料中 C_4A_3S 含量少，矿物间隔较大，大小存在较大的差异，晶粒大部分细小，圆粒状的 C_2S 矿物较多，总体来说，$3^{\#}$矿物形貌形成较好。

由图 4-10 可见，试样 $1^{\#}$、$2^{\#}$、$3^{\#}$、$4^{\#}$、$5^{\#}$的主要矿物为 C_4A_3S、C_2S 和 C_4AF，与设计的主要矿物组成一致。由图可见，$3^{\#}$的 C_4A_3S 的衍射峰最高，然后是 $1^{\#}$、$2^{\#}$、$4^{\#}$、$5^{\#}$，$1^{\#}$和 $3^{\#}$的 C_4A_3S 量与计算的矿物组成存在差别。在配料时 $1^{\#}$的铝硫比（P）为 4.5，大于 3.82，说明在熟料烧成时 $CaSO_4$ 不足以使 Al_2O_3 完全形成 C_4A_3S，另有部分 Al_2O_3 形成 C_2AS 和 $C_{12}A_7$等含铝矿物，因此，实际熟料矿物中的硫铝酸钙值比计算的熟料中 C_4A_3S 的含量偏小。同时 XRD 结果显示 $1^{\#}$和 $2^{\#}$中存在 $C_{12}A_7$矿物，所以 $1^{\#}C_4A_3S$ 量比 $3^{\#}$少。比较五个试样的衍射谱线可见，C_2S 的衍射峰依次增大，这与设计相符。实际煅烧过程中发现 $4^{\#}$、$5^{\#}$具有轻微粉化现象，有可能是因为煅烧温度过高或熟料冷却不够充分导致熟料中的 β-C_2S 晶型转变为 γ-C_2S，造成体积膨胀，使熟料粉化；铁相基本上变化不大，与设计相符。上述分析可知，$3^{\#}$配方中 C_4A_3S 的含量最高，C_2S 的含量较高、晶型稳定，有利于该熟料早期强度和后期强度的发展，所以 $3^{\#}$是在该煅烧条件下该组配方中最优的。

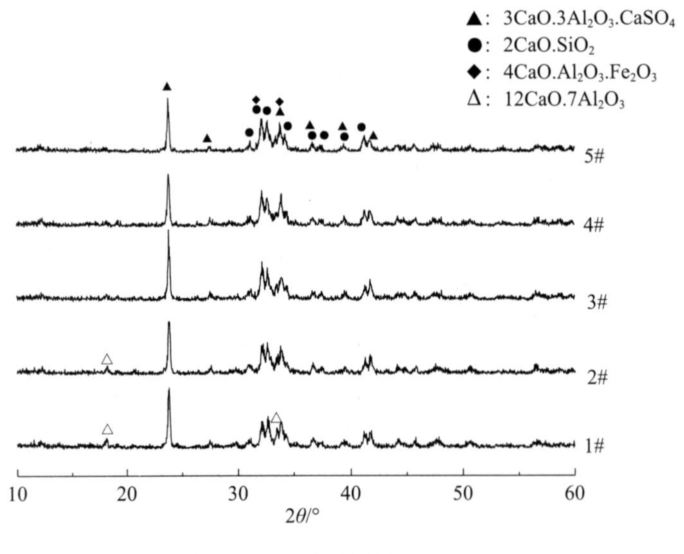

图 4-10　A 组熟料 XRD 图谱

由图 4-11 可知，B 组试样的主要矿物为 C_4A_3S、C_2S 和铁相，与设计的主要矿物组成一致；但是还形成了 $C_{12}A_7$，有些配方还有 C_3A 的存在。由图可见，3#的 C_4A_3S 的衍射峰最高，然后是 1#、2#、4#、5#。同样 1#的 P 为 4.5（大于 3.82），该配方煅烧形成的熟料中含有 $C_{12}A_7$ 矿物，导致由氧化物含量计算出的熟料中 C_4A_3S 的含量值偏大，如图 4-11 中的 1#、2#。XRD 图谱还显示出 4#、5#存在 C_3A 的矿物，它会使水泥熟料凝结加快，导致凝结时间缩短。图中 C_2S 衍射峰强度随着固硫渣掺入量的增加依次增大，最强的为 4#，由于 5#在烧成时熟料有粉化现象，导

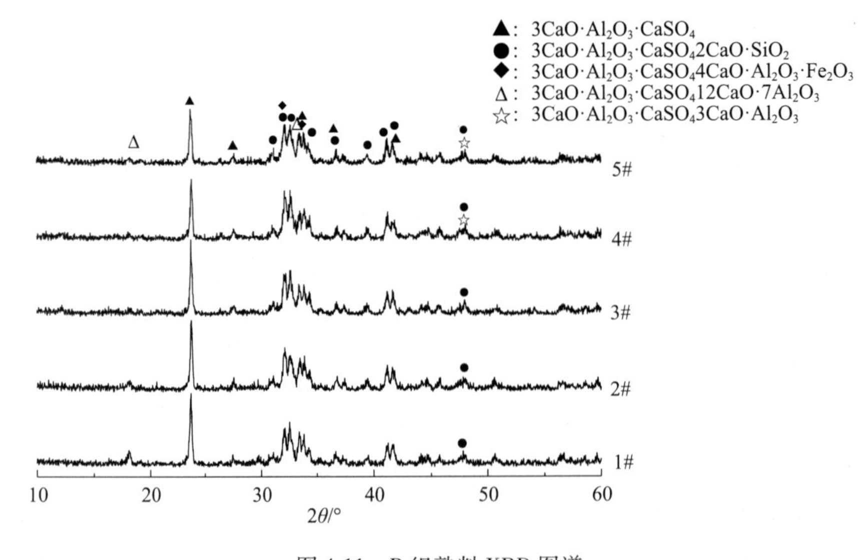

图 4-11　B 组熟料 XRD 图谱

致5#的 C_2S 衍射峰强度降低。由以上分析可知3#配方，形成的 C_4A_3S 最多，并且没有 C_3A 矿物，所以该水泥早期强度应该最高，同时不会出现急凝现象。

4.3.3 熟料性能

图4-12分别表示A系列水泥的水化放热量和水化放热速率曲线图，由图中可以看出：在1d龄期内，曲线的斜率增长很大，说明水泥水化热增加较快，而到后期水化热放热速度放缓，且1#、2#、3#试样的后期放热量比4#、5#多。从曲线的间隔来看，在1d龄期内，各试样水化放热量区别不大，1d后，1#～3#试样的水化热比4#、5#放热量多。这是因为高贝利特-硫铝酸盐水泥的水化热主要由 C_4A_3S 提供，随着硫铝酸钙含量的增加而增大；这与熟料的XRD显示的矿物相是一致的。在图4-10中发现1#、2#试样中含有 $C_{12}A_7$，而 $C_{12}A_7$ 属于急凝矿物，放热量较大，造成1#、2#试样的放热量比3#多。试样4#、5#放热曲线面积明显比1#、2#、3#试样小，说明4#、5#试样的放热量比1#～3#少、这是由于4#、5#中硫铝酸钙矿物含量相对较小造成的。A系列3#、4#、5#最先开始进行水化反应，直接进入硫铝酸钙的水化加速区，跟20h水化热曲线斜率相符，4#、5#中硫铝酸钙矿物含量相对较小，在放热速率图上3h左右存在一个峰，而3#该矿物含量最多，分别在3min和6min左右出现两个极大的水化速率峰（0.009W/g和0.0073W/g），表现出最短的初凝时间，与下面凝结时间实验结果相同。

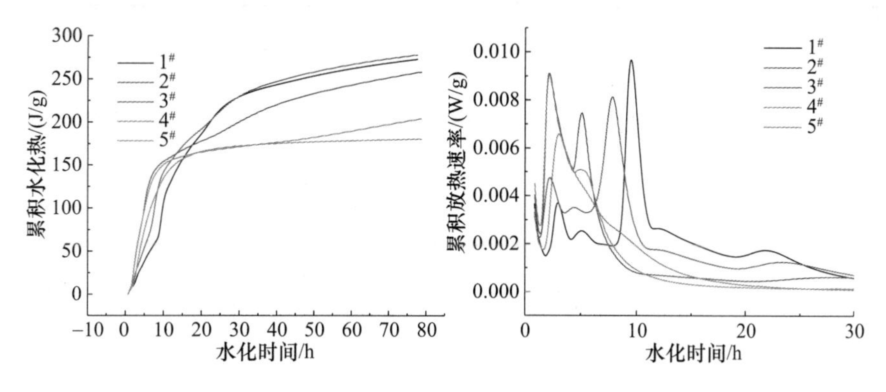

图4-12 A组水泥水化放热量和放热速率曲线图

图4-13分别表示B系列水泥的水化放热量和水化放热速率图，从上面讨论可知该水泥的水化放热量跟含铝矿物有关，B系列水化放热量依次为1#、2#、3#、5#、4#，图4-13显示出5#存在大量的 C_3A 矿物，该矿物水化速率快、水化放热量大，因此5#的水化放热量大于4#。图中3#、4#、5#最先进行水化反应，水化速率依次为5#、3#、4#、2#、1#。通

过水化热与水化放热速率的讨论，得出C_4A_3S、C_3A和$C_{12}A_7$的含量影响固硫灰渣高贝利特-硫铝酸盐水泥的水化速率，从而导致其凝结时间、强度等性能不一样。

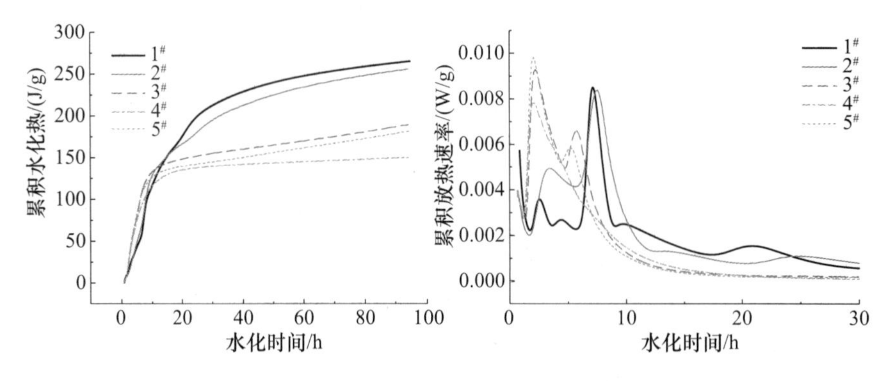

图 4-13 B 组水泥水化放热量和放热速率曲线图

从表 4-15 可知，A 系列水泥标准稠度用水量随着固硫灰的含量增加依次递减，B 系列水泥标准稠度用水量是先减小后增加，大部分烧制的熟料加入 10% 石膏后用沸煮法检验安定性合格，试样完好，没有裂纹，而 B5# 由于熟料中含有C_3A，导致试样开裂。从上面分析可知，A、B 系列的硫铝酸钙含量从大到小依次都为 3#、1#、2#、4#、5#，凝结时间随着C_4A_3S量增加而缩短。而 B4# 和 B5# 凝结时间异常是由于C_3A矿物的存在，该矿物会引起水泥快凝，从而导致凝结时间大大缩短。

表 4-15 水泥物理性能

样品编号	标准稠度需水量/%	凝结时间/min		净浆强度/MPa		膨胀性/%			安定性
		初凝	终凝	3d	28d	3d	7d	28d	
A1#	31.2	16	22	47.85	68.38	0.0672	0.100	0.156	合格
A2#	30.3	17	25	42.49	76.07	0.0627	0.091	0.136	合格
A3#	29.8	13	25	50.52	80.82	0.0526	0.062	0.121	合格
A4#	29.6	18	26	38.97	51.27	0.0394	0.050	0.108	合格
A5#	27.3	24	31	37.99	63.94	0.0297	0.0357	0.094	合格
B1#	32.0	13	23	47.77	67.33	0.0472	0.0578	0.121	合格
B2#	28.7	15	34	45.83	77.53	0.0352	0.0546	0.099	合格
B3#	28.3	9	19	48.45	69.24	0.014	0.0244	0.028	合格
B4#	29.8	8	13	41.63	52.73	0.034	0.046	0.054	合格
B5#	31.0	6	8	41.23	52.85	0.038	0.049	0.0564	开裂

A 系列水泥中 A3#试样强度最高，3d、28d 水泥净浆强度分别为 50.52MPa、80.82MPa，B 系列水泥中也是 B3#试样的早期强度最高，为 48.45MPa，B2#试样 28d 强度最高，为 77.53MPa，B4#和 5#的强度很接近。其原因是水泥的早期强度与 C_4A_3S 的量相关，并随 C_4A_3S 量增加而增加。而后期强度主要与 $C_4A_3S+C_2S$ 量有关，该量大，后期强度高。B1#熟料中含有较多的 $C_{12}A_7$，B4#和 5#是因为生成了 C_3A，导致实际的 $C_4A_3S+C_2S$ 量没有计算的多，所以 B1#强度比 2#低，B4#和 5#后期强度增长不足，或是由于 C_3A 的生成加大了水泥的标准稠度用水量，使水胶比过大，从而导致强度降低，具体原因有待进一步分析。

钙矾石是硫铝酸盐水泥水化硬化过程中引起体积膨胀的主要因素，C_4A_3S、$C_{12}A_7$、C_3A 等含铝矿物在足量石膏的参与下，与水反应生成钙矾石，同时使水泥浆体中的固相体积膨胀。在固硫灰渣高贝利特-硫铝酸盐水泥中主要矿物硫铝酸钙含量较多，因此该水泥的线性膨胀率大于普通硅酸盐水泥，其膨胀率大小与硫铝酸盐的含量有关。分析表 4-15 的数据可得，A 系列水泥的 3d、7d、28d 线性膨胀率都是递减的，B 系列水泥中 1#、2#、3#线性膨胀率从 0.121% 递减至 0.028%，而 4#（0.054%）、5#（0.056%）相继增加。从 XRD 图可知，A1#、A2#和 B1#、B2#中存在 $C_{12}A_7$，而 B4#、B5#中含有矿物 C_3A，而 $C_{12}A_7$ 和 C_3A 的水化速度较快，导致 A1#、A2#和 B1#、B2#、B4#、B5#的线性膨胀率较大。

综上所述，A、B 系列固硫灰渣特种水泥煅烧的最佳矿物配比为 A3#（石灰石：固硫灰：铝矾土 =58.1：29.6：12.3）和 B3#（石灰石：固硫渣：铝矾土 =62.4：29.2：8.4）。

4.4　固硫灰渣特种水泥制备及性能

4.4.1　固硫灰渣特种水泥制备

按照上述得出的最佳配方 A3#和 B3#制备特种水泥熟料，制备出的水泥熟料经颚式破碎机破碎后，加入 10% 的石膏，然后使用振动磨分别粉磨 30s（A30#）、60s（A60#）、90s（A90#）以及球磨机（Q#）粉磨 2h，即制得不同细度特种水泥。

表 4-16 结果表明，在相同的粉磨方系统下，随着粉磨时间的加长，水泥的比表面积增加，说明水泥样品中粗颗粒（>30μm）减少，细颗粒（<3μm）相应地增加，颗粒分布较集中，30～60μm 范围内的颗粒

含量逐步减少，而3~10μm、10~30μm粒径的颗粒含量分别在粉磨60s、30s时最多。不同的粉磨方式比较，球磨机粉磨的水泥分布比较均匀，多集中在3~60μm之间，比表面积相对较小。

表 4-16 特种水泥颗粒分布

样品	颗粒组成/%					粒径/μm			比表面积/(m^2/kg)
	<3μm	3~10μm	10~30μm	30~60μm	>60μm	$d_{0.1}$	$d_{0.5}$	$d_{0.9}$	
A30#	20.94	36.16	31.72	10.27	0.23	1.567	7.74	30.85	339
A60#	27.26	38.19	23.78	9.71	0.05	1.222	6.56	31.37	355
A90#	29.75	36.56	26.55	7.15	—	1.161	5.740	26.303	368
Q#	8.67	39.35	39.11	12.87	—	3.269	12.888	32.555	327

4.4.2 水泥基本物理性能

不同颗粒细度的水泥物理性能测试结果见表4-17。相同的粉磨系统下，随着粉磨时间的延长，水泥比表面积的增加，水泥颗粒组成中<3μm细粉颗粒含量增多，导致水泥水化速率、浆体硬化逐渐加快，凝结时间相应变短，同时标准稠度需水量也随之增加。振动磨粉磨的水泥颗粒以球形、椭球形偏多，而球磨机粉磨的以多角形为主，球磨机粉磨的水泥（Q#）标准稠度用水量大于振动磨（A30#、A60#），而凝结时间比振动磨粉磨的水泥要短，主要原因可能是球形度高的水泥颗粒表面棱角少、较圆滑，不同颗粒之间相互搭接绞合以及摩擦阻力较弱，使水化反应后生成的水泥产物间搭接绞合及黏附力受到影响所致。一般来说，水泥粉磨时间越长，颗粒粒径越小，该水泥强度越高，但是水泥粉磨过细，就会产生过粉磨现象，尤其是振动磨粉磨的水泥，过粉磨现象最为严重。由于过粉磨现象的存在，A90#水泥中3μm以下的颗粒含量远大于Q#，需水量较大，A90#的标准稠度用水量高于Q#，凝结时间小于Q#。通过以上讨论可知，标准稠度用水量、凝结时间是<3μm细粉颗粒含量与颗粒形状共同作用的结果。过粉磨现象还表现为高贝利特-硫铝酸盐水泥3μm以下的颗粒含量过多，相应地对早期强度（3d）贡献最大的3~10μm水泥颗粒含量较少（表4-16），因此利用振动磨粉磨60s的水泥表现出最高的3d强度，其次是90s、30s。而10~30μm范围内的颗粒含量对后期强度（28d）的发展起主要作用，A30#、A60#、A90#、Q#颗粒粒径在10~30μm范围内的颗粒含量分别为31.72%、23.78%、26.55%、39.11%，其后期胶砂强度相对于3d来说分别增加了

29.99MPa、25.55MPa、26.78MPa 和 30.41MPa，3d、28d 净浆强度为 51.99MPa、81.69MPa。

表 4-17 水泥的物理性能

试样	标准稠度需水量/%	凝结时间/min		抗折强度/MPa		抗压强度/MPa		净浆强度/MPa	
		初凝	终凝	3d	28d	3d	28d	3d	28d
A30#	23.6	21	47	3.13	4.13	17.04	47.03	39.97	86.31
A60#	24.5	19	43	3.41	4.71	19.45	45.00	51.99	81.69
A90#	26.1	17	42	3.27	4.64	19.26	46.04	46.56	83.94
Q#	25.5	18	43	3.04	4.05	18.60	49.01	43.47	89.55

对各水泥试样进行线性膨胀率测试，结果如图 4-14 所示。从图中可以看出，利用振动磨粉磨的水泥 3d、7d 线性膨胀率与 3～10μm 范围内的颗粒含量呈线性关系，28d 的线性膨胀率则随着粉磨时间的延长、30～60μm 范围内的颗粒含量逐步减少。初步分析，由于细颗粒（3～10μm）加水后反应极快，早期便可形成大量的水化产物，其中引起膨胀的主要水化产物钙矾石的含量迅速增加，因此粉磨 60min 的试样线性膨胀率相对较大，与 3～10μm 范围内的颗粒含量有很好的对应关系。水化后期，钙矾石相的形成则需更多空间，粗颗粒含量越多，形成空间越大，这样有利于钙矾石晶体形成、长大，故 28d 的线性膨胀率随着 30～60μm 范围内的颗粒含量减少而减少。

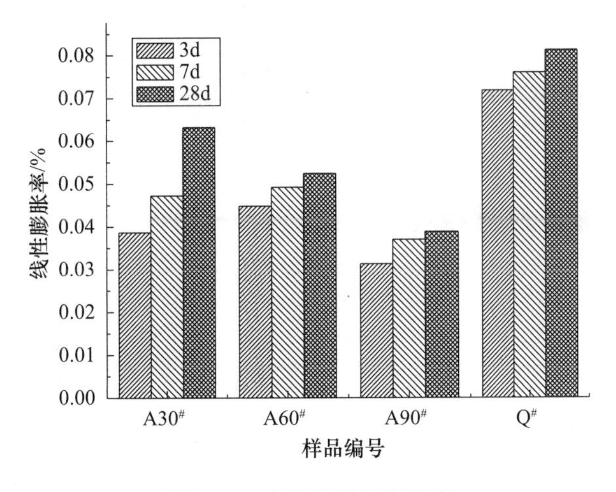

图 4-14 水泥的线性膨胀率

水泥浆体的收缩大概可分为以下三种类型：化学收缩、湿涨收缩和碳化收缩，而且几种收缩机理在水化过程中相辅相成，其中湿涨收缩中的干燥收缩占总收缩量的80% ~90%。由于本试验中的水泥胶砂干缩试样脱模后，水中养护2d，然后放入湿度为50% ±4%的干燥养护箱内养护，从宏观上说，试样中粗颗粒（>30μm）越多，颗粒与颗粒间的空间越大，所含水分越多，在50% ±4%湿度条件下，失水越多，干燥收缩量越大；从微观看，水泥收缩的主要原因是化学收缩，化学收缩是水泥熟料中的主要矿物进行水化反应后生成的水化产物占据了部分原来游离水的位置，导致体积减小，随着振动磨粉磨时间的延长，<3μm细粉颗粒含量越多，比表面积变大，生成的主要水化产物——钙矾石含量增多，冲抵了部分水泥硬化浆体的收缩，导致胶砂干缩率逐步减少（图4-15），而碳化收缩发生的几率较小而且发生速度缓慢，可忽略不计。由球磨机粉磨的多角形高贝利特-硫铝酸盐水泥胶砂干缩率明显高于振动磨粉磨的球形度高水泥，初步分析，一方面多角形高贝利特-硫铝酸盐缩水泥能够提供更多的钙矾石生成空间，相应地生成的钙矾石含量增多，另一方面多角形水泥颗粒接触不密实，颗粒间形成的空间较大，所含水分较多，在50% ±4%湿度条件下，失水量大，胶砂干缩率大。

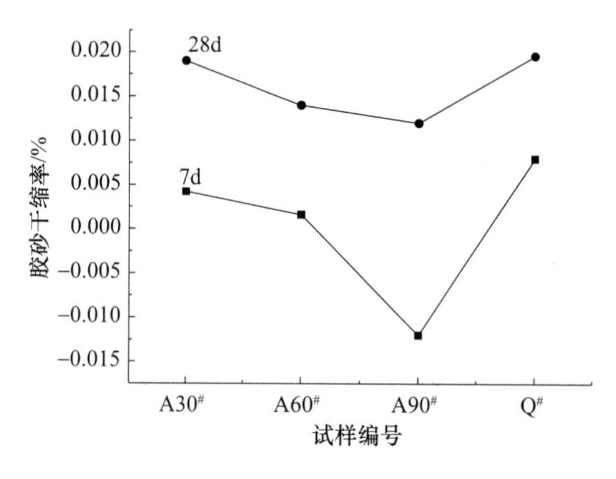

图4-15　水泥的收缩曲线

4.4.3　水胶比对特种水泥性能影响

图4-16、图4-17分别表示水胶比与水泥胶砂抗折和抗压强度的关系。从图中可以明显看出，水泥抗折、抗压强度随着水胶比的增加而迅速降低，主要因为水胶比较小时，水泥砂浆中的空隙较少，水泥石强度较高，这符合强度与水胶比成反比的规律，在实验过程中发现，水胶比过小的情况下，胶砂试样无法成型。水泥后期强度增长幅度较慢，0.48水胶比时，强度增长最大，A3#、B3#从28d到90d强度分别增长5.74MPa、2.72MPa，低水胶比时（0.45），强度增长相对较小，A3#、B3#分别为3.77MPa、0.68MPa。

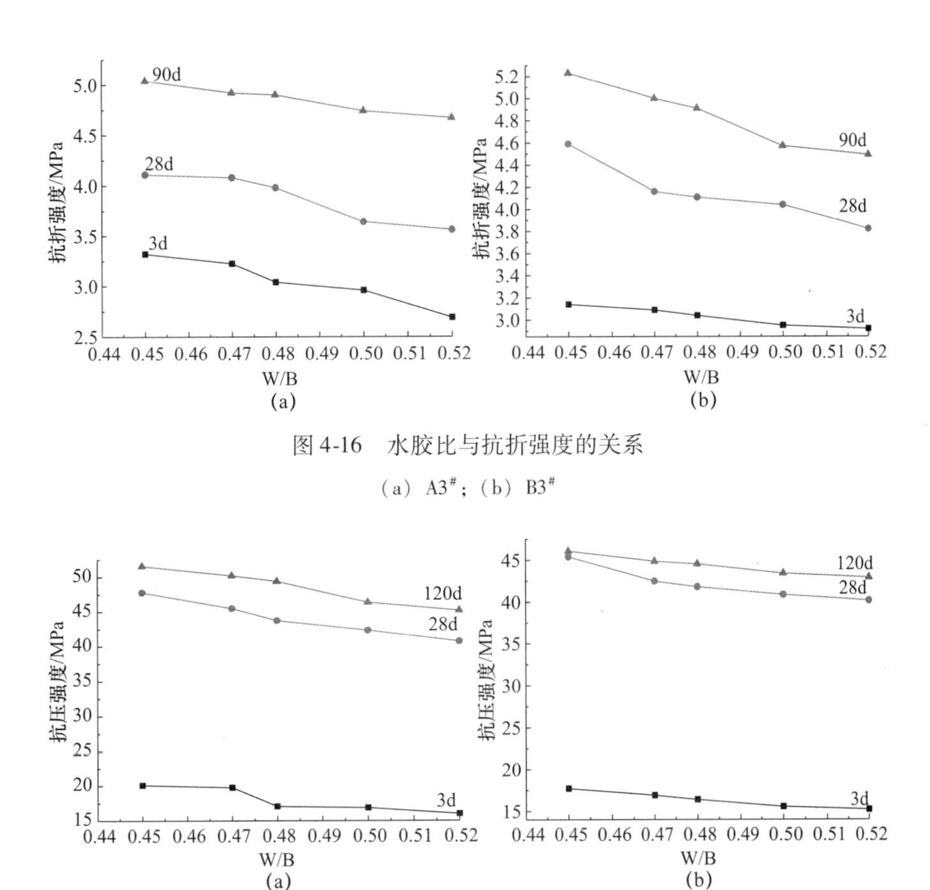

图 4-16　水胶比与抗折强度的关系

(a) A3#；(b) B3#

图 4-17　水胶比与抗压强度的关系

(a) A3#；(b) B3#

固硫灰渣高贝利特-硫铝酸盐水泥的收缩率与水胶比的关系如图 4-18 所示。水泥的干缩是由水泥中的水分损失所引起的，因此，水泥胶砂的干缩与用水量有关。从图中明显可以看出，随着水胶比的增大，水泥的胶砂干缩率逐渐增加，这是由于在相同灰砂比下，水胶比的增加，水泥水化的用水量增加，因而使砂浆中毛细孔连通性能增加，干燥过程中失去的水越多，砂浆收缩也越大。当水胶比降低时单位体积砂浆中骨料含量增加，在很低水胶比下自干燥的发生也会使一部分干缩在测定前就发生了，因此，水胶比越小，水泥胶砂的收缩率越小。固硫灰高贝利特-硫铝酸盐水泥 7d、28d 胶砂干缩率是增加的，但是随着养护龄期的增加，其胶砂干缩率反而减少，主要是由于该低收缩水泥中石膏的含量充足，后期钙矾石晶体不断增加，而钙矾石引起的膨胀抵消了硬化造成的部分收缩。如果水泥中加入的石膏量不足，生成的钙矾石含量少，线性膨胀率随着龄期增加会不断减少，固硫渣高贝利特-硫铝酸盐水泥胶砂干缩率随着养护龄期的增加而不断增大，进一步说明石膏含量跟水泥的体积变化有关。

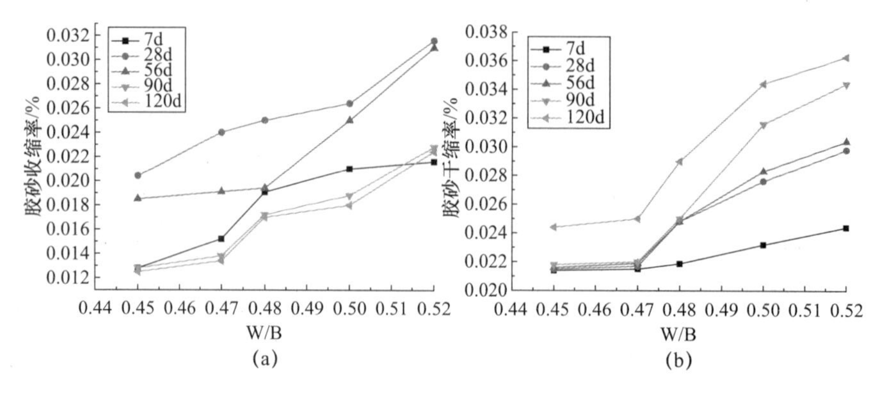

图 4-18 胶砂干缩率与水胶比的关系

（a）A3#；（b）B3#

4.4.4 石膏掺量对特种水泥性能影响

对分别加入3%、6%、9%、12%和15%石膏的水泥进行胶砂强度测试，胶砂强度采用0.45的水胶比、40mm×40mm×160mm模具成型试件，按照GB/T 17671—1999标准测定其3d、28d、56d和90d强度，其测试结果如图4-19、图4-20所示。在实验过程中发现，掺入15%石膏的胶砂试样在养护3d时，已经膨胀破坏，无法测试胶砂强度。固硫灰高贝利特-硫铝酸盐水泥在石膏掺入量小于9%，抗折、抗压强度逐步增大，当掺入量增加至12%，胶砂强度反而减少，同时随着水化龄期的增加，强度增加，龄期越长，强度增加越慢；固硫渣高贝利特-硫铝酸盐水泥抗折、抗压强度随着石膏掺量的增加而增加，石膏掺入量越大，增加的速度越快，由于石膏对 C_4A_3S 水化的促进作用是该水泥强度发挥快的决定因素。

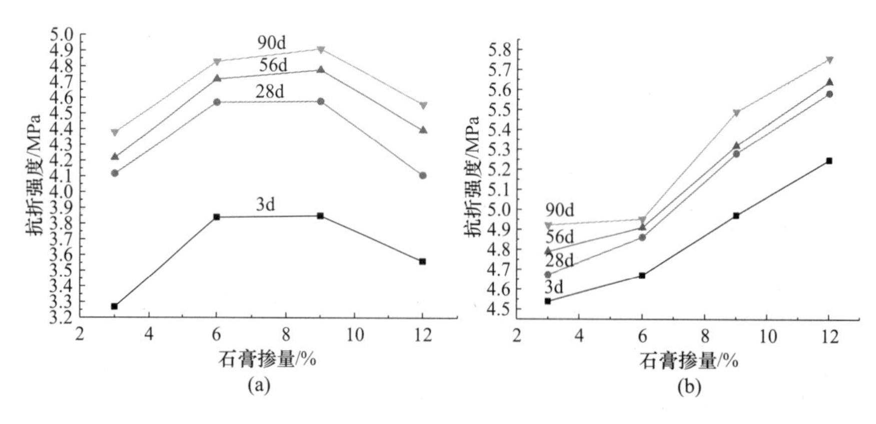

图 4-19 不同石膏掺量的水泥抗折强度

（a）固硫灰；（b）固硫渣

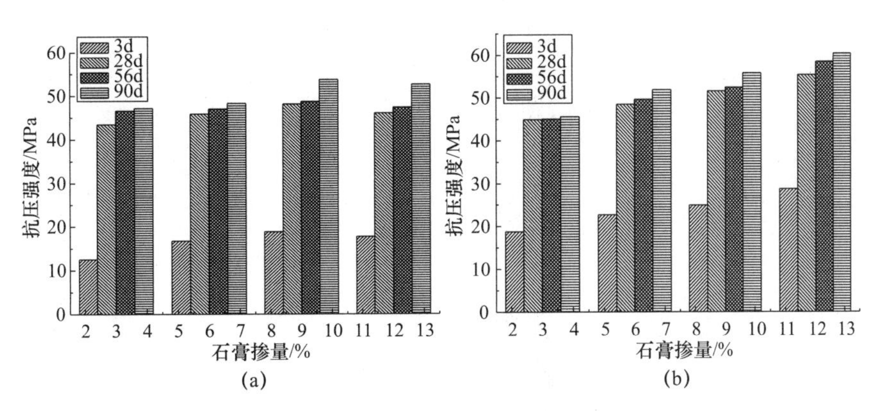

图 4-20　不同石膏掺量的水泥抗压强度

（a）固硫灰；（b）固硫渣

对分别加入 3%、6%、9%、12% 和 15% 石膏的水泥进行膨胀、收缩性能测试，掺入 15% 石膏的胶砂干缩试样在养护 3d 后由于膨胀开裂，试块破坏，无法测试。

图 4-21 表示固硫灰水泥不同龄期的体积变化与石膏掺量的关系。图中显示，随着石膏掺量的增加，线性膨胀率增加，胶砂干缩率减少；当石膏掺量增加至 9% 时，线性膨胀率减小，胶砂干缩率增加；随着石膏的继续增加，线性膨胀率又增大，且增加幅度较大。说明石膏掺量对高贝利特-硫铝酸盐体积变化不一定成线性关系，而是具有一个最佳的石膏掺量，最佳石膏掺量为 9%。随着龄期的增加，线性膨胀率、胶砂干缩率增大，龄期越大，增加速度越慢。而 120d 胶砂干缩率相对于 90d 来说，反而下降。图 4-22 表示固硫渣水泥不同龄期的体积变化与石膏掺量关系图，图中显示随着石膏掺量的增加，固硫渣高贝利特-硫铝酸盐线性膨胀率增大，胶砂干缩率下降，同时随着养护龄期的增加，线性膨胀率、胶砂干缩率增大，龄期越长，体积变化速度越慢，当石膏掺量为 15% 时，线性膨胀率明显增大，随着龄期的增加，其增加幅度很大，所以导致胶砂试样膨胀破裂、损坏。

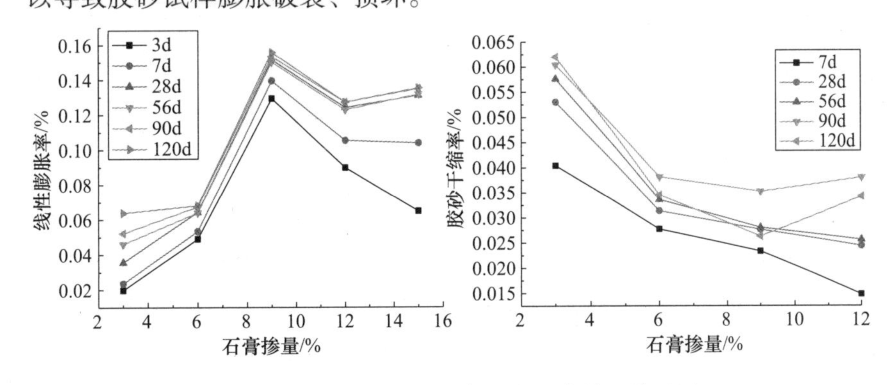

图 4-21　固硫灰水泥体积变化与石膏掺量关系图

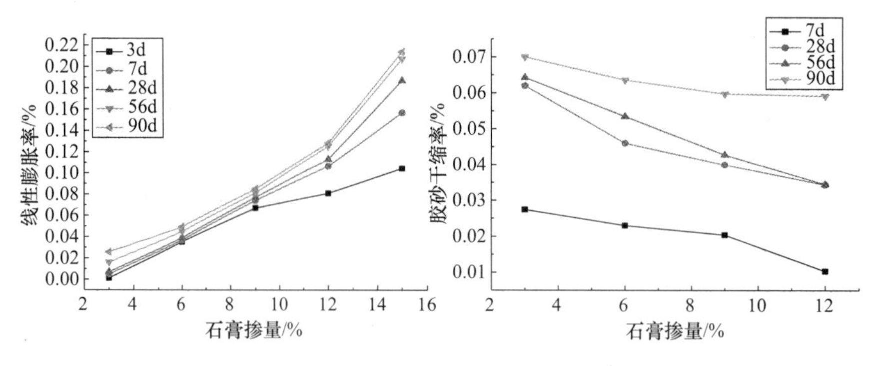

图 4-22　固硫渣水泥体积变化与石膏掺量关系图

以上结果可知石膏掺入量对于该低收缩水泥线性膨胀率和胶砂干缩率有着显著的影响，主要是由于石膏与 C_4A_3S 在一定条件下能形成具有膨胀性能的钙矾石。钙矾石是引起水泥膨胀的主要原因之一，从而减少了水泥的干缩变形。水泥的水化硬化过程是一个由黏塑性向弹性变化的过程，水化开始时，石膏掺量的增加有利于提高液相中钙矾石的形成动力，此时钙矾石微小晶体的形成又快又多，有利于提高水泥浆体的密实度，从而可以提高线性膨胀率，抑制硬化浆体的干缩变形，相反如果石膏掺量过多，会不利于 C_4A_3S 水化形成钙矾石，从而有利于干缩变形。同时随着水化反应的不断进行，龄期的增长，水泥浆体中液相量不断减少，固相量不断增多，导致各反应物的迁移、生长受到限制，这样水化前期不断产生的钙矾石小晶体逐渐变为在已形成的钙矾石晶体表面生长发育，这时钙矾石引起膨胀继续增大，但增加速率明显降低，跟实验结果相符。

4.5　小结

利用固硫灰渣高硫高钙的组分特性，直接将其用于配制生料制备高贝利特-硫铝酸盐特种水泥熟料是完全可行的，其最佳参数为：（1）控制碱度系数 $Cm = 0.97 \sim 1.01$，铝硫比系数 $P = 3.3$；计算各原料的配合比，得到生料的配合比为石灰石掺量为 58% ~64%，固硫灰渣掺量为 25% ~31%，铝矾土掺量为 9.0% ~16.1%；生料的细度为 80μm 筛余小于 6%。（2）氧化气氛下，控制煅烧温度为 1280 ~1350℃，保温 60 ~40min 煅烧水泥熟料。（3）比表面积控制在 400 ~440m^2/kg 条件下，固硫灰在水胶比为 0.25、最佳石膏掺量为 9% 时制得高贝利特-硫铝酸盐水泥，其 3d、28d 胶砂抗压强度为 18.83MPa、48.12MPa。固硫渣的最佳水胶比 0.24，石膏掺量为 12%，其 3d、28d 胶砂抗压强度为

28.69MPa、55.28MPa。所制备的特种水泥具有优良的力学性能以及低水化热、低收缩、早强高强等特点，这将为固硫灰渣在特种水泥熟料制备领域的应用开辟新途径。

同一率值下，利用固硫渣代替部分原材料制备的高贝利特-硫铝酸盐水泥熟料相对于固硫灰来讲，含有 $C_{12}A_7$ 矿物，导致该水泥早期的膨胀率高于利用固硫灰等制备的水泥。石膏掺量的多少影响 $C_{12}A_7$、C_4A_3S 矿物的水化，进而影响钙矾石的含量，导致利用固硫渣制备的水泥强度较低，后期的线性膨胀率随着龄期的增加而减小。

5 循环流化床锅炉燃煤灰渣道路工程材料应用技术

随着经济建设的推进，我国道路交通建设迎来了高速发展时期。道路工程建设矿物资源消耗量大，是固废处理和资源化应用的理想平台。循环流化床灰渣具有自硬性、膨胀性和火山灰活性，在低强度半刚性的路面基层材料中可直接作为胶凝材料或辅助胶凝材料使用，在刚性的道路混凝土中可作为辅助性胶凝材料使用，而在半刚性的沥青混凝土面层中可作为碱性矿料使用。这是实现循环流化床燃煤灰渣建材资源化规模应用的有效途径。

道路路面结构分为基层和面层。基层一般为半刚性材料，其中二灰（石灰-粉煤灰）稳定类路面基层材料使用广泛，但强度发展缓慢、早期强度低，在干湿交替环境下易收缩开裂，这与二灰结合料的火山灰反应特性及其产物有关。循环流化床锅炉固硫灰渣，不仅含有类似粉煤灰的火山灰活性物质，也含有如硬石膏、游离氧化钙等可产生膨胀性的组分，故具有替代道路材料原料组分，同时改善路面材料性能的潜力。国内外在固硫灰应用方面开展了大量的研究和实践，也取得了积极的效果。早在20世纪70年代，美国就开始了对循环流化床燃煤固体废弃物的研究。研究者将6%～45%的流化床废渣（固硫灰渣混合物）与石灰混合后加入骨料，加水搅拌后制成路基材料。通过室内实验室测试，在23℃和34℃下养护28d，抗压强度分别达到1.5～2.7MPa及2.0～4.0MPa。此外，该研究机构于1978年10月进行了室外工程施工，铺设了厚152.44mm、长57.9m的双线公路，由于部分路基材料在铺筑数周后存在安定性不良的问题，因此终止了该项试验。在找出消除安定性不良的处理办法后，于1980年重新进行了试验，并在国家高速公路工程中应用。

由于固硫灰具有的特殊性能（高硫酸盐和碳含量、不规则形貌、游离氧化钙等），将其用于制备半刚性基层材料仍具有挑战。因此从2003年起，德克萨斯交通学会和德克萨斯大学的Chang-Seon Shon、Don Saylak和Suren Mishra的研究小组展开了一项工作，探究将流化床燃煤固硫灰作为人造骨料并用于半刚性基层结构的潜力。研究人员将现排灰在23℃或40℃下以氯化钙作早强剂，经过水化反应硬化生成骨料，再破碎、筛分；对于堆存的固硫灰则直接挖掘、破碎、筛分；再以现排灰为结合料，与人造骨料复合制备出用于路基的材料。研究结果显示，含10%现排固硫灰的人造骨料，或者现排灰、堆灰人造骨料各占一半的混合物，能制备出满足要求的路基材料。利用固硫灰的自硬性，制造出一种在道路基层应用中几乎没有潜在硫酸盐侵蚀的固硫灰骨料。此外，自然堆存的固硫灰或人造固硫灰骨料混合物可以用于柔性基础结构，不需要牺牲其性能来提高早期强度，也不会因钙矾石的形成发生硫酸盐膨胀。Winschel and Wu 利用循环流化床燃烧残留物（主要是固硫灰）制备了用于沥青混凝土的骨料。其研究结果表明：这种人造骨料单位重量低于天然的骨料；这种路面保留了均匀的表面硬度，没有证据显示路面或骨料的退化；如果计入废物处理的费用，这种人造骨料产品在经济上是划算的；人造骨料致使材料具有强烈的抗磨耗和耐久性；骨料耐久性越好维护成本越低；人造骨料满足作为硅酸盐水泥和沥青混凝土的工程标准。

Richard J. Deschamps 用流化床燃煤废渣（主要为固硫灰，也包括部分的固硫渣）作为路基填充材料应用于修筑路堤，并且开展了土木方面的实验室以及工程现场测试。通过使用60%固硫灰，35%固硫渣和5% F级粉煤灰铺筑了一条大型的车行道路堤。研究中发现，固硫灰含有遇水起反应并使材料随时间变硬和膨胀的成分，修筑路基的最佳含水量更大，最大干密度比典型土壤低；路基材料的强度满足要求且比一般路基材料更高，这归因于水化反应产生了更多胶凝性物质；固硫灰渗滤液的pH值、硫酸盐和溶解性固体物质超过了标准要求，但不排除存在其他污染源对结果的干扰，路堤中的燃煤副产物使地下水中的硫酸盐水平升高，但这种影响会随着时间逐渐减弱；路基产生的膨胀应变即使在高垂直压力下也会产生，这种应变在几天内完成，同时在修筑两年后路堤依然会产生膨胀。北美波多黎各大学土木工程学院的 Arleen Reyes 和 Miguel Pando 将固硫灰作为土壤固化剂，固化以后的土壤可以直接用作路基、路堤、路面基层、底基层等。他们探讨了固硫灰在提升黏土性能方面的作用，同时与石灰和C级粉煤灰（即通常所说的二灰胶结料）处理过的黏土进行比较。研究结果表明，经固硫灰处置后，黏土的强度和刚度均有所提高，一般养护14d可以获得基本的强度，但后期强度增长缓慢，没有石灰与C级粉煤灰的处理效果好，研究也提到了固硫灰的高硫含量（12.57%）会影响强度。日本有研究人员将流化床锅炉排出的固硫渣和固硫灰，按照排出比例同时收集，然后放入振动式成型机成型，再在常温下养生6h后用60℃的蒸汽养生12h，最后破碎至所需的尺寸，制备出的材料完全能达到作为道路基层的要求，且比以前所用的级配碎石性能要好。

中国建筑科学研究院周永祥、纪宪坤等发明了一种掺有固硫灰渣的土壤固化剂，可以用于稳固路基。这种外加剂有利于土壤强度的提高以及稳定性能的改善，同时兼具操作简单的特点。尹元坤等将固硫灰堆积陈化后用于制备路面基层材料，研究结果表明体系早期强度发展快，后期强度也不断提高，膨胀性较固硫灰原灰的试样小，综合性能良好。黄煜镔研究了流化床燃煤固硫灰渣与水泥、硫酸盐组成胶凝系统（其中灰渣占70%），通过试验证明掺加水泥和增大硫酸盐激发剂掺量能显著改善系统早期强度（硫酸盐掺量大于1.5%），从施工现场钻芯取样的结果看，燃煤固硫灰渣混凝土作为低交通量的农村公路路面具有一定可行性。谌军将流化床燃煤固硫灰作为软土固定剂，通过将固硫灰（10%～30%）、石灰（3%～10%）与土壤（60%～90%）混合后，加入适量的水，压制成型，其7d标准养护无侧限抗压强度在200～500kPa间。同时也开展了公路工程施工，通过现场测试，加入固硫灰改良的软土路基，最佳无侧限抗压强度有很大的提高，完全可以满足工程的要求。

根据以上资料分析，对固硫灰在道路工程中的应用研究，取得了初步的进展，但国内对固硫灰仅从力学性能初步判断，对于耐久性能和环境影响未有涉及，国外的工程实践，年代久远，且无具体设计参数参考。用固硫灰制备路面基层材料时，固硫灰中的硫酸盐可激发二灰结合料的反应活性，提高早期强度，但掺量过高不利于后期强度发展；反应生成的AFt及二水石膏使二灰结合料具有膨胀性，可通过产生适度的膨胀部分抵消体系的干缩；适当配比的固硫灰改性二灰稳定碎石力学性能和抗干缩性能优于传统二灰稳定碎石，水稳定性、抗冻性能及抗疲劳性能良好。目前，以道路工程作为固硫灰资源化利用途径在国内还不多见。固硫灰含有SiO_2、Al_2O_3等活性物质以及一定数量的CaO和硬石膏，可作为胶凝材料部分替代路面原材料，早期强度高，有利于缩短工期；此外，固硫灰具有膨胀特性，可缓解路面材料的干燥收缩，改善结构的体积稳定性。

5.1 固硫灰渣路面基层材料应用技术

5.1.1 原料及测试方法

固硫灰取自四川省内江白马循环流化床示范电站有限责任公司，其中堆存固硫灰置于露天堆场长期存放，超细固硫灰为经蒸汽气流磨粉磨的现排固硫灰。化学成分见表5-1，粒度分布见表5-2。

表5-1　固硫灰和粉煤灰的化学组成

原材料	SiO_2	Al_2O_3	Fe_2O_3	CaO	MgO	SO_3	f-CaO	烧失量
堆存固硫灰	44.23	14.39	13.15	9.03	1.68	9.60	0.16	5.65
超细固硫灰	43.37	16.58	11.23	11.92	2.90	8.16	1.94	4.22
粉煤灰	58.11	23.29	7.65	1.26	2.59	0.19	—	4.07

表5-2　原材料的特征粒径及表观密度

原材料	$d_{0.1}$/μm	$d_{0.5}$/μm	$d_{0.9}$/μm	表观密度/(g/cm^3)
堆存固硫灰	4.033	21.186	55.244	2.657
超细固硫灰	1.819	5.667	13.864	2.861
粉煤灰	3.107	19.195	52.309	2.408
石灰	2.279	8.714	38.014	2.340

石灰选用四川江油富强石灰厂的消石灰，有效氧化钙含量73.45%，氧化镁含量2.51%，含水量0.2%；粉煤灰取自四川绵阳某燃煤电厂；水泥采用中联P·O 42.5R普通硅酸盐水泥；碎石及机制砂均取自绵阳龙门某碎石厂。砂为细度模数为3.1的粗砂，石子由粒径5~10mm、10~20mm的碎石按照要求配制，压碎值18.1%。

路面基层材料性能测试方法如下。

（1）击实试验、无侧限抗压强度、劈裂强度、抗压回弹模量、冻融循环试验、干缩试验及疲劳试验的试样成型、养护及测试方法均参照《公路工程无机结合料稳定材料试验规程》（JTG E51—2009）。

（2）体积线性变化率：体积线性变化率采用50mm×50mm×200mm试模，按照规定压实度成型后用游标卡尺测量初试长度l_0，再按长度方向放入形变测量仪读取a_0，然后养护至规定龄期取出读取a_i，体积线性变化率以$(a_i-a_0)/l_0$计算。

（3）水稳定性能：水稳定性能采用Φ150mm×150mm试模成型，测试过程如下：试件养护至6d，浸水1d，在空气中放置1d，再按照浸水24h、60℃干燥24h为一个干湿循环，循环10次后测试强度，以干湿循环10次后的强度与标准养护28d试样强度的比值为水稳定系数。

（4）可溶性硫酸盐含量测试参照《水质硫酸盐的测定重量法》（GB 11899—1989）进行。

5.1.2　固硫灰改性二灰结合料的研究

目前我国90%以上路面基层采用的是半刚性材料，从20世纪90年代至今，以石灰、粉煤灰稳定材料和水泥类稳定材料为代表的半刚性材料占到各种等级公路路面的95%以上，其中又以水泥稳定碎石和石灰-粉煤灰（二灰）稳定碎石应用最多。相比水泥稳定碎石，二灰稳定碎石利用了工业固体废弃物，变废为宝，减少环境污染，同时二灰碎石抗裂性能更佳。正是基于这些优点，二灰稳定碎石在我国公路建设中得到了广泛推广，然而二灰基层也存在早强低，强度发展缓慢，易干缩开裂的问题。

本研究用于制备路面基层材料的固硫灰经露天堆场长期堆放（简称堆存灰），固硫灰含有火山灰反应所需的活性 SiO_2、Al_2O_3 及 CaO，可部分替代石灰-粉煤灰结合料组分，故分别将固硫灰单独取代粉煤灰或内掺部分取代石灰、粉煤灰制备结合料。根据《公路路面基层施工技术细则》（JTG/T F20—2015）推荐的配比，取石灰和粉煤灰的质量比30：70，结合料配合比见表5-3。

表5-3　固硫灰改性二灰结合料配合比

编号	取代粉煤灰量/%	取代二灰结合料量/%	固硫灰：粉煤灰：石灰
JZ	—	—	0：70：30
Q3	30	—	21：49：30
Q5	50	—	35：35：30
Q7	70	—	49：21：30
Q10	100	—	70：0：30
N3	—	30	30：49：21
N5	—	50	50：35：15
N6	—	60	60：28：12
N7	—	70	70：21：9

路面基层材料成型以前，需要测试在相同击实状态下原材料含水率和干密度的关系，以确定使材料处于最密实状态下所需要的加水量。一般而言，在压实方法相同且压实功一定的条件下，路面基层材料的干密度随着含水率的增加而增加，当干密度达到某一个固定数值（最大值）后，含水率的继续增加将使干密度反而降低，此处的干密度最大值即为最大干密度，与之相对应的含水率即为最佳含水率。因为在含水率较低时，原料表面吸附的水膜较薄、颗粒间的摩擦力较大，不容易压实，增大含水率可使颗粒间的摩擦力逐渐降低，此时原材料易压实性能提高。但是当含水率过大以后，颗粒间出现的自由水逐渐增多，颗粒将被自由水分散使孔隙逐渐变大，从而使干密度降低。不同配合比结合料的最大密度和最佳含水率见表5-4。在工程施工以前必须确定材料的最大干密

度和最佳含水率，以指导实际工程应用。同时，固硫灰对二灰稳定材料的影响主要体现在结合料上，故此处研究不同配合比下结合料的最大干密度和最佳含水率的关系。

表 5-4 不同配合比结合料的最大干密度和最佳含水率

编号	最佳含水率/%	最大干密度/(g/cm^3)
JZ	23. 1	1. 452
Q3	27. 0	1. 429
Q5	27. 4	1. 421
Q7	28. 4	1. 401
Q10	29. 4	1. 398
N3	26. 5	1. 375
N5	28. 4	1. 387
N6	28. 6	1. 395
N7	28. 9	1. 400

无论取代粉煤灰还是内掺入二灰结合料，随着固硫灰掺量的增加，结合料的最佳含水率逐渐增大。相比粉煤灰，固硫灰颗粒疏松多孔，表面呈不规则状，其单位体积需水量更高，加入以后使体系需水量增大，故最佳含水量也相应提高。随着固硫灰加入量的增加，结合料的最大干密度整体呈现逐渐减小的趋势，由于粉煤灰为表面光滑的球形，具有减小颗粒间内摩擦力的功能，当被固硫灰取代后，起润滑作用的粉煤灰减少，颗粒间的摩擦阻力增大，体系的易压实性降低，故结合料的最大干密度将降低。

不同配合比结合料体积线性变化率与时间的关系如图 5-1 所示，二灰结合料体积呈微收缩，掺有固硫灰的结合料则有不同程度的膨胀。结合料试件水化作用使结合料内部自由水减少，降低了体系内环境的湿度，使 JZ 因干燥产生微弱的体积收缩；实验采用的固硫灰 f-CaO 含量低，膨胀应该与硬石膏有关。硬石膏水化结晶为 $CaSO_4 \cdot 2H_2O$ 或生成钙矾石都会产生不同程度的膨胀，而硬石膏溶解产生二水石膏的反应速率较慢，因此体系的膨胀主要由钙矾石提供。随固硫灰掺量的增加，结合料体积线性膨胀率逐渐增大，其中掺 21% 固硫灰的 Q3 最低，掺 70% 固硫灰的 Q10 最高；观察膨胀趋势，随龄期变化，固硫灰掺量高的结合料，其膨胀率达到稳定所需的时间更长：Q3 的膨胀率在 7d 后趋于稳定，Q5、N3 膨胀率的增长主要集中在 14d 内，Q7、N5、N6 和 Q10、N7 则分别在 21d 和 28d 后达到稳定。根据以上分析可知，掺入固硫灰使二灰结合料体积呈膨胀状态，膨胀程度和固硫灰掺量有关，即固硫灰掺量越高，结合料体积线性膨胀率越大，膨胀增长持续时间越长。固硫灰具有膨胀特性，而二灰结合料由于水化产物中的C-S-H凝胶容易在干燥条件下产生失水收缩。将固硫灰掺入二灰结合料体系，可以缓解体系的干燥收缩，有利于结合料体积稳定性能的改善。

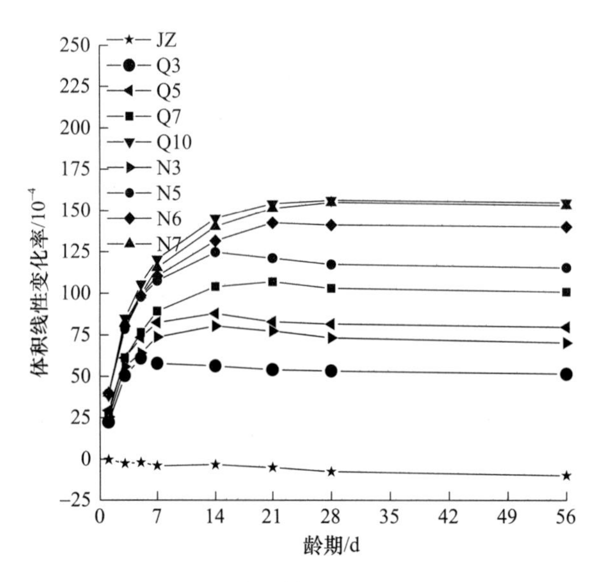

图5-1　不同配合比结合料体积线性变化率与时间的关系

图5-2表示干燥条件下不同配比结合料的体积线性变化率。从图中可知，在干燥条件下，随时间的变化，JZ体积呈逐渐收缩状态，掺入固硫灰的结合料则不同程度地出现先膨胀、后膨胀率降低甚至收缩的现象。活性SiO_2、Al_2O_3与$Ca(OH)_2$产生的C-S-H凝胶是结合料干缩的主要原因。实验采用的固硫灰f-CaO含量低，硬石膏结晶为二水石膏的反应速率较慢，故体系的膨胀主要由钙矾石提供。结合料最大膨胀率的大小顺序分别为：Q10 > Q7 > Q5 > Q3，N7 > N6 > N5 > N3，这与提高固硫灰取代量或内掺量导致的结合料初始膨胀量增大、膨胀增长持续时间延长有关。随干燥的持续，Q3、Q5分别在3d和7d后由膨胀逐渐转为收缩，N3、N5分别在12d、16d后开始收缩，Q7、Q10、N6、N7则一直为膨胀状态，但膨胀率有不同程度的降低，第35天时结合料体积线性变化率大小顺序为：Q10 > N7 > N6 > Q7 > 0 > N5 > Q5 > N3 > Q3 > JZ，说明当固硫灰取代30% ~50%粉煤灰或内掺30% ~50%时，可产生适当的膨胀降低结合料的线性收缩率，过高掺量将产生不利于体积稳定性的膨胀。从前面分析可知，在干燥条件下，加入固硫灰使呈收缩状态的二灰结合料产生不同程度的膨胀，通过调整固硫灰掺量可使二灰结合料产生适度膨胀来抵消或降

低干缩。

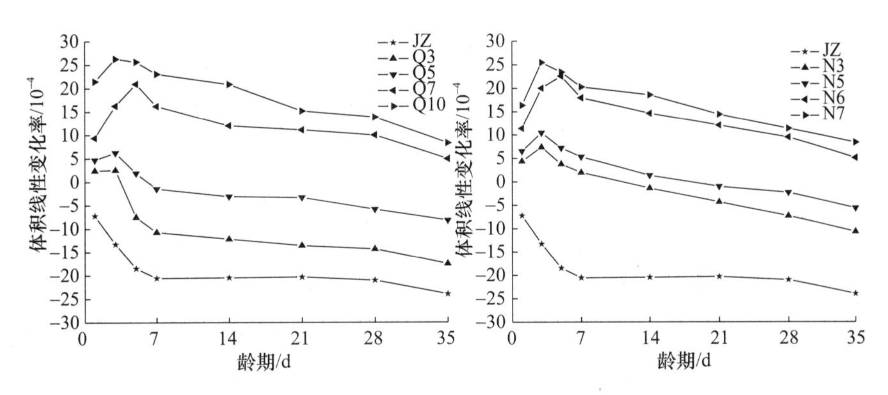

图 5-2 干燥条件下不同配比结合料的体积线性变化率

固硫灰中含有硫酸盐物质，在 $Ca(OH)_2$ 充足的条件下，可以作为粉煤灰激发剂。对于二灰结合料，掺入固硫灰，通过硫酸盐激发，具有改善结合料强度的作用。将固硫灰掺入二灰结合料，观察不同配合比结合料 7d、28d 无侧限抗压强度的变化，研究固硫灰对结合料强度的激发效果。

如图 5-3 所示，掺入固硫灰可提高二灰结合料的早期强度，掺量过高不利于强度发展。当固硫灰取代 50% 粉煤灰或者内掺 50% 时，对二灰结合料活性激发效果好，强度最佳。

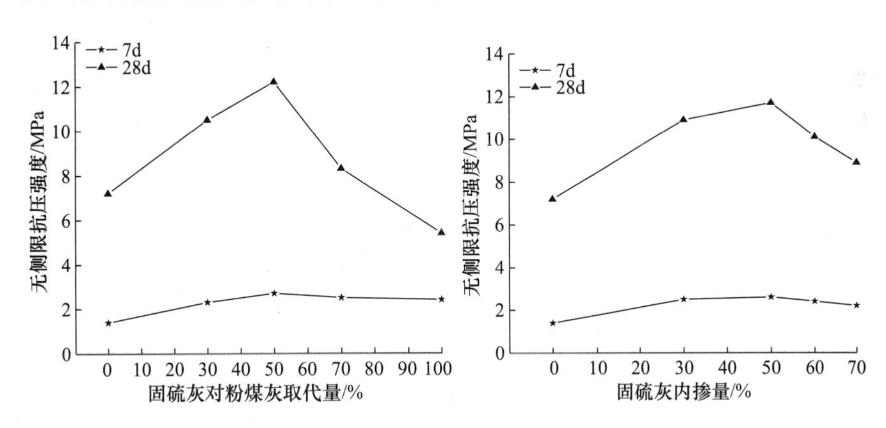

图 5-3 不同固硫灰掺量下结合料的无侧限抗压强度

因具有高硫酸盐、不规则形貌、游离氧化钙等特殊性能，将循环流化床燃煤固硫灰用于半刚性基层材料存在一定的挑战，故在应用前对固硫灰进行预处理是必要的手段。法国 CERCHAR 研究组织于 1991 年开发了一种预处理固硫灰的技术——CERCHAR 水化法，该方法选择性地将固硫灰中的 CaO 提前水化为 $Ca(OH)_2$，避免了硬石膏转化为二水石膏或使体系反应产生钙矾石，从而缓解过大膨胀对体积稳定性的影响。韦迎春对固硫灰养护制度的研究显示，相比自然养护，蒸压养护一方面在早期通过强度的提升，增强对膨胀的抵抗力，另一方面改变水化产物，使体系中不产生钙矾石转而生成大量的托贝莫来石，减少膨胀性物质，从而抑制体系的膨胀性。磨细处理也是较为直接的处理手段，国内相关研究发现，粉磨处理可提高固硫灰早期活性，使膨胀性物质提前发生反应，缩短膨胀稳定时间，减少体系总膨胀量。此外，国外有研究者直接将固硫灰置于露天堆场，通过长期自然水化以达到预消解膨胀性组分的目的。

图 5-4 为堆存前后固硫灰矿物种类变化图谱。堆存后的固硫灰（简称堆存灰）含有硬石膏、二水石膏、石灰石、赤铁矿和石英；现排的固硫灰则有硬石膏、f-CaO、赤铁矿和石英。相比现排灰，堆存灰新增二水石膏相、石灰石相，同时 f-CaO 因含量低，超出 XRD 检出限而未见其衍射峰，说明长期露天堆存使固硫灰中的物质发生了变化。堆存灰的 f-CaO与活性 SiO_2、Al_2O_3 及硬石膏发生水化反应被大量消耗，二水石膏则由硬石膏溶解产生，石灰石相主要由氧化钙与水反应后碳化产生。固硫灰的膨胀性与 f-CaO 和硬石膏有关，f-CaO 水化为 $Ca(OH)_2$、硬石膏结晶为二水石膏或溶于水与活性 Al_2O_3 和 $Ca(OH)_2$ 反应生成钙矾石都会产生膨胀。堆存灰中 f-CaO 的消解及部分硬石膏提前转化为二水石膏，有利于堆存灰在不产生过大膨胀的条件下改善二灰体系的收缩；堆存灰中硬石膏和二水石膏溶出的硫酸盐可提高火山灰反应活性。因此，经堆存后的固硫灰更适宜于制备二灰稳定类路面基层材料。

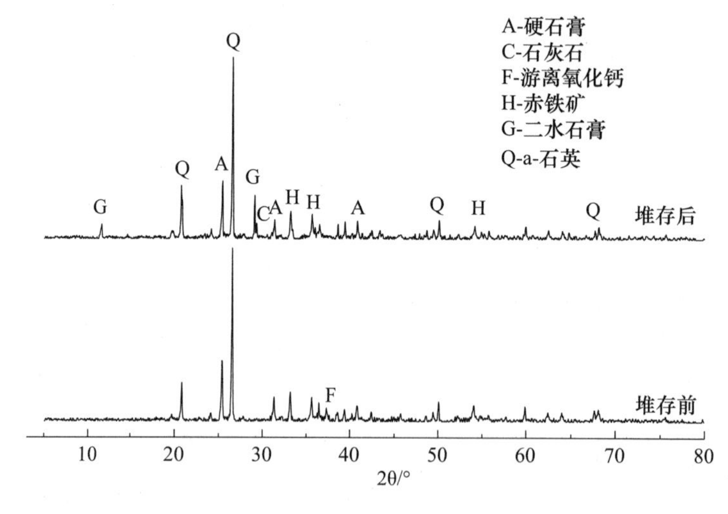

图 5-4　堆存前后固硫灰的矿物种类变化

选取 JZ、Q5、N5 配方的结合料试样，通过 SEM 和 XRD 观察、分析水化产物种类及微观形貌。

不同配方结合料 28d 龄期时的微观形貌如图 5-5 所示。从图中可知，

28d 后各配方结合料的颗粒表面均产生了不同数量的絮状凝胶，应该是 C-S-H 凝胶。此外 Q5、N5 还有针、杆状物质产生，结合图 5-6 中 XRD 图谱可推知其为钙矾石。从以上分析可知，堆存灰对二灰结合料的作用，本质上是硫酸盐对石灰-粉煤灰的激发。通过生成钙矾石，一方面消耗了液相中的 AlO_2^-，促进体系中活性 Al_2O_3 的溶解，激发了二灰结合料的火山灰反应，从而提升体系强度；另一方面，产生一定的膨胀部分抵消二灰结合料体系的干缩。

图 5-5　不同配方结合料的微观形貌

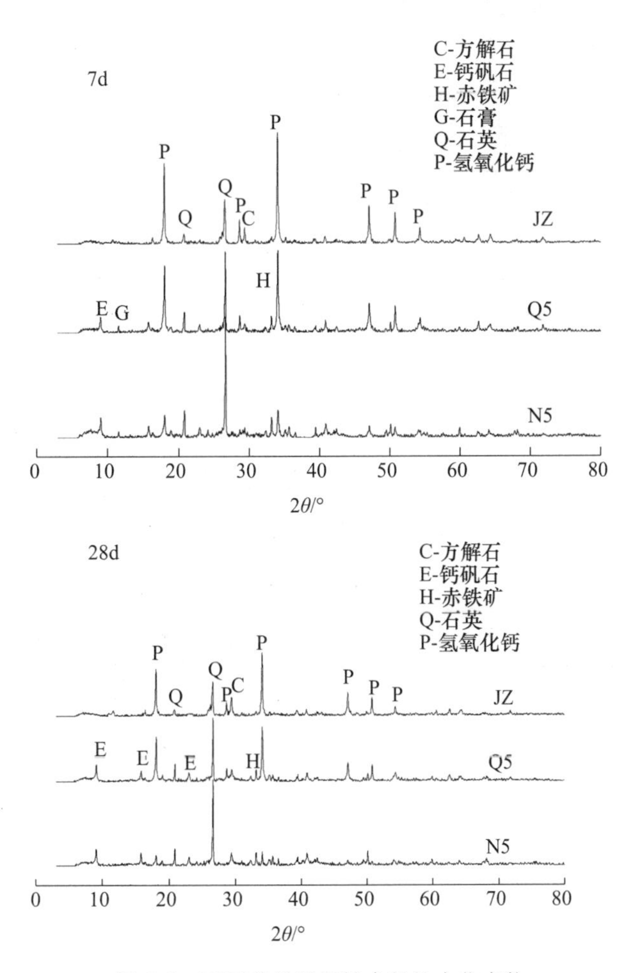

图 5-6　不同养护龄期结合料的水化产物

5.1.3 固硫灰改性二灰稳定碎石物理力学性能

在路面结构中，基层起着承受面层荷载和扩散应力的作用，基层性能的好坏直接影响路面结构的稳定性和使用寿命。一般而言，用于路面基层的结合料稳定材料需要具备三方面的技术性能：足够的刚度和强度；优良的水稳定性和冻融稳定性；良好的抗裂及抗疲劳性能。因此，在前面研究的基础上，将碎石加入固硫灰改性二灰结合料，制备固硫灰改性二灰稳定碎石，测试并考察其综合路用性能。

碎石级配参照《公路路面基层施工技术细则》（JTG/T F20—2015）推荐的级配配制，级配如图 5-7 所示。按照《公路路面基层施工技术细则》（JTG/T F20—2015）要求，采用二灰级配骨料做基层时，石灰与粉煤灰的质量比例可用 1：2～1：4，石灰粉煤灰与骨料的质量比应是 20：80～15：85。取石灰：粉煤灰＝30：70，结合料：骨料＝20：80，配合比及成型试件的最大干密度和最佳含水率见表 5-5。

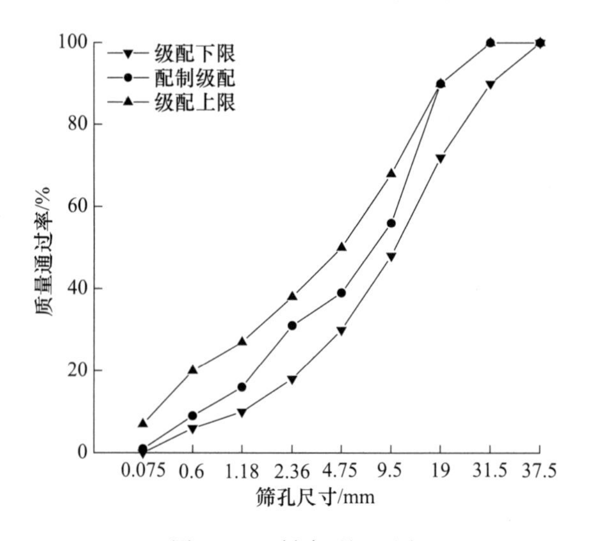

图 5-7 配制碎石级配图

表 5-5 不同配合比稳定碎石的最大干密度和最佳含水率

编号	固硫灰	粉煤灰	石灰	碎石	最佳含水率/%	最大干密度/(g/cm³)
SJZ	0	14.0	6.0	80	7.15	2.121
SQ3	4.2	9.8	6.0	80	7.48	2.087
SQ5	7.0	7.0	6.0	80	7.61	2.066
SQ7	9.8	4.2	6.0	80	7.80	2.069
SN3	6.0	9.8	4.2	80	7.50	2.095

续表

编号	固硫灰	粉煤灰	石灰	碎石	最佳含水率/%	最大干密度/(g/cm^3)
SN5	10.0	7.0	3.0	80	7.91	2.116
SN7	14.0	4.2	1.8	80	8.50	2.064

注：配合比均为质量分数比，总计100%。

掺入固硫灰的结合料稳定碎石的成型参数均有变化。随固硫灰掺量的增加，最佳含水率逐渐增大，最大干密度则出现不同程度的降低，这与上一小节结合料击实试验结果相符合。

无侧限抗压强度是路面基层材料路用性能的重要评价指标，当前各类公路路面基层施工及设计规范对应用于各等级公路的基层材料也有相应的指导标准。表5-6为二灰混合料7d浸水的无侧限抗压强度标准，该标准强调了基层材料的7d强度，说明早期强度对于二灰混合料性能的优劣尤为重要。表5-7为不同配合比稳定碎石无侧限抗压强度的测试结果。从表中可知，相比基准的SJZ，掺有固硫灰的结合料稳定碎石的7d浸水无侧限抗压强度均有不同程度的提高，说明固硫灰有利于改善二灰稳定碎石的早期强度。根据表5-6中的标准规定，用于一级公路和高等级公路的二灰稳定类基层的7d强度0.8～1.1MPa，固硫灰改性二灰稳定碎石基层材料均能达到且高于规范指标。堆存灰改性二灰稳定碎石早期强度的提升，有助于缩短施工周期，加快施工进度。

表5-6　二灰混合料7d浸水的无侧限抗压强度标准

层位＼公路等级	二级和二级以下公路	高速公路和一级公路
基层/MPa	0.6～0.8	0.8～1.1
底基层/MPa	≥0.5	≥0.6

表5-7　不同配合比结合料稳定碎石的无侧限抗压强度测试结果

编号＼龄期	无侧限抗压强度/MPa			
	7d	28d	90d	180d
SJZ	1.1	5.4	8.7	10.3
SQ3	1.8	6.5	9.7	11.2
SQ5	2.6	7.3	11.9	13.3
SQ7	1.5	5.6	10.5	12.4
SN3	2.3	6.8	10.7	12.9
SN5	2.4	7.5	11.5	14.0

续表

编号＼龄期	无侧限抗压强度/MPa			
	7d	28d	90d	180d
SN7	1.9	6.7	8.5	9.4

从强度增长趋势看，结合料稳定碎石早期强度发展较慢，7d 以后发展较为迅速，增幅最大，到 90d 时强度增长趋缓。除 SN7 以外，掺入固硫灰的二灰稳定碎石各龄期的强度均高于 SJZ，表明固硫灰持续改善了二灰稳定碎石强度的无侧限抗压强度。SN7 在 28d 以前强度均高于 SJZ，28d 后强度增长变慢，这是由于 SN7 采用内掺同时取代石灰和粉煤灰，固硫灰中的 CaO 和活性物质含量低于石灰和粉煤灰，当取代 70% 后，主要提供后期强度发展的结合料中总反应产物减少，体系反应活性降低，故强度发展缓慢，低于 SJZ。此外，对于固硫灰取代粉煤灰的结合料稳定碎石，当取代量为 50%（SQ5）时可取得最佳强度；固硫灰内掺同时取代石灰和粉煤灰 50% 时最终强度最好。

一般可用直接抗拉试验、抗弯拉试验及劈裂试验等方法测试材料抗拉强度。其中直接抗拉试验可提供基层材料真实的受力参数，但其测试条件苛刻，存在测试结果误差较大的问题，实际应用参考性不强。抗弯拉试验能较好地模拟半刚性基层材料在车轮荷载作用下的受力状况，但存在道路施工现场取样困难的问题，不能对已修建道路基层进行直接评价。在很难直接测量抗拉性能的前提下，当前一般采用劈裂强度作为基层材料抗拉强度的评价指标。与抗压强度不同，劈裂强度与材料组分间的黏结强度和结合料与骨料间的界面过渡区强度关系密切，即骨料的骨架支撑作用被弱化，故材料的劈裂强度往往低于其相应的抗压强度。此外，虽然目前以无侧限抗压强度作为强度控制指标，但基层底拉应力已成为许多路面结构设计的重要指导指标，因此有必要研究基层材料的劈裂强度。表 5-8 为不同配合比结合料稳定碎石的劈裂试验测试结果。从表中可知，掺有固硫灰的结合料稳定碎石的 7d 劈裂强度均高于 SJZ，表明固硫灰激发了二灰结合料的活性，使结合料稳定碎石的早期强度有不同程度的提高，这与无侧限抗压强度的测试结果相符。观察 180d 的后期强度，除 SN7 外，掺有固硫灰的结合料稳定碎石的劈裂强度均高于 SJZ，其中 SQ5 和 SN5 提升幅度最为显著，分别达到了 12.8% 和 16.7%，SN7 后期强度提升缓慢则与固硫灰替代石灰和粉煤灰量过高，造成反应物质总量减少，体系后期活性降低有关。对比各龄期的劈裂强度，SQ3 ~ SQ7 与 SN3、SN5 均高于 SJZ，表明固硫灰不但可以改善二灰结合料稳定碎石的早期强度，而且能随着反应的进行持续改善后期强度。观察图中曲线变化趋势，7d以前结合料稳定碎石劈裂强度较低，7d到28d增长最快，28d后一直到180d强度增长逐渐趋缓。前期增长较快是活性物质充足所致，后期随着反应的进行，水化程度加深，未反应活性物质减少，故强度增长速度减慢。二灰稳定类基层的开裂多是由于抗拉性能不足造成的，劈裂强度的改善使固硫灰改性二灰稳定碎石拥有更好的抵抗拉向变形的能力，达到了优化路面基层材料的抗裂性能的效果。

表5-8　不同配合比结合料稳定碎石的劈裂试验测试结果

编号＼龄期	劈裂强度/MPa			
	7d	28d	90d	180d
SJZ	0.06	0.38	0.60	0.78
SQ3	0.09	0.49	0.65	0.79
SQ5	0.13	0.53	0.77	0.88
SQ7	0.07	0.41	0.68	0.80
SN3	0.11	0.46	0.76	0.86
SN5	0.12	0.58	0.79	0.91
SN7	0.08	0.43	0.55	0.65

抗压回弹模量是材料在外界荷载作用下产生的压应力与相应回弹变形间的比值，它反映了材料对应力的敏感程度。路面基层材料的抗压回弹模量应该处于一个较为适宜的范围。如果模量太大，与面层的刚度不相适应，则极易在环境作用下因收缩形变不同而产生裂缝，影响基层稳定性，如果模量太低会使面层因拉应力过大而提前开裂。不同配合比稳定碎石的抗压回弹模量测试结果见表5-9。分析表中数据，相比基准的SJZ，加入固硫灰的结合料稳定碎石的28d和90d回弹模量均有不同程度的提高，到180d时除SN7外，各组加入固硫灰的结合料稳定碎石抗压回弹模量均高于SJZ，保持了较好的反应活性。固硫灰改性二灰稳定碎石抗压回弹模量的数值均在2GPa以内，这种程度的模量能保证基层与接触处的面层（水泥混凝土）不会因过大的刚度差异而产生反射裂缝，有利于路面结构的稳定性。分析抗压回弹模量变化趋势，抗压回弹模量到90d后增长变慢，这与无侧限抗压强度随龄期的变化规律基本一致，说明固硫灰改性二灰稳定碎石在提升强度的同时也改善了体系的刚度。综上所述，固硫灰的加入激发了二灰结合料的反应活性，在促进早期强度提升的同时保证了后期强度的持续增长，使固硫灰改性二灰稳定碎石包括无侧限抗压强度、劈裂强度和抗压回弹模量等得到了明显改善，优化了二灰稳定碎石体系的力学性能。

表 5-9　不同配合比稳定碎石的抗压回弹模量测试结果

编号＼龄期	抗压回弹模量/MPa		
	28d	90d	180d
SJZ	1452	1599	1663
SQ3	1537	1652	1718
SQ5	1586	1748	1799
SQ7	1472	1699	1769
SN3	1521	1679	1750
SN5	1593	1755	1812
SN7	1514	1583	1642

5.1.4　固硫灰对二灰稳定碎石稳定性能的影响

在多雨季节，雨水通过路面面层缝隙可以渗透进入基层，在地下水位接近地表的路段，地下水通过毛细作用可进入路基并到达基层，这将使路面基层处于潮湿状态；当环境温度上升，基层又因水分的蒸发散失而变得干燥。长期来看路面基层将处于反复的干湿交替的环境作用之下，故基层材料必须具备在干湿条件下保持一定的稳定性且强度不发生过大变化的能力。表 5-10 为不同配合比结合料稳定碎石干湿循环的测试结果，分析表中数据，经过 10 次干湿循环后，除 SN7 配方，其余结合料稳定碎石强度均有提高，说明掺量适当时，固硫灰改性二灰稳定碎石和二灰稳定碎石具有同样良好的抵抗干湿循环性能。

表 5-10　不同配合比结合料稳定碎石的干湿循环测试结果

编号	28d 标准养护无侧限抗压强度 /MPa	10 次干湿循环后强度 /MPa
SJZ	5.4	8.8
SQ3	6.5	10.2
SQ5	7.3	11.5
SQ7	5.6	8.7
SN3	6.8	10.1
SN5	7.5	10.1
SN7	6.7	5.5

图 5-8 为不同配合比结合料稳定碎石的水稳定系数，从图中结果可知，掺有固硫灰的二灰稳定碎石水稳定系数均低于 SJZ，分析原因，两种稳定碎石体系都是由水化反应生成的胶凝物质提供强度，火山灰反应产生的胶凝物质具有较好的水稳定性，因而在具备一定强度后，体系不

易受干湿循环的破坏。浸水为反应提供了水分，60℃的干燥条件加速了火山灰反应速率，使强度得到提高。相比固硫灰，提高温度对粉煤灰的活性更有利，所以干湿循环后 SJZ 强度增长最快，SN7 强度出现降低可能与其体系后期反应活性低，反应产物较少，造成抵抗干湿循环能力较低有关。

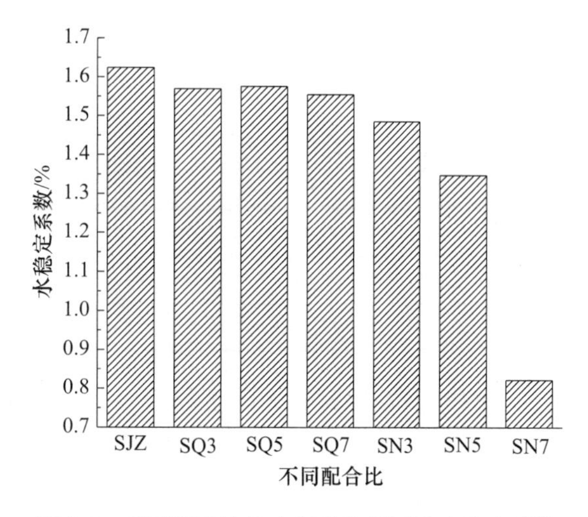

图 5-8　不同配合比结合料稳定碎石的水稳定系数

在冻融循环作用下，基层强度逐渐降低，随后产生薄弱层，随着薄弱层的扩大逐渐发生开裂，破坏基层结构。从基层冻融破坏机理看，有两种方式破坏基层结构：（1）液体结冰体积产生的膨胀压力。由于基层材料内含有较多孔隙，孔隙中水分在低温下结冰，体积膨胀 9%，产生的应力挤压孔隙内壁，造成破坏；（2）渗透压。基层材料毛细孔含有可溶性的盐溶液，孔内水结冰成核导致结冰点附近的溶液浓度增加，此时高浓度的溶液汲取周围未冻结的低浓度溶液中的水分，水分在移动过程中将形成较大的渗透压力，挤压孔壁，引起材料开裂。从以上分析可知，基层材料抗冻性能的好坏与其孔隙结构有直接关系，冻融循环也可检验材料孔结构的耐久性。表 5-11 为不同配合比结合料稳定碎石的冻融循环测试结果，从表中结果看，经过冻融循环后，各配合比稳定碎石的无侧限抗压强度均有不同程度的降低，固硫灰的二灰稳定碎石，无论是标准养护 28d 再经 5 次冻融循环，或标准养护 180d 再经 10 次冻融循环，除 SN7 外，其强度均高于 SJZ。这是由于固硫灰改善了二灰结合料活性，提高了稳定碎石体系的强度。28d 养护后经 5 次冻融循环试件的残余强度比（BDR 值）高于经 180d 养护后经 10 次冻融循环的试件。这是由于试件强度前期发展快于后期强度，即在后期强度增长较少的条件下，增加循环次数削弱了结合料稳定碎石抵抗冻融循环的能力。此外，SN5 配方的 BDR 值最高，说明该配方下的固硫灰改性二灰稳定碎石拥有最好的抗冻性能。

表 5-11　不同配合比结合料稳定碎石的冻融循环测试结果

编号	28d 标养强度/MPa	5 次冻融循环/MPa	BDR/%	180d 标养强度/MPa	10 次冻融循环/MPa	BDR/%
SJZ	5. 4	4. 1	76. 26	10. 3	7. 5	72. 82
SQ3	6. 5	5. 0	76. 92	11. 2	8. 2	73. 21
SQ5	7. 3	5. 7	78. 08	13. 3	9. 9	74. 44
SQ7	5. 6	4. 2	75. 00	12. 4	9. 1	73. 39
SN3	6. 8	5. 3	77. 94	12. 9	9. 7	75. 19
SN5	7. 5	6. 0	80. 00	14. 0	11. 1	79. 19
SN7	6. 7	5. 2	77. 61	9. 4	6. 8	72. 34

应用于道路工程的路面基层材料，除了要满足力学性能的要求外，还需具有较小的收缩性能。路面基层的收缩主要是由于水分蒸发产生了包括毛细管、吸附水或分子间力、凝胶体的层间水等一系列的作用而引发的宏观性的体积变化。半刚性基层材料由于失水容易产生干燥收缩，干燥收缩过大将使基层开裂，影响路面结构的耐久性能。不同配合比稳定碎石不同龄期的失水率和干缩应变测试结果分别见表 5-12 和表 5-13。各配合比试件随干燥的进行均呈现不同程度的失水，随着失水程度的加深，SJZ 不断收缩，掺入固硫灰的结合料稳定碎石则为先膨胀后收缩，其中不同的配合比其膨胀持续时间也不同，从收缩量看，相同龄期的固硫灰改性二灰稳定碎石均低于 SJZ，从早期的膨胀量看，各配方固硫灰改性二灰稳定碎石的最大膨胀应变数值均小于 14d 内 SJZ 的最大干缩应变值 357.41×10^{-6}，说明堆存灰改性二灰稳定碎石产生的膨胀是适当的。在 14d 内 SJZ 一直呈收缩状态，其余配合比结合料稳定碎石则不同程度地出现先膨胀后收缩。结合料稳定碎石膨胀持续时间与固硫灰掺量有关，其中 SQ3 和 SQ5 的体积膨胀分别发生在 3d 和 4d 前，SN3、SN5 和 SQ7 则分别在第 5 天、第 6 天以及第 14 天后由膨胀转为收缩，只有 SN7 一直为膨胀状态。

表 5-12　不同配合比稳定碎石的失水率测试结果

时间/d	累计失水率/%						
	SJZ	SQ3	SQ5	SQ7	SN3	SN5	SN7
1	1. 74	1. 04	1. 84	1. 21	1. 01	1. 70	1. 32
2	3. 36	2. 08	3. 54	2. 04	1. 87	3. 15	2. 20

续表

时间/d	累计失水率/%						
	SJZ	SQ3	SQ5	SQ7	SN3	SN5	SN7
3	4.32	3.03	4.55	3.06	2.84	4.35	3.08
4	4.84	4.22	5.10	4.13	3.85	4.98	3.92
5	5.19	4.96	5.47	4.27	4.66	5.51	4.76
6	5.50	5.41	5.79	5.15	5.11	5.80	5.29
7	5.63	5.74	5.93	5.61	5.37	6.00	5.60
8	5.76	5.94	6.07	5.85	5.62	6.19	5.86
9	5.89	6.14	6.21	6.08	5.82	6.48	6.13
10	5.98	6.29	6.30	6.31	5.92	6.63	6.39
11	6.19	6.49	6.53	6.54	6.13	6.87	6.61
12	6.28	6.64	6.62	6.73	6.23	6.97	6.83
13	6.37	6.84	6.71	6.87	6.28	7.21	7.01
14	6.50	6.93	6.85	7.05	6.53	7.26	7.05

表 5-13　不同配合比稳定碎石的干缩应变测试结果

时间/d	累计干缩应变/10^{-6}						
	SJZ	SQ3	SQ5	SQ7	SN3	SN5	SN7
1	44.98	-49.91	-112.36	-161.46	-82.4	-127.31	-195.61
2	72.48	-12.48	-90.35	-174.55	-72.41	-92.31	-224.31
3	132.46	17.47	-37.45	-202.73	-57.43	-62.41	-259.86
4	142.46	72.37	29.93	-172.12	-14.96	-32.45	-271.49
5	157.46	102.32	62.38	-132.54	25.99	-4.99	-259.96
6	177.45	107.31	92.31	-127.56	47.48	12.48	-202.97
7	202.44	119.79	101.79	-100.96	79.98	25.00	-193.02
8	224.94	129.77	102.31	-90.21	89.98	29.96	-183.07
9	234.94	134.76	117.28	-63.49	104.96	69.9	-163.33
10	244.93	152.23	134.74	-52.57	129.95	77.38	-143.6
11	279.93	207.14	152.23	-43.35	155.43	109.84	-112.73
12	319.91	249.56	174.89	-29.72	191.93	117.32	-86.73
13	329.92	287.00	198.48	-15.79	232.56	149.37	-62.869
14	357.41	304.47	216.38	2.36	264.81	167.25	-50.578

为进一步说明固硫灰改性二灰稳定碎石干缩特性的变化，求出了不同配合比结合料稳定碎石的干缩系数，见表 5-14。随干缩时间的持续，不同配合比结合料稳定碎石的干缩系数均呈逐渐增大的趋势，这是半刚

性基层材料干缩的滞后性造成的。第 14 天时各龄期干缩系数及最大干缩应变大小顺序均为：SJZ > SQ3 > SN3 > SQ5 > SN5 > SQ7 > SN7，表明掺入固硫灰后，通过反应产生的膨胀，可部分抵消二灰结合料稳定碎石体系的干燥收缩，使固硫灰改性二灰稳定碎石抗干缩性能优于二灰稳定碎石。半刚性基层干缩过大造成的拉应力将使基层开裂，引起沉降，破坏路面结构。固硫灰改性二灰稳定碎石干缩性能的改善有利于路面基层结构稳定性的提高。

表 5-14　不同配合比结合料稳定碎石的干缩应变值

时间/d	累计干缩应变/%						
	SJZ	SQ3	SQ5	SQ7	SN3	SN5	SN7
1	25.78	-47.91	-61.11	-133.86	-81.36	-74.95	-87.13
2	21.58	-5.99	-25.53	-85.51	-38.65	-29.26	-36.83
3	30.67	5.77	-8.23	-66.21	-20.25	-14.35	-23.17
4	29.42	17.16	5.87	-41.69	-3.89	-6.52	-13.70
5	30.33	20.63	11.40	-31.05	5.58	-0.91	-9.30
6	32.28	19.85	15.94	-24.77	9.28	2.15	-5.82
7	35.97	20.85	17.17	-17.99	14.90	4.17	-5.00
8	39.06	21.84	16.86	-15.43	16.01	4.84	-4.36
9	39.89	21.95	18.90	-10.45	18.02	10.78	-3.59
10	40.98	24.20	21.40	-8.33	21.93	11.67	-2.92
11	45.19	31.93	23.32	-6.63	25.37	15.98	-2.16
12	50.93	37.60	26.42	-4.42	30.81	16.84	-1.56
13	51.80	41.99	29.57	-2.30	37.04	20.71	-1.08
14	54.99	43.91	31.59	0.33	40.54	23.04	-0.86

当持续受到小于极限荷载的应力反复作用时，半刚性基层材料将由于累计破坏出现疲劳现象，使其强度降低，一般称这种持续性的作用为疲劳破坏。半刚性基层材料具有抗拉强度低、极限抗拉应变小的特点，抵抗持续荷载作用时易出现结构性的破坏，尤其材料到后期具有一定刚性材料特性时，在材料断裂前并无明显征兆。因此，抗疲劳性能是路面基层材料重要的耐久性指标。对于疲劳性能，通常采用疲劳寿命曲线（不同应力水平及对应的最大破坏次数所绘制的散点图）来说明。德国的 Whole 最早提出代表疲劳性能的 $S-N$ 曲线，即为材料的应力-寿命曲线，是用于表示疲劳应力水平与达到疲劳破坏时的最大循环次数间的函数关系式。其中 S 表示应力水平，一般可用应力与最大静荷载的比值表

示，N 为疲劳寿命，表示材料从受荷到出现疲劳破坏所需要的循环周期。

$S-N$ 曲线作为描述材料疲劳性能的基本数据，一般可分为三部分如图 5-9 所示，LCF 为低周期疲劳区，HCF 为高周期疲劳区，SF 为亚临界疲劳区。当前由于技术和应用的需要，对 $S-N$ 曲线的研究多集中在 HCF 区域。

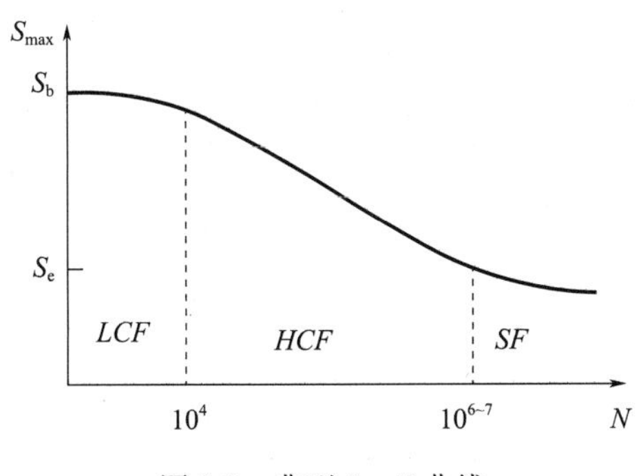

图 5-9 典型 $S-N$ 曲线

$S-N$ 曲线在 HCF 区域几乎为一条直线，由此构建的函数模型主要有三种类型：

（1）指数函数模型，其表达式为：

$$S = a - b\log N \tag{5-1}$$

（2）幂函数模型，其表达式为：

$$\log S = a - b\log N \tag{5-2}$$

（3）三参数幂函数模型，其表达式为：

$$(S - S_0)^a N = C \tag{5-3}$$

其中 S_0 为 N 趋近于无穷大时的应力，称为疲劳极限。

此外，有研究者基于可靠性的考虑，提出了将保证率 P 与 $S-N$ 曲线联系在一起，成为 $P-S-N$ 曲线。通常实验所指的 $S-N$ 曲线即为保证率 50% 的 $S-N$ 曲线。

疲劳试验结果具有较大的离散和随机性，在利用数理概率统计对疲劳试验结果进行分析前，需要明确数据符合的分布概率模型。对于疲劳寿命分布的概率模型，研究者根据大量的试验数据分析结果提出了采用正态分布函数和威布尔分布函数。本节试验以疲劳寿命的威布尔分布为模型，通过绘制 50% 保证率下的 $S-N$ 曲线来分析不同配合比结合料稳定碎石的疲劳性能。

为确定试验各配方相应的应力比，按照规程要求成型 100mm × 100mm × 400mm 试件，养护至 180d 测试材料最大抗弯拉强度，从前面的研究可知 SN7 性能明显差于其他各组配方，故此处将其去除，其余各配方测试结果见表5-15。从测试结果可知，加入固硫灰的配合比的抗弯拉强度均有不同程度的提高，这与前面力学性能测试结果相符合。下面按照试验规程的要求，选取对应的应力比对各组配方进行疲劳试验，并拟合对数疲劳寿命与应力比的关系曲线。

表5-15 不同配合比结合料稳定碎石180d抗弯拉强度测试结果

编号	抗弯拉强度/MPa	不同应力比下的疲劳荷载/MPa			
		0.70	0.75	0.80	0.85
SZ	1.460	1.022	1.095	1.168	1.314
SQ3	1.530	1.071	1.148	1.224	1.301
SQ5	1.630	1.141	1.223	1.304	1.386
SQ7	1.580	1.106	1.185	1.264	1.343
SN3	1.600	1.120	1.200	1.280	1.360
SN5	1.650	1.155	1.238	1.320	1.403

表5-16为SJZ结合料稳定碎石疲劳试验的测试结果，拟合的 $S-N$ 曲线如图5-10所示，其疲劳方程为：$\lg N = 15.2137 - 13.8480 S_t/S$。

表5-16 SJZ结合料稳定碎石疲劳试验测试结果

应力比 S_t/S	实测疲劳寿命值 N/次				对数疲劳寿命平均值
0.70	222844	421697	592925	1122018	5.699
0.75	17258	41305	46881	71779	4.595
0.80	4256	9550	13152	33729	4.064
0.85	1199	4592	5420	6266	3.568

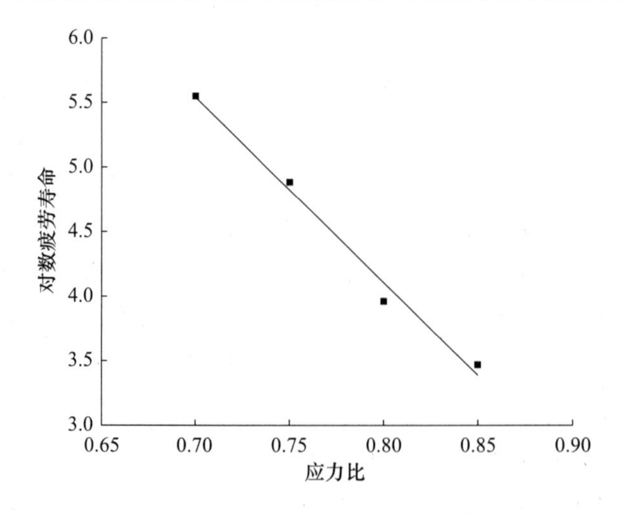

图5-10 SJZ结合料稳定碎石疲劳寿命曲线

表5-17为SQ3结合料稳定碎石疲劳试验的测试结果，拟合的 $S-N$ 曲线如图5-11所示，其疲劳方程为：$\lg N=16.1943-14.9720S_t/S$。

表5-17　SQ3结合料稳定碎石疲劳试验测试结果

应力比 S_t/S	实测疲劳寿命值 N/次				对数疲劳寿命平均值
0.70	144877	561047	1361444	483058	5.682
0.75	59566	34514	147571	572796	5.060
0.80	6887	9162	21577	22803	4.123
0.85	1435	2275	4613	6577	3.499

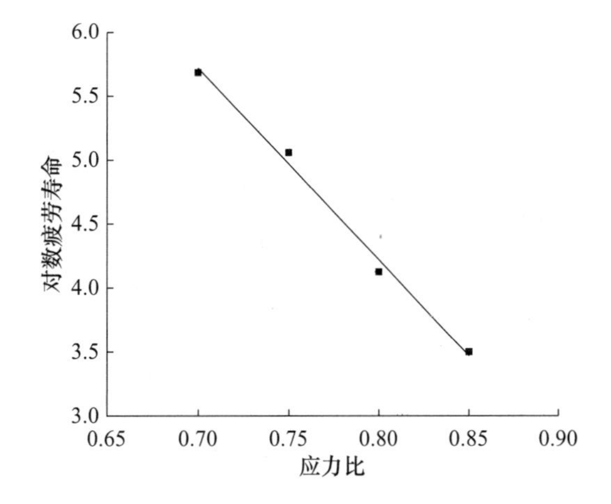

图5-11　SQ3结合料稳定碎石疲劳寿命曲线

表5-18为SQ5结合料稳定碎石疲劳试验的测试结果，拟合的 $S-N$ 曲线如图5-12所示，其疲劳方程为：$\lg N=15.1659-13.9860S_t/S$。

表5-18　SQ5结合料稳定碎石疲劳试验测试结果

应力比 S_t/S	实测疲劳寿命值 N/次				对数疲劳寿命平均值
0.70	118304	141906	271644	526017	5.345
0.75	23174	27925	61235	61660	4.597
0.80	9036	14962	22961	26303	4.228
0.85	721	991	1746	2831	3.137

表5-19为SQ7结合料稳定碎石疲劳试验的测试结果，拟合的 $S-N$ 曲线如图5-13所示，其疲劳方程为：$\lg N=14.6138-13.2920S_t/S$。

表5-19　SQ7结合料稳定碎石疲劳试验测试结果

应力比 S_t/S	实测疲劳寿命值 N/次				对数疲劳寿命平均值
0.70	96828	271019	496592	535797	5.461
0.75	14355	23014	37670	42954	4.432

续表

应力比 S_t/S	实测疲劳寿命值 N/次				对数疲劳寿命平均值
0.80	3758	9817	9661	17620	3.951
0.85	1315	1633	3597	5445	3.406

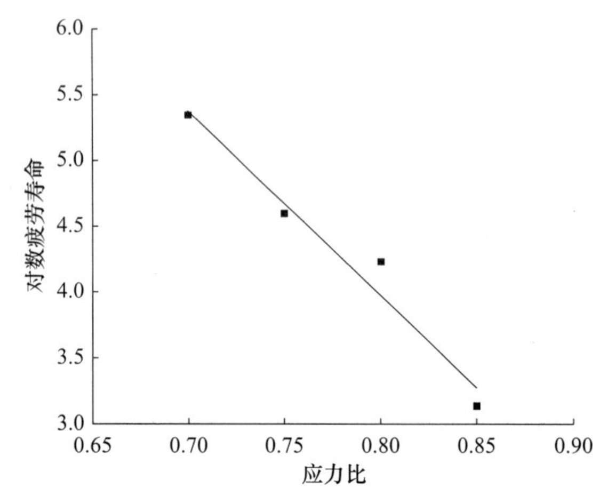

图 5-12　SQ5 结合料稳定碎石疲劳寿命曲线

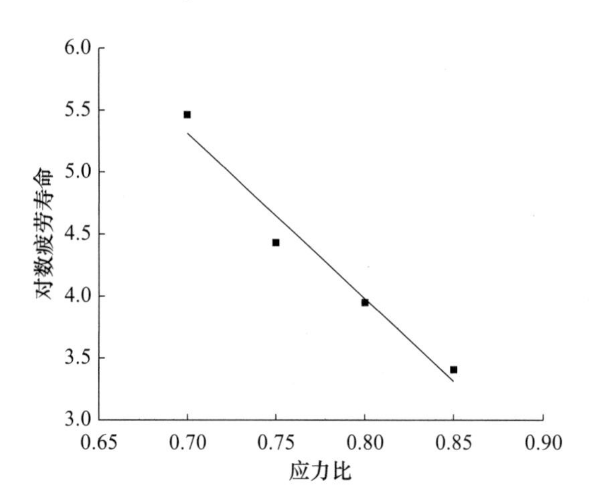

图 5-13　SQ7 结合料稳定碎石疲劳寿命曲线

表 5-20 为 SN3 结合料稳定碎石疲劳试验的测试结果，拟合的 $S-N$ 曲线如图 5-14 所示，其疲劳方程为：$\lg N = 15.5586 - 14.3140 S_t/S$。

表 5-20　SN3 结合料稳定碎石疲劳试验测试结果

应力比 S_t/S	实测疲劳寿命值 N/次				对数疲劳寿命平均值
0.70	180302	297167	425598	682339	5.548
0.75	18113	89950	132130	155239	4.881
0.80	2168	8954	17539	21086	3.964
0.85	908	2606	3396	9268	3.468

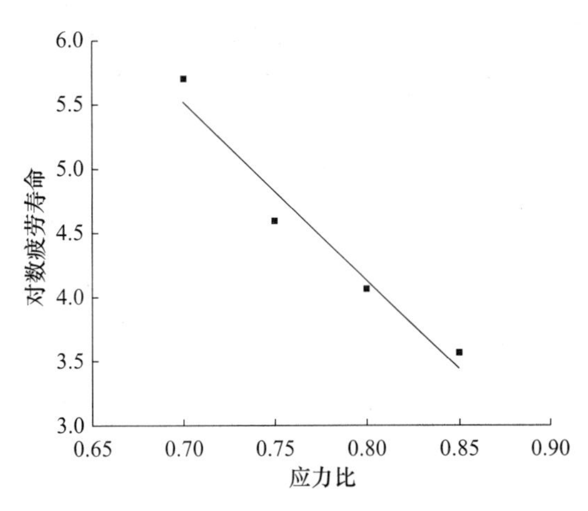

图 5-14　SN3 结合料稳定碎石疲劳寿命曲线

表 5-21 为 SN5 结合料稳定碎石疲劳试验的测试结果，拟合的 $S-N$ 曲线如图 5-15 所示，其疲劳方程为：$\lg N = 14.9690 - 13.7000 S_t/S$。

表 5-21　SN5 结合料稳定碎石疲劳试验测试结果

应力比 S_t/S	实测疲劳寿命值 N/次				对数疲劳寿命平均值
0.70	166341	180302	292415	350752	5.372
0.75	28314	44978	75336	115345	4.761
0.80	2360	7096	9162	25003	3.896
0.85	1343	2427	2864	3451	3.377

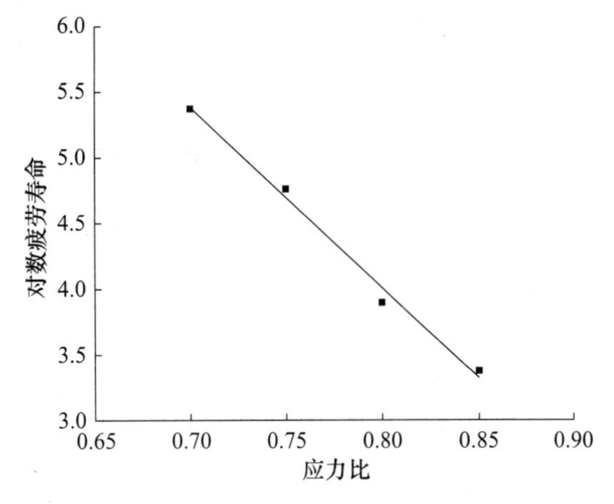

图 5-15　SN5 结合料稳定碎石疲劳寿命曲线

在实际处理时，实验室中疲劳作用次数 10^6 对应于实际 2000 万～5000 万次的荷载作用，可满足高等级公路的设计标准，故将 10^6 疲劳作用次数对应的应力比作为评价疲劳性能的疲劳强度。将以上各组配合比疲劳方程及疲劳强度整理见表 5-22。

表 5-22　不同配合比结合料稳定碎石的疲劳方程及疲劳强度

编号	$\lg N = a + bS_t/S$		保证率	判定系数 R^2	疲劳强度
	a	b			
SJZ	15.2137	−13.8480	50%	0.9360	0.6653
SQ3	16.1943	−14.9720		0.9895	0.6809
SQ5	15.1659	−13.9860		0.9467	0.6554
SQ7	14.6138	−13.2920		0.9493	0.6476
SN3	15.5586	−14.3140		0.9827	0.6678
SN5	14.9690	−13.7000		0.9873	0.6546

从表 5-22 可知，疲劳强度大小顺序为：SQ3 > SN3 > SJZ > SQ5 > SN5 > SQ7。分析结果，掺入固硫灰对二灰稳定碎石的疲劳性能存在两方面的影响。一方面，试验试件采用静压成型，这种成型方式容易造成骨料压碎现象，粉煤灰呈球形颗粒，能起到润滑作用，减小成型阻力，使混合料容易压实和密实，缓解了骨料破碎对结构稳定性的影响。同时，在采用对应的应力比作为疲劳试验荷载的条件下，结合料强度的差异和混合料压实状态对材料的疲劳性能同时发挥作用。当少量掺入固硫灰取代二灰组分时，提高了基体强度的同时对混合料的易压实性影响较小，故 SQ3 和 SN3 的抗疲劳性能相对于 SJZ 有所提高；当固硫灰取代量过高后，稳定碎石体系的易压实性明显降低，影响了疲劳性能，故 SQ5、SN5 及 SQ7 的疲劳强度均低于 SJZ。另一方面，加入固硫灰的二灰稳定碎石，尤其是 SQ5 和 QN5，其刚度提高后，在动荷载持续作用下更易提前产生疲劳裂缝，使抗疲劳性能下降。

5.1.5　固硫灰路面基层硫酸盐溶出规律研究

固硫灰路面基层材料含有硫酸盐物质，在地下水等液体介质作用下，基层中的可溶性硫酸盐将随渗透液体滤出并进入面层混凝土中，从而对道路混凝土造成硫酸盐侵蚀。因此有必要开展固硫灰路面基层对面层硫酸盐侵蚀的研究。按照存在方式可将煤中硫分为有机硫和无机硫：有机硫来自煤矿本身，在煤中分布均匀，有机硫中约 60% 为噻吩型的结构；无机硫主要为黄铁矿硫。通常煤中约有 60% 的硫来自含硫矿物质，其余为有机硫。一般而言，全硫含量不超过 0.5% 的煤是以有机煤为主，全硫含量大于 2.0% 的高硫煤多以无机硫为主。煤在燃烧时会分解出硫化物，但燃烧气氛和燃烧温度对硫化物析出过程有重要影响。当氧气浓度较高时，燃烧剧烈，硫化物的氧化分解充分，故主要以 SO_2 的形式析出；当氧气浓度较低时，由于氧气不足，部分颗粒能充分燃烧，产生了还原的气氛，煤中的硫将以 H_2S 的形式析出，如果与空气接触，H_2S 也会再次氧化为 SO_2。此外，循环流化床固硫过程中加入的钙基固硫剂也可促进煤燃烧时析出 SO_2。流化床燃煤固硫过程可固定 90% 以上煤燃烧析出的硫化物。从原理看，含硫组分主要为 $CaSO_4$，但从前面分析可知，部分在还原气氛下产生的 H_2S 使固硫灰中也含有部分 CaS，此外也可能存在其他的一些含硫矿物。根据研究资料显示，一般固硫灰中含硫矿物主要分为三类：Ⅱ-$CaSO_4$ 及可溶性硫酸盐；$3CaO \cdot 3Al_2O_3 \cdot CaSO_4$，这是煤燃烧时在局部温度达到 1150℃时产生的一种类似硫铝酸盐水泥的矿物成分，硫化物，包括 FeS、CaS 等。

表 5-23 为重庆大学郑洪伟关于不同固硫灰中含硫矿物形态和含量的化学分析，从表中结果可知，固硫灰中的硫元素主要来自Ⅱ-$CaSO_4$ 和 $3CaO \cdot 3Al_2O_3 \cdot CaSO_4$ 这两种含硫矿物，且由于 $3CaO \cdot 3Al_2O_3 \cdot CaSO_4$ 含量极低，可以认为固硫灰中溶出的硫酸盐绝大部分都来自Ⅱ-$CaSO_4$。固硫灰掺入路面基层材料后，石膏产生的可溶性硫酸盐一部分与石灰、粉煤灰发生水化反应产生 AFt 被消耗或结晶为二水石膏，另一部分则在环境介质（如地下水）作用下，从基层结构中溶出，对面层的道路混凝土产生硫酸盐侵蚀。

表 5-23　不同固硫灰中含硫矿物形态和含量的化学分析

编号	可溶性硫酸盐	$3CaO \cdot 3Al_2O_3 \cdot CaSO_4$	硫化物	Ⅱ-$CaSO_4$
固硫灰 1	0	0	0	100. 00
固硫灰 2	0	0. 22	0	96. 18
固硫灰 3	0	0. 35	0	97. 74
固硫灰 4	0	0	0	99. 98

路面基层材料成型过程中，采用较高的压实度指标可通过改变粒料体系的紧密程度影响内部物质的扩散。为此制备配方为固硫灰：粉煤灰：石灰：碎石 =4. 2：9. 8：6：80 的固硫灰改性二灰稳定碎石，以 93%、96%、98% 的压实度成型，标准养护至 7d 龄期，取 300mL 蒸馏水为浸出液，浸泡至规定时间后进行测试。不同压实度下硫酸盐溶出量随时间的变化如图 5-16 所示，从图中可知，随着浸泡时间的持续，各压实度下稳定碎石的硫酸盐溶出量逐渐增加。7d 以前硫酸盐溶出量大小顺序为：93% >96% >98%，7d 以后直到 56d，各压实度的溶出量趋于一致，说明早期提高压实度可降低硫酸盐的溶出，但随着浸泡周期的增长，后期硫酸盐的溶出量不受压实度影响。

由于固硫灰路面基层材料中的可溶性硫酸盐总量不变，如果受到环境介质作用前有大量硫酸盐被消耗，则可以降低硫酸盐的溶出量。选取

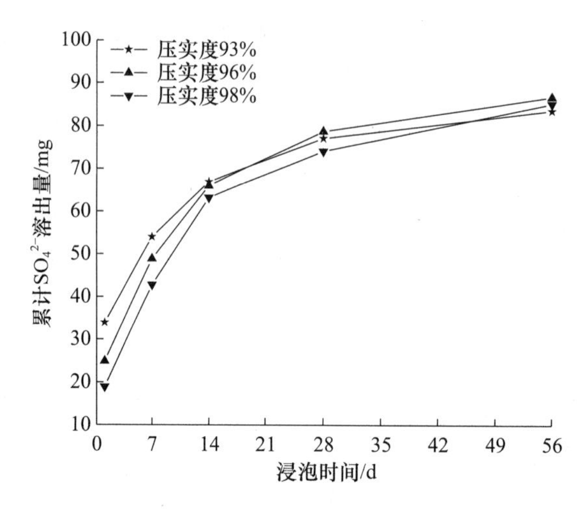

图 5-16　不同压实度下硫酸盐溶出量随时间的变化

质量分数为固硫灰：粉煤灰：石灰 = 35 ：35 ：30 的结合料配方，以96% 的压实度成型，养护至规定龄期，取 260mL 蒸馏水为浸出液，浸泡24h 后测试。图 5-17 为水化龄期与硫酸盐溶出量的关系图，分析图中曲线，随水化龄期的增加，可溶性硫酸盐的溶出量逐渐降低。养护 7d、14d 与 28d 时硫酸盐溶出量的减少趋势较明显，28d、90d 和 180d 时硫酸盐溶出量的减少趋势变缓，说明随着结合料反应程度的加深，硫酸盐溶出量逐渐减少。这是由于大量被消耗的硫酸盐减少了可供溶出的硫酸盐总量所致。

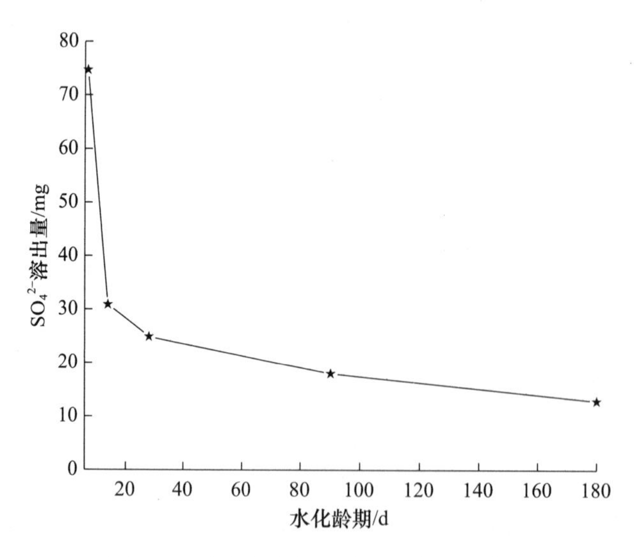

图 5-17　水化龄期与硫酸盐溶出量的关系

配制如表 5-24 所示的结合料，以 96% 的压实度成型，养护至 7d 龄期，取 260mL 蒸馏水为浸出液，浸泡至规定时间后测试。不同配合比的硫酸盐溶出量随时间的变化如图 5-18 所示。分析图中结果，随着浸泡时间的延长，不同配比结合料的累计硫酸盐浸出量逐渐增大，但浸出量的增长速率逐渐趋缓。对比各结合料配合比可知，固硫灰无论是取代粉煤灰还是内掺入，随着固硫灰掺量的增加，各龄期累计硫酸盐溶出量均逐渐增加，这是由于固硫灰是配合比中可溶性硫酸盐的唯一来源，固硫灰含量的减少可直接降低结合料单位时间的硫酸盐溶出量。

表 5-24　结合料配方

编号	固硫灰：粉煤灰：石灰
Q3	21：49：30
Q5	35：35：30
N3	30：49：21
N5	50：35：15

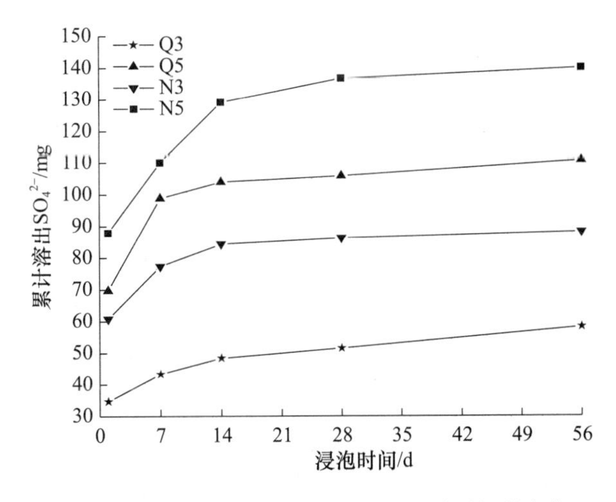

图 5-18　不同配合比的硫酸盐溶出量随时间的变化

道路建筑材料硫酸侵蚀的环境作用类别可分为含水环境和土壤环境，为评价基层溶出硫酸盐对面层混凝土侵蚀的程度，可根据两种作用环境将基层产生的硫酸盐含量对面层混凝土的影响程度做出如下处理。①将基层中含硫酸盐的浸出液以含水环境处理。假设从基层中溶出的含硫酸盐的浸出液与基层等体积，则可用单位体积基层溶出的硫酸盐含量表示侵蚀溶液浓度；②将基层材料按照土壤环境处理。则直接以基层中单位固硫灰溶出的硫酸盐量表示。从前面的研究可知，基层硫酸盐溶出量与固硫灰掺量有直接关系，同时固硫灰基层材料在 28d 内可达到较高的浸出硫酸盐浓度，故配制固硫灰：粉煤灰：石灰：碎石 =7：7：6：80 和 10：7：3：80 的配方，通过测试固硫灰高掺量下，稳定碎石 28d

内的累计硫酸盐浸出浓度，评价基层对面层的影响程度。表5-25为固硫灰改性二灰稳定碎石硫酸盐溶出浓度。从表中可得：按照水环境则硫酸盐侵蚀浓度分别为28mg/L和48mg/L；按照土壤环境折算，硫酸盐侵蚀浓度分别为979mg/kg和1157mg/kg。结合硫酸盐侵蚀浓度，当按照水环境计算，两种配方固硫灰路面基层对面层混凝土可能造成轻度的硫酸盐侵蚀；按照土壤环境计算，当固硫灰路面基层为强透水土层则存在中度的硫酸盐侵蚀，而作为弱透水土层则是轻度硫酸盐侵蚀。

表5-25　固硫灰改性二灰稳定碎石硫酸盐的溶出浓度

固硫灰：粉煤灰：石灰：碎石	28d累计 SO_4^{2-} /mg	折算 SO_4^{2-} 浓度	
		以浸出液计 /(mg/L)	以固硫灰计 /(mg/kg)
7：7：6：80	111	28	979
10：7：3：80	192	48	1157

5.1.6　综合评述

固硫灰的掺入使二灰结合料的最佳含水率增大，最大干密度降低；固硫灰中的膨胀性组分使二灰结合料体积呈膨胀状态，适量加入可缓解二灰结合料体积的干燥收缩；固硫灰可提高二灰结合料的早期强度，掺量过高不利于强度发展；当固硫灰取代50%粉煤灰或者内掺50%时，强度激发效果最佳。固硫灰含有的硫酸盐物质持续与石灰-粉煤灰体系反应生成钙矾石，一方面消耗了液相中的 AlO_2^-，促进活性 Al_2O_3 的溶解，激发了二灰结合料反应活性，使体系强度得到提升；另一方面产生一定的膨胀，部分抵消了二灰结合料体系的干缩。

掺入适量固硫灰可改善二灰稳定碎石的力学性能，固硫灰取代30%～70%粉煤灰或直接内掺30%～50%制备的二灰稳定碎石相比传统二灰稳定碎石拥有更好的无侧限抗压强度、劈裂强度和抗压回弹模量。固硫灰改性二灰稳定碎石水稳定性能和抗冻性能良好，能满足道路工程的要求。掺入固硫灰后产生的膨胀，可部分抵消二灰结合料稳定碎石体系的干燥收缩，使固硫灰改性二灰稳定碎石抗干缩性能优于二灰稳定碎石。当固硫灰取代粉煤灰或二灰结合料30%时，有利于固硫灰改性二灰稳定碎石疲劳性能的提高，掺量过高将降低体系的疲劳强度。

固硫灰路面基层硫酸盐的溶出量与压实度、反应程度及配合比均有关系。压实度可在早期降低硫酸盐的溶出，但后期不影响硫酸盐溶出总量；反应程度越高、水化时间越长，越多的硫酸盐物质被反应消耗，可溶出硫酸盐总量越低；固硫灰掺量越高，可溶性硫酸盐溶出量越大。用固硫灰制备的二灰改性稳定碎石路面基层材料对面层道路混凝土结构存在较为轻微的硫酸盐侵蚀。

5.2　固硫灰渣路面面层混凝土应用技术

路面面层具有直接承受车辆及外界荷载，并将荷载传递至基层的作用。按照原材料可分为土石路面、沥青路面和水泥混凝土路面。水泥混凝土路面和沥青混凝土路面是目前公路、城市道路、厂矿道路等主要采用的两种路面类型，当前基础性工程还是以水泥混凝土路面为主。固硫灰具有活性 SiO_2、活性 Al_2O_3 等火山灰活性物质和一定量的硬石膏及 f-CaO，具有较好的火山灰活性和自硬性，可在道路工程建设中部分取代胶凝性的原材料使用，具有经济效益。路面基层和面层材料在干湿循环条件下易干缩开裂，加入固硫灰后，固硫灰中硬石膏和 f-CaO 等组分产生的膨胀特性，可补偿收缩，改善道路路面结构的稳定性，有较好的工程意义。

5.2.1　超细固硫灰道路混凝土配合比设计

水泥混凝土道路具有强度高、稳定性好、施工便捷、经济性佳等优点，在当前高等级公路和乡村公路中应用广泛。路面受到来自车辆荷载的冲击摩擦和弯曲作用，同时还受到外界环境的不断侵蚀，故混凝土路面需要具备抗弯拉强度高、胀缩小、耐久性好等性能。以不超过 15% 的低掺入量将超细固硫灰加入水泥混凝土体系中，配制如表 5-26 所示的道路混凝土，通过力学性能及相关耐久性能测试，研究超细固硫灰对道路混凝土路用性能的影响。

表 5-26　超细固硫灰道路混凝土的配合比

编号	水泥/kg	超细固硫灰/kg	水/kg	砂/kg	碎石/kg	W/C	S_p/%
HJZ	336.0	0.0	141.0	670.0	1180.0	0.42	0.362
HN5	319.2	16.8	141.0				
HN10	302.4	33.6	141.0				
HN15	285.6	50.4	141.0				
HW5	336.0	16.8	148.2				
HW10	336.0	33.6	155.2				
HW15	336.0	50.4	162.3				

5.2.2 超细固硫灰对道路混凝土工作性能的影响

按要求拌制混凝土并以坍落度作为工作性能的指标，不同配合比超细固硫灰道路混凝土坍落度测试值见表5-27。无论是外掺还是取代，随着超细固硫灰掺量的提高，道路混凝土的坍落度均逐渐降低。超细化增大了固硫灰的比表面积，这使得需水性增强，故在水胶比不变的条件下，超细固硫灰掺量越高，新拌混凝土体系达到相同流动状态需水量越高。

表5-27 不同配合比超细固硫灰道路混凝土坍落度测试值

编号	坍落度/mm	
	实测值	修约值
HJZ	27	25
HN5	24	25
HN10	16	15
HN15	10	10
HW5	27	25
HW10	21	20
HW15	15	15

5.2.3 超细固硫灰对道路混凝土力学性能的影响

从抗弯拉强度、抗压强度及劈裂抗拉强度入手，研究超细固硫灰对道路混凝土力学性能的影响。

作为一种刚性路面材料，道路混凝土存在脆性大、抗折强度低的缺陷，同时由于车辆通行对路面产生的作用多为弯曲荷载，良好的抗弯拉强度是评价路面混凝土结构质量的重要指标。为消除流动性能对成型效果的影响，适量掺入减水剂，使各配合比混凝土坍落度保持在25mm ± 5mm。表5-28为不同配合比超细固硫灰道路混凝土抗弯拉强度测试结果。从表中数据看，当取代水泥掺入时，随超细固硫灰掺量的增加，各龄期的抗弯拉强度逐渐降低，其中当内掺量不超过5%时，对强度无明显影响；当外掺量在5%～15%时，超细固硫灰的掺入不影响道路混凝土的抗弯拉强度。各配合比超细固硫灰道路混凝土抗弯拉强度从7d到28d发展较快，28d到56d增长趋势减缓，这与胶凝材料水化程度有关，即在28d前提供强度的矿物水化较快，强度增长迅速。说明掺入超细固硫灰不会影响道路混凝土抗弯拉强度的发展。

表 5-28 不同配合比超细固硫灰道路混凝土抗弯拉强度实测值

编号	7d 抗弯拉强度 /MPa	28d 抗弯拉强度 /MPa	56d 抗弯拉强度 /MPa
HJZ	3. 06	4. 22	4. 65
HN5	2. 97	4. 15	4. 68
HN10	2. 93	4. 01	4. 42
HN15	2. 82	3. 85	4. 14
HW5	3. 16	4. 31	4. 63
HW10	3. 09	4. 28	4. 71
HW15	3. 00	4. 17	4. 66

不同配合比超细固硫灰道路混凝土抗压强度实测值见表 5-29。从表中可知，超细固硫灰取代水泥掺入后，各龄期抗压强度均存在不同程度的降低，当掺量达到 15% 时，抗压强度降低明显。而当超细固硫灰外掺入时，随掺量的增加，抗压强度存在不同程度的提高，说明外掺超细固硫灰有利于道路混凝土的抗压强度。超细固硫灰道路混凝土 28d 以前抗压强度增长较快，28d 后增长速率降低，与抗弯拉强度增长规律相似。

表 5-29 不同配合比超细固硫灰道路混凝土抗压强度实测值

编号	7d 抗压强度 /MPa	28d 抗压强度 /MPa	56d 抗压强度 /MPa
HJZ	39. 3	50. 6	56. 7
HN5	37. 9	49. 3	54. 1
HN10	36. 6	48. 8	55. 0
HN15	34. 3	46. 2	51. 5
HW5	38. 7	50. 4	57. 2
HW10	39. 6	52. 5	57. 9
HW15	36. 3	53. 7	59. 6

表 5-30 为不同配合比超细固硫灰道路混凝土的劈裂强度实测值，从结果看，当固硫灰取代水泥量在 5% 以内时不会降低混凝土的劈裂强度，而外掺超细固硫灰可提高道路混凝土的劈裂强度。从强度增长趋势看，早期增长较快，28d 后增长速率减缓。当反应进行到第 56d，除 HN5 和 HN10 外，其余掺超细固硫灰的道路混凝土均保持了接近或高于基准混凝土的劈裂强度。

表 5-30　不同配合比超细固硫灰道路混凝土劈裂强度实测值

编号	7d 劈裂强度 /MPa	28d 劈裂强度 /MPa	56d 劈裂强度 /MPa
HJZ	2.48	3.38	3.64
HN5	2.58	3.46	3.62
HN10	2.42	3.21	3.47
HN15	2.29	3.11	3.23
HW5	2.40	3.28	3.58
HW10	2.55	3.44	3.69
HW15	2.41	3.51	3.78

5.2.4　超细固硫灰对道路混凝土耐久性的影响

表 5-31 为超细固硫灰道路混凝土抗硫酸盐侵蚀试验结果，从结果看，经过 25 次干湿循环，各配合比道路混凝土的抗压强度均有不同程度的降低。

表 5-31　超细固硫灰道路混凝土抗硫酸盐侵蚀试验结果

编号	同龄期养护强度 /MPa	25 次干湿循环强度 /MPa	强度损失 /MPa
HJZ	55.0	50.4	4.6
HN10	54.6	51.4	3.2
HN15	50.9	49.5	0.4
HW10	55.3	51.9	3.4
HW15	56.0	53.7	2.3

图 5-19 为不同配合比超细固硫灰道路混凝土的耐蚀系数图，从图中可知，掺入超细固硫灰的道路混凝土，耐蚀系数高于基准道路混凝土，说明掺入 10% ~15% 的超细固硫灰有利于道路混凝土抗硫酸盐性能的提高，分析原因可能是超细固硫灰的掺入使混凝土内部产生一定浓度的硫酸盐，降低了与外部侵蚀介质中硫酸盐溶液的浓度差，故使外界硫酸盐扩散速率降低，硫酸盐的侵蚀效果减弱。同时，当道路混凝土外掺超细固硫灰时的耐蚀系数略低于等量取代水泥，这是由于超细固硫灰取代水泥后减少了体系中的受侵蚀组分，这也有利于道路混凝土抗硫酸盐侵蚀性能的提高。

表 5-32 为超细固硫灰道路混凝土冻融循环试验结果。观察试验结果可知，经过 25 次冻融循环，各配合比超细固硫灰道路混凝土的抗压强

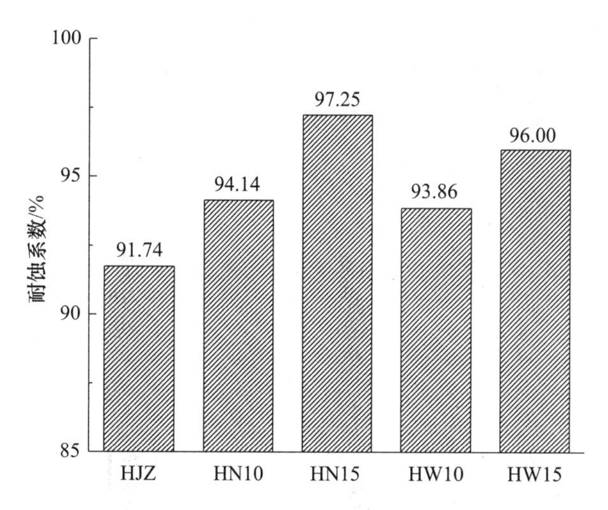

图 5-19　不同配合比超细固硫灰道路混凝土的耐蚀系数

度和质量都有不同程度的损失。这是由于一方面毛细孔溶液在低温下形成结冰点，造成的浓度差使周围水分向结冰点移动并产生渗透压，当渗透压过大将引起浆体开裂，从而使强度降低，另一方面水结冰发生的体积膨胀也可能造成浆体受压破裂。此外，从表中数据也可发现，各配合比道路混凝土的质量损失率差异不大，这与机体本身强度较高有关。从强度损失入手直观评价抗冻性能，掺入超细固硫灰的道路混凝土，除 HN15 外强度损失率均低于基准混凝土配方。HN15 抗冻性能相对较差与其机体整体强度较低，抵抗冻融循环能力较弱有关。而其余掺入超细固硫灰配方的抗冻性能提高，可能是超细固硫灰填充到浆体孔隙中，优化了孔结构所致。

表 5-32　超细固硫灰道路混凝土冻融循环试验结果

编号	同龄期养护强度 /MPa	25 次冻融循环强度 /MPa	强度损失率 /%	质量损失率 /%
HJZ	55. 0	47. 4	13. 82	1. 53
HN10	54. 6	48. 0	12. 09	1. 64
HN15	50. 9	42. 9	15. 72	1. 76
HW10	55. 3	49. 6	10. 31	1. 58
HW15	56. 0	48. 7	13. 04	1. 24

表 5-34 为不同配合比超细固硫灰道路混凝土干缩实验测试值，从表中结果看，超细固硫灰的道路混凝土各龄期的干缩应变值低于基准混凝土，说明掺入超细固硫灰的道路混凝土拥有更好的抗干缩性能。随着干燥的持续，各配合比道路混凝土呈现不同程度的体积收缩。7d 以后掺入超细固硫灰道路混凝土的收缩率均低于基准混凝土，说明此时超细固硫

灰充分地膨胀，补偿了道路混凝土的收缩，提高了其抗干缩性能。到第56天时，超细固硫灰道路混凝土的体积线性收缩率大小顺序为HN10 > HN15 > HW10 > HW15，表明等量外掺超细固硫灰比取代水泥的方式更有利于抗干缩性能的提高，同时增大超细固硫灰掺量也能进一步改善体系的干缩。

表5-33　不同配合比超细固硫灰道路混凝土干缩性能测试值

编号	形变量/10^{-6}						
	1d	3d	7d	14d	21d	28d	56d
HJZ	55.0	126.3	186.3	247.5	321.3	372.5	425.0
HN10	102.5	127.5	138.8	210.0	232.0	270.0	347.5
HN15	61.3	95.0	108.8	172.5	251.3	290.0	322.5
HW10	65.0	102.5	117.5	182.5	225.8	263.6	288.3
HW15	58.8	82.6	99.5	156.3	243.5	232.5	255.0

5.2.5　综合评述

超细固硫灰道路混凝土的抗弯拉强度、抗压强度及劈裂抗拉强度，随超细固硫灰取代水泥量的增加而降低，随超细固硫灰外掺量的增加而增大。适量掺入超细固硫灰可改善道路混凝土的抗硫酸盐侵蚀性能、抗冻性能和抗干缩性能。

5.3　固硫灰渣沥青混凝土面层应用技术

高等级公路中路面材料一般选用沥青混凝土，其占高等级公路路面的90%以上。与水泥混凝土路面相比，沥青混凝土路面具有一系列优点，如施工周期短、通车时间快，路面表面平整、无接缝，车辆在其上行驶平稳、舒适、耐磨、噪声低，且沥青混凝土材料养护维修方便、可以再生利用、适宜分期修建，其更适于在高等级公路作为路面材料使用。但我国地域广阔、气候复杂，各地区环境温度、降雨量等差异很大，沥青混凝土路面在工程使用过程中还存在较多问题，如早期破坏和耐久性差等。

美国在20世纪80年代对沥青路面的耐久性做的调查结果显示：虽然按照AASHTO路面设计方法，沥青混凝土路面设计使用期为20年，但实际服役期只有8～12年。我国高速公路沥青混凝土路面的设计服役期一般为15年，但是水泥混凝土路面的设计使用期却超过沥青混凝土路面，达到30年。沥青混凝土是由级配骨料、填料和沥青等构成的一种具有三维空间结构的多相分散体系，主要分为三级分散系：粗骨料作为分散相分散在沥青砂浆中；以细骨料作为分散相分散在沥青胶浆中；以填料作为分散相，分散在沥青介质中。

沥青混凝土以包含填料（一般为矿粉）和沥青的胶浆作为胶结材料，是决定沥青混凝土性能和使用寿命的关键因素。填料（矿粉）是矿料中粒径小于 0.075mm 的组分，其颗粒极细，具有较大的比表面积，一般为 2500 ~ 5000cm^2/g，占矿料总面积的 90% ~95%。一般来说，矿粉在沥青混凝土中使用比重并不大，其与沥青组成沥青结合料。矿粉的加入，会由于其与沥青发生一系列表面物理-化学反应，能有效增加黏结作用，增强抗剪切能力；但矿粉同样不宜掺加过多，否则会造成沥青混凝土结块，不易施工。矿粉填料具有几方面作用：(1) 填充骨料骨架空隙；(2) 与沥青形成高黏度的沥青-矿粉胶结料；(3) 沥青中的树脂和油分进入矿粉表层小孔，活性较高沥青质吸附在矿粉表面，提高沥青稠度和黏聚力，从而提高沥青混合料的热稳定性和水稳性。填料的性质对沥青混凝土的施工性、强度、温度稳定性、水稳定性及耐久性，有着重大影响。国内外对沥青混凝土填料的规定指标有亲水系数不大于 1.0，塑性指数不大于 4%，粒度符合要求（粒度小于 0.075mm 的占 75% ~ 100%，小于 0.15mm 为 90% ~100%，小于 0.6mm 为 100%），满足前述条件的均可尝试用于沥青混凝土填料。

从固硫灰自身物理化学组成及结构来看，其氧化钙含量较高、显碱性、活性较高，且颗粒细、比表面积大、表面疏松多孔，具备作为矿粉的条件；且固硫灰性质介于粉煤灰、矿渣粉和钢渣等性质之间，目前堆积较多，多未得到有效利用，价格较低。从技术、经济和综合利用工业废渣、减少环境污染角度出发，用固硫灰取代矿粉作为沥青混凝土填料具有十分重大的社会经济效益。已有研究者关注固硫灰在沥青混凝土中的应用。Winschel 和 Wu 用循环流化床燃烧灰渣合成沥青混凝土骨料，用于替代沥青混凝土中的细骨料，结果表明灰渣具有良好的耐磨损性，单位体积质量小于天然骨料，没有发现路面与骨料的降解，在经济上也是可行的。Alan 等研究了增压流化床燃烧灰在沥青混凝土中的应用，认为增压流化床燃烧灰可完全替代现有矿粉，预计替代量可达 440 万 ~ 550 万吨/年。翟建平等研究了掺固硫灰沥青胶浆的性质，认为固硫灰在提高沥青性能方面比矿粉更有优势，固硫灰比表面积、游离氧化钙、非晶相和矿物相比矿粉更为有利，而碱值、亲水系数、粒度分布、含水率与矿粉相似，因此固硫灰可能比矿粉更适合作为沥青混凝土的填料，固硫灰代替矿粉的最佳比为 1∶0.8。

固硫灰是一种比表面积大、颗粒表面粗糙多孔且碱性组分含量高的活性矿料。从理论上分析，其可增强沥青与矿粉之间的化学吸附效应，增加沥青的粘结力和沥青混凝土的黏聚力，能够改善沥青混凝土的高温稳定性和水稳定性。所以，从固硫灰自身组成、结构、性质角度来看，其无疑具备替代矿粉作为沥青混凝土填料的有利条件。

基于固硫灰、沥青混凝土性质及需求，利用固硫灰替代矿粉制备沥青混凝土是有可行性的。利用其制备沥青混合料作为道路路面材料，一方面能规模化利用固硫灰，另一方面也能提升沥青混合料路面的使用性能。

5.3.1 固硫灰沥青混凝土应用的性能要求分析

对固硫灰的密度进行测试，结果见表5-34。施工要求沥青混凝土中的填料密度不小于2.50g/cm^3，所用各种细度固硫灰均满足要求。

表5-34 固硫灰密度试验结果

固硫灰	密度/(g/cm^3)		测试方法
	测试值	要求	
G0	2.67	>2.5	《矿粉密度试验》(T 0352—2000)
G1	2.73		
G2	2.76		
G3	2.78		

采用烘干法测固硫灰的含水量，不同细度的固硫灰含水量差异明显，见表5-35。球磨工艺中，球磨时间较短时，固硫灰会因温度升高而失去部分自由水，含水量降低；当球磨时间较长时，随着固硫灰表面能增加，固硫灰吸附水的能力越来越强，含水量增加。蒸汽气流磨以高温蒸汽为粉碎介质，粉碎腔温度较高，会带走固硫灰中的部分水分，因此G3含水量最低，仅0.18%。

表5-35 固硫灰含水量试验结果

固硫灰	含水量/%		测试方法
	测试值	要求	
G0	0.92	<1	《烘干法》(T 0103—2019)
G1	0.75		
G2	1.03		
G3	0.18		

亲水系数用于评价矿粉与沥青结合料的黏附性能，亲水系数大于1表示矿粉对水的吸附能力大于沥青对水的吸附能力；亲水系数小于1的矿粉则相反。亲水系数测试方法参考《公路工程骨料试验规程》（JTG E42—2005）。由表5-36测试结果可知，细度对固硫灰的亲水系数影响不大，且各固硫灰样品亲水系数均小于1，满足规范要求。

表5-36　固硫灰亲水系数试验结果

固硫灰	亲水系数		测试方法
	测试值	规范要求	
G0	0.78	<1	《矿粉亲水系数试验》（T 0353—2000）
G1	0.77		
G2	0.78		
G3	0.75		

塑性指数，英文简称 I_p，是液限 ω_l 与塑限 ω_p 的差值。塑性指数高的矿粉，对水质或油质物质吸附较大，其易被润湿并产生膨胀，将使沥青混凝土的强度降低；且塑性指数高的矿粉在水作用下发生沥青剥离，导致沥青混凝土损坏，一般要求矿粉塑性指数不大于4%。固硫灰遇水发生水化反应会变硬，因此在测试前需重新加水调配，测试结果见表5-37。固硫灰G0和G3塑性指数较大，G1和G2塑性指数较小。分析认为固硫灰在球磨过程中表面疏松结构被破坏，磨碎的颗粒起了塑化剂的作用；G3是蒸汽气流磨粉碎，粒度分布窄且粒径小，比表面积急剧增加，塑性指数增加。

表5-37　固硫灰塑性指数测试结果

原料	G0	G1	G2	G3
ω_l（%）	50.2	36.9	35.86	51.6
ω_p（%）	40.0	29.4	32.1	27.6
I_p（%）	10.2	7.4	3.8	24.0

5.3.2　固硫灰对沥青胶浆结构和性能的影响

为保证沥青在使用过程中不会出现由于温度过高而产生流动状态，导致车辙、拥包、推挤等破坏，一般选择软化点作为反映沥青材料热稳定性的一个指标，也可以说是沥青条件黏度的一种量度。沥青选用MM-70AH，填料与沥青按质量比（简称粉胶比）1∶1制样，不同细度固硫灰沥青胶浆的软化点如图5-20所示。固硫灰沥青胶浆软化点高于常规沥青胶浆，这说明固硫灰的掺入可以提高沥青胶浆的软化点，改善沥青的高温稳定性；且掺固硫灰原灰的沥青胶浆软化点最高，掺加蒸汽气流磨固硫灰次之，掺加球磨固硫灰最低。

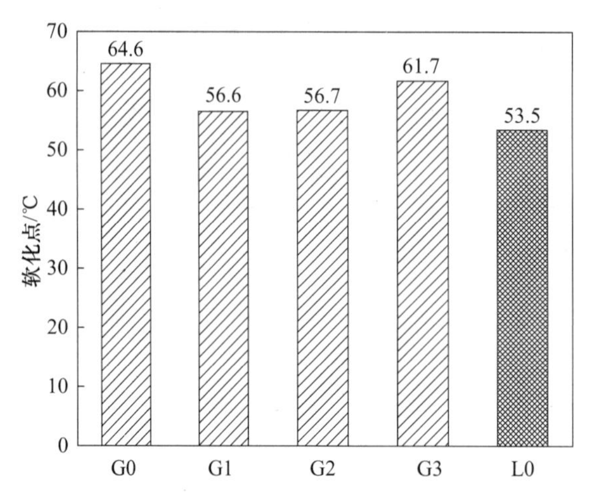

图 5-20　固硫灰-沥青胶浆软化点（粉胶比 1∶1）

延度主要用来衡量沥青低温变形能力。一般选择在一定温度下，以 5cm/min 的拉伸速度拉伸由沥青制成的 8 字形标准试件（最小断面为 $1cm^2$），至拉断时试件拉伸的长度即为延度。延度大的沥青，低温变形能力大，不易开裂，沥青路面的耐久性较高。本文选择测试温度为 15℃，研究不同细度固硫灰对沥青胶浆延度影响，测试结果如图 5-21 所示。掺蒸汽气流磨固硫灰沥青胶浆延度与常规沥青胶浆相当，其次是掺球磨 30min 的固硫灰，掺现排灰沥青胶浆延度最低，仅有常规沥青胶浆的 60%，说明蒸汽气流磨粉磨固硫灰对沥青混凝土低温性能影响不大，而现排灰对沥青混凝土可能不利。

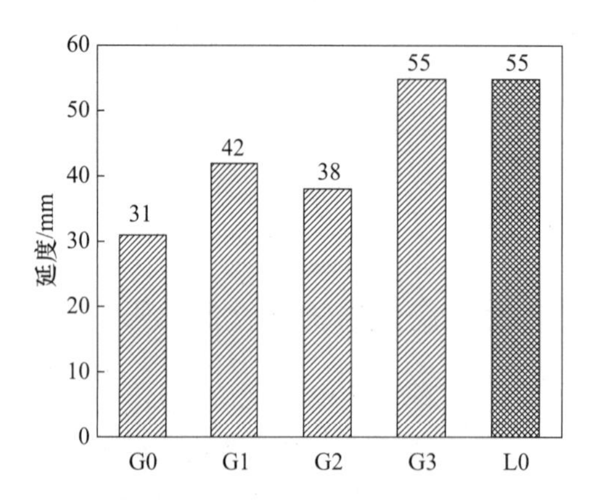

图 5-21　固硫灰细度对沥青胶浆延度的影响（粉胶比 1∶1）

针入度是衡量沥青黏度的一种方法，它是把一根载荷重 100g 的标准针，垂直插入温度为 25℃ 的沥青中，保持 5s，插入的深度即为针入度。针入度越小，沥青的黏度越大，沥青路面的抗车辙能力越好。不同细度固硫灰对沥青胶浆的针入度的影响如图 5-22 所示。固硫灰沥青胶浆的针入度比常规沥青胶浆低很多，现排灰最低。说明不同细度固硫灰掺入均可提高沥青胶浆黏度，从而提高体系的抗车辙能力。

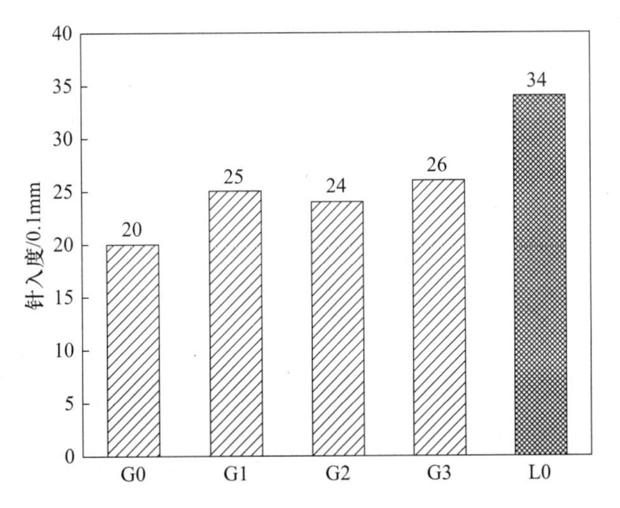

图 5-22 固硫灰细度对沥青胶浆针入度的影响（粉胶比 1：1）

对沥青胶浆进行旋转薄膜老化试验，结果见表 5-38。G2、G3 沥青胶浆老化后软化点升高、延度降低，而 G0、G1 沥青胶浆老化后软化点降低，延度升高。固硫灰 G0、G1 颗粒较粗且表面粗糙，在与沥青混合过程中，固硫灰起到增稠剂的作用，导致黏度增大，在相同拌和时间内拌和不良，沥青未能充分进入固硫灰表面空隙，测试过程中传热不良，软化点偏高。

表 5-38 掺固硫灰沥青胶浆老化结果对比

填料种类	粉胶比	软化点/℃		延度/mm	
		老化前	老化后	老化前	老化后
无填料组	0：1	47.9	52.5	1631	748
G0	1：1	64.6	60.7	32	33
G1	1：1	56.6	55.1	42	40
G2	1：1	56.7	57	38	44
G3	1：1	61.7	61.9	55	56

沥青胶浆的黏度与沥青混凝土的强度有密切联系，固硫灰细度对沥青胶浆黏度的影响如图 5-23 所示。通过对固硫灰沥青胶浆的研究发现，固硫灰沥青胶浆黏度比石灰岩矿粉（L0）大得多，可能影响沥青混凝土成型，因此需要提高沥青混凝土的压实温度。

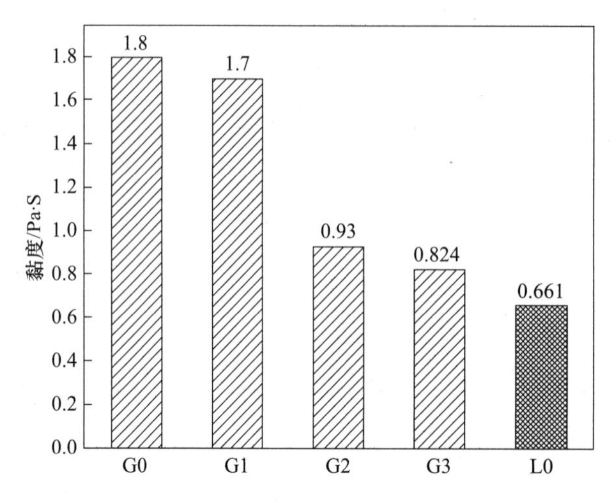

图 5-23　固硫灰细度对沥青胶浆黏度的影响（粉胶比 1∶1）

沥青聚集态随温度的变化可通过差示扫描量热分析（DSC）确定。通过 DSC 方法研究样品在可控温度程序下的热效应，能够快速且准确地得出样品的熔点和相转变温度等各种特征温度。本研究采用美国 TAQ200 型差示扫描量热仪，设定粉胶比 1∶1，分别对固硫灰 G0、G1、G2、G3 和石灰岩矿粉 L0 沥青胶浆进行 DSC 测试，结果如图 5-24 所示。沥青胶浆在升温过程中一直处于吸热状态，且固硫灰越细，吸热越严重。基质沥青在 40～85℃有 3 个峰，固硫灰加入后只剩下 1 个峰，此峰对应的位置随着固硫灰细度的增加而向高温方向偏移，同时 -10～20℃对应的峰也随着固硫灰细度的增加而向高温方向偏移，说明固硫灰的加入降低了沥青的温度敏感性，提高了热稳定性。

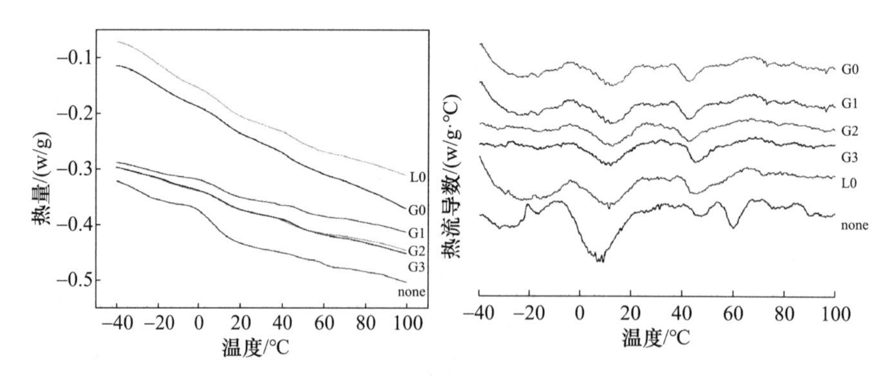

图 5-24　不同填料沥青胶浆 DSC 汇总

图 5-25 是粉胶比为 0.6∶1、0.8∶1、1∶1 和 1.2∶1 的固硫灰 G1 沥青胶浆的 DSC 测试结果，随着粉胶比的增加，沥青胶浆吸热量先减小后增加，且粉胶比 1∶1 时的吸热量最大。沥青胶浆在 0～50℃有 2 个峰，这 2 个峰在粉胶比为 0.6∶1、0.8∶1、1∶1 时向低温方向出现偏移，

粉胶比为 1.2∶1 时 2 个峰向高温方向偏移。

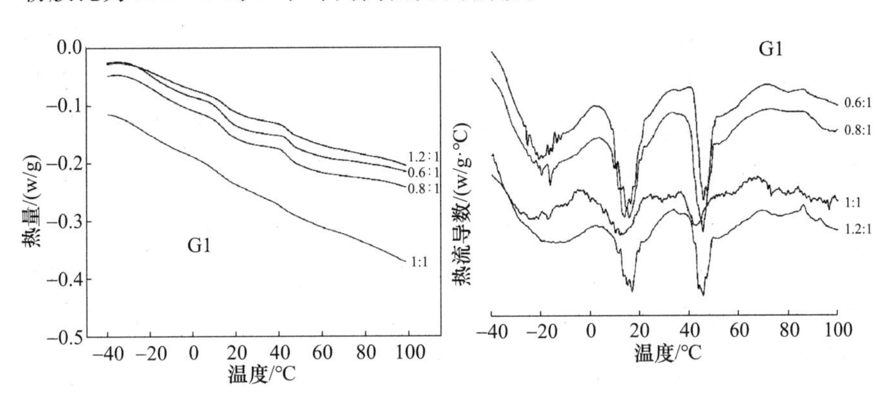

图 5-25 不同粉胶比沥青胶浆 DSC 汇总

各细度固硫灰在不同粉胶比情况下对沥青胶浆性能的影响见表 5-39。随着粉胶比的增加，沥青胶浆的软化点明显上升，而延度和针入度急剧下降。沥青胶浆的软化点、针入度与粉胶比之间呈现良好的相关性。沥青胶浆的软化点、延度与粉胶比成二次多项式关系；沥青胶浆针入度与粉胶比成线性关系，R^2 均大于 0.95。固硫灰掺量实验将为沥青混凝土配合比设计提供有益参考。

表 5-39 粉胶比对沥青胶浆性能指标的影响

试验项目	填料	粉胶比（F）				多项式拟合	相关系数 R^2
		0.6∶1	0.8∶1	1∶1	1.2∶1		
软化点/℃	G0	54.3	57.2	64.6	73.3	$S=36.25F^2-33.05F+60.92$	0.9976
	G1	52.5	54.6	56.6	60.6	$S=11.875F^2-8.225F+53.265$	0.9938
	G2	53.3	55.4	56.7	58.2	$S=-3.75F^2+14.75F+45.85$	0.9961
	G3	54.9	56.6	61.7	62.9	$S=-3.125F^2+20.175F+43.555$	0.9409
延度/mm	G0	61	50	32	22	$D=6.25F^2-78.75F+106.75$	0.9878
	G1	88	54	42	29	$D=131.25F^2-330.75F+238.05$	0.9862
	G2	68	48	38	29	$D=68.75F^2-187.25F+155.15$	0.9952
	G3	168	82	55	40	$D=443.75F^2-1004.3F+608.45$	0.9887
针入度/0.1mm	G0	30	25	20	18	$P=-20.5F+41.7$	0.9689
	G1	34	29	25	20	$P=-23F+47.7$	0.9981
	G2	32	26	24	20	$P=-19F+42.6$	0.9627
	G3	35	30	26	21	$P=-23F+48.7$	0.9981

前面研究所用基质沥青为茂名石化70号重交石油沥青（MM-70AH），为了研究固硫灰对沥青的使用范围，对韩国进口70号沥青（SK-70AH）的常规指标也进行了研究，此处选用蒸汽气流磨粉磨固硫灰G3与常规石灰岩矿粉L0对比分析，结果见表5-40、表5-41和表5-42。从表中可以看出，粉胶比一定时，SK-70AH中掺G3与掺L0的差异较一致，掺G3沥青胶浆软化点较L0高，且与L0的差距随着粉胶比的增加而加剧；而延度、针入度较L0低，与L0的差距随着粉胶比的增加而缩小。研究结果表明，固硫灰的掺入对两种基质沥青性能的影响规律相似，说明固硫灰对不同种类基质沥青具有一定的适应性。

表5-40　固硫灰对不同基质沥青软化点的影响

基质沥青	粉胶比	软化点/℃		
		G3	L0	差值
MM-70AH	0:1	47.9	47.9	0
	0.6:1	54.9	52.1	2.8
	0.8:1	56.6	53	3.6
	1:1	61.7	53.5	8.2
SK-70AH	0:1	47.8	47.8	0
	0.6:1	54.3	52.0	2.3
	0.8:1	56.4	52.8	3.6
	1:1	57.9	53.9	4.0

表5-41　固硫灰对不同基质沥青延度的影响

基质沥青	粉胶比	延度/mm		
		G3	L0	差值
MM-70AH	0:1	>100	>100	0
	0.6:1	168	204	-36
	0.8:1	82	83	-1
	1:1	55	55	0
SK-70AH	0:1	>100	>100	0
	0.6:1	176	198	-22
	0.8:1	86	95	-9
	1:1	67	70	-3

表 5-42　固硫灰对不同基质沥青针入度的影响

基质沥青	粉胶比	针入度/0.1mm		
		G3	L0	差值
MM-70AH	0：1	77	77	0
	0.6：1	35	42	-7
	0.8：1	30	38	-8
	1：1	26	34	-8
SK-70AH	0：1	65	65	0
	0.6：1	27	31	-4
	0.8：1	22	25	-3
	1：1	20	22	-2

为了研究固硫灰与沥青的作用机理，对固硫灰沥青胶浆进行红外光谱测试，如图 5-26 所示。加入固硫灰后，红外光谱图的峰位置没有发生变化，即化学官能团没有发生明显改变。通过对固硫灰和沥青按比例进行数学运算，与实际沥青胶浆的红外光谱图进行对比，可知，红外光谱的峰位置一致，证明固硫灰对沥青基质结构没有较大影响，但部分峰位置有一定迁移，分析认为沥青中酸性基团与固硫灰中碱性组分发生了一定化学反应，增强了结合力，但固硫灰与沥青相互作用可能大部分为吸附和物理共混。

固体的表面张力可分为非极性和极性两部分。按照 Owens 法，通过测试两种已知液体在固体表面的接触角，利用公式（5-4）可求出该固体表面张力的非极性值和极性值，二者的加和近似等于该固体总表面张力。

$$\frac{\gamma_{L}(1+\cos\theta)}{2}=(\gamma_{S}^{d}\gamma_{dL})^{\frac{1}{2}}+(\gamma_{S}^{p}\gamma_{L}^{p})^{\frac{1}{2}} \tag{5-4}$$

式（5-4）中只有两个未知数 γ_{S}^{d} 和 γ_{S}^{p}，只要找到两个已知 γ_{L}^{d} 和 γ_{L}^{p} 的液体，测此液体在固体表面上的接触角，分别把液体的表面张力和接触角的数据代入上式，即可得两个独立方程，解此方程即可得到固体的 γ_{S}^{d} 和 γ_{S}^{p} 及表面张力 γ_{S}。本试验采用水和甘油两种溶剂，所得接触角及表面能测试结果见表 5-43。填料的加入使沥青的表面张力发生变化。随着固硫灰添加量增加，沥青胶浆表面能减小，说明固硫灰在沥青表面层的浓度大于其内部浓度，吸附量为正值，为正吸附。固硫灰越细，这种吸附越弱。

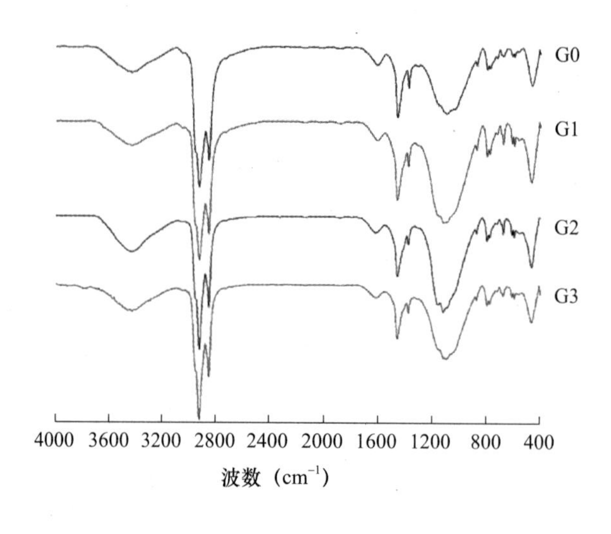

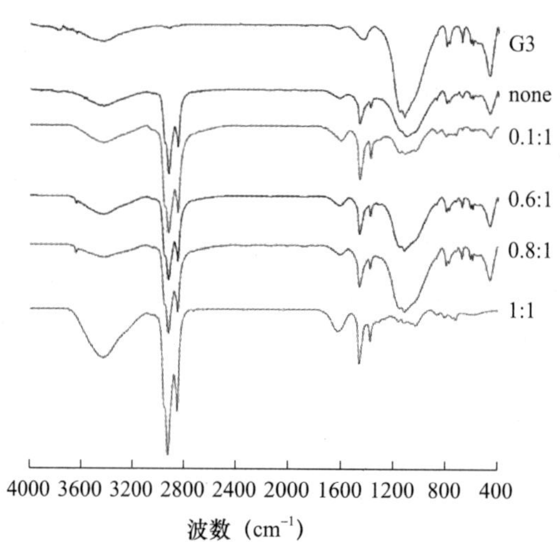

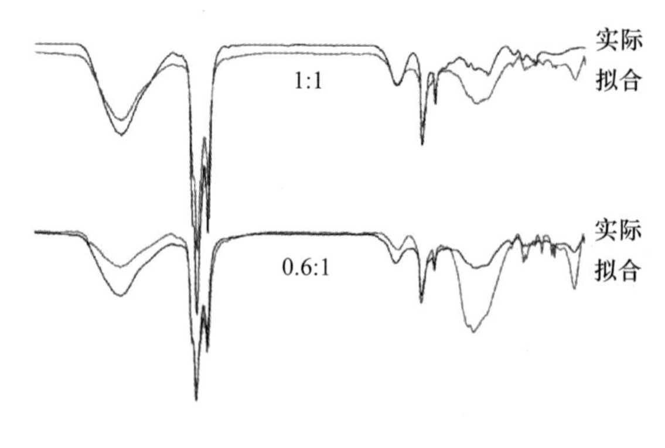

图 5-26　沥青胶浆红外光谱图

表 5-43 沥青胶浆接触角及表面能

填料种类	粉胶比	接触角/（°）		γ_S^d	γ_S^p	γ_S
		水	甘油			
—	0:1	105.54	96.58	95.418	1.159	96.58
G0	0.1:1	109.9	90.64	106.774	0.001	106.78
G0	0.6:1	107.7	89.3	103.603	0.194	103.80
G0	0.8:1	109.59	92.8	87.455	0.443	87.90
G0	1:1	108.36	95.9	59.474	3.768	63.24
G1	1:1	107.2	92.9	73.211	2.514	75.72
G2	1:1	106.3	91.6	77.349	2.506	79.854
G3	1:1	105.1	90.3	79.837	2.879	87.72
L0	1:1	102.33	84.2	1107.178	1.559	108.737

固硫灰沥青胶浆中，固硫灰颗粒表面包覆着一层沥青，而矿粉沥青胶浆中，能够比较清晰地辨认出矿粉轮廓，矿粉有聚集现象。说明固硫灰与沥青之间相容性较好。

我们可以将固硫灰看成是添加到沥青中的，与沥青质有一定作用的胶团核心。固硫灰分散到分散相里面，进而影响沥青组分的变化。固硫灰由于具有粗糙、孔状结构，使得沥青中的油分和芳香分在高温条件下可以沿着毛细管被固硫灰吸收掉一部分，降低了沥青的流动性，沥青稠度增加，表现为沥青胶浆软化点升高，粘结作用增强，延度和针入度降低。

5.3.3 掺固硫灰沥青混凝土性能研究

组成沥青混凝土的材料的性质、配合比设计以及制备工艺等因素对沥青混凝土的技术性质具有决定性作用，因此，为保证沥青混凝土性质，首先要正确选择组成材料。目前我国高等级公路沥青混凝土设计主要采用马歇尔设计法进行路面性能的检验，如高温稳定性、低温变形性能、水稳定性等。最终根据马歇尔结果和路用性能验证试验，确定符合要求的矿料级配和沥青用量。本部分主要研究掺固硫灰沥青混凝土的制备及性能。

确定矿料级配是沥青混凝土设计的一项重要任务，所谓矿料级配组成设计，就是确定矿质混凝土中不同粒径的颗粒相互之间的用量关系，通常用不同粒径颗粒的质量比来表示。若矿料级配组成良好，沥青混凝土空隙率在热稳定性容许的条件下最小，则能够保证矿料之间及矿料与沥青之间的相互作用良好并获得最佳的路用性能。

根据试验提供的骨料筛分结果和现行《公路沥青路面施工技术规范》（JTG F40—2004）中沥青混凝土的级配要求，确定所配沥青混凝土类型为密级配沥青混凝土 AC-13 型，合成级配曲线如表 5-44 和图 5-27 所示。AC-13 型沥青混凝土关键性筛孔为 2.36mm，本实验所用级配 2.36mm 筛孔的通过率 <40%，为粗型密级配。由于骨料的自然级配较差，AC-13 型级配的曲线 4.75mm 以上的粗粒径取规范的上限值，1.18mm 以下仍选取的是下限值，虽然并不是标准的 S 型级配，但该体系仍为满足级配要求的密实骨架结构，粗骨料形成骨架作用，细骨料在里面起填充作用。参考矿料间隙率 *VMA* 经验计算法，计算出 AC-13 型沥青混凝土的矿料间隙率约为 15.3%，满足马歇尔试验的要求。

表 5-44　矿质材料级配设计表

级配类型	通过下列筛孔尺寸（mm）的矿料质量百分比									
	16.0	13.2	9.5	4.75	2.36	1.18	0.6	0.3	0.15	0.075
规范取值范围	90 ~ 100	76 ~ 92	60 ~ 80	34 ~ 62	20 ~ 48	13 ~ 36	9 ~ 26	7 ~ 18	5 ~ 14	4 ~ 8
试验级配	100	98.3	79.6	47.5	31.7	27.3	21.4	14.7	10.2	5.7

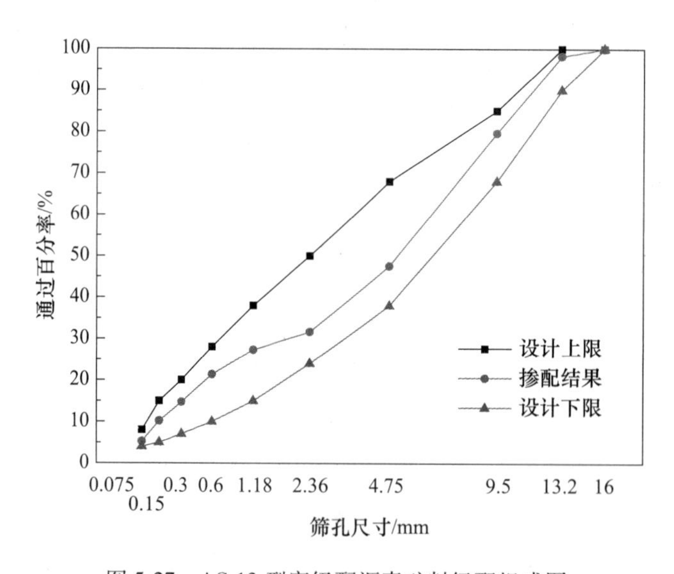

图 5-27　AC-13 型密级配沥青矿料级配组成图

为与掺固硫灰沥青混凝土的性能进行对比，首先选用石灰岩矿粉作为填料，对所制备的沥青混凝土试件进行马歇尔试验并确定最佳油石比，油石比初步选用 4.0%、4.5%、5%、5.5% 和 6.0%，试验结果如图 5-28 所示。由马歇尔结果可知，所得沥青混凝土符合规范对马歇尔指标的要求，所用原料满足设计。

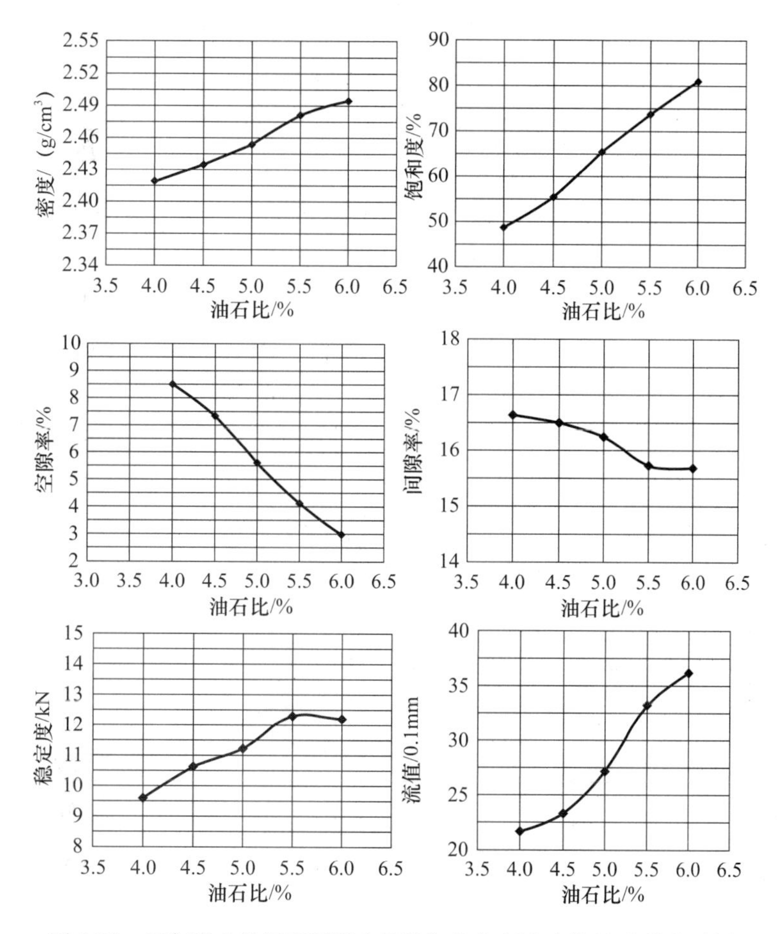

图 5-28 石灰岩矿粉沥青混凝土马歇尔稳定度试验物理-力学关系图

为对比分析相同级配不同固硫灰含量沥青混凝土的物理、化学性能，得出最佳固硫灰含量，进行马歇尔试验设计，并对其进行优化。固硫灰对比实验方案见表 5-45。每个方案进行马歇尔试验，确定 5 个沥青用量，每组制备 6 个试件。

表 5-45 固硫灰沥青混凝土试验方案

填料名称	替代石粉比例	试验项目
固硫灰 G0/G3	0	马歇尔试验、车辙试验、渗水试验
	25	
	50	
	75	
	100	
每个方案选定 5 个沥青用量，每组做 6 个试件		

由固硫灰细度对沥青胶浆性能的影响可知，掺现排固硫灰沥青胶浆软化点较高，而延度、针入度不足，蒸汽气流磨粉磨固硫灰综合性能较佳。本研究用现排固硫灰 G0 和蒸汽气流磨粉磨固硫灰 G3 作填料制备沥青混凝土马歇尔试件，测试结果如图 5-29 所示。由图可知，所选用的固硫灰细度越细，沥青混凝土试件毛体积相对密度、沥青饱和度越大，而空隙率、矿料间隙率、稳定度越小。

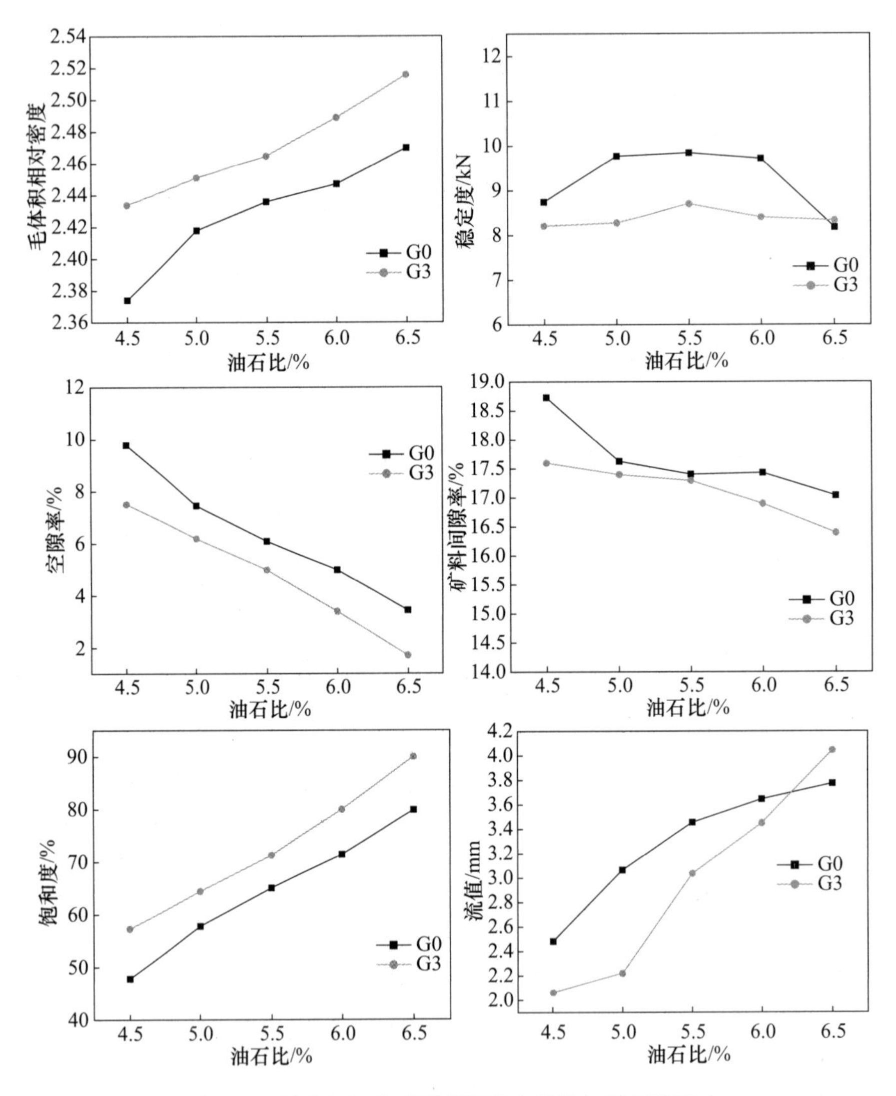

图 5-29　固硫灰细度对沥青混凝土马歇尔指标的影响

采用固硫灰 G0 替代常规石灰岩矿粉，替代比例为 25%、50%、75%、100%，每组油石比选用 4.5%、5.0%、5.5%、6.0% 和 6.5%，马歇尔试验结果如图 5-30 所示。沥青混凝土试件毛体积相对密度在试验油石比范围内没有峰值出现，稳定度都在 8kN 以上，因此，最佳沥青用量主要根据目标空隙率中对应的油石比 a_1、共同油石比上限 OAC_{max}、共同油石比下限 OAC_{min}确定，最佳油石比 $OAC=(a_1+OAC_{max}+OAC_{min})/3$，最佳沥青用量见表5-46。由表可知，随着固硫灰掺量的增加，沥青混凝土最佳沥青用量增加，当试验目标孔隙率设计为5% ±1%，固硫灰掺量分别为0%、25%、50%、75%和100%时，对应的最佳沥青用量分别为5.11%、5.21%、5.32%、5.43%和5.58%。

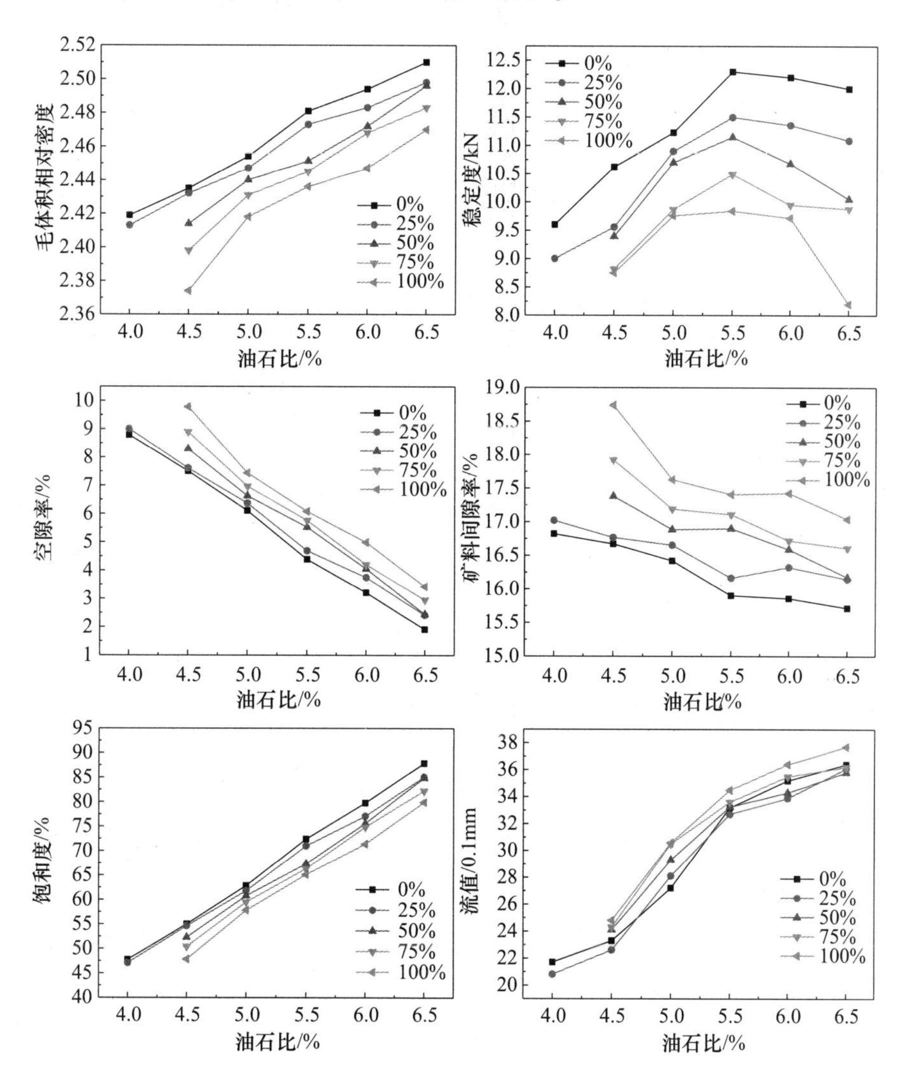

图5-30　固硫灰取代率对沥青混凝土马歇尔指标的影响

表5-46　沥青混凝土最佳沥青用量

固硫灰替代量 /%	a_1 /%	OAC_{min} /%	OAC_{max} /%	OAC /%	最佳沥青用量 /%
0%	5.35	5.10	5.70	5.38	5.11
25%	5.49	5.17	5.83	5.50	5.21

续表

固硫灰替代量 /%	a_1 /%	OAC_{min} /%	OAC_{max} /%	OAC /%	最佳沥青用量 /%
50%	5.64	5.30	5.93	5.62	5.32
75%	5.76	5.42	6.03	5.74	5.43
100%	5.94	5.61	6.18	5.91	5.58

不同替代量固硫灰在最佳沥青用量时对应的马歇尔指标见表5-47。从表中可以看出，随着固硫灰替代量的增加，沥青混凝土最佳沥青用量呈增加趋势。在最佳沥青用量下，沥青混凝土的密度、稳定度随着固硫灰掺量的增加而减小，空隙率、矿料间隙率增加，饱和度和流值变化不大。

表5-47　沥青混凝土最佳沥青用量及对应的马歇尔指标

固硫灰替代百分比 /%	最佳沥青用量 /%	毛体积相对密度	空隙率 /%	矿料间隙率 /%	饱和度 /%	流值 /0.1mm	稳定度 /kN
0	5.11	2.475	4.70	16.0	70.5	33.7	12.0
25	5.21	2.472	4.72	16.2	71.3	33.4	11.5
50	5.32	2.457	5.18	16.8	69.8	33.9	10.8
75	5.43	2.456	5.00	17.0	70.5	33.6	10.0
100	5.58	2.445	5.22	17.4	70.0	33.5	9.7
技术要求	—	—	4~6	≥14	65~75	20~40	≥8

四川跨越1~4夏炎热冬温区和2~3夏热冬冷区，以我国现行规范中夏炎热区重载交通的技术标准作对比，可知固硫灰不同替代量时，沥青混凝土都能满足现行规范要求。由于固硫灰的加入，沥青混凝土的稳定度总体呈下降趋势，为了确保实际施工效果，固硫灰替代矿粉量不宜大于50%。后面沥青混凝土路用性能研究也用50%替代量与矿粉做对比研究。

通过采用模拟车轮在板状试件上反复碾压观察和检测试件在45min和60min时尺寸变化差值——动稳定度，以评价沥青混凝土的抗车辙性能。为了能明晰比较固硫灰掺量对掺固硫灰沥青混凝土抗车辙能力的影响，采用马歇尔试验确定的沥青混凝土配合比制备试件进行沥青混凝土车辙试验。我们对使用石灰岩矿粉和固硫灰与矿粉1∶1的沥青混凝土进行车辙试验（表5-48）。可以看出，当碾压12次时，掺固硫灰沥青混凝土压实度只有97.4%，比使用矿粉的低1.2%，动稳定度也较低；随着碾压次数增加，掺固硫灰沥青混凝土动稳定度增加显著。当达到掺石灰岩矿粉沥青混凝土的压实度时，掺固硫灰沥青混凝土有更高的动稳定度，表明掺固硫灰沥青混凝土具有更好的抗车辙性，满足现行规范要求。

表5-48 沥青混凝土车辙试验结果

矿粉种类	碾压次数	压实度/%	动稳定度/(次/mm)
石灰岩矿粉	12	98.6	972.7
固硫灰：矿粉=1：1	12	97.4	680.3
	16	98.0	742.5
	24	98.5	1069.6
	36	101.2	1632.1
技术要求			1～4区≥1000； 2～3区≥800

沥青混凝土水稳定性测试可用浸水残留稳定度评价，取最佳油石比制备马歇尔试件，进行浸水马歇尔试验，试验温度60℃，浸水时间72h。试验结果见表5-49。结果表明，掺固硫灰沥青混凝土试件的残留稳定度都在95%以上，远高于规范要求的80%，甚至有的达到101%，与掺石灰岩矿粉残留稳定度相当，说明其具有良好的水稳定性。

表5-49 沥青混凝土残留稳定度试验结果

固硫灰比例/%	最佳油石比/%	浸水马歇尔稳定度/kN	标准马歇尔稳定度/kN	残留稳定度/%
0	5.4	11.9	12.0	99
25	5.4	10.3	10.4	99
50	5.4	9.8	10.0	98
75	5.6	9.7	9.7	100
100	6.0	9.5	9.6	99
技术要求				≥80

选用将矿料放入固硫灰水溶液浸泡后进行沥青黏附性试验的方法来评估固硫灰对沥青混凝土水稳定性的影响。由于固硫灰遇水反应，固硫灰水溶液酸碱性质将随时间变化，因此本研究只选取固硫灰水溶液滤液，测试15min和24h的pH值，结果见表5-50，由表可知，固硫灰水溶液滤液pH值没有明显变化。

表 5-50　固硫灰水溶液 pH 测试

序号	浓度（g/100g 水）	15min	1d
1	0	6.84	6.84
2	0.4	12.62	12.59
3	1	13.10	13.03
4	2	13.38	13.33
5	4	13.69	13.64
6	8	13.89	13.86
7	16	13.96	13.92
8	32	—	—

取粒径 13.2～19mm 形状接近立方体的规则骨料用洁净水洗净，置温度为 105℃的烘箱中烘干。将骨料放入固硫灰水溶液中 24h 后取出烘干，按沥青与粗骨料的黏附性试验中的水煮法进行试验。试验结果如图 5-31 所示，序号与表 5-50 一致。利用饱和石灰水处理矿料是目前沥青混凝土抗剥离的常用处理手段，以饱和石灰水处理的结果做对比试验。随着固硫灰浓度的增加，矿料的表面沥青剥落面积越来越小，4g 固硫灰/100g 的溶液即可达到饱和石灰水的效果。矿料浸泡在固硫灰水溶液中，固硫灰表面的钙离子会迁徙到矿料表面，与沥青中的沥青酸或环烷酸发生化学反应生成不溶于水的沥青酸钙或环烷酸钙盐，从而降低了水对黏附着的沥青与矿料的剥离作用。同时，固硫灰遇水具有自膨胀与自硬性，因而掺固硫灰沥青混凝土试件与水接触时具有良好的水稳性。

目前因沥青路面渗水引起基层承载力下降，从而导致路面破坏的现象比较普遍，而路面在混凝土铺筑完成后，即使渗水严重，也已无法补救。所以，沥青混凝土配合比设计阶段的渗水试验是非常重要的。渗水试验适用于测定沥青混凝土的渗水系数，以检验沥青混凝土的配合比。按照《公路沥青路面施工技术规范》（JTG F40—2004），宜利用轮碾成形的车辙试验试件，脱模架起进行渗水试验。普通密级配沥青混凝土要求渗水系数不大于 300mL/min，用于高速公路和一级公路时，渗水系数不大于 120mL/min。固硫灰沥青混凝土的渗水系数测试结果见表 5-51，碾压 12 次时，固硫灰沥青混凝土空隙率较高，渗水系数较大，但也满足普通密级配沥青混凝土的要求，随着压实度增加，固硫灰沥青混凝土的渗水系数明显减小，当达到普通沥青混凝土的压实度时，固硫灰沥青混凝土能够满足施工要求。

图 5-31　石料水煮法测试结果

表 5-51　沥青混凝土渗水系数

矿粉种类	压实度/%	渗水系数/(mL/min)
石灰岩矿粉	98.6	42.5
固硫灰：矿粉 = 1：1	97.4	195.0
	98.0	81.7
	98.5	35.4
	101.2	27.2
技术要求		≤120

沥青黏温曲线确定的沥青混凝土压实温度为 135℃，固硫灰沥青混凝土相比常规沥青混凝土密度、稳定度、饱和度低，空隙率、矿料间隙率高。通过研究固硫灰沥青胶浆性能发现，固硫灰沥青胶浆黏度比常规沥青胶浆高，导致固硫沥青混凝土不易压实，为此有必要提高压实温度。

对固硫灰替代矿粉量为 50% 和 100% 两种情况，采用压实温度为 150℃进行马歇尔试验，并与压实温度为 135℃的马歇尔指标进行对比，如图 5-32 所示。由图可知，当固硫灰替代量为 100% 时，压实温度为 150℃的沥青混凝土试件密度、沥青饱和度大，空隙率、矿料间隙率较小。当固硫灰替代量为 50% 时，沥青混凝土出现了不同规律，压实温度为150℃的试件毛体积相对密度、稳定度小于135℃，原因可能是固硫灰替代量为50%时，由于压实温度的增加，沥青老化速度加快，混凝土粘结力较差，导致试件稳定度降低，这从毛体积相对密度和空隙率也能得到验证；而固硫灰替代量为100%时，温度对沥青胶浆黏度的影响较大，压实温度增加降低了沥青胶浆黏度，使试件更易压实，空隙率降低，稳定度提高。

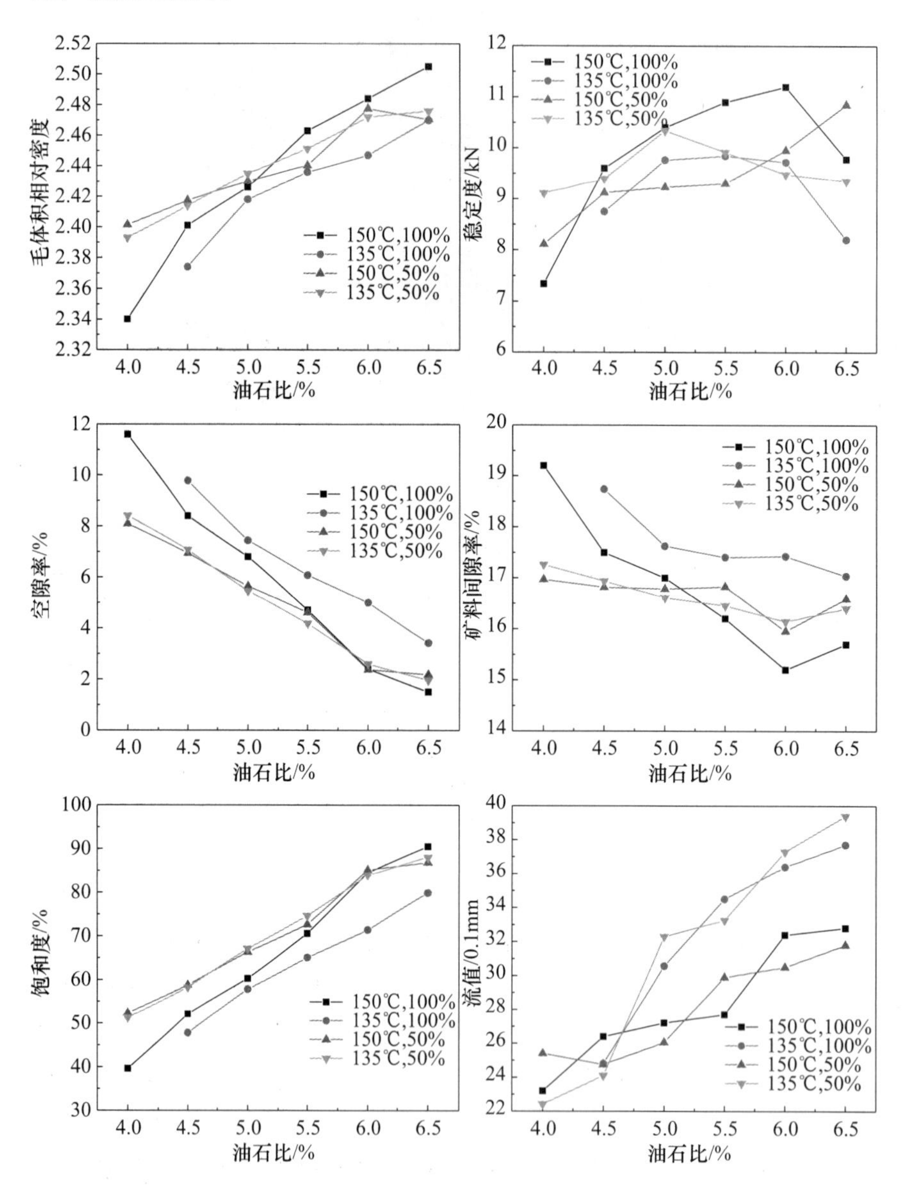

图5-32　压实温度对固硫灰沥青混凝土马歇尔指标的影响

压实温度对最佳沥青用量及对应马歇尔指标的影响见表5-52。可以看出，固硫灰替代量为100%，压实温度为150℃与固硫灰替代量为50%，压实温度为135℃对应的最佳沥青用量相当，空隙率更小，马歇尔稳定度相当。说明固硫灰沥青混凝土在使用过程中通过提高压实温度来改善混凝土性能是可行的。

表 5-52　压实温度对沥青混凝土最佳沥青用量及对应的马歇尔指标的影响

固硫灰替代百分比/%	压实温度/℃	最佳沥青用量/%	毛体积相对密度	空隙率/%	矿料间隙率/%	饱和度/%	流值/0.1mm	稳定度/kN
50	135	5.32	2.457	5.2	16.8	69.8	33.9	10.8
50	150	5.38	2.475	4.7	16.5	71.6	30.1	9.7
100	135	5.58	2.445	5.2	17.4	70.0	33.5	9.7
100	150	5.38	2.476	4.4	16.2	73.3	30.2	10.67

为了检验压实温度为150℃的固硫灰沥青混凝土路用性能，我们以固硫灰完全替代矿粉，压实温度为150℃，轮碾成型沥青混凝土试件，碾压次数12次，并进行车辙试验，测得动稳定度为1430.2次/mm，比常规沥青混凝土的1069.6次/mm高出40%。

沥青混凝土水稳定性测试可用浸水残留稳定度评价，取最佳油石比制备马歇尔试件，进行浸水马歇尔试验。试验温度60℃，浸水时间72h，结果见表5-53。掺固硫灰沥青混凝土试件的残留稳定度为在95%以上，远高于规范要求的80%，说明其具有良好的水稳定性。

表 5-53　固硫灰沥青混凝土残留稳定度试验结果（150℃）

固硫灰比例/%	浸水马歇尔稳定度/kN	标准马歇尔稳定度/kN	残留稳定度/%
100	10.41	10.67	97.6

5.3.4　固硫灰沥青混凝土道路示范

基于沥青混凝土对活性矿粉需求和固硫灰性能及资源化利用需要，以及已经利用固硫灰制备成功水稳定性和抗车辙性能优良的AC-13型沥青混合料，根据道路示范工程路面等级及性能要求，选择以AC-10型沥青混凝土作为道路示范工程路面材料。

固硫灰取自四川白马循环流化床示范电站有限责任公司，为现排固硫灰，烧失量为6.45%，主要化学成分为SiO_2、Fe_2O_3、CaO、Al_2O_3、SO_3和f-CaO，含量分别为40.82%、13.32%、13.60%、14.16%、8.05%和0.28%，其密度、亲水系数、含水量等性能指标见表5-54；矿粉为四川崇州生产，主要性能指标见表5-56；沥青采用中海70号道路石油沥青；粗骨料为四川新津生产的碎石，砂为四川新津生产，密度、吸水率等指标见表5-55。

表 5-54　固硫灰和矿粉基本性能

实验项目	固硫灰	矿粉
密度	2.586	2.751
塑性指数	5.5	9.4
亲水系数	0.74	0.64
含水量	0.1	0.1
外观	无团粒结块	无团粒结块

表 5-55　骨料基本性能

实验项目	碎石	砂
压碎值/%	10.6	
洛杉矶磨耗损失/%	12.5	
表观相对密度/(g/cm^3)	2.852	2.781
吸水率/%	0.85	1.34
<0.075mm 颗粒含量（水洗法）/%	0.3	
棱角性/s		
黏附性等级		

注：本文中相对密度均指与同温度水密度的比值。

实验主要配制 AC-10 型沥青混合料，矿料参配比例为：碎石 50.0%，砂 45.0%，填料 5.0%。填料是矿粉、固硫灰或矿料与固硫灰共同组成，当固硫灰替代量为 50% 时，其矿料组成设计见图 5-33。固硫灰在填料中的比例分别为 0%、25%、50%、75%、100%。每种实验组合选择 6 个沥青用量，分别为 4.0%、4.5%、5.0%、5.5%、6.0% 和 6.5%。制备沥青混合料试件的拌和温度采用 160℃ ±5℃，步骤为：将除填料以外的矿料混合拌和至大体均匀后，加入沥青拌和 90s，再加入填料一起拌和 90s，总拌和时间 3min，出料后按规范要求击实成型，成型温度采用（135 ±5）℃。

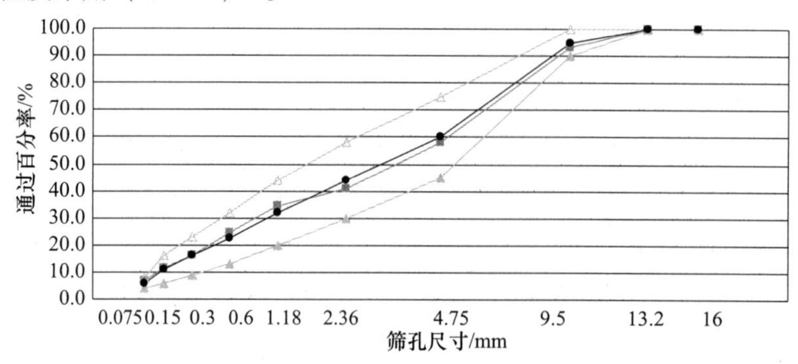

图 5-33　沥青混合料矿料试验级配组成图

对掺不同比例固硫灰的沥青混合料马歇尔试件进行测试，包括毛体积相对密度、稳定度、流值，并计算空隙率、矿料间隙率、饱和度（表5-56）。表中表示固硫灰替代矿粉量分别为0%、25%、50%、75%、100%。由此可以看出，油石比一定时，随着固硫灰的掺量增加，掺固硫灰沥青混合料毛体积相对密度、马歇尔稳定度、饱和度减小，空隙率、矿料间隙率、流值增加。按照《公路沥青路面施工技术规范》（JTG F40—2004）要求，对于AC-10型沥青混合料夏炎热区重载交通的规定，马歇尔实验指标要求如下：空隙率4%～6%，稳定度不小于8.0kN，流值2～4mm，矿料间隙率不小于13%，沥青饱和度65%～75%。因此，固硫灰不同替代量的沥青混合料在一定油石比范围内都能满足上述要求。

表5-56　相同沥青用量时的沥青混合料马歇尔试件数据

替代率	0%	25%	50%	75%	100%
毛体积相对密度/（g/cm³）	2.469	2.461	2.445	2.444	2.441
马歇尔稳定度/kN	15.8	15.7	14.5	14.4	14.2
流值/mm	2.8	3.0	3.5	3.6	3.7
空隙率/%	3.9	4.1	4.5	4.6	4.9
矿料间隙率/%	14.7	14.9	15.4	15.8	15.3
饱和度/%	73.5	72.5	70.6	70.6	70.1

沥青混合料试件毛体积相对密度在实验油石比范围内没有峰值出现，稳定度都在8kN以上，因此，最佳沥青用量主要根据目标空隙率中值对应的油石比a_1、共同油石比上限a_2、共同油石比下限a_3确定，最佳油石比$a=(a_1+a_2+a_3)/3$。固硫灰不同替代量在最佳沥青用量时对应的马歇尔指标见表5-57。随着固硫灰替代量的增加，沥青混合料最佳沥青用量呈增加趋势。在最佳沥青用量下，沥青混合料的密度、饱和度随着固硫灰掺量的增加而增加，空隙率随着固硫灰掺量的增加而减小，矿料间隙率、稳定度和流值变化不大。

表5-57　沥青混合料最佳沥青用量及对应的马歇尔指标

替代百分比/%	最佳沥青用量	毛体积相对密度	空隙率/%	矿料间隙率/%	饱和度/%	流值/0.1mm	稳定度/kN
0	5.24	2.422	5.6	16.4	65.8	28.5	10.5
25	5.29	2.442	4.7	15.7	70.0	29.2	11.4

续表

替代百分比/%	最佳沥青用量	毛体积相对密度	空隙率/%	矿料间隙率/%	饱和度/%	流值/0.1mm	稳定度/kN
50	5.37	2.441	4.6	15.7	70.7	30.5	12.3
75	5.40	2.425	5.1	16.2	68.5	33.4	10.1
100	5.50	2.445	4.1	15.6	73.6	30.1	12.1

沥青混合料水稳定性测试可用浸水残留稳定度评价，实验结果见表5-58。结果表明，掺固硫灰沥青混合料试件的残留稳定度都在90%以上，高于规范要求的85%，甚至有的达到160%，说明具有良好的水稳定性。

表5-58　沥青混合料最佳沥青用量及对应的浸水马歇尔残留稳定度

替代百分比/%	最佳沥青用量	浸水马歇尔残留稳定度/%
0	5.24	137
25	5.29	111
50	5.37	92
75	5.40	160
100	5.50	119

为了检验固硫灰沥青混合料路用性能，我们对使用石灰岩矿粉和固硫灰与矿粉1∶1的沥青混合料进行车辙实验（表5-59）。可以看出，动稳定度随着碾压次数增加，掺固硫灰沥青混合料动稳定度增加显著。说明掺固硫灰沥青混合料有更高的动稳定度，表明掺固硫灰沥青混合料具有更好的抗车辙性。

表5-59　沥青混合料车撤试验结果

替代百分比/%	碾压遍数			残留稳定度/kN		
0	12	16	24	1047	1865	1617
25	12	16	24	826	999	1426
50	12	16	24	696	903	1306
75	12	16	24	409	854	1155
100	12	16	24	401	1422	1103

固硫灰粒径与矿粉相当，而表面差异明显。固硫灰颗粒大多不规则、颗粒表面结构疏松，且有大量与外界相互联通的气孔，因此固硫灰

比表面积大于矿粉。而且，固硫灰是碱性填料，固硫灰加入沥青中，沥青中活性较高的沥青酸和环烷酸吸附在固硫灰表面，油分则沿着毛细管被吸收到填料内部。因此，固硫灰表面的沥青胶质和油分相对减少，沥青质增多，通过对135℃时固硫灰与矿料的沥青胶浆黏度对比可知，沥青稠度提高，黏度增加。沥青胶浆黏度增加造成沥青混合料在击实过程中矿料更难移动，矿料相互接触受阻，密实度下降，空隙率增加。同时，矿料间隙率（矿料间隙率是沥青混合料试件中矿料以外的体积占混合料试件总体积的百分率）增加，而饱和度（饱和度指沥青混合料试件内沥青部分占沥青体积和空隙体积之和的百分率）降低。由于固硫灰吸收了更多的沥青，使得自由沥青量减小，空隙增大，造成更多的应力集中点，更容易被破坏，因此马歇尔稳定度降低。随着压实度增加，固硫灰对沥青混合料体积影响减小，沥青胶浆优势体现出来，掺固硫灰沥青胶浆黏度大，软化点高，具有更好的高温性能，因而在相同压实度时，掺固硫灰沥青混合料具有更高的动稳定度。固硫灰表面存在钙离子，能与沥青酸或环烷酸发生化学反应生成不溶于水的沥青酸钙或环烷酸钙盐，并且固硫灰具有自膨胀与自硬性，因而掺固硫灰沥青混合料试件与水接触时具有良好的水稳性。

道路示范工程建设沥青混合料配合比设计及其性能见表5-60。施工现场图片如图5-34和图5-35所示。

图5-34 固硫灰沥青混凝土道路施工现场

表 5-60　道路示范工程施工及沥青混合料相关性能

施工配合比							施工温度/℃				压实工艺	钻芯取样	
填料/%		骨料/%			沥青含量/%	油石比/%							
矿粉	固硫灰	0～3mm	3～5mm	5～10mm			开始温度	摊铺温度	碾压温度	终了温度		密度/(g/cm)	压实度
5.0	0	34.0	19.0	42.0	4.9	5.2	161	152	141	88	初压：采用轻型钢轮压路机碾压2遍。复压：采用重型的轮胎压路机碾压8遍。终压：采用双轮式关闭振动的压路机碾压2遍	2.297 2.225 2.241 2.268	97% 94% 94% 96%
0	5.0	34.0	19.0	42.0	5.5	5.8	179	165	150	88		2.389 2.349 2.359 2.343	99% 97% 98% 97%
5.0	0	34.0	19.0	42.0	5.0	5.3	170	160	145	80		2.279 2.307 2.290 2.347	96% 97% 97% 99%
0	5.0	34.0	19.0	42.0	5.5	5.8	175	165	150	85		2.376 2.365 2.368 2.381	98% 97% 97% 98%
0	5.0	34.0	19.0	42.0	5.5	5.8	165	155	145	85		2.345 2.340	99% 99%
0	5.0	34.0	19.0	42.0	5.5	5.8	177	165	155	88		2.364 2.367	97% 98%

图 5-35　固硫灰沥青混凝土示范道路

通过沥青混凝土道路示范工程建设，发现：以不同固硫灰替代矿粉量的沥青混合料在一定油石比范围内都能满足现行规范要求；在相同油石比时，随着固硫灰掺量的增加，掺固硫灰沥青混合料毛体积相对密度、马歇尔稳定度、饱和度减小，空隙率、矿料间隙率、流值增加；掺固硫灰沥青混合料具有良好的水稳性；在相同压实度时，掺固硫灰沥青混合料比石灰岩矿粉沥青混合料动稳定度高，具有更好的抗车辙性。按照试验配合比，以固硫灰取代矿粉建成了0.5km道路沥青混合料示范工程，固硫灰替代矿粉会增加沥青用量，但其高温稳定性、水稳定性和抗车辙性能能够得到改善。虽然在原料和施工成本上有所增加，但是考虑到道路使用性能和使用寿命，综合成本有望大幅度降低。

6 循环流化床锅炉燃煤灰渣新型墙体材料应用技术

我国建筑能耗约占社会总能耗的30%，居耗能首位，建筑节能十分紧迫。建筑能耗主要由建造能耗、建筑使用能耗和建筑物拆除及处理能耗三部分组成，其中又以建筑使用能耗居多，而建筑使用能耗的70%将会通过建筑围护结构的热传导白白损失，采用保温隔热性能良好的墙体材料为建筑围护结构将能大幅降低建筑内外热交换，从而达到建筑节能效果。新型墙材无须焙烧，具有保温、隔热等诸多节能特点，建筑物使用新型墙材既能降低建造能耗，又能节约使用能耗，发展新型墙材已成为国家节能减排的重要举措。在这种背景下，多孔混凝土以其质轻、隔热、保温、隔声、阻燃、无毒等性能优点而被作为一种新型墙材广泛使用。多孔混凝土按照造孔方式的不同分为加气混凝土和物理发泡的泡沫混凝土。从传统来看，多孔混凝土制备多以石灰、粉煤灰、水泥或几种的复合体系为胶凝材料。固硫灰渣具有自硬性和膨胀性，既可作为低强度要求的胶凝材料使用，也能补偿多孔混凝土收缩。

6.1 固硫灰渣加气混凝土

加气混凝土是以钙质材料（石灰、水泥）和硅质材料（砂、粉煤灰及含硅尾矿等）为基本组分，以化学反应方式获得气体，通过配料、搅拌、浇筑、预养、切割、养护等工艺过程制成的轻质多孔硅酸盐制品，是集轻质、保温、防火、吸声、环保等诸多优点于一身的新型建筑材料。按加气混凝土养护方式的不同可分为高压蒸汽养护和常压蒸汽养护两大类。高压蒸汽养护（以下简称蒸压）加气混凝土是将坯体置于175~200℃的饱和蒸汽条件下养护硬化而成；常压蒸汽养护（以下简称蒸养）加气混凝土是将坯体放在100℃以下的饱和蒸汽条件下养护硬化而成。制备性能优良的固硫灰基加气混凝土是充分利用固硫灰的自身优势并合理改善其安定性不良的特点而对其加以工程化利用的有效途径。利用磨细的固硫灰制备加气混凝土可以克服后期膨胀问题。一方面，磨细的固硫灰可以使被Ⅱ-$CaSO_4$包裹的f-CaO显露出来，促进早期水化，减少后期膨胀；另一方面，加气混凝土的高孔隙率使得制品内部有足够的空间消除膨胀压力；此外，在固硫灰基加气混凝土浆体中加入的激发剂（碱或硫酸盐），也有利于膨胀产物的早期形成，消除膨胀。本书分别对蒸养和蒸压两种养护方式下的固硫灰基加气混凝土制备技术进行介绍。

6.1.1 石灰-固硫灰蒸养加气混凝土（L-C NAAC）的制备

（1）原料配合比设计

原材料的配比、细度、养护制度等因素决定了加气混凝土的力学性能和耐久性。因此，制备 L-C NAAC 必须综合考虑各种因素。除特别说明外，胶砂试件和加气混凝土制品均采用 $d_{50}=16\mu m$ 固硫灰成型，拆模后采用60℃蒸汽养护24h。

生石灰是生产加气混凝土的主要原材料，其作用是：在发气阶段，提供料浆的碱度，使铝粉发气反应顺利进行；在浆体稠化硬化阶段，提供热源使坯体温度达到80～90℃，提高水化反应速度；生石灰的消化产物——$Ca(OH)_2$ 参与固硫灰的火山灰反应，生成具有胶凝性的水化产物。固硫灰中含有 f-CaO 和 $CaSO_4$（Ⅱ），是典型的 $CaO-SiO_2-Al_2O_3-SO_3$ 胶凝体系，12.2%的 SO_3 需要8.5%的 CaO；另外，活性 SiO_2 也需要一定量 CaO 与之反应生成 C-S-H 凝胶。因此，添加生石灰补充 Ca^{2+} 是必要的，生石灰掺量定为12%。

水胶比的选择，必须考虑料浆的稠化速度与铝粉发气速率的匹配性。水胶比增加，料浆极限剪切应力和黏度减小，浆体凝结硬化变慢，铝粉发气形成大孔，强度降低；当水胶比减少时，浆体稠化快，不利于铝粉发气，坯体气孔分布不均，上大下小，严重的会产生“憋气”现象。经过大量的试验得出，石灰-固硫灰加气混凝土的适宜水胶比为0.60。

综合考虑，将 L-C NAAC 的基本配方定为：石灰12%，固硫灰88%，水胶比0.60，铝粉掺量暂定为0.12%。

（2）外加剂的选择

水玻璃常常作为加气混凝土的调节材料使用，可以有效地提高浆体的碱度，使铝粉发气时间与料浆的稠化速度相适应，从而改善铝粉的发气条件。另外，水玻璃能够促使固硫灰颗粒表面的 Al-O 键和 Si-O 键断裂，有效地激发固硫灰早期水化活性。水玻璃掺量对加气混凝土性能的影响如图6-1所示。加气混凝土的密度随着水玻璃添加量的增加而增大；水玻璃掺量增加至4.2%（粉料质量百分比，下同）时，加气混凝土密度从545kg/m^3 增长到634kg/m^3，增量达到16.3%；添加量在4.2%～

6.3%范围内时，密度增长缓慢。

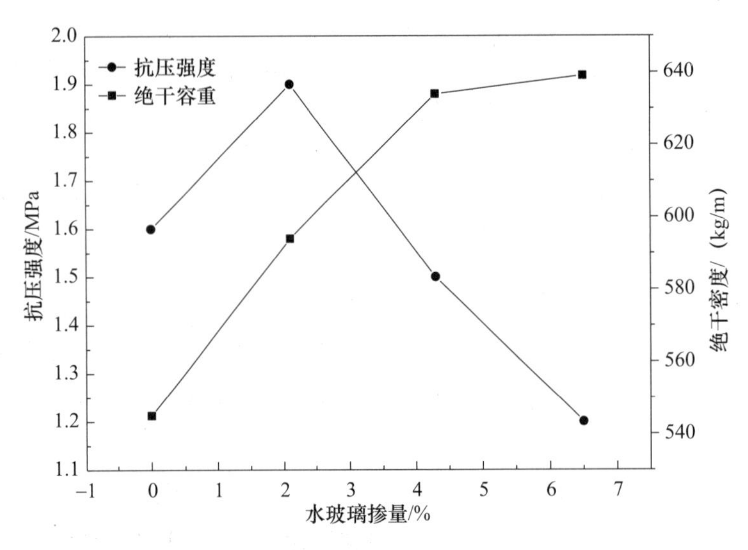

图6-1　水玻璃掺量对加气混凝土性能的影响

另外，随着水玻璃掺量的增加，加气混凝土的抗压强度呈现先提高后降低的规律；当水玻璃添加量低于2.1%时，浆体的碱度较低，料浆稠化速度慢，形成的气泡偏大，所以制品密度和抗压强度较低；当碱度过高时（水玻璃掺量大于2.1%），料浆稠化快于发气速度，坯体中气孔分布不均匀，强度下降。试验结果表明，水玻璃的适宜添加量为2.1%。

Na_2SO_4 可以作为固硫灰的激发剂和加气混凝土的早强剂使用。Na_2SO_4 促进硬石膏的溶解析晶，产生的二水石膏可以抑制浆体稠化，改善流变性。为了得到 Na_2SO_4 在石灰-固硫灰体系中的最佳掺量，试验将选取 Na_2SO_4 为主要因素进行胶砂单掺试验。胶砂试件的配合比设定为水胶比0.6，生石灰54g，固硫灰396g，标准砂1350g。试件拆模后，60℃蒸汽养护24h，然后标准养护至规定的龄期。试验结果如图6-2所示。从胶砂抗压强度指标来看，掺有 Na_2SO_4 的试件明显高于对比胶砂试件；随着 Na_2SO_4 添加量的增加，胶砂试件各龄期强度呈现先提高后降低的规律。掺量为0.5%时，胶砂试件7d和28d强度较对比胶砂分别增长16.6%和14.8%。因此，在L-C NAAC中，设定 Na_2SO_4 掺量为0.5%。

在与 Na_2SO_4 试验相同的配合比条件下，选取TEA（三乙醇胺）进行单掺实验，研究TEA对石灰-固硫灰胶砂强度的影响，确定TEA的较优掺量。试验结果如图6-3所示。从图6-3可见，随着TEA掺量的增加，胶砂试件抗压强度呈递增趋势。当TEA的掺量为0.09%时，胶砂试件

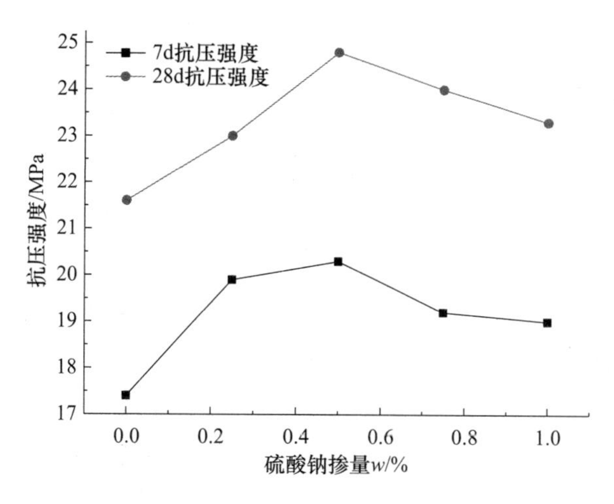

图 6-2 Na_2SO_4 对抗压强度的影响

7d 和 28d 强度较对比胶砂分别增长 35% 和 28.7%，结果表明 TEA 能够显著提高固硫灰胶砂试件的强度，且效果比 Na_2SO_4 好。有文献指出，TEA 在胶凝材料水化过程中起催化作用，当掺量为 0.02% ~0.05% 时，能使混凝土早期强度提高；掺量过多，会造成混凝土后期强度下降。综合考虑，TEA 的掺量为 0.09%。

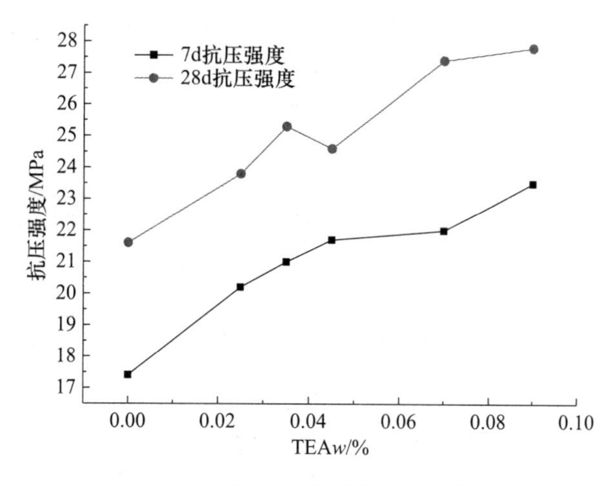

图 6-3 TEA 对抗压强度的影响

矿渣粉是一种具有微自硬性的掺合料。从矿物组成来看，矿渣粉存在着相当数量的硅酸盐矿物；另外，矿渣在碱性环境中会快速地吸收溶液中 SO_4^{2-} 生成水化硫铝酸钙，促进硬石膏的溶解，加速固硫灰的水化进程。但是磨细矿渣粉需水量大，会增加料浆的稠度，考虑料浆的浇筑稳定性，在 L-C NAAC 的原料配比中磨细矿粉掺量取 4%。

固定加气混凝土配方：固硫灰 88%、石灰 12%、水玻璃 2.1%、铝粉 0.12%、水胶比 0.60，研究 Na_2SO_4、TEA 和矿渣粉对加气混凝土性能的影响，以达到优化配方的目的。试验配比及结果见表6-1。从第2、4、6组试验结果可以看出，Na_2SO_4 能够极大地减少加气混凝土的密度；比较第3、4组试验结果可见，TEA单独使用时早强效果不明显，与硫酸钠复掺时，加气混凝土密度下降，强度提高。矿粉能够增加制品强度；当矿粉、Na_2SO_4、TEA复掺时，密度最小，强质比最高。综上所述，矿粉、硫酸钠和TEA复掺对L-C NAAC具有显著的增强作用，原料的配比见表6-2。随后的工艺因素研究在该配方基础上进行，铝粉掺量调整为0.11%。

表6-1 试验配合比及结果

项目	矿粉 /%	Na_2SO_4 /%	TEA /%	抗压强度 /MPa	密度 /(kg/m^3)	强质比×10^{-3} /(MPa·m^3/kg)
1	—	—	—	1.9	595	3.2
2	—	0.5	—	2.0	577	3.5
3	—	—	0.09	2.1	612	3.4
4	—	0.5	0.09	2.6	594	4.3
5	4	—	—	2.5	598	4.2
6	4	0.5	0.09	2.5	567	4.4

表6-2 石灰-固硫灰免蒸压加气混凝土配方

固硫灰 /%	石灰 /%	水玻璃 /%	Na_2SO_4 /%	TEA /%	矿粉 /%	水胶比
84	12	2.1	0.5	0.09	4	0.6

（3）L-C NAAC的影响因素

料浆浇筑温度决定了铝粉的发气反应速度和本身的稠化速度。浇筑温度过低时，浆体迟迟不凝，铝粉发气反应进行缓慢，形成连通孔；过高的浇筑温度又会使料浆迅速失去流动性，致使铝粉发气不畅，制品密度增加。因此，适当的浇筑温度是保证料浆凝结与铝粉发气相适应的一个重要因素。

对浇筑温度分别为26℃、35℃、44℃和48℃的料浆膨胀过程进行测试，结果如图6-4所示。一般铝粉发气过程需要经历初期发气缓慢，中期发气迅速，末期趋缓这个过程，发气时间持续约30min，但从图6-4可见，铝粉的发气反应在10min内完成，浇筑后反应迅速，原因是水玻璃提高了料浆的碱度，使得铝粉发气时间提前。另外，温度越高，浆体停止膨胀时间越早，例如，当温度为44℃和48℃时，在早期料浆膨胀速度加快的同时，料浆塑黏阻力增加，造成中后期发气困难。由试验结果可知，浇筑温度在35℃时，料浆稠化速度与发气速度相匹配。实验室条件下，可用40℃左右的热水来满足此要求。

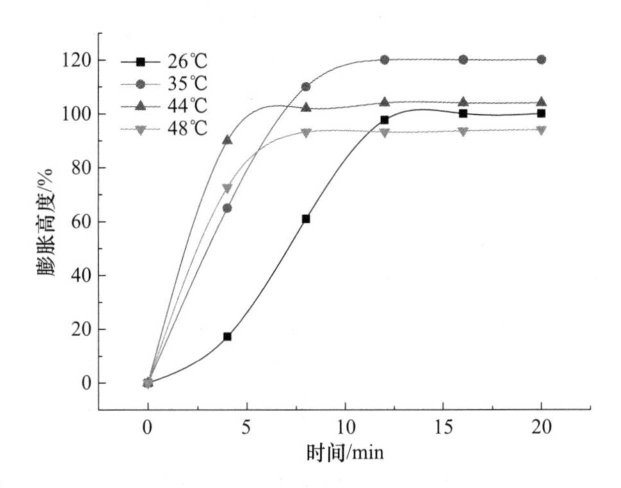

图6-4　浇筑温度与膨胀高度关系曲线

固硫灰经过机械粉磨后，疏松多孔结构被破坏，标准稠度用水量减小，f-CaO得到释放，$CaSO_4$（Ⅱ）的溶解速率提高，体系内$Ca(OH)_2$、$CaSO_4$与活性组分SiO_2、Al_2O_3反应生成C-S-H凝胶和AFt的速率提高，说明磨细是提高固硫灰加气混凝土强度的一项有效措施。适当细度的固硫灰可使料浆具有适当的稠度和流动性，保证发气膨胀顺利进行。在L-C NAAC制备过程中，固硫灰细度不仅影响制品强度，而且关系到料浆的浇筑稳定性。在加气混凝土料浆配制形成的初期，料浆中的物料处于悬浮态，水化产物很少，表现出良好的流动性，从流变学的观点看，这时的料浆可以看作宾汉姆体。其流变方程为：

$$\tau = \tau_0 + \eta v \tag{6-1}$$

式中：τ_0——极限剪切应力；η——塑性黏度；v——剪切速率。

加气混凝土料浆的初始流变性对料浆的搅拌、发气、凝结和硬化都有决定性意义。因此，本节讨论固硫灰细度对浆体初始流变性能的影响。以转矩和转速表示相对剪切应力和剪切速率，表达式为：

$$T = T_0 + \eta n \tag{6-2}$$

式中：T_0——极限扭矩；η——塑性黏度；n——转速。

用不同细度的固硫灰（No. 1 - d_{50} = 24μm，No. 2 - d_{50} = 16μm，No. 3 - d_{50} = 10μm，No. 4 - d_{50} = 6μm）按表6-2配制加气混凝土浆体，测试料浆初始流变性能，结果如图6-5所示。浆体的扭矩随着转速的增加而增加，基本符合宾汉姆流体方程；随着料浆中的固硫灰粒径减小，浆体的极限扭矩（T_0）和塑性黏度（η）减小，即浆体结构抵抗剪切破坏能力下降，这有利于铝粉进行发气反应。

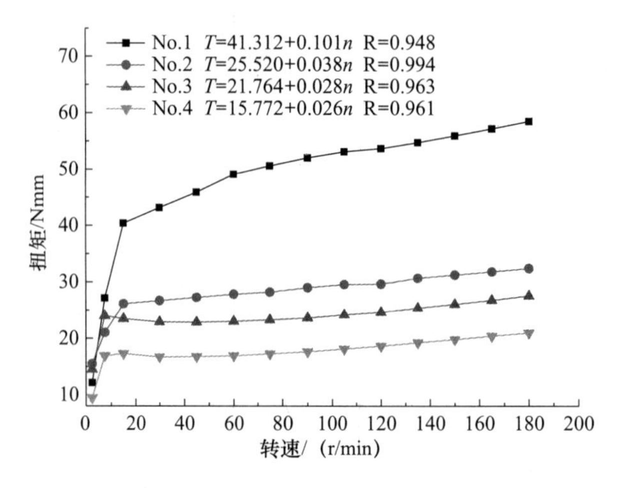

图 6-5　石灰-固硫灰蒸养加气混凝土料浆流变曲线

按表 6-2 的配方对不同细度的固硫灰（No. 1、No. 2、No. 3、No. 4）作对比试验，结果如图 6-6 所示。适当提高固硫灰细度可以提高强度，降低密度；但磨得过细，由于制品中缺少骨料，不能形成良好的骨架及气孔结构，造成制品强度下降；另外，磨得过细会增加能耗，增加生产成本。因此，从性能和经济方面考虑，生产中建议固硫灰 d_{50} 控制在 9. 6 ~ 15. 6μm 范围内为宜。

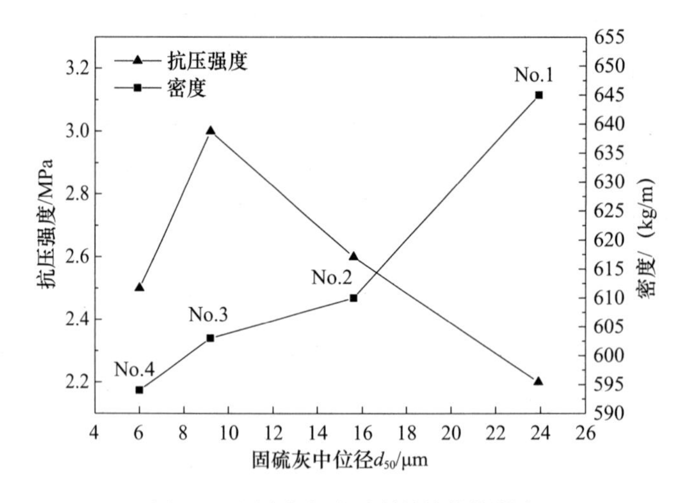

图 6-6　固硫灰细度对制品性能的影响

利用标准养护和常压蒸汽养护的方式，对成型的 L-C NAAC 进行养护，研究养护温度和养护时间对其性能的影响。图 6-7 是加气混凝土在 20℃、60℃和 90℃水浴箱内养护 24h 后，标准养护至规定龄期测定的抗压强度。采用 60℃和 90℃热养护工艺制备的加气混凝土各龄期强度均高于 20℃养护试件；90℃养护的试件 28d 强度出现倒缩。试验结果表明，蒸汽养护有利于 L-C NAAC 强度的提高，最佳温度可以控制在 60 ~

70℃范围内。

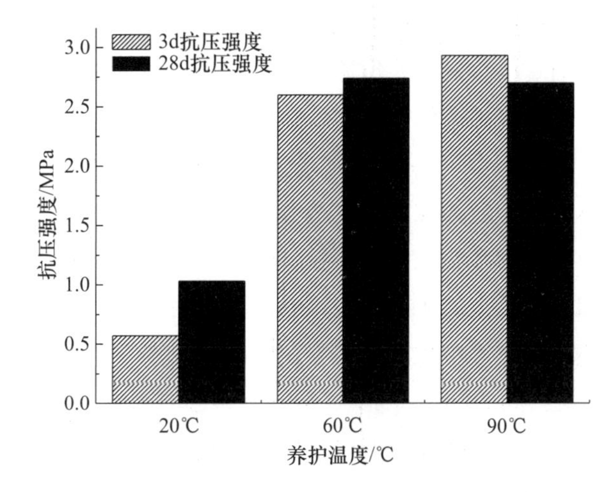

图 6-7　养护温度对抗压强度的影响

将试件放在 60℃水浴箱内养护不同时间，试验结果见表 6-3。试验表明，养护时间越长，制品密度和强度越高。制品养护 60h 后，虽然干密度高于 B06 级，但其强度已达到 B06 级蒸压加气混凝土合格品要求。

表 6-3　养护时间对制品性能的影响

编号	养护时间 /h	抗压强度 /MPa	密度 /(kg/m^3)	强质比 ×10^{-3} /(MPa · m^3/kg)
1	12	2. 1	610	3. 4
2	24	2. 6	617	4. 2
3	36	2. 8	632	4. 4
4	48	3. 3	634	5. 2
5	60	3. 6	646	5. 6

6. 1. 2　石灰-固硫灰蒸压加气混凝土（L-C AAC）的制备

利用固硫灰制备 L-C AAC 的基础配方见表 6-4。

表 6-4　石灰-固硫灰蒸压加气混凝土配方

固硫灰 /%	石灰 /%	水玻璃 /%	Na_2SO_4 /%	TEA /%	矿粉 /%	铝粉 /%	浇筑温度 /℃	水胶比
84	12	2. 1	0. 5	0. 09	4	0. 11	35	0. 6

（1）蒸压养护制度

蒸压加气混凝土（Autoclaved Aerated Concrete，简称 AAC）的强度来源于钙质材料和硅质材料在适当的蒸汽压力下发生水热合成反应，生成水石榴子石、托勃莫来石和 CSH（Ⅰ）。蒸压养护制度不仅关系到制品性能的好坏，还关系到工厂的生产能耗和效率。在蒸压养护工序中，可分为四步：抽真空、升温、恒温和降温。

升温：因坯体内外透气性能和传热效率不同，升温过快会造成坯体内外过大的湿度差、温度差和应力差，使坯体因过大的内应力而破坏。如果升温速率过慢，坯体在不太高的温度下停留时间过长，那么在颗粒表面会形成高碱性的水化硅酸钙凝胶，不利于托勃莫来石的生长。结合粉煤灰蒸压加气混凝土的生产经验，总升温时间为 3h。

恒温：坯体水热反应程度与恒温制度密切相关。SiO_2 的反应率随压力的加大和恒温时间的延长而提高。不过，恒温时间延长到一定值时，水化物增长将变慢。前苏联学者通过试验得出如下结论：恒压时间和压力的乘积在 70～75kg/(m^2·h) 范围内就能获得良好的制品；我国建筑科学研究院经过大量的研究得出的结论是，恒定压力和时间的乘积在 75～80kg/(m^2·h) 才能得到良好的制品。在本试验中，恒定压力采用一般工业压力 1MPa，恒压时间 7.5h。

降温：加气混凝土制品虽然经过蒸压养护，但是其强度仍不够高。如果降压太快，会因过大的内外温湿度差造成爆破性破坏。因此，降温采用自然降温。

综上所述，本试验采用的蒸压制度如下：升温 3h；恒温 7.5h，压力 1MPa；自然降温。

（2）钙硅比

如前所述，AAC 之所以能够具有一定的强度，根本原因是原材料中的 CaO 与 SiO_2 之间的水热合成反应，产生了新的水化产物。因此，为了获得必要的产物，必须使原材料中的 CaO 与 SiO_2 成分之间维持一定的比例，使其能够进行充分有效的反应，各组成材料中 CaO 与 SiO_2 摩尔数比，称为钙硅比，以 C/S 表示。

工业生产证明，对某一品种的加气混凝土来说，C/S 有一个最佳值。因此，在选定的原材料中，通过对各组分之间掺量的调整，使 C/S 趋于最佳，从而使 L-C NAAC 性能达到最优。试验配合比和试验结果见表 6-5。在相同配方下，对比不同养护制度（第 2 组和第 5 组）对制品性能的影响发现，蒸压制品的密度比蒸养制品的密度低 100kg/m^3，这是由于产物不同造成的。蒸养制品产物主要是水化硅酸钙凝胶和 AFt；蒸压制品产物主要是托勃莫来石、水石榴子石和少量结晶差的水化硅酸钙。蒸养制品内部的凝胶水含量大体上正比于凝胶体的数量，由于吸附作用，60℃干燥后，仍会有部分水分子吸附在凝胶表面。而蒸压养护后的制品，由于内部水化硅酸钙的结晶度提高，凝胶体数量下降，因此不可蒸发的凝胶水相应减少，密度比蒸养制品低。当 C/S 比在 0.76 ~0.83 范围内时，制品的密度和强度达到了《蒸压加气混凝土砌块》（GB 11968）B05 级合格品要求，由此说明，在该养护制度下，利用固硫灰制备 L-C AAC 时，掺入 12% ~16% 的生石灰能在实验室研制出合格的制品。

表 6-5 石灰-固硫灰蒸压加气混凝土配合比及试验结果

试件	石灰 /%	固硫灰 /%	石英粉 /%	C/S	养护制度	密度 /（kg/m^3）	强度 /MPa	B05 级合格品要求
1	12	81	3	0.65	180℃、7.5h	522	2.5	≤525kg/m^3 ≥2.5MPa
2	12	84	0	0.7	180℃、7.5h	510	2.5	
3	14	82	0	0.76	180℃、7.5h	516	2.6	
4	16	80	0	0.83	180℃、7.5h	524	2.8	
5	12	84	0	0.7	60℃、24h	617	2.6	

6.1.3 水泥-石灰-固硫灰蒸养加气混凝土（C-L-C NAAC）

（1）原料配合比

生石灰的掺量为 12%，考虑到水泥水化会生成 $Ca(OH)_2$，所以将生石灰掺量调整为 10%。

石膏常用作发气过程的调节剂。在蒸养制品中，石膏可以提高强度，减少收缩；在蒸压制品中，可以大幅度增加强度，提高抗冻性。磷石膏是制造磷酸时产生的以二水石膏为主要成分的下脚料。磷石膏在料浆中抑制石灰的消化，延缓水泥的凝结，使料浆稠化速度变慢。根据已有经验，石灰和石膏的比例确定在 6.7：1 ~10：1 范围内。另外，磷石膏只含有 63% ~65% 的二水石膏，综合考虑，磷石膏的掺量为 1.5%。

水泥在加气混凝土中的作用，除了促使浆体凝结硬化外，还提供 CaO 与活性 SiO_2、Al_2O_3 反应生成水化硅酸盐和水化铝酸盐等矿物，保证制品获得必要的强度。料浆的黏度与水泥的需水量和水化速度有关，适宜的水泥掺量需通过试验确定。本部分试验固定生石灰、磷石膏和铝粉掺量分别为粉体总质量的 10%、1.5% 和 0.11%，通过改变水泥和固硫灰相对掺量，研究水泥用量对制品性能的影响。强度和密度测试结果见表 6-6，料浆初始流变性能如图 6-8 所示。随着水泥用量的增加，加气混凝土的强度和强质比呈现出先提高后降低的趋势，说明在石灰和磷石膏掺量一定的情况下，水泥用量有一个最佳值。当水泥用量在20% ~22%范围内时，制品强度在3.7MPa以上。

表6-6　水泥用量对加气混凝土性能的影响

编号	水泥/%	固硫灰/%	强度/MPa	密度/(kg/m^3)	强质比×10^{-3}/($MPa\cdot m^3/kg$)
1	16	72.5	3.1	628	5
2	18	70.5	3.2	625	5.1
3	20	68.5	3.7	622	5.9
4	22	66.5	3.8	628	6
5	24	64.5	3.5	603	5.8

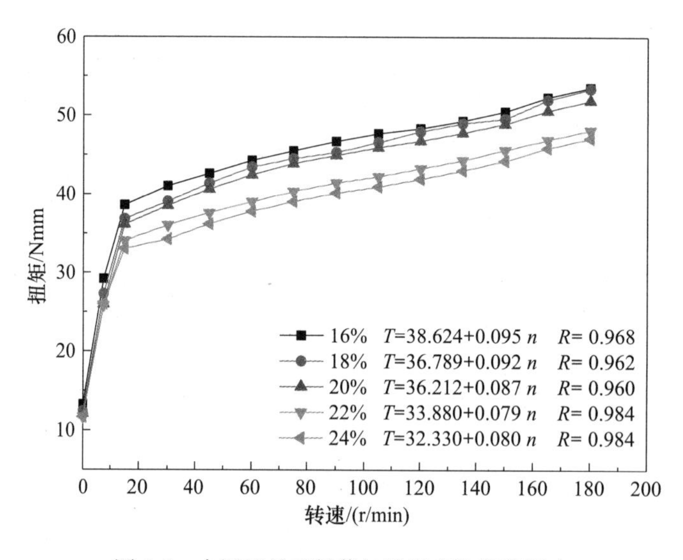

图6-8　水泥用量对料浆初始流变性能的影响

水泥用量在16% ~22%范围内时，制品密度变化不大；当水泥掺量为24%时，密度减少。一方面，水泥用量增加，料浆的硬化时间提前；另一方面，由于水泥的需水量（26.3%）比固硫灰需水量（38.3%）低，水泥用量增加导致料浆的黏度和极限扭矩减小。当水泥掺量为24%时，在铝粉大量发气阶段，料浆相对较稀，使得气泡合并、上浮，气孔结构不稳定，造成制品密度减少，强度下降。从制品性能和经济性方面考虑，20%的水泥用量较为适宜。

（2）胶结材基本配方

根据前期研究，B06级加气混凝土原材料的基本配方见表6-7。铝粉掺量暂取0.11%，水胶比取0.58。后续试验以该配方为基础，通过调整外加剂掺量和水胶比来实现配方的优化。

表 6-7　水泥-石灰-固硫灰蒸养加气混凝土基本配方（%）

	水泥	固硫灰	石灰	磷石膏	铝粉
用量	20	68.5	10	1.5	0.11

（3）外加剂的选择

在制备石灰-固硫灰加气混凝土时，选用了水玻璃、Na_2SO_4 和 TEA 作为化学外加剂使用。由于新组分——水泥的加入，因此需重新确定外加剂的掺量。在水泥-石灰-固硫灰加气混凝土中，考虑到成本原因，体系中不再掺入水玻璃。

本部分试验选取 TEA 为单一因素进行胶砂单掺试验，以胶砂抗压强度为评判指标，确定 TEA 的最佳掺量。胶砂试件的配合比设定为水胶比 0.58，胶凝材料总量 450g，其中生石灰 45g，固硫灰 308.3g，水泥 90g，磷石膏 6.7g，标准砂 1350g。试件拆模后，60℃蒸汽养护 24h，然后标准养护至规定的龄期。强度测试结果见表 6-8。随着 TEA 掺量百分比的增加，试件各龄期强度先提高后降低。4#（TEA 掺量为 0.045%）胶砂试件相对于 1#胶砂试件 3d 抗折和抗压强度增长率分别为 22% 和 9.3%，28d 抗折和抗压强度增长率分别为 6.3% 和 5.8%，结果表明，适量的 TEA 能够提高胶砂试件的强度。在水泥存在的情况下，TEA 掺量过多，虽然可以加速钙矾石的生成反应，但是会使水泥中的 C_3S 水化速率减慢，不利于强度发展。综上所述，TEA 应用于 C-L-C NAAC 中，掺量可定为 0.045%。

表 6-8　TEA 对胶砂试件强度的影响

编号	TEA 掺量 /%	试件抗折强度/MPa		试件抗压强度/MPa	
		3d	28d	3d	28d
1	0	5	6.3	25.8	34.2
2	0.025	5.7	6.5	26.4	32.9
3	0.035	6.5	6.4	27	35.2
4	0.045	6.1	6.7	28.2	36.2
5	0.07	6	6.3	26.2	36
6	0.09	5.8	6.1	26.1	37.4

火山灰材料中的活性 Al_2O_3 与 $Ca(OH)_2$ 和 SO_4^{2-} 反应生成 AFt 并产生胶凝作用称为硫酸盐激发。在相同的配合比条件下，选取 Na_2SO_4 进行单掺实验，研究 Na_2SO_4 对固硫灰胶砂强度的影响，试验结果见表 6-9。掺入 Na_2SO_4 对固硫灰胶砂试件强度发展不利。关于 Na_2SO_4 掺入混凝土后早强的原因，一般认为 Na_2SO_4 与浆体中的 $Ca(OH)_2$ 反应生

成颗粒细小的二水石膏，新生成的石膏能够加快水泥的水化反应，使混凝土早期强度提高。由于水化产物形成速度快，产物颗粒尺寸大，内部存在较多缺陷，因此后期强度会有所下降。虽然 Na_2SO_4 对胶砂强度发展不利，但是 Na_2SO_4 对固硫灰的活性有激发作用；生成的二水石膏对石灰的消化有抑制作用，适当的 Na_2SO_4 用量可以使料浆稠化与发气相适应。有文献指出，Na_2SO_4 用于蒸养混凝土时，掺量不应超过1%。在水泥-石灰-固硫灰加气混凝土中，设定 Na_2SO_4 掺量为0.5%。

表6-9　Na_2SO_4 对胶砂强度的影响

编号	Na_2SO_4 掺量/%	试件抗折强度/MPa		试件抗压强度/MPa	
		3d	28d	3d	28d
1	0	5	6.3	25.8	34.2
2	0.25	5.2	5.4	24.4	34
3	0.5	5.7	5.2	25.1	32.8
4	0.75	5.5	5.4	23.8	31.9
5	1	4.6	5.1	22.8	30.7

磨细矿渣粉可与体系中的 $Ca(OH)_2$ 发生火山灰反应，生成低碱性的C-S-H凝胶，起到致密孔壁、提高制品强度的作用。本节试验配方及试验结果列于表6-10中。在C-L-C NAAC中，掺入矿渣粉能够大幅度提高抗压强度。当用量为3%时，其抗压强度比空白组提高了22.9%。掺入矿渣粉的加气混凝土密度在630kg/m³左右，密度比B06级加气混凝土的国标要求高。因此，应用矿渣粉于加气混凝土中，应采取措施降低其密度。

表6-10　磨细矿渣粉掺量对加气混凝土性能的影响

编号	矿渣粉/%	固硫灰/%	强度/MPa	密度/(kg/m³)	强质比×10^{-3}/(MPa·m³/kg)
1	0	68.5	3.5	614	5.7
2	1	67.5	3.8	628	6
3	3	65.5	4.3	626	6.9
4	5	63.5	4.3	636	6.8
5	7	61.5	4.2	628	6.7
6	9	59.5	3.9	617	6.3

固定基准组原材料配合比见表6-7。虽然 Na_2SO_4 对胶砂强度发展不利，但其能够有效降低加气混凝土的密度，与三乙醇胺复掺时早强效果明显。因此，为了更加准确地评价各种外加剂对加气混凝土性能的影

响，本节研究外加剂单掺和复掺对加气混凝土密度和强度的影响。试验配合比和试验结果见表6-11。

表6-11　试验配合比和试验结果

编号	Na_2SO_4 /%	TEA /%	矿渣粉 /%	强度 /MPa	密度 /(kg/m³)	强质比 ×10⁻³ /(MPa · m³/kg)
1	—	—	—	3.5	614	5.7
2	0.5	—	—	2.8	537	5.2
3	—	0.045	—	3.6	623	5.8
4	0.5	0.045	—	3.6	563	6.4
5	0.5	—	3	3.9	580	6.7
6	—	0.045	3	4.5	633	7.1
7	0.5	0.045	3	4.4	611	7.2

从表6-11可以看出，Na_2SO_4能够显著降低C-L-C NAAC的密度；TEA对密度的影响不大；Na_2SO_4和三乙醇胺复掺时，制品相对空白组密度降低，强度增加；在抗压强度方面，矿渣粉与早强剂（Na_2SO_4、三乙醇胺）复掺时加气混凝土强度显著提高，5、6、7组的强度均高于空白组，强质比分别增长了17.5%、24.5%和26.3%。综上所述，在固硫灰加气混凝土中，矿渣粉和早强剂复掺能够显著提高制品强度。在60℃蒸汽养护24h条件下制备的第7组加气混凝土已达到B06级蒸压加气混凝土合格品要求。

（4）水胶比的选择

水胶比指料浆中的总含水量与加气混凝土干物料总和之比。适宜的水胶比可使料浆保持适当的剪切应力，从而使加气混凝土获得良好的气孔结构。在一定工艺条件下，每个配方都有它的最佳水胶比。在最佳水胶比条件下，料浆发气膨胀容易实现均匀舒畅。本节选取不同水胶比成型加气混凝土，考察水胶比对加气混凝土性能的影响。通过改变水的用量控制料浆的水胶比，试验结果如图6-9所示。

从图6-9中的数据可以看出，随着水胶比的增加，制品的密度和强度均随之降低。当水胶比为0.56时，密度和强度最高；当水胶比增加到0.58时，强度有所降低，而密度降低明显，降低了47kg/m³；水胶比从0.58增加到0.62时，制品密度下降不明显，而强度下降明显，下降了26.1%。密度随水胶比增大而减小，这主要是由于水胶比增大，料浆黏度增长速度慢，稠化时间长，铝粉发气顺畅，浆体体积膨胀量大，大孔孔隙率增大，因此密度减小。而强度下降原因有两个：首先，大孔孔隙率增加，制品密度减小，强度下降；其次，水胶比增大，微孔孔隙率

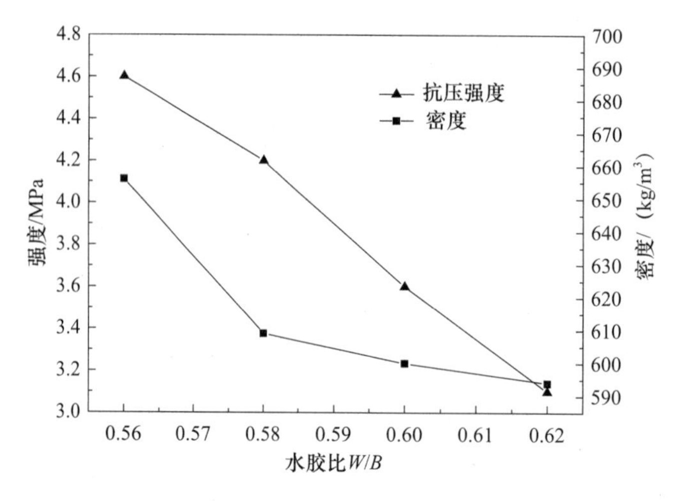

图 6-9　水胶比对水泥-石灰-固硫灰蒸养加气混凝土的影响

增加，从而影响制品强度。为了保证料浆的稠化速度与发气速度匹配，料浆水胶比应在 0. 58 ~0. 60 范围内。

（5）铝粉掺量

铝粉是生产加气混凝土的发气剂。在浇筑过程中，铝粉与碱性物质反应放出 H_2，使坯体中形成多孔结构。铝粉的用量决定了制品的密度。浇筑不同密度的 C-L-C NAAC 所需要的铝粉量见表 6-12。铝粉用量不同，加气混凝土的密度不同；铝粉用量越小，密度越大。在相同原材料配方的条件下，通过增减铝粉用量，改变气孔所占的体积，可以调整制品密度，B05 ~ B08 级水泥-石灰-固硫灰加气混凝土的密度和强度均满足《蒸压加气混凝土砌块》（GB 11968）的强度和干密度要求。

表 6-12　铝粉用量与制品密度和强度的关系

密度等级	铝粉用量 /‰	强度 /MPa	密度 /（kg/m³）	GB 11968—2006 合格品要求	
				砌块干密度	砌块强度
B04	1. 8	2	438	≤425	≥2. 0
B05	1. 4	3	517	≤525	≥2. 5
B06	1. 1	4. 3	603	≤625	≥3. 5
B07	0. 85	5. 9	672	≤725	≥5. 0
B08	0. 5	9	822	≤825	≥7. 5

（6）C-L-C NAAC 工艺制度

加气混凝土的性能不仅决定于原材料的配合比，还与各种工艺因素有关。研究成果表明，浇筑温度、养护制度、固硫灰细度对制品密度和强度影响较大。在后续试验中，采用先前确定的最佳配方（表 6-13），水胶比取 0. 58，研究各种工艺因素对加气混凝土的影响。

表 6-13 水泥-石灰-固硫灰蒸养加气混凝土配方/wt%

水泥	固硫灰	石灰	磷石膏	矿粉	Na_2SO_4	TEA	铝粉
20	65.5	10	1.5	3	0.5	0.045	0.11

浇筑温度对加气混凝土料浆的发气膨胀和稠化有着重要作用。浇筑温度对浆体膨胀高度的影响如图 6-10 所示。从图中可见，浇筑温度低于 38℃时，料浆膨胀分为三个阶段：初期膨胀缓慢；中期发气迅速；末期趋于平缓。整个发气时间持续 20min 左右。当温度高于 43℃时，浆体前期膨胀迅速，同时黏度增大，后期发气困难，最后料浆未能发满模。通过以上分析可知，适当提高浇筑温度有利于料浆的发气膨胀，最终降低制品密度。如图 6-11 所示，浇筑温度升高，制品密度呈现先减少后增加的规律。浇筑温度在 33 ~ 38℃范围内，铝粉发气速度和浆体稠化速度匹配；温度高于 38℃，浆体的流变学特性持续时间缩短，料浆膨胀不充分。综上所述，C-L-C NAAC 料浆的浇筑温度应该控制在 33 ~ 38℃范围内。

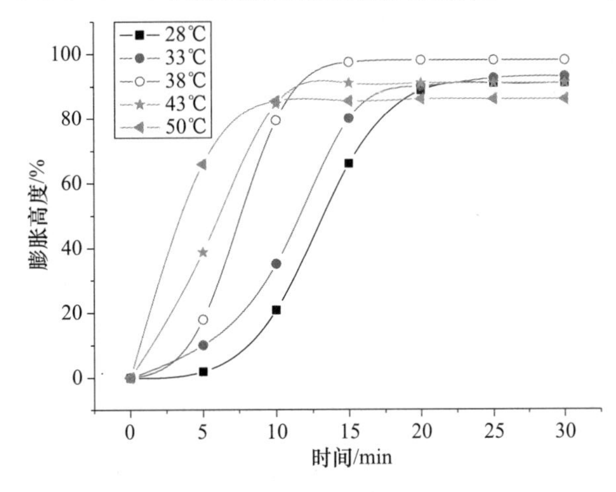

图 6-10 浇筑温度与浆体膨胀高度的关系

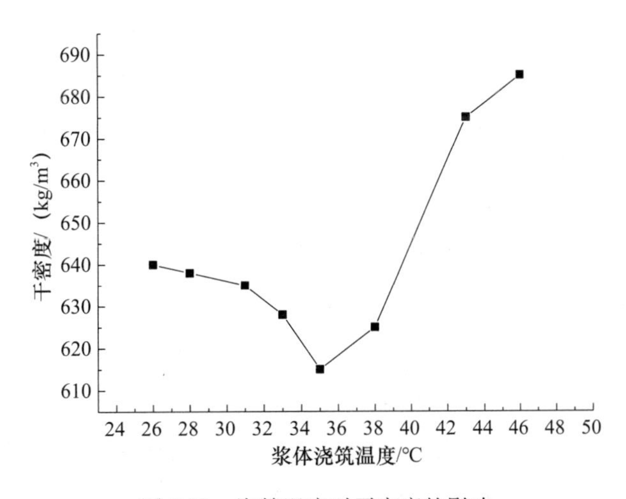

图 6-11 浇筑温度对干密度的影响

湿热养护，又称蒸汽养护，是指在湿热介质作用下，引起混凝土一系列物化变化，从而加速混凝土内部结构的形成，获得早强快硬的效果的过程。表6-14是不同养护温度下加气混凝土各龄期的强度。养护温度越高，3d强度越高；90℃养护的试件28d强度比3d强度下降15.4%，说明过高温度养护会对后期强度产生负效应。混凝土强度取决于新生成物粒子的分散度和比表面积。新生成物的比表面积越大，粒子间接触点越多，黏结性能越高，硬化系统的强度越高。90℃养护的制品强度倒缩的原因在于：高温湿热养护虽然可以增加水泥的水化程度，激发固硫灰的火山灰反应，但是随着湿热养护温度升高，水化产物颗粒尺寸由数微米增大到数十微米，水化产物不均匀分布，在强度增长的同时，可能造成某些缺陷，使其强度受到损失；温度为70～100℃时，AFt会脱水分解，常温下亚稳相的铝酸盐矿物会再结晶，体积膨胀，造成强度损失。

表6-14　不同养护温度下加气混凝土各龄期的强度

养护制度	3d抗压强度/MPa	28d抗压强度/MPa
20℃	1.3	2.7
60℃24h	4.2	4.4
90℃24h	5.2	4.4

图6-12是不同养护温度下，各龄期加气混凝土的微观形貌SEM图。随着养护温度升高，水化产物颗粒尺寸增大。60℃蒸汽养护后，凝胶状和纤维状的产物相互交错堆积生长，在发气孔壁上形成致密的网络结构，晶体尺寸细小，分散度高。90℃蒸汽养护后，水化产物颗粒尺寸变大，分布不均匀。

图6-13表明，60℃蒸汽养护时间越长，制品干密度越大；制品养护12h，强度仅为3.0MPa；养护24h后，强度为4.3MPa，增长了43.3%；24h后继续养护，强度增长缓慢，养护36h、48h和60h的试件，较养护24h的试件，强度分别增长了9.3%、11.6%和14%。蒸养时间越长，能耗越高，产品成本升高。综合考虑产品的成本和性能，将蒸汽养护恒温时间定为24h。

用不同细度的固硫灰（No.1、No.2、No.3、No.4）按表6-13配制加气混凝土浆体，测试料浆初始流变性能，结果如图6-14所示。固硫灰越细，需水量越小，在相同的水胶比条件下，浆体的初始极限扭矩和黏度越小，流变曲线符合宾汉姆流体方程。固硫灰细度极大地影响料浆膨胀高度。图6-15是不同固硫灰细度与加气混凝土膨胀高度的关系曲线图。由试验结果可知，固硫灰细度不会改变料浆发气膨胀过程，铝粉发气时间持续20min；在发气初期，细度对发气膨胀的影响不明显，在发

图 6-12 试样的 SEM 图片

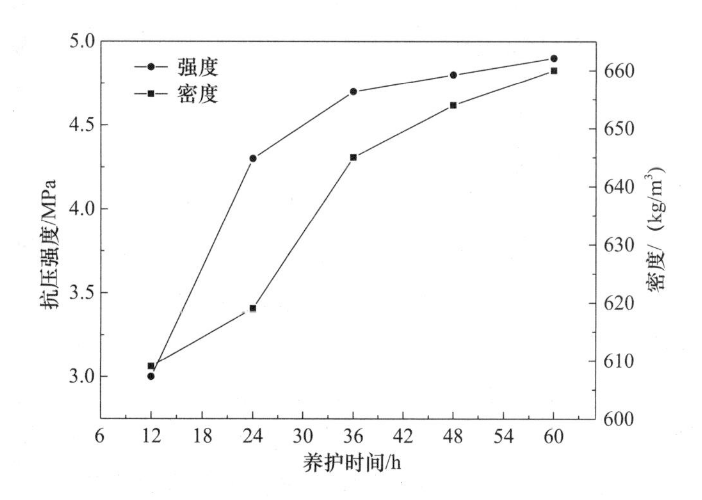

图 6-13 养护时间对加气混凝土性能的影响

气中后期，固硫灰越细，浆体膨胀率越小，No. 4 固硫灰的浆体膨胀率只有 60%。固硫灰细度越高，水化活性越大，料浆稠度增长速度加快，阻碍了浆体膨胀。因此，固硫灰细度必须适当，粉磨过细对性能反而起不良作用。

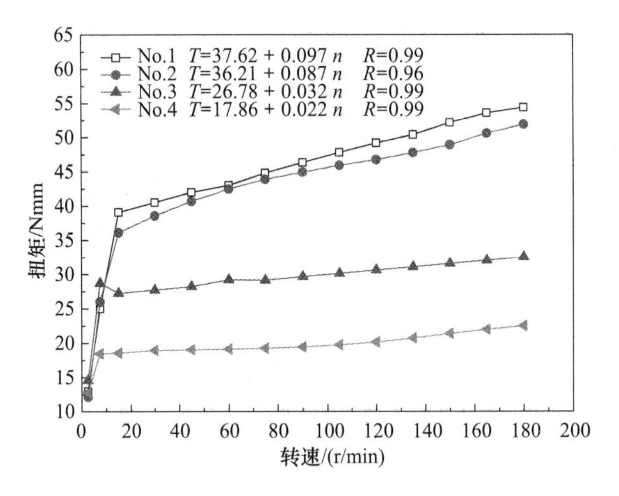

图 6-14　加气混凝土料浆初始流变曲线

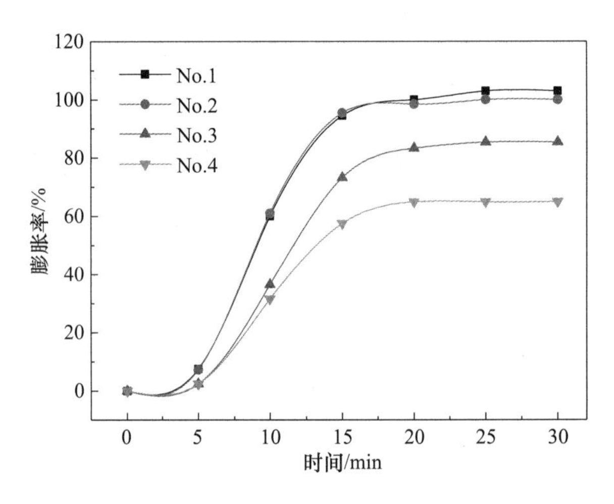

图 6-15　固硫灰细度与浆体膨胀率关系曲线

表 6-15 列出了细度对 C-L-C NAAC 和 L-C NAAC 性能的影响结果。试验结果表明，固硫灰细度对两种加气混凝土的密度影响有很大差异。对于三元体系，固硫灰细度越高，干密度越大，内部气孔均匀性越差，出现“憋气”现象；对于二元体系，固硫灰越细，制品干密度越小且气孔分布越均匀。两个体系的试验结果是相悖的。固硫灰越细，浆体初始流动性能越好，有利于浆体初期膨胀，但颗粒越细，料浆稠化速度越快，造成浆体膨胀不充分，这便解释了三元体系的实验现象。而二元体系中 2. 1% 的水玻璃（M =1. 2）提高了浆体的碱度，使浆体在极限剪切

应力较小时迅速膨胀，当发气临近结束的时候，细固硫灰浆体迅速稠化，将气孔结构稳定下来。因此，三元体系要使用过细的固硫灰，需掺入适量的碱溶液，加快铝粉发气速度。但就表6-13配方而言，固硫灰的d_{50}应该控制在15.6μm左右。

表6-15 固硫灰细度对蒸养加气混凝土性能的影响

固硫灰d_{50}/μm	C-L-C NAAC		L-C NAAC	
	干密度/(kg/m³)	强度/MPa	干密度/(kg/m³)	强度/MPa
23.90	611	3.5	645	2.2
15.57	620	4.3	610	2.6
9.60	709	5.2	603	3.0
6.08	807	5.4	594	2.5

6.1.4 水泥-石灰-固硫灰蒸压加气混凝土（C-L-C AAC）

利用固硫灰制备C-L-C AAC，研究C/S比对制品性能的影响。对比组配方见表6-13。试验过程中，通过改变石英粉-固硫灰掺量来改变制品的C/S比。试验结果见表6-16。在相同配方的条件下，第1组试件比第5组试件干密度低44kg/m³，说明制品经过蒸压养护后密度会下降，这与第4章研究结果符合。在制备B06级固硫灰蒸压加气混凝土时，可以考虑适当减少铝粉掺量。对于三元体系固硫灰蒸压加气混凝土来说，C/S比有一个最佳值。当C/S比为0.83时，制品强质比最大，制品密度和强度均满足《蒸压加气混凝土砌块》（GB 11968）的合格品要求。

表6-16 水泥-石灰-固硫灰蒸压加气混凝土配方及试验结果

组号	固硫灰/%	石英粉/%	*C/S*	养护制度	密度	强度/MPa	A06级合格品要求
1	65.5	—	1	180℃7.5h	573	3.6	≤625kg/m³
2	64	1.5	0.91	180℃7.5h	574	3.8	≥3.5MPa
3	56.8	8.7	0.83	180℃7.5h	572	4.1	
4	47.1	18.4	0.68	180℃7.5h	604	4.3	
5	65.5	—	1	60℃24h	617	4.3	

水泥和生石灰作为混合钙质材料制备固硫灰加气混凝土，进行了蒸压加气混凝土工业化试验，所制备产品达到B06级，且优于石灰-粉煤灰蒸压加气混凝土（图6-16）。

图 6-16　石灰-固硫灰蒸压加气混凝土工业化示范

通过对水泥-石灰-固硫灰蒸养加气混凝土配合比的设计与优化，性能的影响因素研究，得出了用固硫灰制备三元蒸养加气混凝土的可行配比及相关工艺参数。B06 级加气混凝土的配合比为：水泥 20%，生石灰 10%，固硫灰 65.5%，磨细矿粉 3%，磷石膏 1.5%，$Na_2SO_4$0.5%，TEA 0.045%，铝粉 0.11%。最佳工艺条件：浇筑温度 33～38℃，固硫灰细度 d_{50}应控制在 15.6μm 左右，制品用 60℃蒸汽养护 24h。在最优配方和最佳工艺条件下，制备出密度 617kg/m^3、强度 4.3MPa 的 C-L-C NAAC 制品。

在蒸养加气混凝土配合比基础上，通过研究 C/S 比对加气混凝土性能的影响，发现当 C/S 比在 0.83 左右时，制品的密度和强度达到了《蒸压加气混凝土砌块》（GB 11968）B06 级合格品要求。

6.2　固硫灰渣泡沫混凝土

与加气混凝土造孔方式不同，泡沫混凝土以机械搅拌表面活性剂制得的预制泡沫为造孔剂，泡沫混凝土相比于加气混凝土，工艺简单，既可预制也可现浇。目前，已经成为发展最快的轻质多孔水泥基材料。用于生产泡沫混凝土的水泥以高强、快硬为主，比如铝酸盐水泥、硫铝酸盐水泥、快硬普通硅酸盐水泥等。由于泡沫混凝土中缺乏粗骨料，胶凝材料用量较大，为降低生产成本，可掺入一定量的矿物掺合料。粉煤灰综合利用的研究已经相当成熟，但随着它在建材领域的大量广泛应用，粉煤灰已成为紧俏资源。继粉煤灰之后产生的固硫灰是否能够成功地运用于建材行业，是各大专家学者研究的课题。

6.2.1 固硫灰泡沫混凝土基材研究

（1）石灰、铝酸盐水泥对浆体凝结时间的影响

生石灰作为碱性激发剂，有利于固硫灰泡沫混凝土的强度发展并改善耐久性和水化放热，加快浆体稠化、凝结、硬化。铝酸盐水泥属于快硬体系，与水泥熟料以及固硫灰混合使用时，体系的凝结时间将发生变化。表6-17为石灰、铝酸盐水泥的原料配比，石灰、铝酸盐水泥对基体标准稠度用水量及凝结时间的影响分别如图6-17、图6-18所示。

表6-17 基材的配比

编号	固硫灰/%	水泥熟料/%	生石灰/%	铝酸盐水泥/%
C0	100	0	0	0
A1	70	30	0	0
A2	70	26	4	0
A3	70	22	8	0
A4	70	18	12	0
B1	70 ×0.98	22 ×0.98	8 ×0.98	2
B2	70 ×0.96	22 ×0.96	8 ×0.96	4
B3	70 ×0.94	22 ×0.94	8 ×0.94	6
B4	70 ×0.92	22 ×0.92	8 ×0.92	8
B5	70 ×0.90	22 ×0.90	8 ×0.90	10

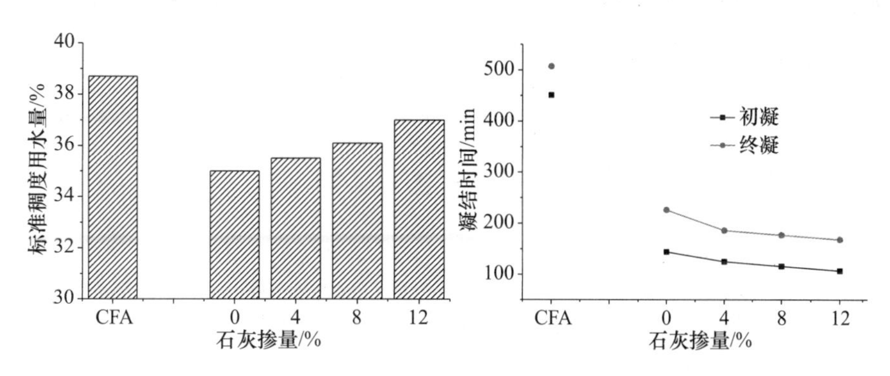

图6-17 石灰掺量对基体标准稠度用水量及凝结时间的影响

纯固硫灰（C0）标准稠度用水量大，凝结缓慢，掺入30%的硅酸盐水泥熟料可使体系的标准稠度用水量降低，且体系的凝结时间与普通硅酸盐水泥相当（初凝大于45min，终凝不大于10h）。随着石灰掺量的增加，体系标准稠度用水量逐渐增加，但仍低于纯固硫灰的需水量，基体凝结时间随石灰掺量增加而逐渐缩短。石灰的加入使放出的热量

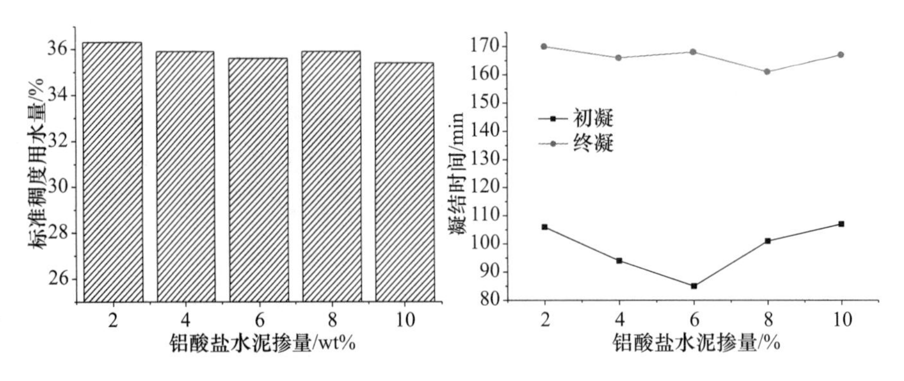

图 6-18　铝酸盐水泥掺量对基体标准稠度用水量及凝结时间的影响

增多，加速了浆体的稠化和凝结。但是，过多地加入石灰会增加浆体相对屈服应力和黏度，降低体系的流动性，不利于泡沫的加入。铝酸盐水泥掺量变化对体系标准稠度用水量及终凝时间影响不大，但初凝时间先缩短后延长。许多学者研究铝酸盐水泥-硅酸盐水泥-石膏系统的性能，指出其凝结和强度性能不同于硅酸盐水泥与铝酸盐水泥的混合物。当然，生石灰-铝酸盐水泥-硅酸盐水泥熟料-固硫灰系统体系更为复杂，因而表现出不同的性能，其水化硬化机理需进一步研究。但是，与A（掺石灰）系列相比，B（掺铝酸盐水泥）系列的凝结时间降低了20% ~35%。

（2）石灰、铝酸盐水泥对基体强度的影响

基体采用固硫灰（70%）-水泥熟料（30%），分别单掺石灰、铝酸盐水泥等量取代水泥熟料0% ~12%和0% ~10%，水胶比取0.55。采用蒸汽养护，其掺量对基体强度的影响如图6-19、图6-20所示。

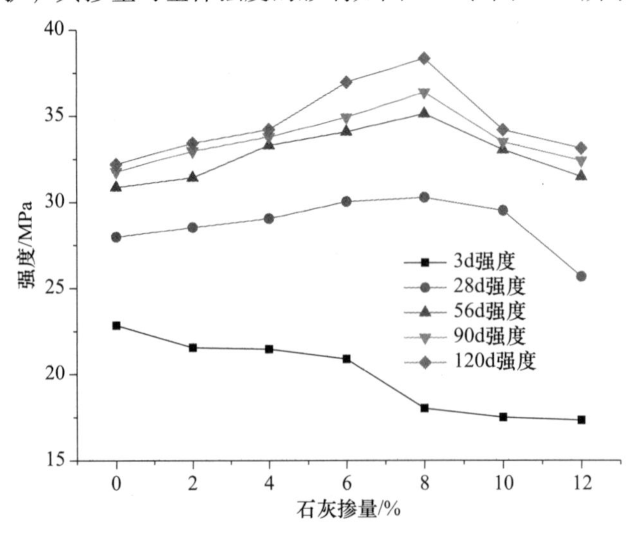

图 6-19　单掺石灰对基体强度的影响

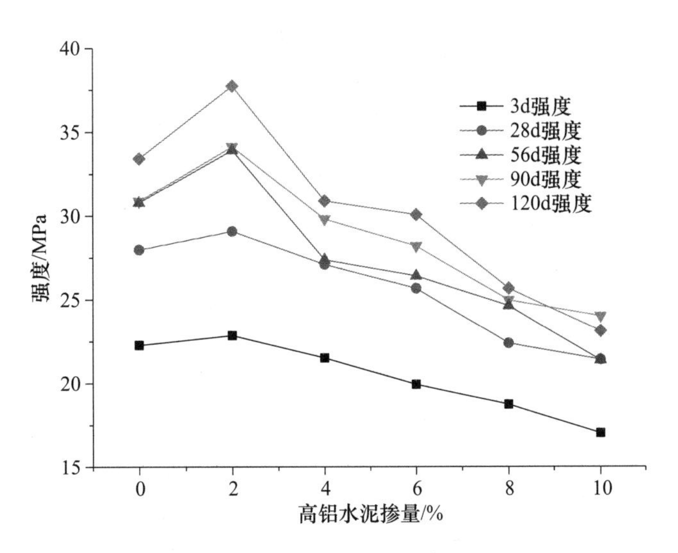

图 6-20 单掺铝酸盐水泥对基体强度的影响

由固硫灰自硬性的水化反应可知，氢氧化钙的存在有利于固硫灰凝结、硬化以及强度的发展，但固硫灰中的氧化钙被硬石膏包裹，溶解缓慢。为此，直接加入生石灰以改善水泥熟料-固硫灰体系的强度。随着石灰掺量的增加，基体3d强度逐渐降低，而28d、56d、90d、120d强度先提高后降低。当生石灰掺量为8%时，28d、56d、90d、120d强度均出现最大值30.3MPa、35.1MPa、36.4MPa、38.3MPa，分别比空白样高8.2%、13.8%、14.5%、19%。由于固硫灰水化缓慢，加入生石灰，水泥的量相应减少，导致早期强度（3d）降低；在后期，氢氧化钙逐渐消耗，石灰的加入为后续反应提供钙源，维持了体系的碱度，使得C-S-H以纤维状结构存在；但随着生石灰掺量的继续增加，过剩的Ca^{2+}和OH^-在养护过程中结晶生成氢氧化钙并伴随体积膨胀，导致制品内部出现微裂纹而降低强度。石灰的最优掺量为6%~10%。

固硫灰复合胶凝材料具有水化诱导期长、水化放热速率小、水化热低、凝结时间长等特点，为加速固硫灰泡沫混凝土的凝结硬化，在基材中掺入铝酸盐水泥。随着铝酸盐水泥掺量的增加，基体强度的发展在各龄期呈现相同的规律，即先增加后降低，在铝酸盐水泥掺量为2%时出现最大值。当铝酸盐水泥掺量为2%时，3d、28d、56d、90d、120d强度分别比空白样提高了2.6%、3.9%、10.6%、10.2%、12.9%；当掺量为10%时，3d、28d、56d、90d、120d强度分别比空白样降低了25.5%、23.4%、22.3%、30.2%、30.8%。试验表明：少量的铝酸盐水泥有利于基体强度的增长，增加掺量其强度明显下降；但在早期随龄期增长强度下降幅度减小，而在后期随龄期增长强度下降幅度进一步增大，其最佳掺量为0%~2%。

（3）石灰、铝酸盐水泥复掺对基体强度的影响

单掺石灰、铝酸盐水泥都有利于基体强度的发展，但两者复合化对基体强度会产生怎样的影响，各自最佳掺量是否会发生变化？铝酸盐水泥与石灰或有氢氧化钙生成的胶凝材料复合，易导致凝结不正常和强度下降且铝酸盐水泥的水化产物与养护温度的关系极大。因此，分别在石灰、铝酸盐水泥最佳掺量下研究铝酸盐水泥、石灰在标养及蒸养（60℃蒸养 1d）下复掺对体系强度的影响。

由图 6-21 可知：在石灰、铝酸盐水泥复掺标养的情况下，基体 1d、3d、7d 强度随掺量的变化无明显的波动，表明石灰、铝酸盐水泥掺量的变化对基体早期强度的发展影响不大；基体的后期强度 28d、56d、90d、180d 随石灰掺量的增加先增加后减小，而随着铝酸盐水泥掺量的增加基体强度显著下降。石灰掺量为 12% 时，其 28d、56d、90d、180d 强度分别比峰值强度 21.4MPa、28.0MPa、30.2MPa、31.7MPa 下降了 32.9%、21%、21.2%、22.8%；铝酸盐水泥掺量为 10% 时，其 28d、56d、90d、180d 强度分别比峰值强度（空白样强度）21.2MPa、26.4MPa、29.8MPa、30.5MPa 下降了 51.2%、56.3%、56.7%、57.1%，表明随着龄期的增长石灰对基体强度的影响减小，而铝酸盐水泥对基体强度的影响逐渐增加，从基体强度的下降幅度可以看出，铝酸盐水泥对基体强度的影响大于石灰。

从图 6-22 可以看出：在蒸养条件下，石灰、铝酸盐水泥复掺对基体强度的影响规律一致，基体强度均随着石灰、铝酸盐水泥掺量的增加逐渐降低而且 180d 强度出现倒缩。石灰掺量为 12% 时，基体 3d、7d、28d、56d、90d、180d 强度分别比空白样 24.0MPa、25.5MPa、30.4MPa、32.2MPa、33.1MPa、28.0MPa 下降了 23.1%、24.2%、20.7%、12.7%、7.2%、5.8%；铝酸盐水泥掺量为 10% 时，基体 3d、7d、28d、56d、90d、180d 强度分别比空白样 21.4MPa、25.0MPa、23.2MPa、25.4MPa、27.2MPa、24.9MPa 下降了 14.7%、24.6%、24%、18.9%、22.2%、27.4%。从强度下降趋势可以看出，铝酸盐水泥对基体强度的影响大于石灰，与标养下得出的结论一致。在蒸养时，基体 180d 强度出现倒缩，原因有两个：蒸养过程中产生膨胀应力，在浆体内部产生裂纹导致后期强度损失；在石灰的存在下，铝酸盐水泥的水化产物产生晶型转变引发强度损失。

对比图 6-21、图 6-22 可知：标养时基体强度发展缓慢，1d、3d、7d 最高强度分别为 1.2MPa、2.8MPa、5.2MPa，而 28d、56d 最高强度仅为 21.4MPa、28.0MPa。显然，配制的泡沫混凝土，其强度发展更加缓

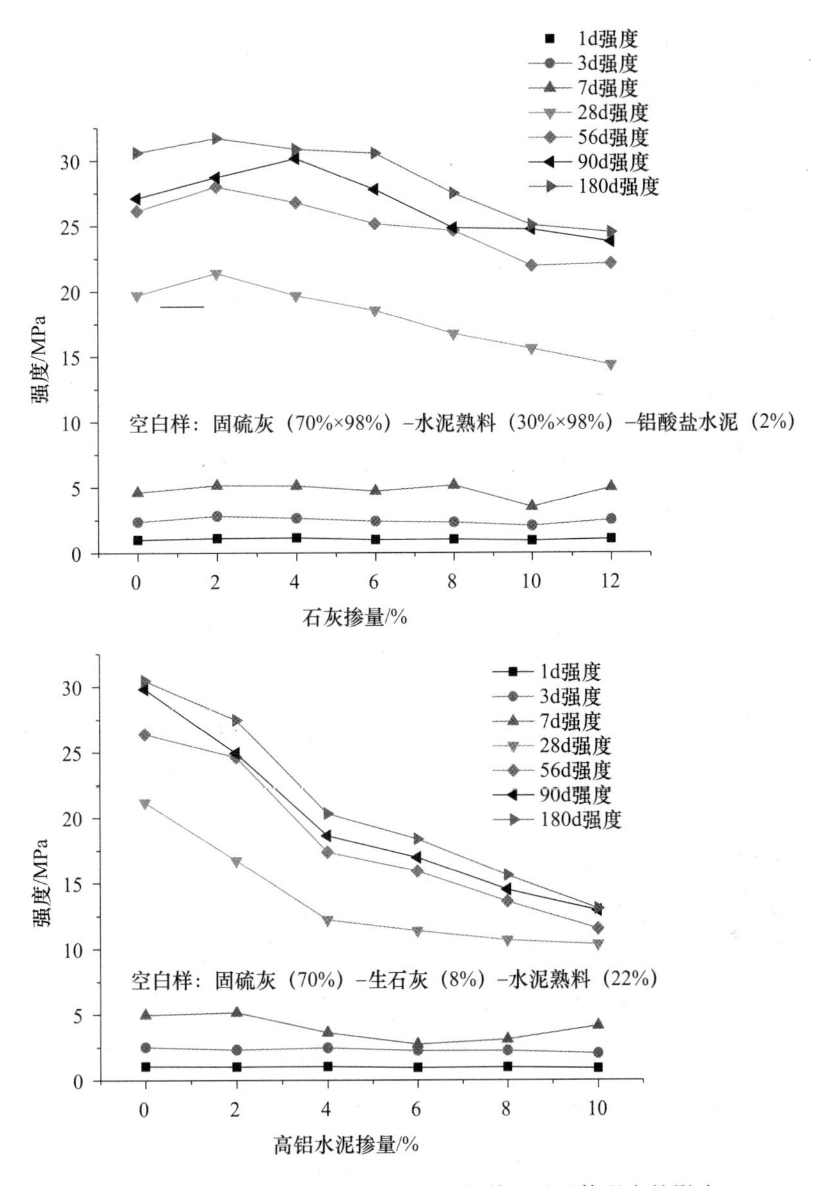

图6-21 复掺石灰、铝酸盐水泥在标养下对基体强度的影响

慢，需延迟脱模且易损坏。采用蒸汽养护可提高反应物的活性，促进水化且使产物的膨胀能提前释放。采用蒸汽养护，制品早期强度发展较快，3d、7d强度最高分别为24.0MPa、25.5MPa，比同龄期标养增加了21.2MPa、20.4MPa，28d强度30.5MPa比标养56d强度还高2.5MPa，但后期强度增长缓慢，在水化180d时出现强度倒缩。

固硫灰中的含硫矿物多以Ⅱ-$CaSO_4$形式存在，经过850～900℃的煅烧，具有独特的溶解特性。加入石灰、铝酸盐水泥，为体系提供钙源、铝源，使得早期钙矾石量增加，而后期随着硬石膏的溶解，生成延迟钙矾石和二水石膏，破坏已经形成的结构，导致强度降低。复掺石

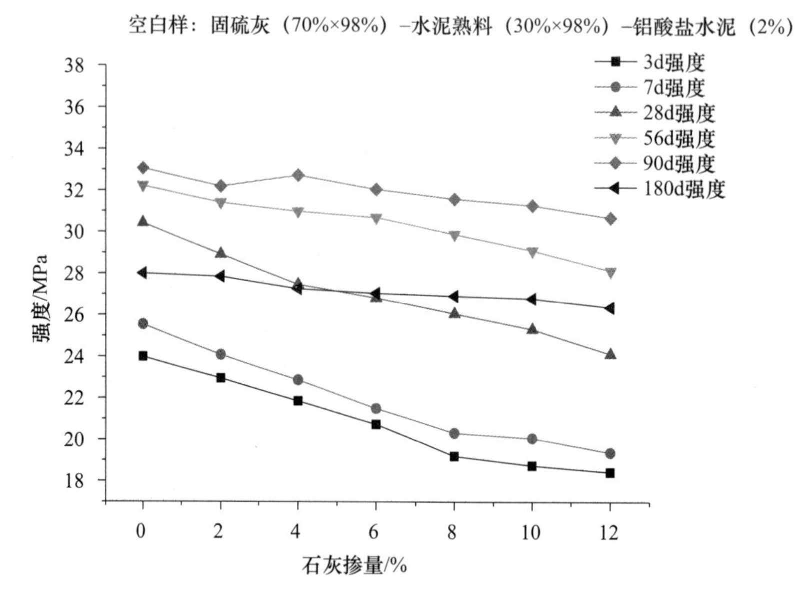

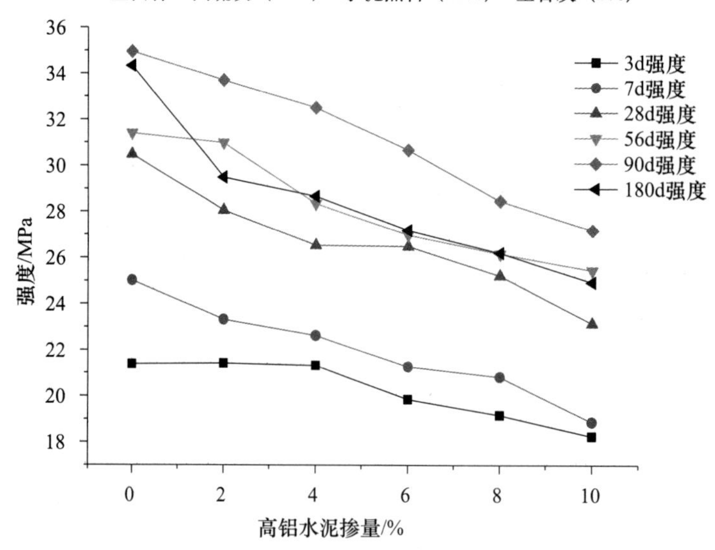

图6-22　复掺石灰、铝酸盐水泥在蒸养下对基体强度的影响

灰、铝酸盐水泥不利于基体强度的发展，但可使体系的初凝时间缩短8.6%～26.7%，综合可得：固硫灰掺量较大（50%以上）且需调整体系凝结时间时，可掺2%的铝酸盐水泥与8%的生石灰来调整浆体的性能。

（4）石灰、铝酸盐水泥对基体膨胀的影响

采用表6-17中A1～A4组和A3、B1、B3、B5组的配比，研究石灰、铝酸盐水泥分别在标养和蒸养下对基体线性膨胀率的影响。由图6-23、图6-24可知，标养时，基体的线性膨胀率具有前期膨胀迅速，后期膨胀减缓的特点；膨胀率随石灰掺量的增加而增大，出现拐点的时间推迟；随铝酸盐水泥掺量的增加，膨胀率增大，出现拐点的时间提前，膨胀率大小为 A4 > A3 > A2 > A1，B5 > B3 > B1 > A3。蒸养时，基体膨胀率随石灰、铝酸盐水泥掺量的增加而增大，但随龄期增加变化不明显。经对比可知：蒸养可使基体的膨胀能提前释放，降低体系的膨胀率（蒸养膨胀值约为标养的 20%）。众所周知，生成 1 份钙矾石需 3 份 SO_3、2.1 份 CaO、0.5 份 Al_2O_3，且活性 SiO_2、Al_2O_3 也需一定量的 CaO 与之反应，生成 C-S-H、C-A-H。固硫灰中 CaO 含量较少且被Ⅱ-$CaSO_4$ 包裹，外掺生石灰提供钙源，促进钙矾石生成，激发体系的膨胀，但石灰的加入不利于硬石膏的溶解，导致拐点延迟；铝酸盐水泥提供了铝源，使 CaO - Al_2O_3 - SO_3 系统迅速反应而导致拐点提前，但过多的铝酸盐水泥会降低 S/A 比，使钙矾石与单硫型硫铝酸钙共存导致后期膨胀 B5 < B3。膨胀与强度是相互制约的，而采用蒸汽养护可使基体在短时间内获得较高的强度，因此表现出较小的膨胀值。

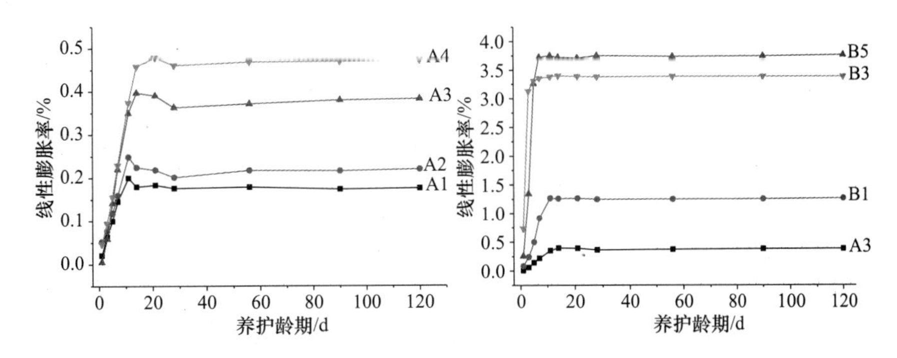

图 6-23　石灰、铝酸盐水泥在标养下对基体膨胀的影响

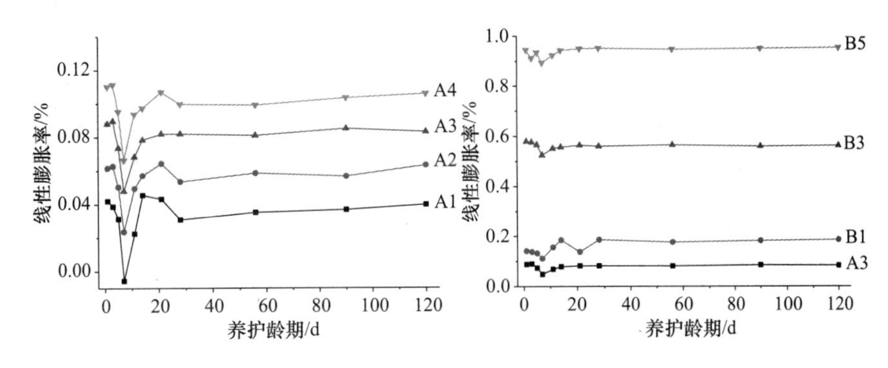

图 6-24　石灰、铝酸盐水泥在蒸养下对基体膨胀的影响

（5）养护制度对基体强度及膨胀的影响

由前面的试验得出 B1 组为基体的最佳配比，即生石灰取代水泥熟料的 8%，铝酸盐水泥取代总量的 2%，试验表明，标养不利于体系

强度的发展，因此研究养护温度与时间对 B1 组强度及膨胀的影响。由表 6-18 可知：基体的早期强度随养护温度升高而增加，随养护时间增长而增加，但在水化后期（90d 以后）基体强度出现倒缩。其中，采用蒸汽养护的基体强度高于蒸压养护且蒸压养护的基体强度随龄期增长变化不大。

表 6-18　养护制度对基体强度的影响（MPa）

龄期	养护制度				
	蒸压	60℃蒸养 1d	60℃蒸养 2d	90℃蒸养 1d	90℃蒸养 2d
3d	19.2	27.3	29.3	30.3	20.9
28d	20.3	30.9	33.6	35.34	22.1
56d	26.1	35.2	36.9	35.6	20.6
90d	31	34.1	36.4	36.2	21.6
120d	31.6	25.2	28.8	28.3	19.2
180d	29.9	27.9	29.2	30.3	20.2

养护制度对 B1 组膨胀的影响如图 6-25 所示，基体的线性膨胀率均在 0.2% 以内变化，随龄期增长变化较小；随着养护温度的提高，基体膨胀率降低。除强度外，膨胀还与体系水化产物的形态和种类有关。蒸汽养护形成粗大的钙矾石针棒状晶体，且趋于离开含铝矿物的表面析出，这种钙矾石膨胀能较小；蒸压养护的产物以托贝莫来石为主，体系膨胀较小。综合考虑，采用 60℃蒸汽养护 1d。

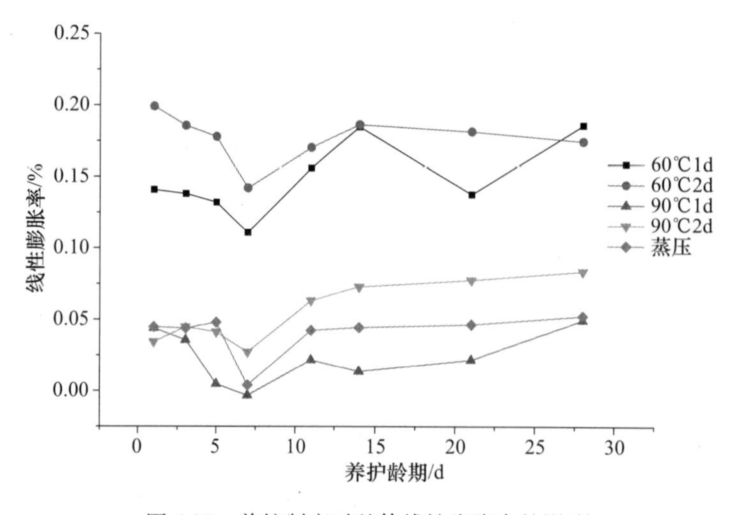

图 6-25　养护制度对基体线性膨胀率的影响

6.2.2　固硫灰泡沫混凝土抗压强度的影响因素研究

我们掌握了固硫灰的性质并将其运用于泡沫混凝土基材中，确定了泡沫混凝土基材的原料配比，重点研究了石灰、铝酸盐水泥对基体性能的影响。泡沫混凝土相对于普通混凝土而言，其含有大量的气孔，导致其力学性能也不同于普通混凝土，其影响因素也相对特殊。当然，基材的性能在很大程度上影响着泡沫混凝土，一些制备参数、外加剂、掺合料、轻骨料等也会对泡沫混凝土的性能产生影响。因此，从原材料参数、制备参数以及外加剂方面对固硫灰泡沫混凝土抗压强度的影响进行研究，最后详细介绍200kg/m^3、1000kg/m^{3}泡沫混凝土的制备。

（1）原材料参数对泡沫混凝土抗压强度的影响

泡沫混凝土基材的原料配比：铝酸盐水泥取代总量的2%，石灰取代剩下（98%）的8%，固硫灰取代剩下（98%）的70%，其余为水泥熟料。

经过前期的试验已确定石灰、铝酸盐水泥的最佳掺量。现采用70%的固硫灰和30%的水泥熟料为基本组成，研究不同掺量的铝酸盐水泥和石灰对泡沫混凝土性能的影响。在加入7.26%（泡沫质量与粉料的百分比）的泡沫、水胶比取0.55的前提下，铝酸盐水泥掺量为2%时，石灰等量取代水泥熟料0%～12%时，结果如图6-26所示。石灰掺量为8%时，铝酸盐水泥取代总量的0%～10%时，结果如图6-27所示。

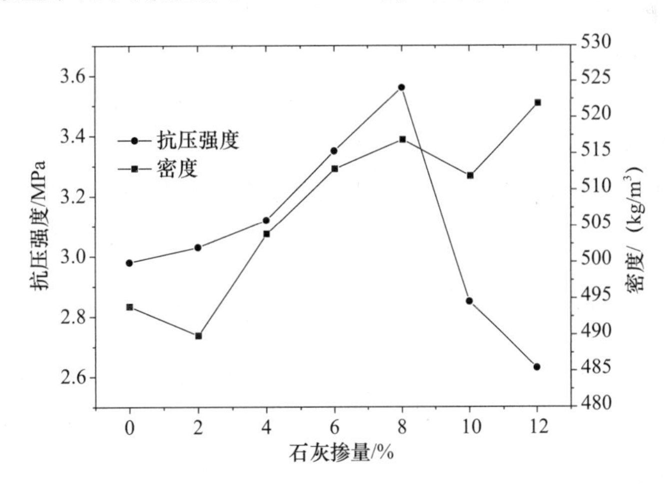

图6-26　石灰掺量对泡沫混凝土强度及密度的影响

随着生石灰掺量的增加，泡沫混凝土密度逐渐增加而强度先增加后降低。掺量在8%时出现最大值3.6MPa，比空白样高19.5%。随着石灰掺量的增加，浆体流动性降低，混泡阻力增大致使泡沫易破损，故在相同泡沫掺量的情况下混凝土密度增加。在一定掺量范围内，生石灰能促

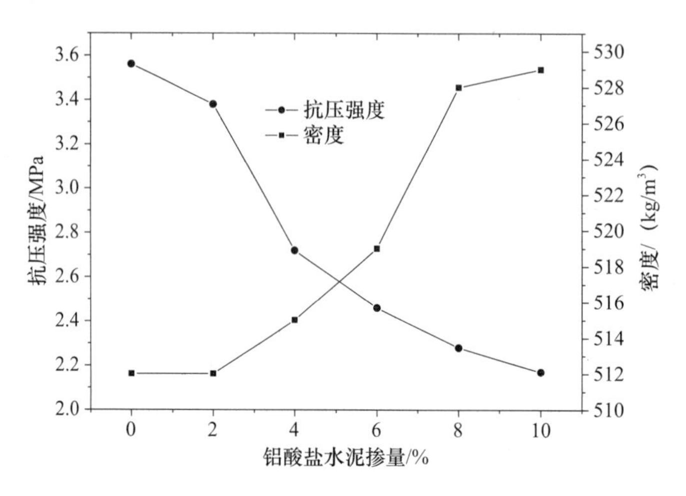

图 6-27　铝酸盐水泥掺量对泡沫混凝土强度及密度的影响

进基体强度的增长；用量过高则对基体强度产生不利影响。因此，生石灰适宜掺量在 6% ~8% 范围内。泡沫混凝土的强度随着铝酸盐水泥掺量的增加而降低。当掺量分别为 2%、10% 时，分别比空白样降低了 5.1% 和 39.0%，而密度变化不太明显。铝酸盐水泥的掺入可调节体系的凝结时间，其最佳掺量为 0% ~2%。当固硫灰掺量较大（高于 50%）时，可掺 2% 的铝酸盐水泥以调节浆体的稠化速度。可见，石灰、铝酸盐水泥掺量对泡沫混凝土强度的影响与上一章中对基材的影响是一致的，故以下的试验除特别说明外均采用基材的原料配比。

（2）固硫灰对泡沫混凝土抗压强度的影响

铝酸盐水泥取代总量的 2%，生石灰取代固硫灰和熟料的 8%，水胶比取 0.5，减水剂掺 0.25%，加入粉料量 7.26% 的泡沫，改变固硫灰掺量制备泡沫混凝土。由图 6-28 可知：泡沫混凝土的强度随着固硫灰掺量的增加先升高后降低，在掺量为 70% 时出现峰值 3.3MPa；泡沫混凝土密度随固硫灰掺量增加而增加，但增加幅度较小，均在 478 ~508kg/m³ 范围内。研究表明，固硫灰在一定掺量范围内能够提高净浆或砂浆的强度，但掺量范围较小。泡沫混凝土是一种多孔材料，其强度主要取决于其体积密度，因此，固硫灰掺量的变化对泡沫混凝土强度影响不大。固硫灰密度低于熟料，在相同质量下具有较大的体积，在泡沫相同时可以更好地包裹泡沫从而增加孔壁厚。此外，试验采用 60℃ 蒸汽养护，加速了固硫灰的水化，使结构密实，从而进一步增加了孔壁的强度，提高了泡沫混凝土强度。固硫灰需水量大，随着掺量的增加，浆体流动性降低，易吸收泡沫中的水分，致使泡沫变形或破裂，从而增加密度降低强度。

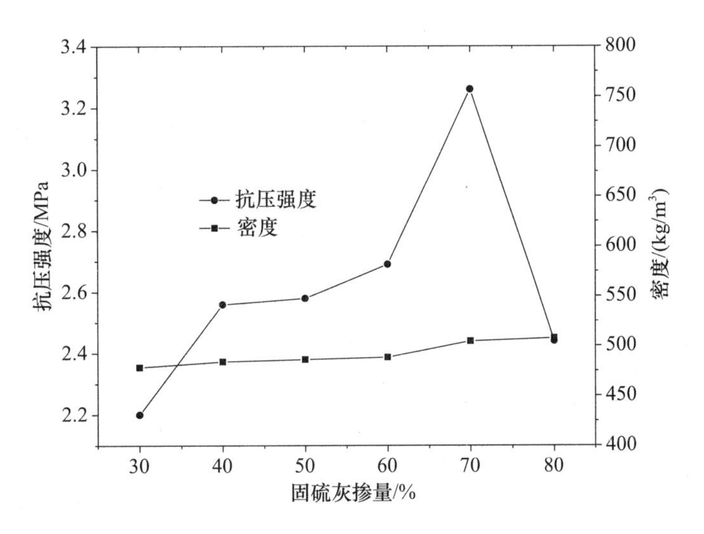

图 6-28 固硫灰掺量对泡沫混凝土强度的影响

图 6-29 为固硫灰细度对泡沫混凝土强度及密度的影响。可见，未经粉磨处理的固硫灰 G0 在相同条件下制备的泡沫混凝土密度显著高于 G20、G40、G60，而强度分别是 G20、G40、G60 的 66.3%、72.6%、66.7%；经粉磨处理的固硫灰 G20、G40、G60 对密度影响不明显且 G20 与 G60 强度相近，G40 强度略低。固硫灰经粉磨处理，多孔结构被破坏，包裹的游离氧化钙被释放，比表面积增加，反应能力降低，活性提高，从而增加制品强度。

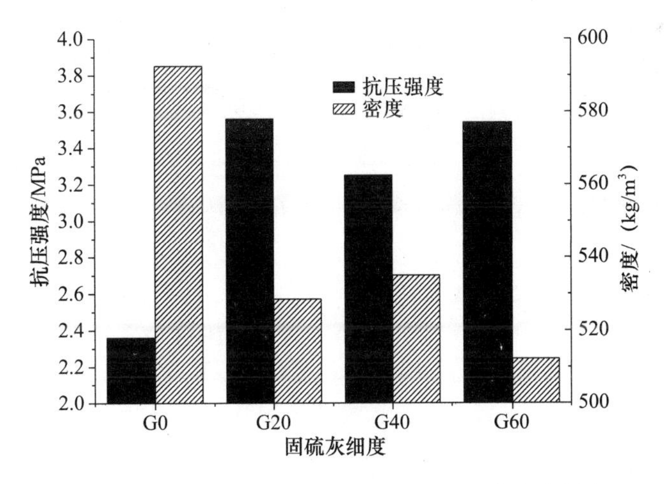

图 6-29 固硫灰细度对泡沫混凝土强度及密度的影响

（3）制备参数对泡沫混凝土抗压强度的影响

由图 6-30 可知，在固定泡沫掺量、不同的水胶比下，随着减水剂掺量的增加，泡沫混凝土强度与密度均逐渐降低。减水剂的掺入可使体系的絮凝结构解体，释放被包裹的自由水，从而改变浆体的流变性。从流变学角度讲，减水剂分子吸附在粉料颗粒表面，使其因带相同电荷而互相排斥，导致颗粒间的表面动电位升高而减少基体的剪切应力，使黏度下降，流动度增加。浆体的流变性能与泡沫的稳定息息相关：浆体过干过稠，混泡阻力增加导致泡沫破裂密度增加；相反，浆体稠度过小，不能包裹泡沫导致泡沫上浮发生离析。试验结果表明，浆体的稠度可以通过改变水胶比及减水剂掺量而调整。例如，低水胶比时，浆体较稠可提高减水剂掺量；高水胶比时，可降低减水剂掺量。根据试验结果和经济性考虑，水胶比为0.6、0.5、0.4、0.3 时，建议减水剂的最佳掺量分别为0g、1.8g（胶凝材料的0.25%）、3.5g（0.49%）、6.0g（0.84%）。

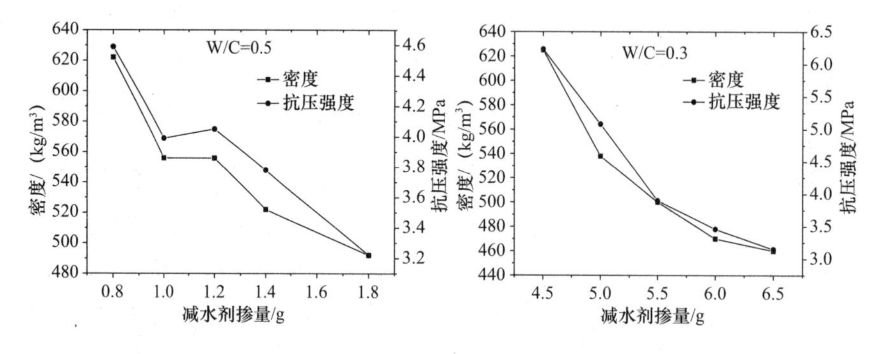

图 6-30　减水剂掺量对泡沫混凝土强度及密度的影响

水胶比是影响泡沫混凝土制备的关键因素之一，它不仅影响制品的密度，还会影响其机械性能。因此，在研究水胶比与泡沫混凝土强度的关系时，调整减水剂掺量，控制浆体流动度在 150～160mm 之间，改变泡沫加入量，使密度在（545±15）kg/m³ 范围内。由图 6-31 可知，泡沫混凝土的抗压强度随水胶比的降低而增加。可见，与普通混凝土一致，降低水胶比可增加泡沫混凝土的强度。

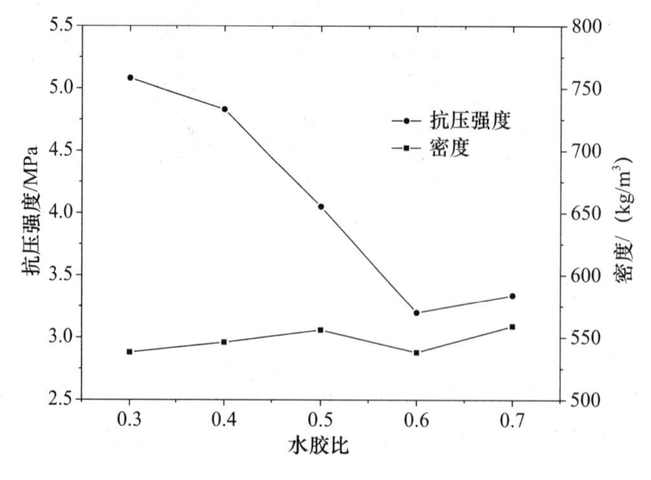

图 6-31　水胶比对泡沫混凝土强度的影响

分别在0.3（J=0.8%）、0.5（J=0.25%）、0.7（J=0）的水胶比下，改变泡沫掺量（泡沫质量占粉料量的百分比），制备出不同密度的泡沫混凝土，试验结果如图6-32所示。泡沫混凝土密度及强度随着泡沫掺量的增加而降低。对泡沫掺量与密度进行曲线拟合得到泡沫混凝土密度与泡沫掺量的乘幂关系式，相关系数在0.98以上，表明改变泡沫掺量是控制泡沫混凝土密度的有效途径；这也从侧面证明了泡沫混凝土强度是密度的函数。对于同一密度的泡沫混凝土，随着水胶比的降低，泡沫掺量增加。这是因为相同体积料浆，低水胶比相对于高水胶比含有更多的粉料将导致密度增加，因此，需要增加更多的泡沫，降低单位体积的粉料量；从图上曲线的相对位置可以看出，泡沫混凝土的强度随着水胶比的降低强度增加。

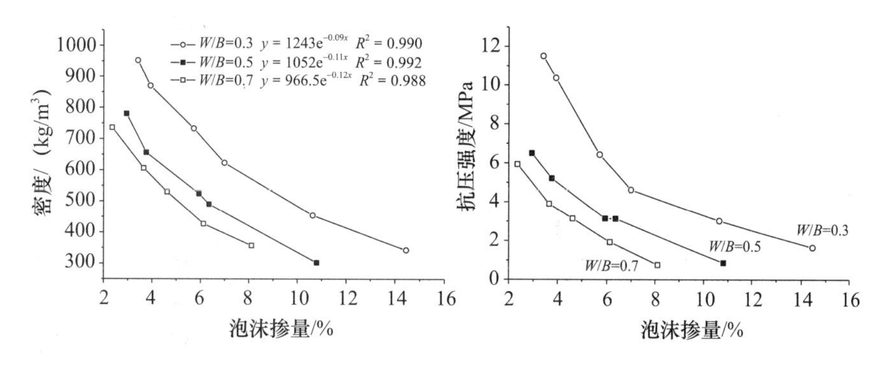

图6-32 泡沫掺量对密度及强度的影响

泡沫混凝土的配合比大多是半经验的（根据需要配制的目标密度确定粉料量，然后添加泡沫量控制料浆的体积，进而控制制品密度）。在试验过程中，料浆的体积不易控制而且不易重复。经大量实践表明，计量泡沫的质量有利于控制目标密度和进行重复试验。

（4）激发剂对泡沫混凝土抗压强度的影响

大量学者对固硫灰的活化及化学激发改性进行了研究，姚妮娜研究了NaOH激发对固硫灰微观结构的影响，夏艳晴研究了化学激发固硫灰的早期水化活性。研究结果表明：化学激发能够提高固硫灰的活性，增强体系的强度。无论是从激发固硫灰活性还是从提高泡沫混凝土强度的角度考虑，研究化学外加剂（三乙醇胺、氯化钙、氢氧化钠、硫酸钠）对固硫灰泡沫混凝土抗压强度及密度的影响都是必需的。以下试验水胶比均采用0.5，减水剂掺量为0.25%，泡沫掺量为7.0%。

由图6-33可知：随着三乙醇胺掺量的增加，泡沫混凝土的密度从空白样的555kg/m³增加到623kg/m³，增长了12.2%；抗压强度从空白样的4.3MPa增加到6.2MPa，增长了45.4%。硫酸钠对泡沫混凝土强度及密度的影响如图 6-34 所示。由图可知：当硫酸钠掺量从 0% 增加到 0.5% 时，泡沫混凝土密度从 560kg/m³ 降低到 466kg/m³，降低了 16.8%；抗压强度从 4.5MPa 降低到 3.0MPa，降低了 32.9%；当硫酸钠掺量从 0% 增加到 1.5% 时，泡沫混凝土密度降低到 424kg/m³，降低了 24.3%，抗压强度降低到 2.2MPa，降低了 51.3%；当硫酸钠的掺量大于 1.5% 时，泡沫混凝土密度及强度基本无变化。这表明，只要加入硫酸钠，密度降低明显，随着掺量的增加，密度降低减缓直至不再发生变化。氯化钙对泡沫混凝土密度及强度的影响如图 6-35 所示。氯化钙对泡沫混凝土强度及密度的影响与硫酸钠的影响一致，即只要加入氯化钙，泡沫混凝土密度显著降低，随着掺量的增加，密度降低减缓直至不再发生变化，抗压强度随密度变化而变化。

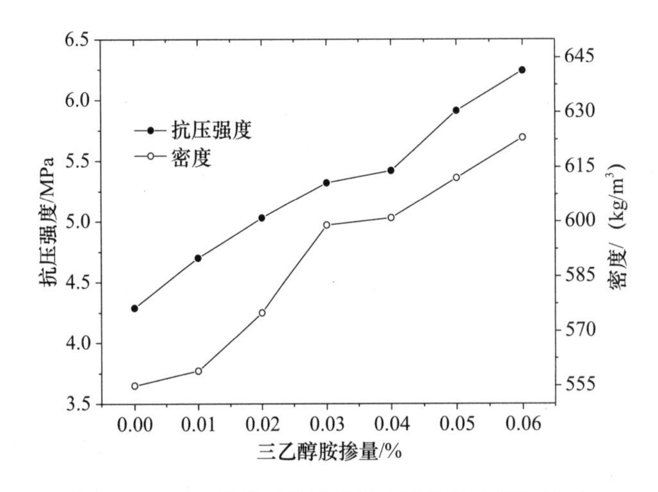

图 6-33　三乙醇胺对泡沫混凝土强度及密度的影响

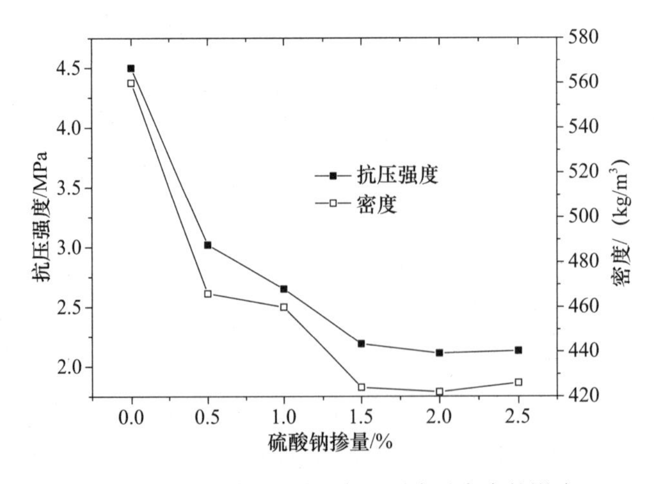

图 6-34　硫酸钠对泡沫混凝土强度及密度的影响

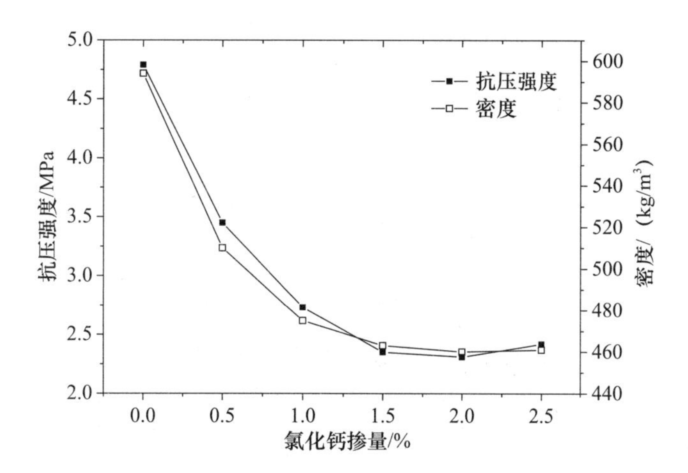

图 6-35 氯化钙对泡沫混凝土强度及密度的影响

前面的研究已证实石灰是有利于泡沫混凝土强度发展的，那么，氢氧化钠的影响如何呢？由图 6-36 可知：泡沫混凝土的密度与强度随着氢氧化钠掺量的增加先降低后增加。当掺量从 0% 增加到 0.4% 时，密度从 534kg/m^3 降低到 452kg/m^3，而强度从 3.4MPa 降低到 2.1MPa，降低 39.6%；当掺量从 0.4% 增加到 1.0% 时，泡沫混凝土密度从 452kg/m^3 增加到 461kg/m^3，而强度从 2.1MPa 降低到 1.7MPa。

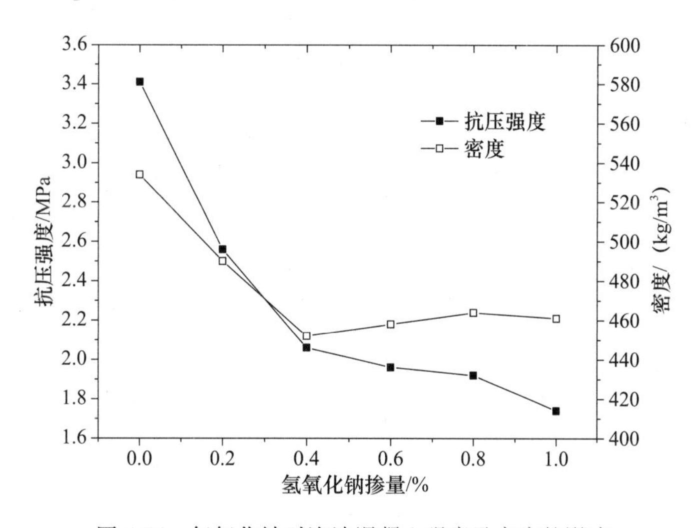

图 6-36 氢氧化钠对泡沫混凝土强度及密度的影响

从上面的试验结果及分析可知：激发剂的加入会显著影响泡沫混凝土的密度，抗压强度也跟着发生相应的变化，因此，激发剂对泡沫混凝土的增强效果表现不是很明显。针对以上实验结果，选取各激发剂的最佳掺量，制备密度等级为 A06 的泡沫混凝土，其抗压强度如图 6-37 所示，各激发剂对基体性能的影响见表 6-19，对浆体流变曲线的影响如图 6-38 所示。

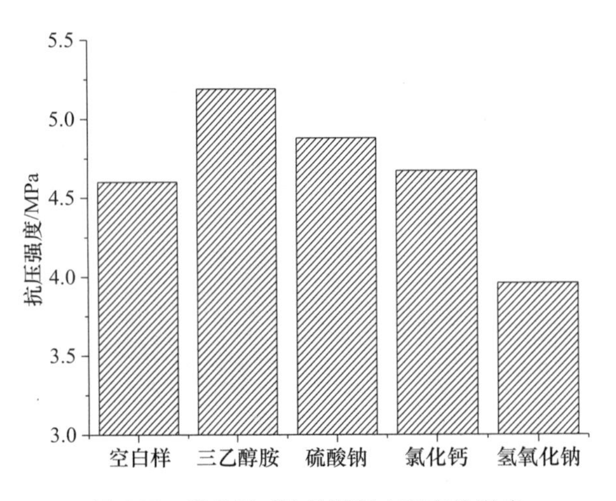

图 6-37　激发剂对泡沫混凝土强度的影响

表 6-19　激发剂对浆体性能的影响

样品	基体强度/MPa	流动度/mm	拟合方程
空白样	34	146	$T=0.117n+15.37$
0.05% TEA	39	140	$T=0.130n+16.88$
0.5% Na_2SO_4	40	161	$T=0.118n+9.786$
0.5% $CaCl_2$	44	172	$T=0.122n+7.497$
0.2% NaOH	40	153	$T=0.120n+14.57$

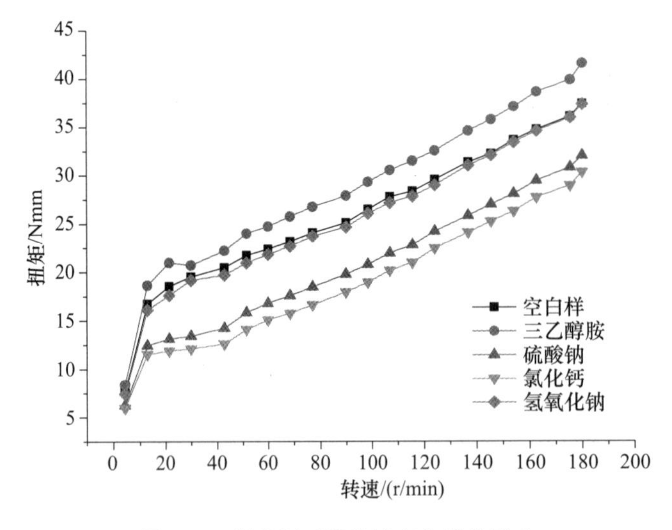

图 6-38　激发剂对浆体流变曲线的影响

从图 6-37 可知，早强剂的加入能够有效地提高泡沫混凝土的强度，增强效果为：三乙醇胺 > 硫酸钠 > 氯化钙，氢氧化钠的增强效果不是很理想。从表 6-19 中可见，激发剂对基体强度的激发效果较好且与泡沫混凝土的结果不一致。这也从侧面说明，泡沫混凝土的强度并不完全取决于基体强度，而且基体强度在一定范围内波动不会显著影响泡沫混凝土的强度。

三乙醇胺是常用的有机早强剂，其分子结构使其易与金属离子形成稳定的络合物并在溶液中产生大量的可溶区，加速了水化产物的扩散，缩短了体系水化的潜伏期，有助于提高早期强度；三乙醇胺在固硫灰-熟料-石灰-高铝水泥体系中，能催化 C_3A 与石膏，生成钙矾石，从而加快浆体的凝结。硫酸钠则易与胶凝材料水化生成的氢氧化钙发生反应生成二水石膏，生成的二水石膏颗粒细小，能快速地与 C_3A 反应，促进钙矾石的生成，加快水化反应速度，而且氢氧化钠的生成有利于固硫灰的激发。有研究表明，氢氧化钠能够使固硫灰中无水石膏含量减少，石灰石含量增多，促使 Al－O/Si－O 重排并形成远程无序、近程有序的凝胶物质。

激发剂的加入为什么会引起泡沫混凝土密度的变化？前面的试验已经证实，在固定泡沫掺量时，浆体的流变性变化会引起泡沫混凝土密度的变化。因此，研究了加入激发剂后浆体流变性能的变化。从表 6-19 中可以看出：相比于空白样，三乙醇胺使浆体的流动度降低，表观黏度与屈服应力增加，表明加入三乙醇胺后，浆体变稠导致密度增加，与前面结论一致；硫酸钠、氯化钙、氢氧化钠的加入均使浆体的流动度增加，表观黏度略有增加，屈服应力降低明显。综上所述，激发剂确实会改变浆体的流变性从而影响泡沫混凝土的密度，但为什么会引起浆体流变性的变化还有待于进一步研究。

6.2.3　200kg/m³ 固硫灰泡沫混凝土的制备

改变泡沫掺量是调节泡沫混凝土密度的有效途径，本文中通过改变泡沫掺量制得了体积密度为 400～1000kg/m³ 的泡沫混凝土。要进一步制得 200kg/m³ 的超低密度泡沫混凝土，采用上述调整泡沫掺量的方法不能实现。为此，本节主要通过正交试验确定 200kg/m³ 泡沫混凝土的基本配方，然后通过添加纤维增强。

（1）正交试验

试验设计为三因素四水平的正交试验，所选取的因素与水平见表 6-20，正交试验结果列于表 6-21，正交试验数据分析列于表 6-22。从表 6-22 中各因素的极差 R 值大小可得，影响泡沫混凝土抗压强度大小顺序为水胶比 > 生石灰 > 固硫灰，水胶比不仅影响整个胶凝材料的水化，还会影响泡沫混凝土浆体的流变性能，而流变性会对泡沫的稳定性和气孔结构产生影响。生石灰的作用主要是加快浆体早期的凝结硬化，但随着掺量的提高，水泥含量减少，基体强度反而降低。随着固硫灰掺量增加，泡沫混凝土的抗压强度降低。根据试验结果，A1B3C1是极差分析的最优组合，而根据16组中的抗压强度来看，最优组合为A1B1C1，做重复试验进行对比发现，从抗压强度考虑A1B1C1组合大于A1B3C1组合，但在试验过程中发现，选用B1水胶比，泡沫混凝土的流动性较低，不易填充模具，成型困难，易造成试块缺棱少角，故最优组合为A1B3C1。

表6-20　正交因素表

水平因素	固硫灰（A）	水胶比（B）	石灰（C）
1	30%	0.35	8%
2	35%	0%	10%
3	40%	0.55	12%
4	45%	0.65	14%

表6-21　正交试验数据及结果

编号	固硫灰（A）	水胶比（B）	石灰（C）	试验结果		
				试块高/mm	密度/(kg/m³)	强度/MPa
L1	30%	0.35	8%	70.3	235.3	0.54
L2	30%	0.45	10%	70.1	198.1	0.29
L3	30%	0.55	12%	70.3	219	0.49
L4	30%	0.65	14%	70.2	193.7	0.39
L5	35%	0.35	10%	70.1	207.2	0.38
L6	35%	0.45	8%	70.1	211.5	0.35
L7	35%	0.55	14%	70.2	207	0.35
L8	35%	0.65	12%	70.2	205.7	0.37
L9	40%	0.35	12%	70.1	224.4	0.27
L10	40%	0.45	14%	70.1	217.6	0.37
L11	40%	0.55	8%	70.1	209	0.44
L12	40%	0.65	10%	70.1	205.6	0.36
L13	45%	0.35	14%	70.1	202.2	0.32
L14	45%	0.45	12%	70.1	203.2	0.25
L15	45%	0.55	10%	70.1	204.1	0.42
L16	45%	0.65	8%	70.3	204.2	0.43

表 6-22 正交试验数据分析

编号	固硫灰（A）	水胶比（B）	石灰（C）
K1	1.71	1.51	1.76
K2	1.45	1.26	1.45
K3	1.44	1.7	1.38
K4	1.42	1.59	1.43
k1	0.43	0.38	0.44
k2	0.36	0.32	0.36
k3	0.36	0.43	0.35
k4	0.35	0.4	0.36
R	0.08	0.11	0.09

（2）配合比优化

从图 6-39 各因素水平对泡沫混凝土抗压强度的影响分析可知：随着水胶比的增加，泡沫混凝土的抗压强度有增加的趋势（水胶比为 0.55、0.65 时的抗压强度分别是水胶比 0.35 时的 1.13、1.05 倍），表明可在高水胶比下继续研究泡沫混凝土的强度。当石灰掺量从 8% 增加到 10% 时，泡沫混凝土强度显著下降，继续增加石灰掺量，强度变化不明显，而且试块高度（在 0.3mm 范围内变化）受石灰影响变化也不明显。因此，石灰的掺量定为 8%。当固硫灰掺量大于 30% 时，强度降低显著，但继续增加固硫灰掺量强度变化不明显，那么，在强度满足要求的前提下，是否可以继续增加固硫灰掺量？此外，制备的 200kg/m^3 泡沫混凝土都有一定程度的塌模且强度偏低容易变形，试验采用加入早强剂促凝和纤维增强。

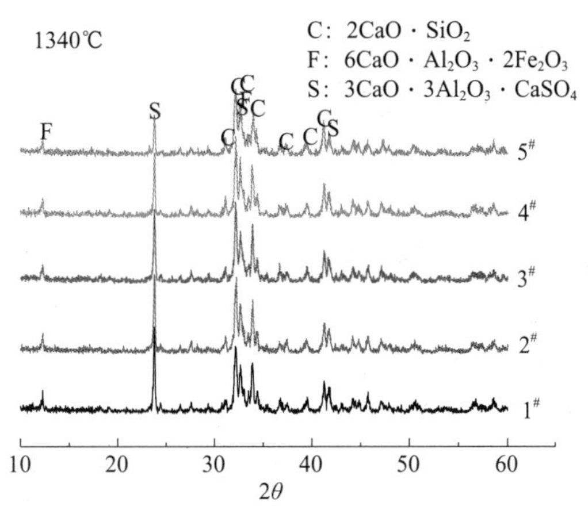

图 6-39 各因素水平对泡沫混凝土抗压强度的影响

固硫灰掺量为45%、50%、55%、60%，由于不同掺量下，其最佳水胶比不同，因此分别在水胶比0.55、0.60、0.65的条件下，研究固硫灰掺量对泡沫混凝土强度的影响。由图6-40可知：固硫灰掺量为45%、50%时，泡沫混凝土强度随着水胶比的增加而降低；掺量为55%时，抗压强度随水胶比增加而变化不大；掺量为60%时，抗压强度先增加后降低，在水胶比为0.6时达到最大。试验结果表明：固硫灰掺量较低时（≤50%），低水胶比有利于提高泡沫混凝土的强度；固硫灰掺量较高时，高水胶比有利于提高泡沫混凝土的强度。固硫灰粒度小，低掺量时，对浆体流动性影响不大，可适当降低水胶比；固硫灰掺量低时，水泥的量相应增加，低水胶比下基体强度增加明显；大掺量固硫灰对浆体的流动性要求较高但固硫灰密度小、比表面积大，对泡沫的包裹效应优于水胶比增加其降低的胶凝性，因此表现出较好的强度。通过对比分析及综合考虑，水胶比定为0.6，固硫掺量为60%。

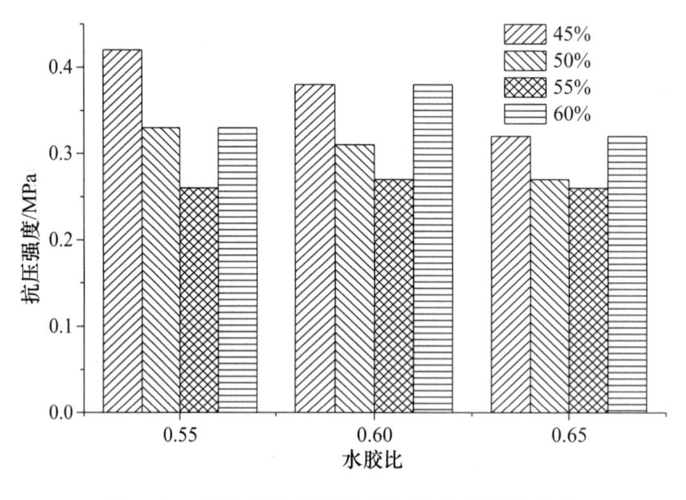

图6-40 固硫灰掺量对泡沫混凝土强度的影响

在固硫灰-水泥-生石灰体系中分别外掺水泥质量不同比例的碳酸锂，研究其掺量对泡沫混凝土强度的影响并观察成型后的塌模情况。试验过程中发现，加入碳酸锂有利于改善泡沫混凝土入模后的塌损情况，其掺量对泡沫混凝土抗压强度的影响如图6-41所示。可见，当碳酸锂掺量为0.50%、0.75%时，抗压强度相比于空白样0.31MPa分别增长了25.8%、16.1%，但其余掺量均显著低于空白样。有研究表明，碳酸锂会使基体有害孔增加从而降低强度，加之其价格较高不利于降低成本，故在需要时可加入。

在原料比例不变、0.6的水胶比下，研究PP（聚丙烯）纤维、PVA（聚乙烯醇）纤维对泡沫混凝土的增强效果，其掺量对泡沫混凝土抗压强度的影响结果如图6-42、图6-43所示。随着PP纤维掺量的增加，泡沫

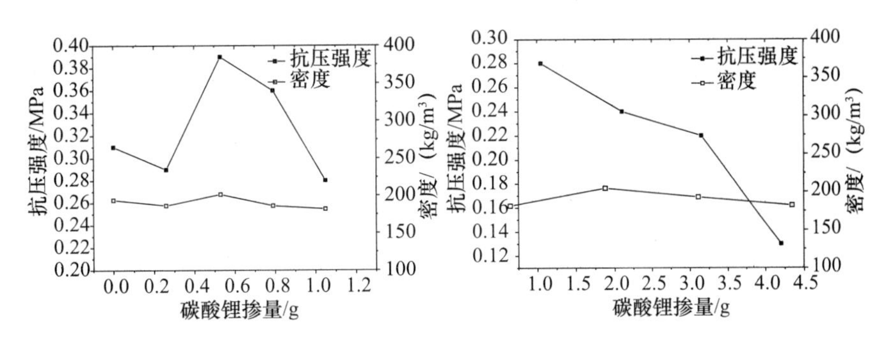

图 6-41 碳酸锂掺量对泡沫混凝土强度的影响

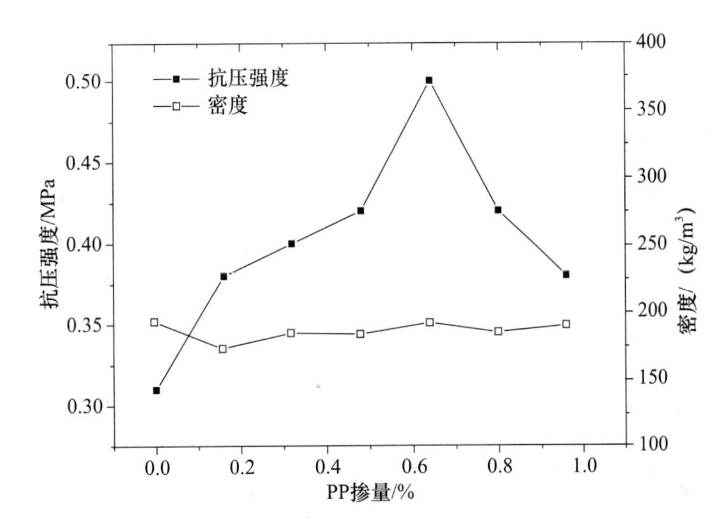

图 6-42 PP 掺量对泡沫混凝土强度的影响

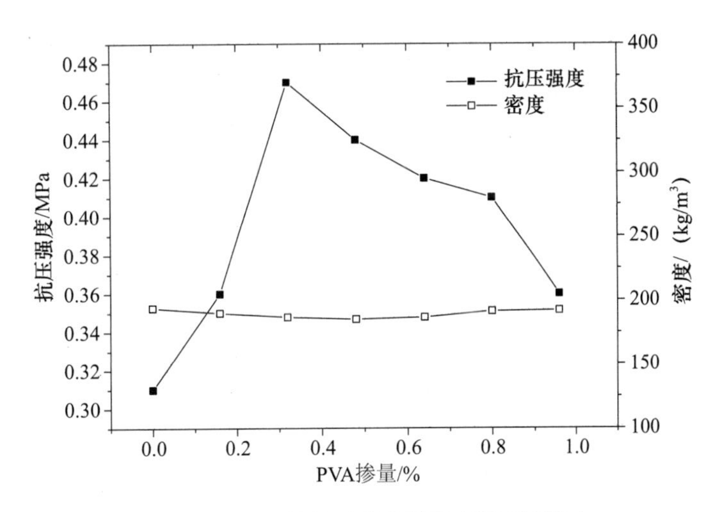

图 6-43 PVA 掺量对泡沫混凝土强度的影响

混凝土抗压强度先增加后降低，在0.64%时达到最大值0.5MPa，比空白样0.31MPa增长了61.3%，而且只要加入纤维的泡沫混凝土，强度均显著高于空白样。PP纤维长度在2cm左右，可提高基体的抗裂、抗拉性能、抗冲击性，阻碍受压时裂纹的扩展；PP纤维有助于改善泡沫混凝土的孔结构，缩小平均孔径，增加孔的圆度。PP纤维不仅能提高泡沫混凝土的抗压强度，而且能有效防止塌模，但掺量不能持续增加，因为纤维超过一定量后，其分散情况不理想，易发生团聚，从而降低强度。

PVA纤维为白色短纤维，相对于PP纤维长度更短，在1cm左右，可与水形成氢键，易溶于水，其作用与PP纤维相当，但PVA纤维使用在泡沫混凝土改性中较少。随着PVA纤维掺量的增加，泡沫混凝土抗压强度先增加后降低，在0.32%达到最大值0.47MPa，相比空白样增加了51.6%，同样加入PVA纤维的泡沫混凝土强度均高于空白样。PP纤维的增强效果优于PVA，因此，选用PP纤维，其掺量为0.64%。

综合本节的研究，200kg/m^{3}固硫灰泡沫混凝土的配合比列于表6-23。

表6-23　200kg/m^{3}固硫灰泡沫混凝土的配合比

固硫灰（G60）	生石灰	水泥（52.5）	PP纤维	水胶比	泡沫
60%	8%	32%	0.64%	0.6	14%

6.2.4　1000kg/m^{3}固硫灰泡沫混凝土的制备

高密度等级的泡沫混凝土胶凝材料量大、气孔孔径较小、气孔含量少，相比低密度等级基体强度对制品的影响增加，固硫灰的掺量是否合适、水胶比是否越低越好？此外，粉煤灰综合利用技术成熟后便成为紧俏资源，针对高密度等级的泡沫混凝土，应当考虑掺入部分细骨料从而减少胶凝材料的用量。本节主要讨论1000kg/m^{3}泡沫混凝土的制备、不同粒度的细砂及掺量对其抗压强度的影响。

（1）配方优选

制备1000kg/m^{3}泡沫混凝土时不添加任何激发剂，采用P·O 42.5R水泥与G20（粉磨20min的固硫灰），调节泡沫掺量控制密度。在不同的水胶比下，研究固硫灰掺量对泡沫混凝土强度的影响，试验配比及结果见表6-24。在不同的水胶比下，泡沫混凝土抗压强度随着固硫灰掺量的增加而降低，而且强度下降幅度随掺量增加而变大，在不同的固硫灰掺量下，随着水胶比的降低，泡沫混凝土抗压强度增加，但在0.35的水胶比时出现降低。1000kg/m^{3}泡沫混凝土的气孔含量少，胶凝材料所占比例增加，其对基体强度更为敏感。因此，固硫灰掺量增加，基体强度显著下降，导致泡沫混凝土强度降低。由试验数据可得，固硫灰掺量60%、水胶比0.4最好。

表6-24 试验配比及结果

水胶比	固硫灰/%	密度/(kg/m³)	抗压强度/MPa
0.5	50%	910.6	9
	60%	905.4	8.1
	70%	912.9	6.4
	80%	935.1	6.2
	90%	947.4	5.4
0.4	50%	980.6	11.3
	60%	1000.6	11.4
	70%	1021.7	9.2
	80%	1040.3	6.9
	90%	1048	4
0.45	50%	1018	11.2
	60%	1030.2	11.5
	70%	1030.8	9.6
	80%	1043.7	7.8
	90%	1064.2	4.3
0.35	50%	1044	10.8
	60%	1034.9	10.4
	70%	1069.4	8.9
	80%	1101.1	7.2
	90%	1126.6	5.1

（2）砂对泡沫混凝土强度的影响

在0.4的水胶比，50%与60%固硫灰掺量下，研究机制砂掺量对泡沫混凝土抗压强度的影响，配比及结果见表6-25。在50%与60%固硫灰掺量下，随着机制砂掺量的增加、泡沫混凝土的密度增加而强度呈下降趋势。有研究表明，砂的掺入在搅拌过程中容易使泡沫变形、破裂、分布不均，导致密度增加、强度降低。试验过程中发现未加砂的泡沫混凝土成型后容易塌模（脱模后试块表面成凹形），加砂后便不再出现此现象，机制砂可以起到骨架作用，避免浆体对泡沫的压迫。因此，选择掺5%的砂。

表 6-25 砂掺量的影响

水胶比	砂/%	固硫灰/%	密度/(kg/m³)	抗压强度/MPa	固硫灰/%	密度/(kg/m³)	抗压强度/MPa
0.4	0	50	1030.6	9.3	60	1024	8.9
	5%		1063.4	7.8		1047.7	7.5
	10%		1041.1	6.4		1013.1	5.9
	15%		1148	8.3		1109.1	6.3
	20%		1146.6	6		1126.2	6.2

对所用的机制砂进行筛分（1.18～2.5mm、0.6～1.18mm、0.3～0.6mm、0.075～0.3mm），研究不同粒度的砂在5%掺量下对泡沫混凝土抗压强度的影响，试验结果见表6-26。试验表明，随着砂粒度的降低，泡沫混凝土抗压强度先增加后降低，当粒度为0.3～0.6mm时，强度达到最大值11.6MPa，比空白样（未掺砂的）的抗压强度11.4MPa还高0.2MPa。随着砂粒度的降低，其对泡沫的伤害减小，对泡沫混凝土孔结构影响减少，但粒度进一步降低，砂的比表面积增加，需要包裹其表面的粉料增加，而且浆体的稠度降低，从而导致抗压强度的降低。1000kg/m³ 泡沫混凝土的最优配合比见表6-27。

表 6-26 砂级配的影响

水胶比	固硫灰/%	细砂级配/mm	密度/(kg/m³)	抗压强度/MPa
0.4	60	1.18～2.5	936.9	6.9
0.4	60	0.6～1.18	992.3	9.5
0.4	60	0.3～0.6	1029.7	11.6
0.4	60	0.075～0.3	970.0	9.04

表 6-27 1000kg/m³ 泡沫混凝土的最优配合比

固硫灰(G20)	水泥(42.5)	砂(0.3～0.6mm)	水胶比	减水剂	泡沫
60%	40%	5%	0.4	0.16%	3.37%

6.2.5 固硫灰泡沫混凝土的综合性能研究

利用固硫灰可制备出不同密度等级的泡沫混凝土，下面主要对固硫灰泡沫混凝土的综合性能（收缩、导热、吸水率、干湿循环以及冻融循环）进行研究。试验中所用配比除特别说明外，均与最优配合比一致。

（1）泡沫混凝土的干燥收缩

泡沫混凝土的干燥收缩是引起墙体开裂的主要原因，而浆体自身的收缩、泡沫混凝土气孔率、含水率及水分散失速率等都会影响泡沫混凝土的干燥收缩值。这些影响因素主要与胶凝材料类型、密度、水胶比等宏观参数有关。

图 6-44 为不同细度固硫灰在相同养护条件下对同一密度等级泡沫混凝土及其基体收缩的影响。不同细度固硫灰制备的基体均表现为收缩且随着龄期的增长收缩值增加，在不同龄期收缩率大小为：G0 > G40 > G20 > G60，G0、G20、G40、G60 在 28d 的收缩率分别为：0.0399%、0.026%、0.0288%、0.0239%。可见，未经粉磨的原灰 G0 因游离氧化钙被包裹、硬石膏溶解速率慢、水化反应较慢，钙矾石生成量少，表现出较大的收缩；虽然 G20、G40、G60 粒度变化不大，收缩率相近，但是仍可发现收缩率随粒径缩小而减少的规律。固硫灰细度对泡沫混凝土收缩的影响，在 7d 后其收缩变化规律与基体相一致。G0 制备的泡沫混凝土在早期（7d 以前）表现异常，可能因为 G0 疏松多孔，在搅拌泡沫的过程中易结球（G0 中的粗颗粒被细的粉体包裹成球）导致泡沫分布不均、水分迁移、散失速率不一致引起的。

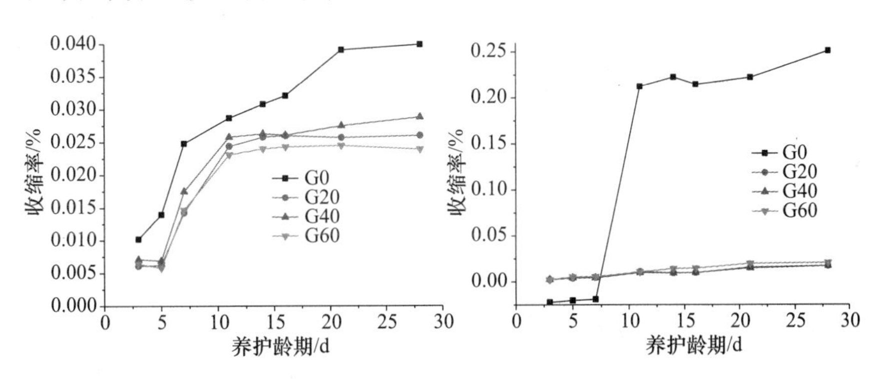

图 6-44　固硫灰细度对基体及泡沫混凝土收缩的影响

不同固硫灰掺量对泡沫混凝土及基体收缩的影响如图 6-45 所示。当固硫灰掺量从 0% 增加到 80% 时，泡沫混凝土基体在室内环境中自然养护均表现为收缩且随着养护龄期的增加逐渐增大，后期收缩率有变化缓慢的趋势。随着固硫灰掺量的增加，基体在各个龄期的收缩率降低，但收缩率的降低幅度随着固硫灰掺量的增加而减少。固硫灰掺量对泡沫混凝土收缩率的影响规律与基体一致，表明固硫灰的加入确实有利于改善泡沫混凝土的收缩，而且在相同的养护条件下，固硫灰参数对相同密度泡沫混凝土收缩的影响规律可以反映到固硫灰对基体收缩性能的影响上，且泡沫混凝土的收缩率约为基体收缩率的 10 倍。

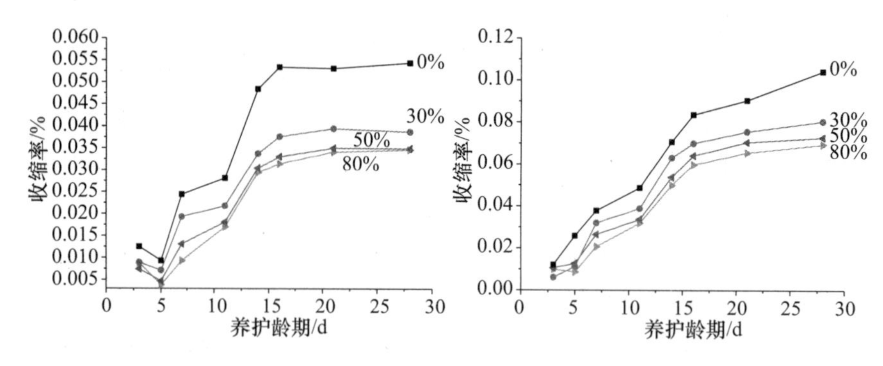

图 6-45 固硫灰掺量对基体及泡沫混凝土收缩的影响

研究石灰、铝酸盐水泥分别在最佳掺量时单掺、复掺对泡沫混凝土收缩的影响，结果如图 6-46 所示，其中，Sh、G、A、L 分别代表熟料、固硫灰、铝酸盐水泥、石灰。由图可知，泡沫混凝土的收缩率随龄期的增长而逐渐增加，收缩率大小为：Sh + G > Sh + G + L > Sh + G + A > Sh + G + L + A。试验结果表明，在固硫灰-水泥熟料体系中单掺石灰、铝酸盐水泥可以降低泡沫混凝土的收缩率。复掺石灰、铝酸盐水泥，泡沫混凝土的收缩率会进一步降低。这说明石灰、铝酸盐水泥的存在确实能够促进固硫灰的水化，加快反应产物的生成。

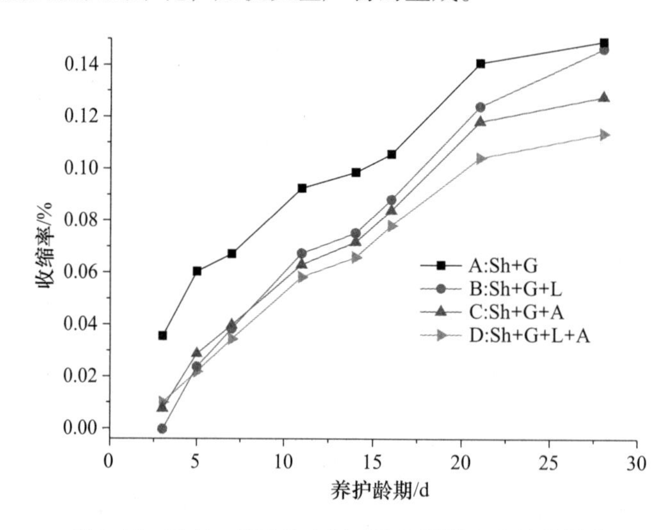

图 6-46 石灰、铝酸盐水泥对泡沫混凝土收缩的影响

图 6-47 为激发剂在最佳掺量时对泡沫混凝土收缩的影响，对同一密度等级的泡沫混凝土，各激发剂对其收缩的影响不同。泡沫混凝土的收缩率随龄期增加而逐渐增加，各激发剂对泡沫混凝土早期收缩率的影响规律不是很明显，水化 7d 以后收缩率大小表现为：氯化钙 > 三乙醇胺 > 空白样 > 硫酸钠 > 氢氧化钠。各激发剂对体系水化产物生成速率的影响，激发剂对浆体流变性能的影响导致泡沫混凝土孔结构的变

化，激发剂对溶液表面张力的影响，上述3种原因的综合作用导致泡沫混凝土收缩行为变化。

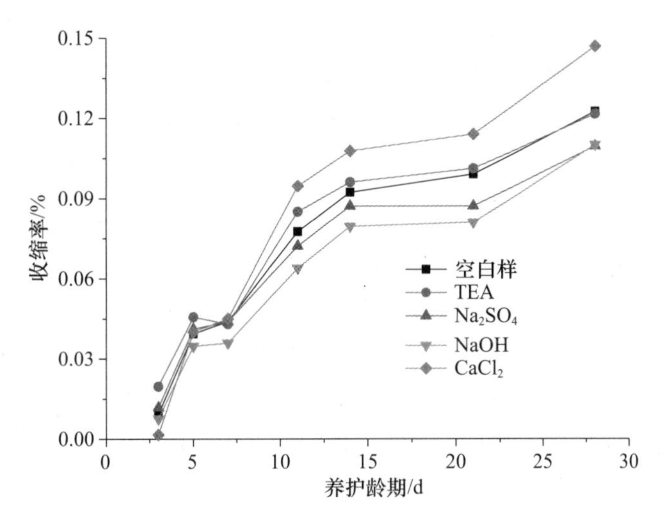

图6-47 激发剂对泡沫混凝土收缩的影响

制备200kg/m³、1000kg/m³泡沫混凝土时分别加入了纤维与砂，其对泡沫混凝土收缩的影响如图6-48所示。泡沫混凝土的收缩率随龄期的增加而逐渐增加，但在水化28d时收缩率有降低的趋势。纤维和砂子的加入均有利于降低泡沫混凝土的收缩。例如，200kg/m³的纤维泡沫混凝土在28d的收缩率为0.1632%，相比于空白样降低了24.5%；1000kg/m³的砂系泡沫混凝土在28d的收缩率为0.0169%，相比于空白样降低了27.8%。此外，从200kg/m³及1000kg/m³泡沫混凝土在各龄期的收缩率大小可得知，高密度的泡沫混凝土收缩率远小于低密度泡沫混凝土的收缩率。

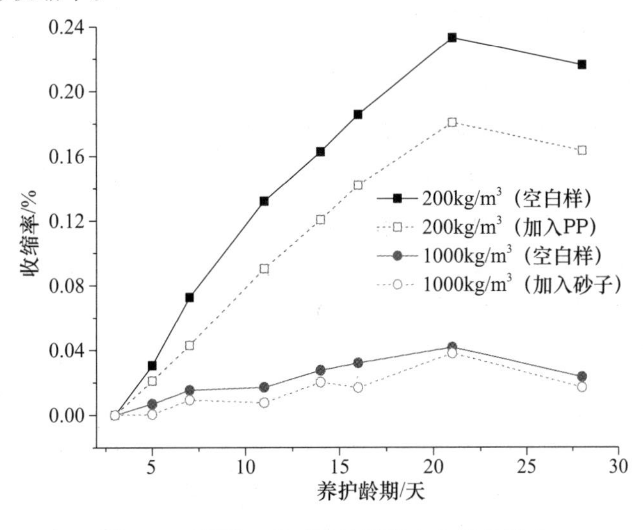

图6-48 纤维、砂对泡沫混凝土收缩的影响

（2）泡沫混凝土的导热系数

泡沫混凝土的热传递以固相热传导为主，为此，基体的导热系数以及基材所占比例即密度会显著影响泡沫混凝土的导热系数。下面主要研究固硫灰批次及密度对泡沫混凝土导热系数的影响。

为研究密度对泡沫混凝土导热系数的影响，分别制备了 A02、A04、A06、A08、A10 级的固硫灰泡沫混凝土，其导热系数结果如图 6-49 所示。由图可知，泡沫混凝土的导热系数随密度等级的降低依次下降。杨奉源的研究表明，在低密度范围内，泡沫混凝土的导热系数随密度增加而呈正比例线性增加，也有报道说导热系数与密度存在着 $k = e^{3.93-35601.21/(\varphi+4810.97)}$ 的关系。可见，密度是影响泡沫混凝土导热系数的主要因素，胶凝材料的变化对其影响较小。此外，将图中不同密度等级泡沫混凝土的导热系数与标准值比较，结果均合格。

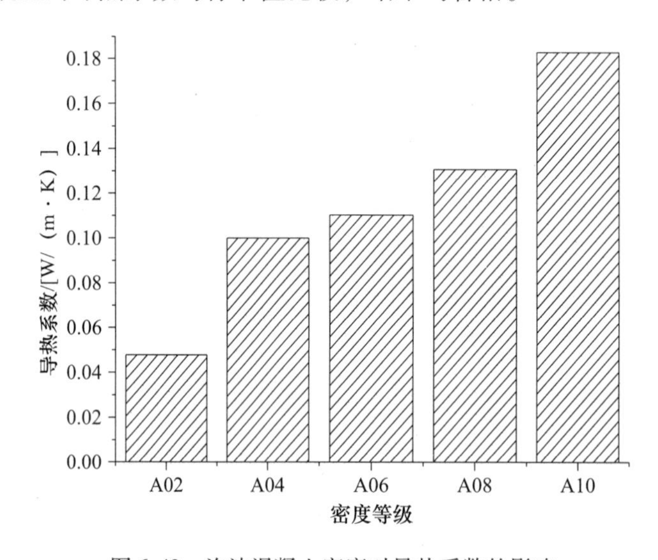

图 6-49　泡沫混凝土密度对导热系数的影响

（3）泡沫混凝土的吸水特性

泡沫混凝土具有较高的吸水率，其吸水后会降低保温效果且易在低温寒冷条件下因冻融循环造成泡沫混凝土强度损失和结构破坏。因此，泡沫混凝土的吸水特性对其耐久性至关重要。分别制备出不同密度等级（A02、A04、A06、A08、A10）的固硫灰泡沫混凝土，其吸水率测试结果见表 6-28。从表可以看出：泡沫混凝土的吸水率随着密度等级的增加而逐渐降低，即泡沫混凝土的密度越低，其吸水率越高；软化系数与吸水率的变化规律大致相同。泡沫混凝土的吸水通过两种途径实现：毛细孔（胶凝材料硬化的初始阶段生成的互相连接的毛细孔隙）渗透和连通孔（包括封闭的泡沫孔产生缺陷形成的不完整的孔和因泌水产生的泌水通道）渗透。因此，随着泡沫混凝土密度的降低，其孔隙率会增加，产生连通孔的概率增加，吸水率提高。

表 6-28 密度对泡沫混凝土吸水率的影响

密度等级	绝干密度 /(kg/m³)	抗压强度 /MPa	饱水密度 /(kg/m³)	抗压强度 /MPa	吸水率 /%	软化系数
A02	190	0.53	340	0.33	79.1	1.61
A04	415	2.09	677	1.82	63.2	1.15
A06	594	4.69	736	4.28	24.1	1.1
A08	807	9.58	958	9.41	18.7	1.02
A10	979	12.32	1149	11.93	17.4	1.03

纤维、砂的加入有利于降低泡沫混凝土的收缩值，其对泡沫混凝土吸水率的影响见表 6-29。由表可知，纤维的加入有利于降低泡沫混凝土的吸水率及软化系数，吸水率降低了 10.5%，软化系数降低了 9.9%，但砂的作用不是很明显。

表 6-29 纤维、砂对泡沫混凝土吸水率的影响

编号	绝干密度 /(kg/m³)	抗压强度 /MPa	饱水密度 /(kg/m³)	抗压强度 /MPa	吸水率 /%	软化系数
A1（空白）	190	0.53	340	0.33	79.1	1.61
A2（纤维）	212	0.55	362	0.38	70.8	1.45
B1（空白）	979	12.32	1149	11.93	17.4	1.03
B2（砂子）	1021	12.1	1192	11.98	16.7	1.01

（4）干湿循环

分别测试了不同密度等级固硫灰泡沫混凝土的干湿强度系数，结果见表 6-30。由表可知，泡沫混凝土的劈裂抗拉强度与 15 次干湿循环后的劈裂抗拉强度均随密度等级的降低而降低，两者的比值即干湿强度系数随密度从 A10 级降低到 A04 级而逐渐降低，而 A02 因掺有纤维，抗拉能力增强且自生劈裂抗拉强度较低，导致干湿强度系数较大。因泡沫混凝土吸水率随密度降低而增加，则干湿循环对低密度的影响增加，导致干湿强度系数随密度降低而降低。

表 6-30 泡沫混凝土的干湿循环试验结果

密度等级	绝干密度 /(kg/m³)	劈裂抗拉强度 /MPa	循环后劈裂抗拉强度/MPa	干湿强度系数
A10	1051	1.33	1.05	0.79
A08	824	1.14	0.86	0.75

续表

密度等级	绝干密度/(kg/m^3)	劈裂抗拉强度/MPa	循环后劈裂抗拉强度/MPa	干湿强度系数
A06	623	0.77	0.56	0.73
A04	384	0.25	0.19	0.56
A02	243	0.12	0.11	0.92

(5) 冻融循环

固硫灰泡沫混凝土试块饱水后在(-20±2)℃下冻6h，然后在(20±5)℃水中融化5h为一次循环，经过15次冻融循环试验后，测定质量和强度损失，试验结果见表6-31。当混凝土的密度等级在A06～A10范围内时，泡沫混凝土的质量没有损失；当混凝土的密度等级为A04、A02时，质量损失分别为4.0%、6.0%。固硫灰泡沫混凝土的强度损失随密度等级的降低而提高，其中，A02级泡沫混凝土的强度损失率达25%。标准《泡沫混凝土砌块》(JC/T 1062)中规定：夏热冬暖地区，泡沫混凝土经15次冻融循环后其质量损失率不大于5%，强度损失率不大于20%。可见，固硫灰制备的泡沫混凝土除A02级不满足要求外，其余等级的泡沫混凝土均满足标准要求。

表6-31 固硫灰泡沫混凝土的抗冻性

样品编号		冻前质量/g	冻后质量/g	质量损失/%	冻前强度/MPa	冻后强度/MPa	强度损失/%
密度等级	A02	190	179	6	0.53	0.4	25
	A04	362	347	4	1.68	1.39	17.2
	A06	192.6	197.2	0	3.55	3.18	10.4
	A08	813	819	0	9.58	8.74	8.8
	A10	1019	1106	0	12.1	12.4	0

6.3 小结

固硫灰渣可大掺量替代水泥制备合适等级的加气混凝土和泡沫混凝土新型墙体材料，在多孔水泥基材料体系中，固硫灰渣膨胀性组分有膨胀空间，可以释放膨胀能，同时，该膨胀还能补偿多孔体系的收缩。

7 循环流化床锅炉燃煤灰渣膨胀性利用技术

开裂和劣化几乎一直伴随水泥基建筑材料的使用和发展。国内外许多学者做了大量的工作，试图从不同角度解决水泥基材料的收缩，但至今效果较为明显的仅有膨胀混凝土或者称之为补偿收缩混凝土。补偿收缩混凝土是在水泥中掺入膨胀剂或者直接用膨胀水泥拌制而成的一种特种混凝土。膨胀剂的主要工作原理是通过生成膨胀水化产物来产生适量的膨胀以补偿混凝土在硬化过程中所产生的收缩，从而提高混凝土的防渗抗裂性能。随着我国预拌砂浆、预拌混凝土和高性能混凝土的大规模应用，补偿收缩需求也将越来越大。从经济效益和施工便利等方面考虑，在水泥中掺入膨胀剂补偿收缩混凝土无疑是最经济、最方便的。固硫灰的膨胀源较多，具有较大的膨胀性，而且含有较多的活性 Al_2O_3、SO_3，符合膨胀剂的原材料要求。而且，固硫灰中含有一定量的Ⅱ-$CaSO_4$，其溶解速度较慢，使得制备出的膨胀剂能缓慢发挥其膨胀性能。本章重点是利用循环流化床锅炉燃煤灰渣的膨胀性，以其为膨胀源降低普通砂浆、特种砂浆和高性能混凝土收缩。

7.1 固硫灰渣基膨胀剂制备及应用技术

7.1.1 固硫灰-锂渣-硬石膏系列膨胀剂

由于固硫灰膨胀性组分含量局限，仅仅依靠固硫灰自身的膨胀尚不能达到膨胀剂的要求，这就需要添加一些校正原料或者引入新的膨胀组分。通过对循环流化床燃煤固硫灰的成分分析，认为可以通过掺入铝质、硫质原料对固硫灰中的铝和硫进行一定校正，制备出以钙矾石为主要膨胀源的膨胀剂。锂渣（或称碳酸锂渣）是硫酸法生产碳酸锂产生的工业废渣。煅烧过的锂渣含有较多高活性的无定形 SiO_2、Al_2O_3，其中 Al_2O_3 占20%左右，能与水泥水化产生的 $Ca(OH)_2$ 发生火山灰反应，生成稳定的水化硅铝酸钙凝胶。在现阶段，大部分锂渣用作混凝土掺合料、混合材、烧水泥的黏土原料等，利用附加值较低。以下对通过正交试验设计的固硫灰-锂渣-硬石膏系列膨胀剂进行介绍。

影响固硫灰膨胀剂的主要因素是硬石膏掺量、锂渣掺量、硬石膏细度和固硫灰细度，试验中固定膨胀剂的掺量为10%，选取硬石膏掺量（A）、锂渣掺量（B）、硬石膏细度（C）、固硫灰细度（D）四个因素，按正交试验L9（3^4）表进行试验，其因素水平见表7-1。根据《混凝土膨胀剂》（GB 23439）中所述的混凝土膨胀剂性能要求对各组配比进行膨胀性、强度以及凝结时间的测试，测试结果见表7-2。对限制膨胀率进行极差分析可知，影响7d膨胀率各因素重要性表现依次为C（硬石膏细度）>A（硬石膏掺量）>D（固硫灰细度）>B（锂渣掺量），最佳组合为$C_2A_3D_1B_3$；28d限制膨胀率的分析结果为B>A>D>C，最佳配方为$B_3A_1D_1C_3$；21d限制膨胀率分析结果为C>D>A>B，其最佳配方为$C_2D_2B_2A_1$（表7-3）。7d限制膨胀率分析表明硬石膏的细度为影响7d膨胀率的主要因素，其次为硬石膏的掺量，最后为固硫灰细度；影响28d膨胀率的因素由主到次依次为锂渣的掺量、硬石膏掺量、固硫灰细度和硬石膏细度。由此可见，硬石膏细度对该膨胀剂早期膨胀性影响较为明显，这是因为硬石膏的溶解速度较慢，前期硬石膏磨得越细，其溶解速度就越快，从而更有利于钙矾石的形成。然而，过细可能造成钙矾石较多在塑性阶段生成，这样形成有效的膨胀就较小，故为了让早期达到较大的有效的膨胀，硬石膏应该控制在一定的细度。在后期28d，硬石膏溶解接近完全，故硬石膏的细度对膨胀剂的膨胀影响不明显。

表7-1　试验因素水平表

水平	因素			
	A（硬石膏掺量）/%	B（锂渣掺量）/%	C（硬石膏细度）/(m^2/kg)	D（固硫灰细度）/(m^2/kg)
1	40	5	195	347
2	50	10	281	475
3	60	15	364	563

表7-2　正交试验测试结果

编号	凝结时间/min		限制膨胀率/10^{-4}			强度/MPa			
			水中限制膨胀率		空气中21d	7d		28d	
	初凝	终凝	7d	28d		抗折	抗压	抗折	抗压
1	133	174	3.23	4.46	-0.76	6.59	35.77	9.13	56.83
2	147	199	3.04	4.31	-0.19	5.87	35.00	8.97	58.97
3	135	170	2.63	5.28	-1.04	6.14	35.30	9.29	61.64
4	157	207	3.13	2.90	-0.89	5.82	31.60	6.98	48.30
5	131	176	3.07	4.47	-1.00	5.70	34.70	7.22	54.83

续表

编号	凝结时间/min		限制膨胀率/10^{-4}			强度/MPa			
	初凝	终凝	水中限制膨胀率		空气中21d	7d		28d	
			7d	28d		抗折	抗压	抗折	抗压
6	130	175	3.16	4.32	-0.66	5.71	32.27	8.34	53.51
7	122	177	3.02	3.62	-0.78	5.32	30.43	6.56	44.45
8	157	188	3.27	4.56	-0.63	4.96	30.50	6.93	44.92
9	150	190	3.79	5.47	-0.40	5.40	31.43	7.69	51.07

表 7-3　限制膨胀率极差分析结果

编号	水中7d				水中28d				空气中21d			
	A	B	C	D	A	B	C	D	A	B	C	D
K_1	8.90	9.38	9.66	10.09	14.04	10.98	13.35	14.40	-1.98	-2.43	-2.04	-2.16
K_2	9.36	9.38	9.96	9.22	11.7	13.35	12.69	12.24	-2.55	-1.83	-1.47	-1.62
K_3	10.08	9.58	8.72	9.03	13.65	15.06	13.38	12.75	-1.80	-2.10	-2.82	-2.55
$K_1/3$	2.97	3.13	3.22	3.36	4.68	3.66	4.45	4.80	-0.66	-0.81	-0.68	-0.72
$K_2/3$	3.12	3.13	3.32	3.07	3.90	4.45	4.23	4.08	-0.85	-0.61	-0.49	-0.54
$K_3/3$	3.36	3.19	2.91	3.01	4.55	5.02	4.46	4.25	-0.60	-0.70	-0.94	-0.85
R	0.39	0.07	0.41	0.35	0.79	1.36	0.23	0.72	0.25	0.20	0.45	0.31

抗折抗压强度的极差分析结果表明，7d 抗折强度分析结果为 A（硬石膏掺量）> D（固硫灰细度）> B（锂渣掺量）> C（硬石膏细度），7d 抗压强度分析结果为 A > D > B > C；28d 抗折强度分析结果为 A > B > C > D，28d 抗压强度分析结果为 A > B > D > C。由此得出硬石膏掺量对该强度影响较为明显，所有试块抗压抗折强度均满足《混凝土膨胀剂》（GB 23439）Ⅰ型混凝土膨胀剂强度要求（表 7-4）。

表 7-4　抗折抗压强度极差分析结果

编号		K_1	K_2	K_3	$K_1/3$	$K_2/3$	$K_3/3$	R
7d 抗折强度	A	18.60	17.22	15.69	6.20	5.74	5.23	0.97
	B	17.73	16.53	17.25	5.91	5.51	5.75	0.40
	C	17.25	17.10	17.16	5.75	5.70	5.72	0.06
	D	17.70	16.89	16.92	5.90	5.63	5.64	0.26
7d 抗压强度	A	106.08	98.58	92.37	35.36	32.86	30.79	4.57
	B	97.80	100.20	99.00	32.60	33.40	33.00	0.80
	C	98.55	98.04	100.44	32.85	32.68	33.48	0.80
	D	101.91	97.71	97.41	33.97	32.57	32.47	1.50

续表

编号		K_1	K_2	K_3	$K_1/3$	$K_2/3$	$K_3/3$	R
28d 抗折强度	A	27.39	22.53	21.18	9.13	7.51	7.06	2.07
	B	22.68	23.13	25.32	7.56	7.71	8.44	0.88
	C	24.39	23.64	23.07	8.13	7.88	7.69	0.44
	D	24.03	23.88	23.19	8.01	7.96	7.73	0.28
28d 抗压强度	A	177.45	156.63	140.43	59.15	52.21	46.81	12.33
	B	149.58	158.73	166.23	49.86	52.91	55.41	5.55
	C	155.25	158.34	160.92	51.75	52.78	53.64	1.89
	D	162.72	156.93	154.86	54.24	52.31	51.62	2.62

综合以上正交试验的分析结果得出最佳方案为 $C_2A_3D_1B_3$，即最佳方案为硬石膏的细度为 281m^2/kg、硬石膏掺量为 60%、固硫灰细度为 347m^2/kg，锂渣掺量为 15%。表 7-5 给出了膨胀剂的各项性能测试结果，从结果得出固硫灰-锂渣-硬石膏制备出的混凝土膨胀剂性能满足《混凝土膨胀剂》（GB 23439）中Ⅰ型膨胀剂要求。

表 7-5　最佳配比试验性能测试结果

限制膨胀率/10^{-4}						强度/MPa				凝结时间/min	
水中					空气中	7d		28d			
1d	3d	7d	28d	56d	21d	抗压	抗折	抗压	抗折	初凝	终凝
1.34	1.72	3.87	5.36	5.70	-0.37	31.62	5.73	42.17	6.41	174	234

7.1.2　固硫灰-铝矾土-硬石膏系列膨胀剂

铝矾土俗称铝土矿，由长石、云母等矿物风化而成，其主要含有一水硬铝（$Al_2O_3 \cdot H_2O$）、一水软铝石（$Al_2O_3 \cdot 3H_2O$）、三水铝石（$Al_2O_3 \cdot 3H_2O$）等矿物。它广泛用于炼铝、制造高铝水泥、人造刚玉和化工原料等。天然铝矾土活性不高，需要煅烧提高铝矾土的活性。参考硫铝酸钙类混凝土膨胀剂的制备方法，选取固硫灰、铝矾土、硬石膏比例为 40：10：50、35：15：50、30：20：50 三个配比进行限制膨胀率和强度试验，选取膨胀剂掺量为 10%。

如表 7-6、表 7-7 所示，掺膨胀剂的试块其膨胀率比不掺膨胀剂的空白样膨胀率要大得多，掺膨胀剂的试块的膨胀率随着龄期的延长而增加，并且前期增长快，后期增幅明显减少。整体来看，膨胀率是 F2 > F3 > F1 > F0，即固硫灰：铝矾土：硬石膏为 35：15：50 的配比制备的样品膨胀性表现最好。掺有膨胀剂的试块的抗折强度普遍要低于不掺膨胀剂的试块，其中F2、F3的抗折强度较接近，依次是F0 > F1 > F2 = F3。比较四组抗压强度结果，可以发现掺膨胀剂的抗压强度都低于未掺膨胀剂的砂浆的强度，掺膨胀剂的砂浆强度较接近，差别不大，四组样品抗压强度依次为F0 > F1 > F3 > F2。掺入膨胀剂后砂浆的抗折、抗压强度普遍低于未掺膨胀剂的砂浆的强度，这是由于膨胀水剂化反应生成膨胀产物钙矾石，而膨胀因为没有得到有效的限制，因此对砂浆的结构造成破坏。从三组配比的膨胀率来看，固硫灰：铝矾土：硬石膏为35：15：50时膨胀性能最好，铝矾土掺量过高或者过低其膨胀性都较差。

表7-6　限制膨胀率试验结果

试样序号	3d水中限制膨胀率	7d水中限制膨胀率	28d水中限制膨胀率	21d空气中限制膨胀率
F0	0.003	0.005	0.006	-0.012
F1	0.018	0.024	0.040	-0.003
F2	0.027	0.034	0.057	-0.007
F3	0.024	0.030	0.044	-0.004

注：F1为40：10：50配比，F2为35：15：50配比，F3为30：20：50配比，F0表示未掺膨胀剂的试块。（下同）

表7-7　抗折抗压强度试验结果

序号	7d强度/MPa		28d强度/MPa		56d强度/MPa	
	抗折	抗压	抗折	抗压	抗折	抗压
F0	6.36	38.47	7.82	54.76	8.84	59.47
F1	4.92	35.41	7.21	49.25	8.15	57.37
F2	4.53	32.72	6.74	45.66	7.69	53.24
F3	4.76	34.91	6.67	47.84	7.81	56.76

7.1.3　固硫灰-硫铝酸盐水泥-硬石膏系列膨胀剂

硫铝酸盐水泥从一定程度上讲是从膨胀剂发展而来的，其产生和发展都与膨胀剂密切相关。C_4A_3S矿物的理论研究奠定了硫铝酸盐水泥的基础，自UEA膨胀剂（用于膨胀的试剂）面世以来，越来越多的人用硫铝酸盐水泥熟料制备混凝土膨胀剂。众多研究膨胀剂的学者在研究过程中，通常以烧制成类似硫铝酸盐熟料的成分来判断膨胀剂是否烧制好。用硫铝酸盐水泥对固硫灰中的铝含量进行校正，以制备得到性能优异的混凝土膨胀剂。参考《混凝土膨胀剂及其补偿收缩混凝土》（游宝坤

李乃珍　著)，选取固硫灰：硬石膏：硫铝酸盐水泥比例为 20：40：40、30：40：30、40：40：20 三组配比进行限制性膨胀试验。

如表 7-8 和表 7-9 所示，S1 的膨胀率明显要优于其他两组配比的砂浆膨胀率，比较四组砂浆的膨胀率可以得出膨胀率由大到小依次为 S1 > S2 > S3 > S0，同样地，掺入膨胀剂的砂浆试块膨胀率要远大于未掺膨胀剂的砂浆试块。未掺膨胀剂的砂浆抗折强度高于掺有膨胀剂试块的抗折强度。其中，S2、S3 抗折强度较为接近，S1 抗折强度是最差的。随着龄期的增加，不同试块间的抗折强度差距较大。抗压强度随龄期的延长而增加，且前期增长较快后期增长缓慢。同样地，在这几组抗压强度比较中，未掺膨胀剂的抗压强度明显优于其他几组。抗压强度由高到低依次为 S0 > S2 = S3 > S1。随着硫铝酸盐水泥掺量的增加，膨胀率趋于增加。最佳膨胀剂配比为 S1，即固硫灰、硬石膏、硫铝酸盐水泥比例为 20：40：40。掺入膨胀剂的砂浆试块抗折强度、抗压强度明显低于未掺膨胀剂的砂浆试块。由此可以看出，在掺量相同的情况下，掺入膨胀率越大的膨胀剂的砂浆试块其强度越低。

表 7-8　限制膨胀率试验结果

试样序号	3d 水中 限制膨胀率	7d 水中 限制膨胀率	28d 水中 限制膨胀率	21d 空气中 限制膨胀率
S0	0. 008	0. 012	0. 014	-0. 014
S1	0. 032	0. 047	0. 061	-0. 06
S2	0. 026	0. 035	0. 049	-0. 045
S3	0. 024	0. 031	0. 042	-0. 078

注：S0 为空白样未掺膨胀剂，S1 配比为 20：40：40，S2 配比为 30：40：30，S3 配比为 40：40：20。(下同)

表 7-9　强度试验结果

序号	7d 强度/MPa		28d 强度/MPa		56d 强度/MPa	
	抗折抗压		抗折抗压		抗折抗压	
S0	6. 46	37. 28	8. 49	56. 47	9. 24	60. 42
S1	4. 34	30. 57	6. 29	42. 32	6. 82	49. 34
S2	4. 87	33. 48	6. 41	47. 35	7. 64	52. 28
S3	4. 79	34. 22	6. 67	46. 77	7. 45	51. 49

7. 1. 4　固硫灰基膨胀剂在混凝土中的应用

按照《普通混凝土设计配合比规程》（JGJ 55）进行 C40 混凝土配合比设计，膨胀剂内掺 10%（取代水泥），其配合比见表 7-10。

表 7-10 混凝土基准配合比/(kg/m³)

等级	水泥	膨胀剂	水	砂	石	W/B	减水剂/%	砂率/%
C40	400	44.5	161	702	1098	0.36	0.6	39

掺四种不同膨胀剂的混凝土的初始坍落度测试结果见表 7-11。膨胀剂的掺入大幅降低了混凝土的工作性。

表 7-11 坍落度测试结果

编号	M0	M1	M2	M3	M4
坍落度/mm	165	124	92	80	80

注：M0 为未掺膨胀剂的空白样；M1 为市售 UEA 型膨胀剂；M2 为固硫灰-锂渣-硬石膏体系的膨胀剂最佳配方；M3 为固硫灰-铝矾土-硬石膏体系膨胀剂的最佳配方；M4 为固硫灰-硫铝酸盐水泥-硬石膏体系的膨胀剂最佳配方。（下同）

由不同龄期混凝土的限制膨胀率测试结果（图 7-1）可知，掺入膨胀剂的混凝土限制膨胀率明显高于未掺膨胀剂的混凝土。所有掺膨胀剂的混凝土试块均在前 7d 膨胀较快，以后增长较缓慢。M4 膨胀性能优于 UEA 型混凝土膨胀剂，而 M2 型膨胀剂前 7d 膨胀率略低于 UEA，但是在 28d 左右，赶上甚至超过了 UEA。从整体来看，膨胀性能是 M4 > M1 > M2 > M3。

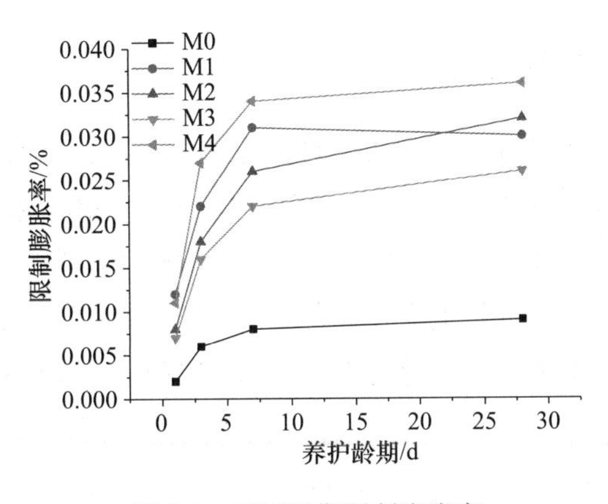

图 7-1 不同龄期限制膨胀率

根据混凝土抗压强度测试结果（图 7-2）可知，掺入膨胀剂能一定程度上提高混凝土强度。强度由高到低依次是 M2 > M4 > M1 > M0 > M3。强度和膨胀率之间并不是简单的线性关系。这是因为新拌混凝土内存在大量的孔隙，随着膨胀剂的水化反应的进行，混凝土膨胀剂水化产物会填充这些孔隙，使整个混凝土更加密实，从而提高混凝土强度。但是在没有任何约束的情况下，若膨胀量过大，当膨胀体积大于孔隙的体积时，过大的膨胀就会对混凝土的结构造成破坏，从而使混凝土试块的强度下降。

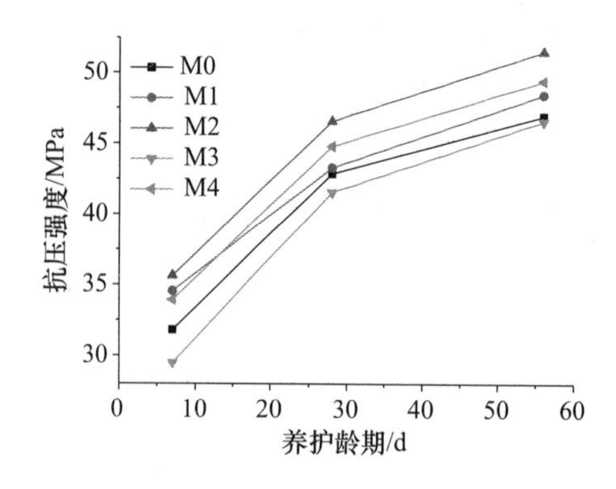

图 7-2　不同龄期混凝土强度

7.2　固硫灰渣基无机灌浆材料

在高胶材用量、大流动度的无机灌浆材料中，通常需要加入膨胀剂以补偿收缩。固硫灰渣自身具有膨胀性及水硬性，可以以其为膨胀剂和活性掺合料得到性能优越的无机灌浆材料，其渗透性强，可灌性好，固结强度高，凝结时间易于控制，价格低廉，适用于各种工程的需要，而且便于运输和储存。这将为固硫灰渣的直接应用探索一种新的途径。

7.2.1　固硫灰相关性能

本研究选用 4 种规格固硫灰原料，分别为原灰，球磨 20min、40min 和 60min 固硫灰，分别记为 A0、A20、A40 和 A60，相关性能如下。表 7-12 给出了不同粉磨时间固硫灰粉体的综合性能测试结果。从表中可以得出，粉磨后固硫灰的休止角有所减少，但粉磨 20min、40min、60min 的休止角变化较小。随着粉磨时间的延长，其崩溃角显著减小，流动性增加。粉磨前后，固硫灰的松散密度基本上没有变化；其振实密度较粉磨前有所增加，但粉磨 20min、40min、60min 的振实密度差别不大。

表 7-12　粉体综合性能测试结果

指标	A0	A20	A40	A60
休止角/°	53.00	51.33	50.00	49.67
崩溃角/°	31.67	30.00	28.50	24.83
松散密度/(g/cm^3)	0.74	0.73	0.75	0.75
振实密度/(g/cm^3)	1.27	1.32	1.31	1.33

粉磨不同时间的固硫灰的粒度分布如图 7-3 所示，随着粉磨时间的延长，其粗颗粒明显减少，细颗粒显著增多，其分布也较均匀。粉磨 50min 后，粒度没有明显变化。郑洪伟研究表明，固硫灰中颗粒较不均匀，其成分波动也较大。因此，通过粉磨固硫灰也可以达到使其成分更加均匀的目的。

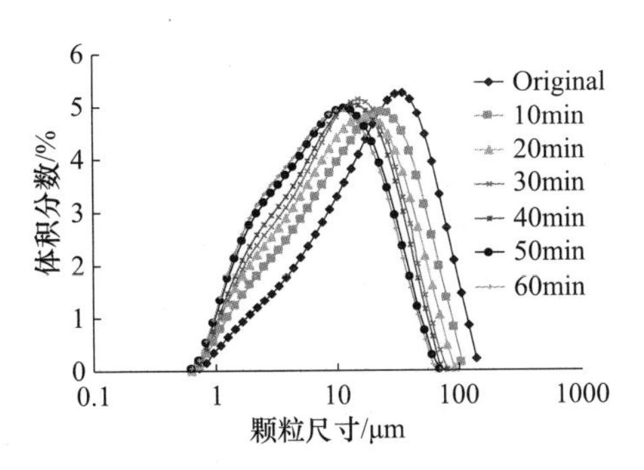

图 7-3　不同粉磨时间固硫灰粒度分度

表 7-13 给出了不同细度固硫灰标准稠度需水量、比表面积、表观密度测试结果。

表 7-13　不同细度固硫灰的物理性能

试样	标准稠度需水量/%	比表面积/(cm^2/g)	表观密度/(g/cm^3)
原灰	44. 3	3943	2. 448
20min 灰	42. 0	4259	2. 667
40min 灰	39. 2	5616	2. 697
60min 灰	36. 5	6047	2. 789

图 7-4 给出了不同细度固硫灰膨胀率与养护龄期的关系，表 7-14 给出了不同龄期固硫灰自硬强度。固硫灰硬化水化浆体的自硬强度与膨胀率都是先提高后降低的趋势。结合图 7-5 钙矾石含量数据不难发现，固硫灰的强度、膨胀率与其钙矾石的含量有一定的关系。然而，强度构成可能比较复杂，和火山灰反应有关，也与其体积膨胀等有关。从图中可以看出，40min 灰试样早期钙矾石含量最高时，其膨胀率和自硬强度也相对较高，自硬强度约在 28d 达到最大，其后开始逐渐降低，同时，试样 40min 灰的钙矾石量和膨胀量也下降。这主要是由于两方面的原因：一方面，钙矾石的分解导致固硫灰水化浆中骨架减少；另一方面，固硫灰中存在的 Ⅱ-$CaSO_4$ 溶解生成 $CaSO_4 \cdot 2H_2O$ 产生膨胀，体积增加约 2. 26 倍，从而导致固硫灰水化浆体抗压强度下降较快。

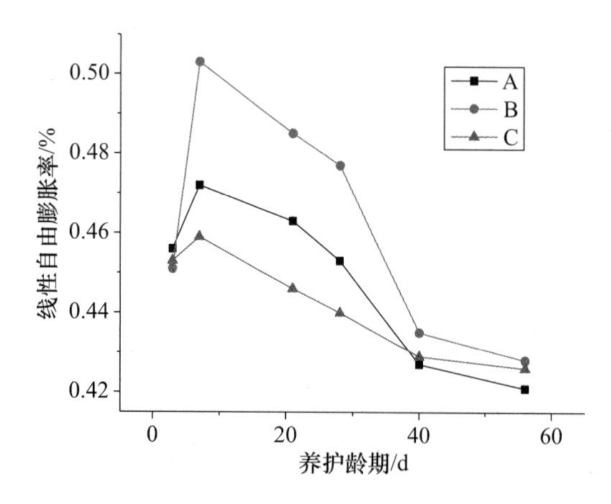

图 7-4　固硫灰线性自由膨胀率随龄期的变化

表 7-14　不同细度固硫灰自硬性抗压强度/MPa

试样	1d	3d	7d	28d	56d
A20	0. 32	1. 25	2. 08	3. 19	1. 17
A40	0. 85	3. 08	5. 49	6. 79	2. 65
A60	0. 51	1. 99	2. 64	2. 79	2. 02

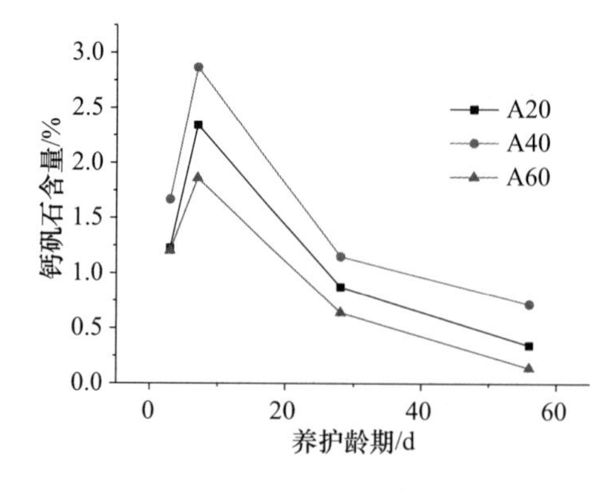

图 7-5　固硫灰水化产物钙矾石含量

由图 7-5 可看出，A40 灰中生成钙矾石最多。固硫灰水化后钙矾石含量在 7d 达到最大，此后钙矾石就不断分解，其含量不断减少。水化后期（28d 以后），各细度的固硫灰水化浆体中都有少量钙矾石的存在。这可能是由两个方面的原因导致的：一方面，钙矾石的含量很少，而且结晶不是很好；另一方面，该水化浆体内的钙矾石有少量是以凝胶状钙矾石存在的。钙矾石生成量依次是 40min 灰 > 20min 灰 > 60min 灰。钙矾石的生成与固硫灰液相中［Al_2O_3］、［SO_3］、［CaO］浓度有关。随着固硫灰细度的增加，其硬石膏的溶解速度加快，液相中［SO_3］含量增加，加速钙矾石的生成。［CaO］主要由 f-CaO 提供。60min 灰中固硫灰火山灰反应和生成钙矾石的速度是最快的，加水后［CaO］参与反应速度很快，其浓度的迅速下降。当［CaO］的浓度下降到一定程度时，钙矾石就开始分解。F. M. Lea 研究表明，液相中至少含有 0.215mg/mL $CaSO_4$，0.043mg/mL CaO，0.035mg/mL Al_2O_3，才能形成高硫型硫铝酸钙。杨南如、钟白茜等也认为，［CaO］和［SO_3］减小到一定程度时，钙矾石已经不能稳定存在了。由于液相中［CaO］和［SO_3］浓度的下降，特别是前者的降低，导致钙矾石的分解，致使在 7d 以后钙矾石的含量明显降低。

7.2.2 固硫灰水泥基灌浆材料

（1）单因素分析

当固硫灰掺量为 40%，水胶比为 0.24，减水剂有效掺量为 0.36%，胶砂比为 1：1 时，灌浆材料具有较好的流动性和强度。

表 7-15 固硫灰掺量对灌浆材料工作性和力学性能影响

掺量/%	流动性/mm	抗压强度/MPa						抗折强度/MPa					
		1d	3d	7d	28d	56d	90d	1d	3d	7d	28d	56d	90d
34	347	30.36	60.47	86.08	102.16	108.53	118.50	7.26	11.27	12.72	21.07	19.12	26.27
36	349	27.66	52.77	83.78	101.88	112.57	123.72	6.51	9.24	13.01	22.22	20.01	23.26
38	352	26.18	53.7	81.36	111.41	117.16	128.44	6.51	9.04	12.83	19.96	17.98	26.52
40	352	24.52	50.42	76.81	103.31	118.63	117.44	6.51	9.18	12.92	20.73	19.15	23.50
42	345	23.88	47.61	73.44	101.32	111.47	116.53	6.22	8.47	12.31	18.04	16.93	25.19
44	334	21.13	46.44	72.80	98.63	112.75	115.62	5.95	8.53	12.16	19.51	18.75	25.06
46	328	21.44	46.94	73.07	97.53	113.57	110.91	5.71	8.33	11.47	17.58	16.02	20.34
48	313	24.18	48.36	77.28	103.9	117.44	101.72	5.51	8.77	12.09	11.00	15.04	17.57
50	295	22.105	45.64	70.52	90.10	103.50	124.66	5.20	8.33	11.83	14.52	19.12	21.84

由表 7-15 可知，固硫灰掺量越大，灌浆材料的流动性越低。固硫灰具有多孔结构，虽然粉磨后破坏了大部分的孔隙结构，但是依然存在大量细小的孔洞，可以存储一部分水分，使固硫灰与水泥在相同的情况下，需水量远远大于同粒度的水泥。并且，固硫灰表面形貌差，颗粒间的机械摩擦力大，不利于浆体的流动性。因此，表现为流动性随固硫灰掺量增加而降低。固硫灰玻璃体含量低，但存在一部分没有参与反应的游离氧化钙，在加水时能形成高碱度的环境，激活性硅铝形成强度，但其早期强度发展很慢。因此，随着固硫灰掺量的增加，灌浆材料的早期强度降低，但后期固硫灰的火山灰活性能使体系强度增加，甚至超过完全使用水泥的灌浆材料。

此灌浆材料中的砂使用的是干砂，细度模数为2.49，属于中砂。如表7-16、表7-17所示，砂在强度发展早期起到骨架支撑的作用，能提高体系的早期强度；但是，一方面，干砂表面会吸收水分达到饱和面干状态，使浆体中的水胶比降低，降低浆体的流动度和流动度保持时间；另一方面，增加砂的掺量会降低砂颗粒表面的浆体包裹层的厚度，使流动时的机械摩擦力增加，进一步降低流动性。胶砂比的调节必须根据实际情况，适当地调节砂的掺量以平衡1d强度和流动性的矛盾。

表7-16　胶砂比对灌浆材料工作性和力学性能影响

砂胶比	流动性/mm	抗压强度/MPa						抗折强度/MPa					
		1d	3d	7d	28d	56d	90d	1d	3d	7d	28d	56d	90d
1	352	24.52	50.42	76.81	103.31	118.63	117.44	6.51	9.18	12.92	20.73	19.15	23.495
1.1	322	27.17	53.89	78.69	108.63	123.25	124.07	6.09	7.84	14.13	18.60	17.60	12.26
1.2	289	27.6	51.5	72.85	109.81	110.44	112.19	5.62	9.24	13.64	21.38	18.56	19.64
1.3	无	33.04	61.74	84.38	121.11	123.81	131.63	6.09	9.64	12.74	22.30	20.30	16.04

表7-17　砂的粒度分布

筛尺寸	分级筛余/%	累计筛余/%	细度模数
2.36mm	0	0	2.49
1.15mm	31.43	31.43	
0.6mm	23.74	55.17	
0.3mm	22.85	78.02	
0.15mm	6.25	84.27	
0.075mm	12.65	96.92	
筛底	2.85	99.77	

在胶砂比增加的情况下，可以增加水的用量来提高体系的流动性。在不同的胶砂比情况下，调节水胶比，使流动性达到要求，这在实际生产运用中有指导作用。如表7-18和表7-19所示，增加水的用量能够调节体系的流动性；但是，水胶比不能无限制地增加，当水胶比为0.26时，浆体已经出现轻微的离析，当水胶比为0.27、0.29甚至0.31时，离析越来越严重，0.31水胶比时，骨料已经完全下沉，固硫灰中未燃尽的碳上浮。并且，在一定情况下，增加胶砂比能够补偿水胶比增加而降低的1d强度。适当地增加胶砂比能够提高体系的整体性能。

表 7-18 胶砂比与水胶比的适应性

砂胶比	水胶比	流动性/mm	抗压强度/MPa						抗折强度/MPa					
			1d	3d	7d	28d	56d	90d	1d	3d	7d	28d	56d	90d
1	0. 24	352	24. 52	50. 42	76. 81	103. 31	118. 63	117. 44	6. 51	9. 18	12. 92	20. 73	19. 15	23. 495
1. 1	0. 24	322	27. 17	53. 89	78. 69	108. 63	123. 25	124. 07	6. 09	7. 84	14. 13	18. 60	17. 60	12. 26
1. 2	0. 25	338	26. 18	53. 7	81. 36	111. 41	117. 16	128. 44	6. 51	9. 04	12. 83	19. 96	17. 98	26. 515
1. 3	0. 27	331	24. 52	50. 42	76. 81	103. 31	118. 63	117. 44	6. 51	9. 18	12. 92	20. 73	19. 15	23. 495
1. 4	0. 29	337	23. 88	47. 61	73. 44	101. 32	111. 47	116. 53	6. 22	8. 47	12. 31	18. 04	16. 93	25. 192
1. 5	0. 31	331	21. 13	46. 44	72. 8	98. 63	112. 75	115. 62	5. 95	8. 53	12. 16	19. 51	18. 75	25. 056

表 7-19 水胶比对流动性和强度的影响

水胶比	流动性/mm	抗压强度/MPa						抗折强度/MPa					
		1d	3d	7d	28d	56d	90d	1d	3d	7d	28d	56d	90d
0. 22	190	28. 32	64. 22	91. 19	129. 19	119. 63	135. 69	6. 54	9. 68	16. 36	18. 84	22. 88	22. 2
0. 23	308	27. 58	55. 71	83. 72	122. 94	107. 35	126. 38	6. 26	9. 82	12. 07	15. 82	19. 41	20. 08
0. 24	344	26. 71	55. 77	78	125. 51	108. 57	124. 56	6. 09	9. 65	14. 04	15. 38	19. 44	19. 92
0. 25	354	23. 21	51. 56	75. 1	109. 06	112. 94	120. 13	5. 34	8. 99	11. 58	15. 35	21. 52	20. 31
0. 26	359	20. 91	48. 78	79. 01	107. 06	96. 63	120. 66	4. 58	8. 21	9. 12	17. 95	16. 16	20. 22
0. 27	367	18. 1	48. 17	76. 07	108. 79	108. 06	121. 63	3. 86	8. 33	11. 63	13. 94	16. 19	20. 21

水胶比对体系的流动性和强度都有很大的影响，水胶比大的情况下，能增加颗粒表面水膜厚度，在浆体流动的时候能起到润滑的作用，并且充足的水分可以使胶凝材料水化更充分，有利于水化产物的形成。不过，大水胶比情况下，单位体积内胶凝材料的密度降低，并且水分过多的情况下还会降低浆体的碱度，阻碍水化的进行。总的来说，水胶比能提高体系的流动性并且很大程度上降低 1d 强度。随着水胶比的增加，灌浆材料的 1d 强度下降很明显，但由于在充足水分的情况下，水胶比大的体系在后期依然能完成致密化，水胶比对后期的强度影响很小。在试验时，当水胶比大于 0. 26 时，不能增加流动性，出现了离析现象，随着水胶比增加，离析现象越来越明显。

固硫灰细度主要影响浆体的流动性和早期强度，固硫灰的粒度越小，需水量越小，相对的存在于颗粒间隙间的水分越多，体系的流动性越好。由表 7-20 可知，粒度大的固硫灰流动性不好，但是颗粒间隙的水分少，结构容易致密化，表现出的早期强度高。但结合流动性以及后期考虑的膨胀性能，选用细的固硫灰性能较好。

表 7-20　固硫灰细度对流动性和强度的影响

固硫灰	流动性/mm	抗压强度/MPa					抗折强度/MPa				
		1d	3d	7d	28d	90d	1d	3d	7d	28d	90d
A0	285	32.12	60.35	85.25	113.69	123.03	7.49	10.17	12.87	15.96	24.42
A20	307	29.33	60.38	84.13	111.04	123.30	7.85	11.31	14.64	15.47	21.56
A40	322	28.51	58.63	87.72	111.88	126.72	6.70	9.49	12.73	12.96	19.11
A60	344	26.55	55.77	78.00	125.51	126.38	6.26	9.82	12.07	15.82	20.08

表 7-21 是选用粉磨 60min 固硫灰，做减水剂掺量对流动性和强度的影响，聚羧酸减水剂的空间位阻作用可以拆开颗粒絮凝体结构，使固定在内部的水分释放出来，有利于提高浆体的流动性。而流动性提高，能够使浆体更加密实。由表 7-21 可知，随着减水剂的增加，体系的流动性增加明显，1d 强度有所提高，但在低水胶比的情况下，添加聚羧酸减水剂虽然能使即时流动度达到要求，但是由于低水胶比的情况下，加水后浆体稠化速度快，流动度损失很明显。试验表明，只有当初始流动度超过 335mm 后，30min 流动度保持才能达到要求。

表 7-21　减水剂掺量对流动性和强度的影响

减水剂	流动性/mm	抗压强度/MPa					抗折强度/MPa				
		1d	3d	7d	28d	90d	1d	3d	7d	28d	90d
0.24%	无	21.25	50.25	79.54	120.87	113.47	6.15	9.48	10.40	17.25	22.99
0.28%	无	25.38	50.74	78.24	118.25	121.28	6.55	9.43	12.73	16.24	22.76
0.32%	260	25.48	52.88	79.29	121.38	125.48	5.67	8.78	13.51	18.26	19.94
0.36%	342	26.93	55.77	78.00	125.51	124.38	6.26	9.19	12.26	16.12	21.42

铝粉膏加入浆体中，能与溶液中的 OH^- 发生反应，生成氢气产生孔隙。氢气产生速率与浆体的碱度有关。在本试验中，加入铝粉膏可以提供 1d 以内的早期膨胀，1d 以后的膨胀由固硫灰生成的钙矾石与二水石膏提供。氢气在 1h 内完全产生，在加水后产生的氢气形成的气泡能润滑颗粒表面，使浆体的流动性增加，在发气结束后，浆体稠化，保证产生的气泡不逸出，使 1d 不发生收缩。由表 7-22 可知，随着铝粉膏掺量的增加，浆体的流动性略微增加，3h 竖向膨胀率增加明显。但是由于膨胀使体系致密度降低，抗压强度降低很大。因此，铝粉膏掺量取 0.002% ~0.003% 为宜。

表 7-22 铝粉膏掺量对竖向膨胀率、流动性和强度的影响

铝粉膏掺量/%	流动性/mm	3h 竖向膨胀率/%	24h 竖向膨胀率/%	抗压强度/MPa			抗折强度/MPa		
				1d	3d	28d	1d	3d	28d
0.0005	343	0.24	0.01	25.58	50.73	94.69	4.72	8.23	14.63
0.001	345	0.51	0	23.84	48.87	91.34	5.2	8.41	16.35
0.002	344	1.02	0.02	24.01	46.04	90.25	5.18	8.44	15.04
0.003	345	1.35	0	23.56	43.95	88.52	4.60	7.97	14.14
0.004	348	1.72	0	20.05	38.02	85.63	5.51	8.77	11.00

（2）正交试验分析

为明晰水胶比、固硫灰掺量和胶砂比三者的交互影响，设计正交试验，以前面的试验为基础，取不同区间（表 7-23）。

表 7-23 正交试验因素水平表

编号 \ 变量	水胶比（A）	固硫灰掺量（B）	胶砂比（C）
1	0.24	40%	1∶1
2	0.24	45%	1∶1.1
3	0.24	50%	1∶1.2
4	0.24	55%	1∶1.3
5	0.25	40%	1∶1.1
6	0.25	45%	1∶1
7	0.25	50%	1∶1.3
8	0.25	55%	1∶1.2
9	0.26	40%	1∶1.2
10	0.26	45%	1∶1.3
11	0.26	50%	1∶1
12	0.26	55%	1∶1.1
13	0.27	40%	1∶1.3
14	0.27	45%	1∶1.2
15	0.27	50%	1∶1.1
16	0.27	55%	1∶1

根据正交表做正交试验，测量其 1d、3d、7d、28d、56d、90d、180d 抗压抗折强度及即时流动度，结果见表 7-24。由表 7-25 和表 7-26 正交试验结果分析可知，抗压强度随固硫灰掺量的增加而降低，但到 28d 以后因固硫灰的火山灰活性强度变化不大。90d 强度有所降低，并

且固硫灰颗粒形貌差，尽管磨细使其需水量降低，但增加固硫灰掺量依然会使浆体的流动性明显降低，不过在浆体稠度低、离析泌水时，添加固硫灰能明显地增加稠度，使浆体稳定性增加。固硫灰含硫量高，在后期体系中的钙矾石会发生分解，水化浆体致密度降低，使灌浆材料后期强度略微下降；但灌浆材料的强度依然远远大于要求的60MPa，并且固硫灰的火山灰活性在后期能提供一部分强度，所以降低强度对灌浆材料的运用没有危害。水胶比对抗压强度和流动性的影响大，当水胶比大于0.26时，过大的水胶比使浆体出现离析，骨料下沉与固硫灰未燃尽的碳上浮，对表观形貌、强度和流动性造成不利影响，所以水胶比应不大于0.26。砂在灌浆材料中起到骨架支撑的作用，增加砂的掺量能增加灌浆材料的强度，特别是早期强度，并能降低水泥用量。但加砂会降低体系的流动性，并会增加灌浆阻力，因此需要根据实际条件调节砂的用量。180d固硫灰掺量、水胶比、胶砂比对强度的影响均较小，在180d的时候，固硫灰的火山灰活性释放，胶凝材料的水化程度加深均使强度差距缩小。

表7-24　正交试验结果

龄期/编号	1d/MPa		3d/MPa		7d/MPa		28d/MPa		56d/MPa		90d/MPa		180d/MPa		流动性/mm
	折	压	折	压	折	压	折	压	折	压	折	压	折	压	
1	5.5	25.9	9.4	50.7	10.8	66.3	18.7	92.8	23.1	105.6	22.5	102.9	18.0	107.1	345
2	5.9	26.2	9.3	51.4	11.7	69.6	20.5	98.1	24.3	106.3	18.8	98.9	18.50	105.3	292
3	6.1	27.7	8.2	54.1	14.4	75.3	22.7	103.3	25.4	113.7	20.4	111.9	19.7	94.6	225
4	6.6	29.3	9.1	57.6	12.1	81.5	20.5	108.4	24.0	121.9	22.7	110.3	19.6	108.3	0
5	6.6	26.7	7.9	48.0	12.6	68.1	21.1	97.5	23.8	107.0	18.3	103.1	18.9	96.5	336
6	5.9	24.7	7.6	44.4	11.6	64.3	22.5	88.9	23.6	109.8	17.2	107.1	19.4	99.7	332
7	6.1	25.0	7.5	43.7	12.4	67.9	17.9	87.2	22.8	104.3	21.2	108.4	18.7	102.5	265
8	5.5	22.0	6.7	38.1	9.3	61.8	15.4	84.9	16.9	106.1	20.9	103.0	18.9	97.5	285
9	5.5	27.0	8.5	44.5	9.9	66.7	16.8	95.9	19.5	98.8	18.5	99.3	19.0	93.2	344
10	5.5	26.1	8.3	40.2	10.4	67.3	17.7	93.0	21.9	103.2	18.5	94.5	17.7	98.6	328
11	4.6	21.0	7.8	40.1	9.7	61.2	14.6	90.3	23.3	94.1	18.8	96.5	19.5	105.3	358
12	4.4	18.7	7.2	35.8	9.9	55.0	18.3	81.2	21.2	104.2	17.1	91.6	18.9	106.5	352
13	5.4	23.5	9.2	45.5	11.6	64.5	15.4	88.6	22.5	97.5	19.0	88.7	20.1	102.4	332
14	4.6	20.2	8.6	40.8	11.3	62.8	17.5	85.0	23.7	99.1	20.4	101.0	19.6	107.1	338
15	3.8	16.4	7.5	36.0	10.6	57.1	19.2	83.7	21.1	104.6	19.9	100.3	18.4	97.6	347
16	2.8	12.9	6.7	32.8	9.2	53.6	14.0	79.8	22.1	107.9	15.9	96.5	18.2	96.1	353

表 7-25　正交抗压强度试验分析/MPa

1d	A	B	C	3d	A	B	C	7d	A	B	C
k_1	35.5	34.4	28.2	k_1	71.3	62.9	56.0	k_1	97.6	88.5	81.8
k_2	32.8	31.6	28.5	k_2	58.1	58.9	57.1	k_2	87.4	88.0	83.3
k_3	30.9	30.0	32.3	k_3	53.5	58.0	59.2	k_3	83.4	87.2	88.9
k_4	24.3	27.6	34.6	k_4	51.7	54.8	62.3	k_4	79.3	84.0	93.7
ΔR	11.2	6.8	6.4	ΔR	19.6	8.1	6.3	ΔR	18.3	4.5	11.9
28d	A	B	C	56d	A	B	C	90d	A	B	C
k_1	134.2	124.9	117.3	k_1	149.2	136.3	139.1	k_1	141.3	131.3	134.3
k_2	119.5	121.7	120.2	k_2	142.4	139.5	140.7	k_2	140.5	133.8	131.3
k_3	120.1	121.5	123.0	k_3	133.5	138.9	139.2	k_3	127.3	139.0	138.4
k_4	112.4	118.1	125.7	k_4	136.4	146.7	142.3	k_4	128.8	133.8	134.0
ΔR	21.8	6.8	8.4	ΔR	15.7	10.4	3.2	ΔR	12.5	7.7	4.4

表 7-26　流动性（mm）和 180d 强度（MPa）分析

流动性	A	B	C	180d	A	B	C
k_1	287	452	463	k_1	138.4	133.1	136.1
k_2	406	430	442	k_2	132.1	136.9	135.35
k_3	461	398	397	k_3	134.4	133.2	130.8
k_4	457	330	308	k_4	134.3	136.1	137.3
ΔR	174	122	155	ΔR	6.3	3.8	6.5

根据正交试验的结果，对试验配方进行微调，得到的最佳配合比为：固硫灰掺量 50%，水胶比 0.25，铝粉膏掺量 0.003%，胶砂比 1：1.1，减水剂有效掺量 0.36%。其性能见表 7-27。

表 7-27　最佳配合比性能

流动性/mm	30min 保持/mm	1h 保持/mm	1d 强度/MPa	3d 强度/MPa	28d 强度/MPa	3h 竖向膨胀率/%	24h 竖向膨胀率/%
351	307	240	22.5	49.7	94.3	1.46	0

最佳配合比试验，试验前增大了固硫灰和胶砂比的掺量，水泥用量从正交试验前的 26.8% 降低为 21.2%，节约了成本。而灌浆材料后期强度很高，如果能将固硫灰的活性提前释放，可进一步降低水泥用量。所制备的灌浆材料因水胶比较低坍损较大，可采用添加缓凝型减水剂或缓凝剂进行调节。

7.2.3 固硫灰无机灌浆材料膨胀性能

灌浆材料的膨胀性能与固硫灰的膨胀有直接关系，研究灌浆材料的膨胀就是研究固硫灰的膨胀。对固硫灰的膨胀进行深入的研究，假设灌浆材料不同的使用环境，测定其膨胀性能。

（1）膨胀率

试件养护的干湿程度对固硫灰的膨胀有很大影响，故在（20 ± 2）℃，80%相对湿度与100%相对湿度（在水中养护）的条件下，测量试件的线性膨胀率。选用活性较高的60min固硫灰，水胶比为0.24，减水剂有效掺量为0.4%。

由图7-6可知，在80%相对湿度的环境中，试件失去水分，出现了干燥收缩，在7d达到平衡，随固硫灰掺量的增加，试件的收缩变小，说明在失水的情况下，添加固硫灰依然能起到减少体系的收缩的作用。由图7-7可知，在100%相对湿度的环境中，试件早期均出现膨胀，并在7d以后长度变化不大；随固硫灰掺量的增加，试件的线性膨胀率增大；从固硫灰掺量与线性膨胀率的增长率而言，增长率并不成线性关系，由于强度对膨胀有抑制作用，强度高的情况下，固硫灰的膨胀会以自应力的形式储存在体系内，表现出的线性膨胀较小。

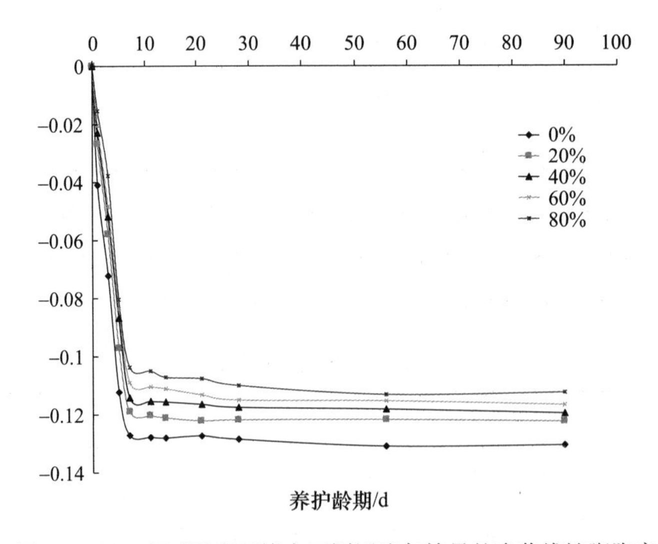

图7-6 80%相对湿度环境中不同固硫灰掺量的净浆线性膨胀率

在相同的情况下改变湿度（特别是在有水的情况下），固硫灰试件的线性膨胀率差别很大；此线性膨胀率之差可视为：湿胀干缩引起的膨胀；在水环境下比干燥条件下多生成的膨胀产物，即体系因水存在多生成的钙矾石和二水石膏而引起的膨胀。图7-8为100%相对湿度的线性

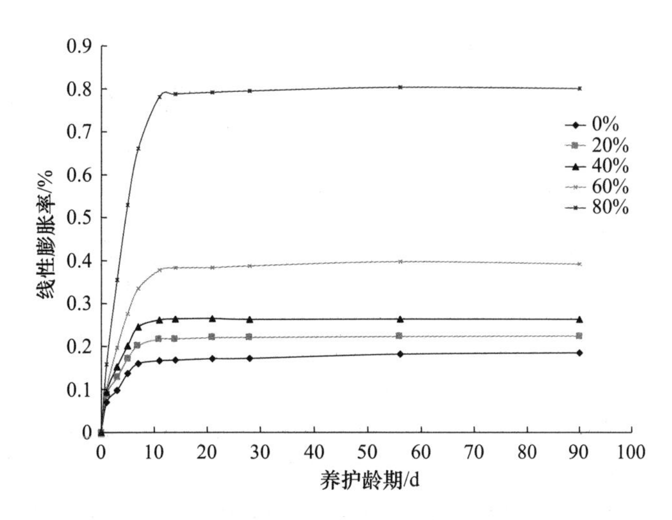

图 7-7　100% 相对湿度环境中不同固硫灰掺量的净浆线性膨胀率

膨胀率减去 80% 相对湿度的线性膨胀率之差与时间的关系，由于纯水泥中膨胀产物生成量远远少于掺固硫灰的膨胀产物生成量，因此不掺固硫灰的两种不同养护条件下线性膨胀率之差，可视为湿胀干缩引起的线性膨胀率的变化，分别减去 0% 掺量的线性膨胀率，有 0%、20%、40% 强度差别较小的 3 组，其线性膨胀率基本与固硫灰掺量成线性关系，说明在钙矾石掺量较小的情况下，通过控制固硫灰掺量可以很好地调节构件的膨胀。这在实际运用中有重要的意义。

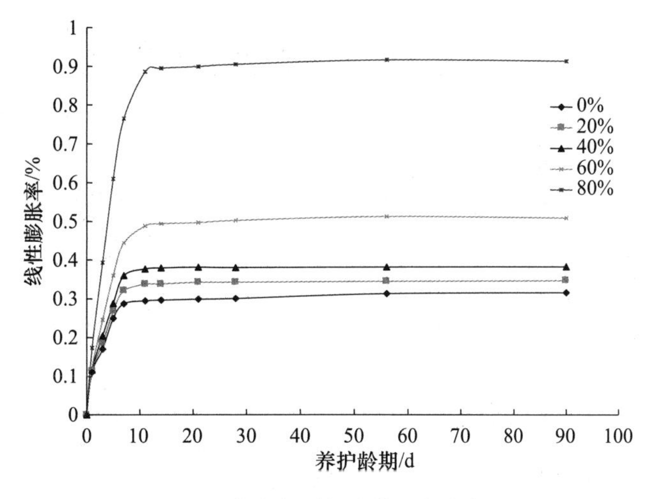

图 7-8　湿度变化引起的线性膨胀率之差

图 7-9 为在 100% 相对湿度环境中不同固硫灰掺量的净浆强度；其早期强度发展很快，28d 抗压强度最大，随着水化的进行，在 90d 的时候抗压强度降低。这说明钙矾石在 56d 以后略微分解，但对试件的强度和线性膨胀率影响不大。

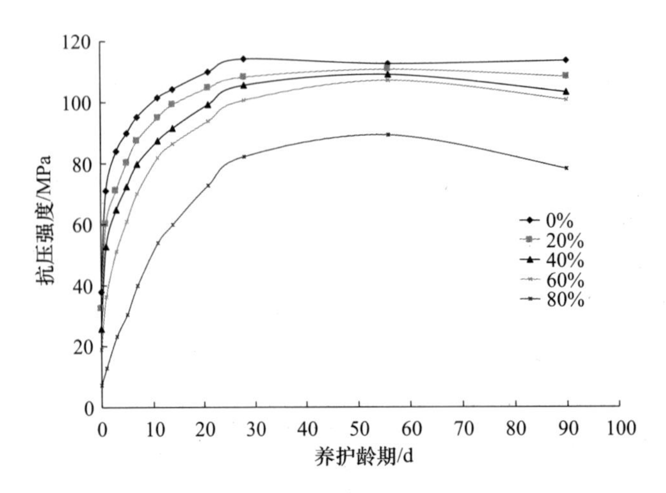

图 7-9　100% 相对湿度环境中不同固硫灰掺量的净浆抗压强度

通过以上试验可知，60% 掺量具有高的强度和较大的膨胀，故固硫灰掺量取 60%，水胶比 0.24，减水剂有效掺量 0.36%，测试原灰 ~ 60min 固硫灰的线性膨胀率。

由图 7-10、图 7-11 可知，固硫灰的粒度越小，试件的早期（7d 以前）膨胀越大，特别是原灰和经过粉磨后的固硫灰早期膨胀差别很大，而掺入不同粒度的固硫灰后试件总的线性膨胀率基本一致。这说明降低粒度可以使固硫灰的膨胀提前释放，降低试件后期的膨胀，有利于提高试件的长期体积稳定性。

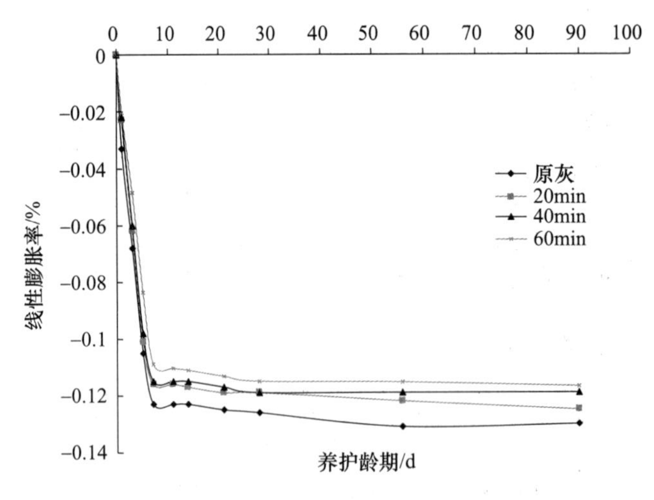

图 7-10　80% 相对湿度下固硫灰粒度对净浆线性膨胀率影响

结合图 7-12 可知，磨细不仅可以使膨胀在早期释放，而且能增加体系早期强度，对于固硫灰的资源化应用是有利的。

固硫灰的早期膨胀主要来自石膏与活性的铝和钙反应生成的钙矾石。分别调节其中膨胀产物所需的原材料掺量，在不降低固硫灰掺量的

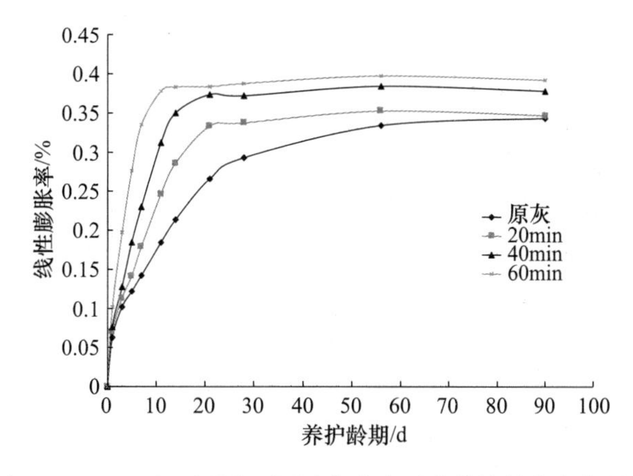

图 7-11 100% 相对湿度下固硫灰粒度对净浆线性膨胀率影响

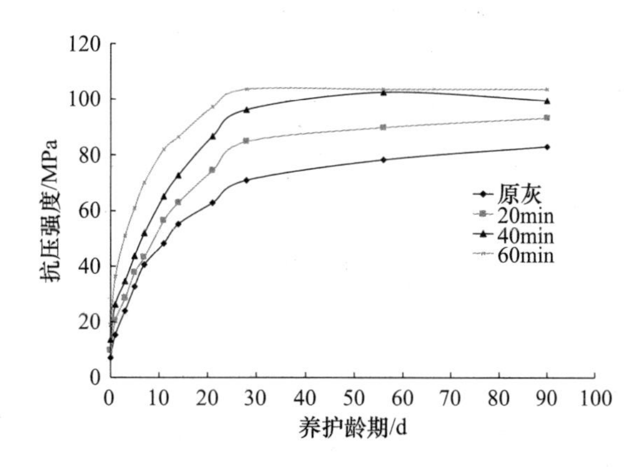

图 7-12 100% 相对湿度下不同固硫灰粒度的净浆抗压强度

情况下，降低水泥用量，用生石灰、铝酸盐水泥、芒硝分别取代 3%、6%、9% 胶凝材的用量。由图 7-13、图 7-14、图 7-15 可知，添加 CaO 的试件膨胀量最大，添加铝酸盐水泥的膨胀量最小。但通过试验观察试件，添加芒硝的试样开裂严重，并且试样结构酥松，存在大量坚硬的小颗粒，其膨胀方式与添加 CaO 的不同。体系中的铝是过量的，添加硫源和钙源均能引起很大的膨胀。

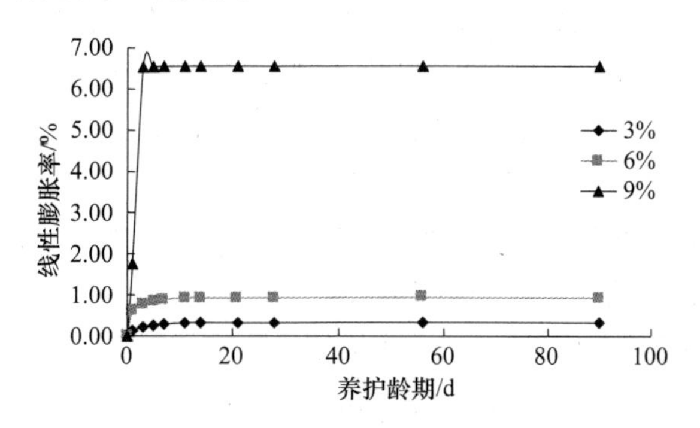

图 7-13 CaO 掺量对线性膨胀率的影响

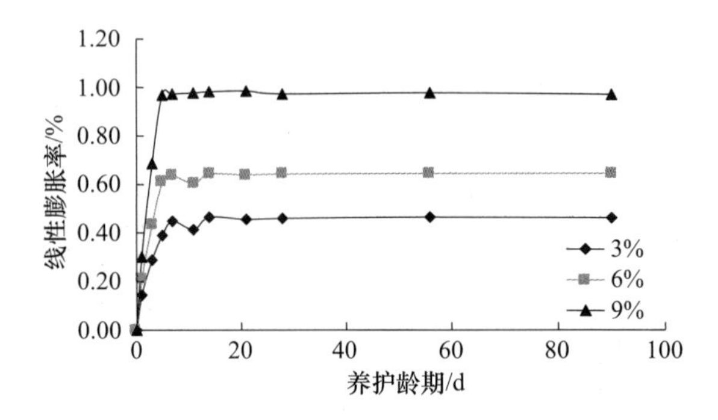

图 7-14　铝酸盐水泥掺量对线性膨胀率的影响

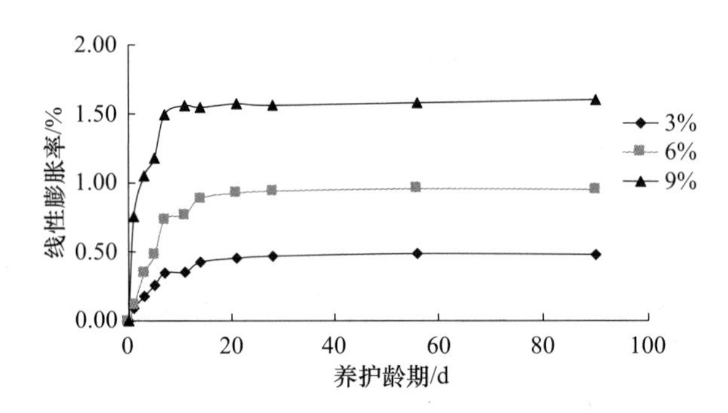

图 7-15　芒硝掺量对线性膨胀率的影响

（2）微观分析

由前面的试验结果可知，60% 掺量的固硫灰浆体水化充分，具有较大的膨胀，故测试其在不同养护条件下，各龄期水化产物的 XRD 衍射图像。

由图 7-16 与图 7-17 可知，在 100% 相对湿度情况下，7d 内钙矾石大量生成，并且随着水化的进行，图 7-16 中钙矾石峰有增强的趋势，二水石膏的峰强变化不大，硬石膏峰有减弱的趋势。由此可知，在加水后硬石膏经一系列反应生成了钙矾石。图 7-17 中出现了钙矾石的衍射峰，但随着时间的增加衍射峰强度变化不大，并且试件的线性膨胀率变化不大，表明在 80% 相对湿度情况下，体系水化不充分，产物结晶度很低。这说明在有充足水分的情况下有利于钙矾石等膨胀产物的生成，降低相对湿度，膨胀产物生成量相对减少。因此，在湿度较低的情况下，固硫灰作为掺合料使用可以不考虑体积稳定性问题。

细度对固硫灰早期线性膨胀影响较大。做 60% 掺量、100% 相对湿度情况下不同细度固硫灰样品 3d 水化产物的 XRD 分析。由图 7-18 可知，3d 时粒度小的固硫灰钙矾石生成量大、结晶度高。这验证了前面粒度小的固硫灰早期膨胀大的结果。XRD 测试不能定量地分析水化产物具体的含量。做 100% 湿度、60% 掺量 60min 固硫灰不同龄期的 DTG 曲线

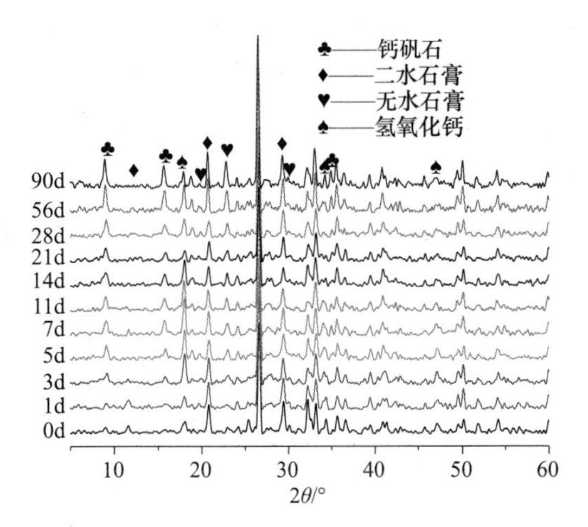

图 7-16　100% 相对湿度下 60min 灰不同龄期的 XRD 图谱

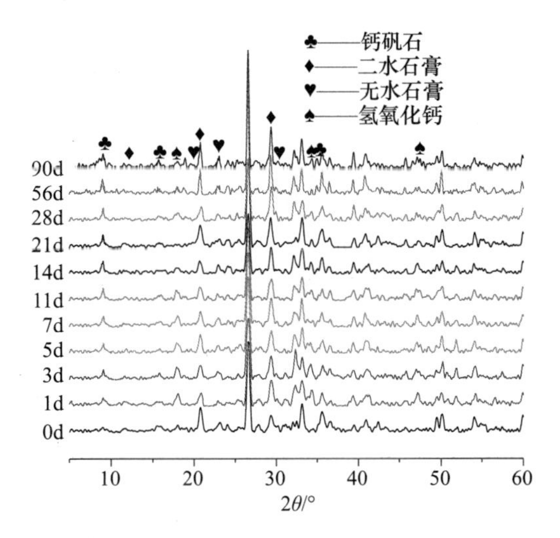

图 7-17　80% 相对湿度下 60min 灰不同龄期的 XRD 图谱

与 100% 湿度、60% 掺量不同细度固硫灰 3d 的 DTG 曲线，进一步验证固硫灰的膨胀机理。

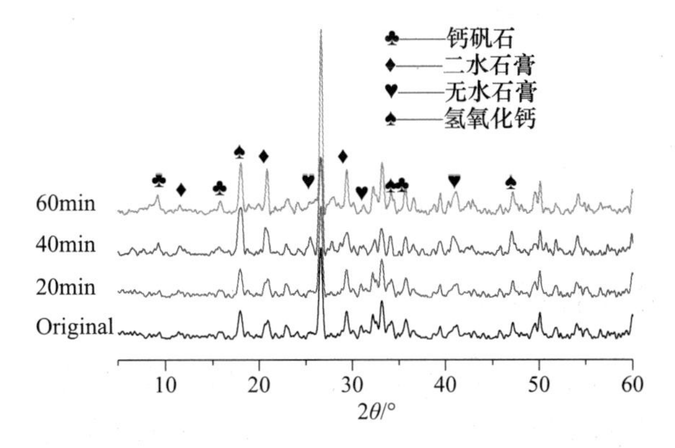

图 7-18　掺不同细度固硫灰样品 3d 水化产物 XRD 图谱

由文献可知，在130~140℃范围内钙矾石有较大的失重，由图7-19可知，随着龄期的增长，其曲线与坐标轴所围成的面积（失重率）失重总量增大，说明水化程度加深，并且在130~140℃范围内，曲线与坐标轴所围成的面积有增加的趋势，即体系中钙矾石总量有增加的趋势。由图7-20可知，粒度小的固硫灰早期失重率大，水化程度较深。这与前面得出的结论相符。

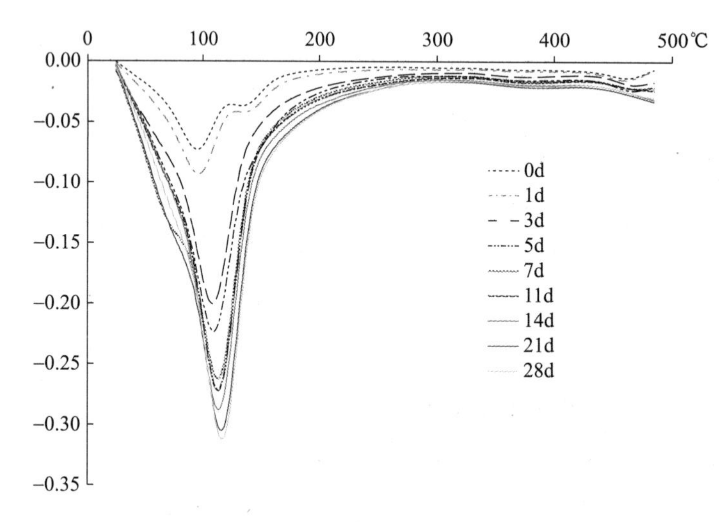

图7-19　各龄期固硫灰的DTG曲线

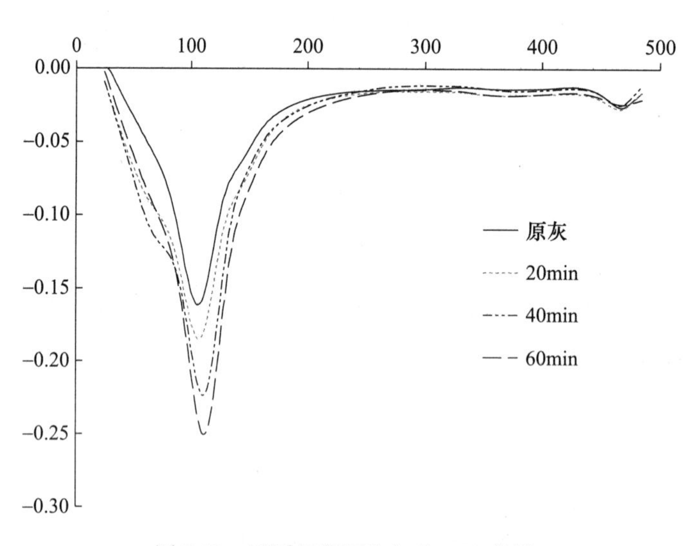

图7-20　不同细度固硫灰的DTG曲线

7.2.4　固硫灰的膨胀调控

固硫灰膨胀的控制可以分为三种方式：提前释放膨胀源；抑制或阻止膨胀源；容纳膨胀源引起的膨胀。对掺有固硫灰的构件进行蒸压养护或者对固硫灰进行预水化属于第一种方式；降低相对湿度，添加外加剂使膨胀产物少量生成或者不生成属于第二种方式；添加骨料抑制膨胀或者制成多孔材料属于第三种方式。

第一种方式有局限性，蒸压养护只能用于预制构件，蒸压后强度不会发展；第二种方式也有局限性，将湿度降低到一定程度可有效地抑制钙矾石的生成，但会引起水泥水化程度降低，导致体系强度发展缓慢最终强度低。

第三种方式，添加骨料不仅可以减少膨胀源的含量，而且通过和浆体间的作用限制膨胀，高的强度可限制膨胀与收缩，将膨胀以自应力的方式储存在体系中，有利于提高体系的抗压强度。

（1）加细骨料对膨胀的影响

图 7-21 为在 60min 固硫灰不同掺量净浆的基础上，胶砂比为 1∶1 时在泡水情况下的线性膨胀率，掺固硫灰的胶砂和净浆膨胀规律基本一致，都是随固硫灰掺量增加线性膨胀率增加。但掺有砂的线性膨胀率只有净浆线性膨胀率的一半以下，但按质量比为 1∶1，浆体密度与砂密度比为 2∶3，胶砂试件的线性膨胀率约为净浆试件的线性膨胀率的 60%，剩下的大于 10% 的线性膨胀是骨料对浆体的约束作用而限制的膨胀，即掺入骨料后，不仅减少了单位体积的膨胀源含量，还能利用骨料与浆体的相互作用限制膨胀。

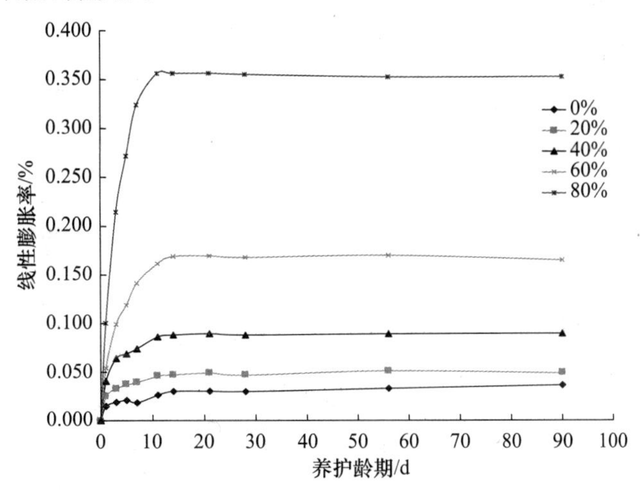

图 7-21　100% 相对湿度下不同固硫灰掺量的胶砂线性膨胀率

（2）体系强度对膨胀的影响

高强对膨胀有限制作用，在不减少膨胀源即固硫灰掺量的前提下，不改变流动性，将石英粉磨至与水泥相当的细度，固硫灰掺量为 60%，用石英粉取代水泥用量 0% ~40%，为了增加减少水泥后的水化速率与水化程度，每减少 10% 水泥添加 0. 5% 的生石灰保证其碱度。

由图7-22、图7-23可知，膨胀源含量相同的情况下，其线性膨胀率与强度成反比关系，早期高强对膨胀具有明显的抑制作用，而无水泥并且掺40%石英粉的情况下，其浆体未水化，不表现出膨胀行为。

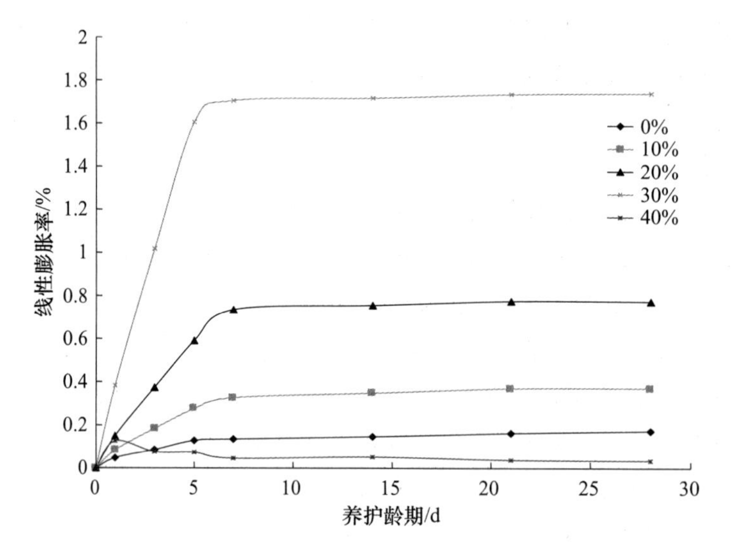

图7-22 100%相对湿度下不同石英粉掺量的线性膨胀率

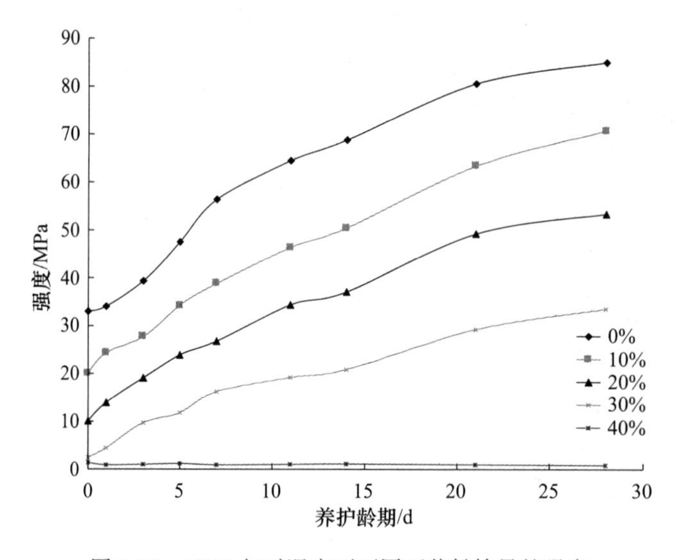

图7-23 100%相对湿度下不同石英粉掺量的强度

7.2.5 灌浆材料的限制膨胀

固硫灰掺入灌浆材料要使灌浆材料有微膨胀，并在后期保证不收缩。以优化后的配比为基础，将球磨机粉磨60min的固硫灰做不同掺量。根据灌浆材料的实际使用情况，测试其限制膨胀率。测试结果如图7-24所示。

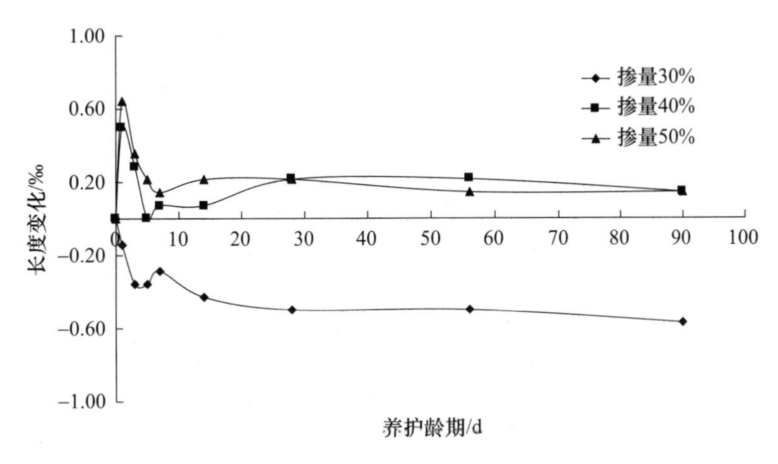

图 7-24 标准养护的线性膨胀率

标准养护在 1d 后出现不同程度的收缩，主要是内部水分迁移和水分的散失引起的，但是从图中也可以看出固硫灰掺量增加，灌浆材料的膨胀也增加。这说明固硫灰对减少收缩有很大的作用。为了验证固硫灰的收缩是干燥收缩和自收缩引起的，做在水养条件下固硫灰灌浆材料的限制膨胀试验，结果见图 7-25。

从图中可以看出，前期膨胀较大，在 7d 内膨胀基本上完全释放，但是最大的膨胀也只有 0. 05% 左右，符合要求。从图 7-25 中还可以看出固硫灰掺量越大，灌浆材料的膨胀越大。因此，固硫灰在灌浆材料中能起到膨胀的作用，在标准养护条件下，材料产生的收缩是由自收缩和干燥收缩引起的。

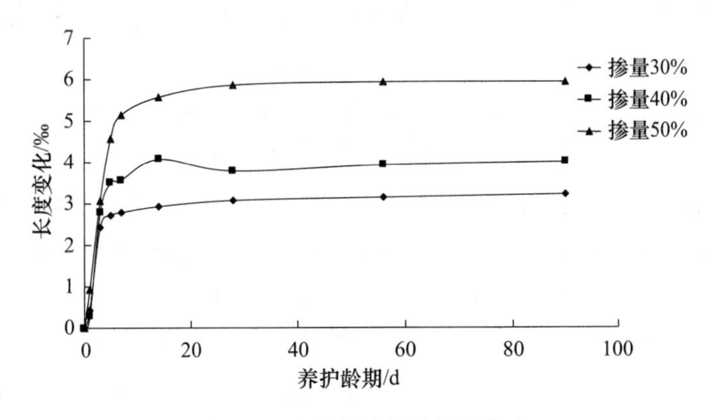

图 7-25 水中养护的线性膨胀率

7. 2. 6 综合述评

固硫灰需水量大，随着固硫灰掺量增加，灌浆材料的强度和流动性都降低。随着水胶比的增加，浆体流动性增强，早期强度显著降低，但水胶比超过0.26时，浆体开始出现离析。固硫灰粒度越小，灌浆材料流动性越好，早期强度越高。

固硫灰掺量对强度和线性膨胀率影响很大，并在40%以下范围内掺量与膨胀呈线性变化，在40%掺量以上变化量增大。

固硫灰的早期膨胀与粒度关系较大，降低粒度有利于提高其活性与早期膨胀，并可以通过磨细使膨胀早期释放，有利于提高试件长龄期的体积稳定性。

固硫灰早期膨胀的主要原因是钙矾石，其在加水7d内大量生成，在7d以后变化不明显，在56d以后钙矾石开始分解，但分解量少，对试件体积稳定性无有害影响。固硫灰的高硫含量是引起膨胀的主要因素。

相对湿度对膨胀的影响较大，在80%相对湿度的情况下，钙矾石等膨胀产物生成量远少于饱和湿度情况下的生成量，但相对湿度低对浆体的水化有不利影响。添加骨料和提高体系强度特别是早期强度能有效地限制膨胀。

固硫灰灌浆材料中固硫灰掺量在30%～50%范围内都能满足灌浆材料早期膨胀后期不收缩的要求。

7.3 固硫灰渣制备砌筑砂浆技术

未加激发剂（生石灰）的砌筑砂浆的成型拆模时间>3d，试块的早期强度较低，凝结时间较长，为了激发固硫灰的胶凝性，提高砂浆强度，通过加入生石灰或者熟石灰来做激发剂。

如表7-28所示，在需水量相同时，改变生石灰的掺量，砂浆各龄期的强度均有相应变化。7d强度分别为0.60MPa、0.78MPa、1.60MPa、1.74MPa。在一定范围内，随着生石灰掺量的增加，7d强度随之增加，且随着掺入量的提高，强度变化相应增加。掺加20%生石灰的7d强度分别是掺加5%、10%、15%的生石灰7d强度的2.9、2.2、1.1倍。相应各组28d强度是7d强度的1.9～4.2倍。如表7-29所示，改变熟石灰的掺量，试块的7d强度呈现先增加后减少的趋势，且熟石灰掺量在10%时，强度最大试块的28d抗压强度呈现增长趋势。掺量在20%的试块强度最好。28d强度是7d强度的1.4～8.9倍。加入激发剂可以明显提高砂浆的早期强度。加入生石灰组的28d强度高于掺加熟石灰组强度。后面试验组均按生石灰掺量20%、熟石灰掺量10%进行。

表 7-28 生石灰掺量对强度的影响

灰砂比	石英砂	水	生石灰	稠度/mm	密度/(kg/m^3)	7d 强度/MPa	28d 强度/MPa
1:3	2:1	108%	5%	86	1979	0.60	2.47
		108%	10%	72	1948	0.78	3.29
		108%	15%	78	1950	1.60	3.67
		108%	20%	80	1945	1.74	3.41

表 7-29 熟石灰掺量对强度的影响

灰砂比	石英砂	水	熟石灰	稠度/mm	密度/(kg/m^3)	7d 强度/MPa	28d 强度/MPa
1:3	2:1	108%	5%	86	1979	0.52	0.73
		108%	10%	72	1948	0.94	2.50
		111%	15%	78	1950	0.80	3.26
		114%	20%	80	1945	0.40	3.55

注：本次实验的用水量是按照稠度达到 70 ~ 90mm 进行的，表格中水用量百分比指水胶比（加水量与固硫灰掺量比例）；灰砂比指固硫灰与石英砂总量的比例；石英砂比例指 20 ~ 40 目与 40 ~ 70 目砂比例。如无特别说明，下面均依照本注释。

采用 5 种固硫灰 G20、G40、G60、G0，灰砂比采用 1:2，砂级配采用 1:1 进行试验。试验结果见表 7-30、表 7-31。随着粉磨时间延长，固硫灰粒径减小，比表面积增大，从而提高固硫灰活性，同时在满足稠度范围要求下，需水量也随比表面积的增加而增加。结果表明，G60 试块抗压强度高于其他几组。G60 的 28d 强度分别是 G20 的 1.26 倍、G40 的 1.11 倍，但是 7d 抗压强度变化不是十分显著。G0 试块在制备过程中出现严重的泌水现象，且抗压强度最低。掺入 G60 组的强度性能最好。

表 7-30 固硫灰细度配方试验（生石灰组）

组数	灰砂比	石英砂	水	生石灰	稠度/mm	密度/(kg/m^3)	7d 强度/MPa	28d 强度/MPa
G20	1:2	1:1	72%	20%	85	2017	3.91	7.21
G40			69%		72	2053	4.02	8.14
G60			84%		70	1987	4.10	9.09
G0			63%		82	2016	3.11	5.90

表 7-31 固硫灰细度配方试验（熟石灰组）

组数	灰砂比	石英砂	水	熟石灰	稠度/mm	密度/(kg/m³)	7d 强度/MPa	28d 强度/MPa
G20	1 : 2	1 : 1	61%	10%	84	2014	3. 12	5. 17
G40			73%		74	1996	3. 34	5. 20
G60			77%		71	1962	3. 40	5. 47
G0			69%		90	2051	1. 98	5. 29

分别选取以上各组中 7d 抗压强度最好的配方进行膨胀性试验。具体试验结果见表 7-32、表 7-33。

表 7-32 生石灰组膨胀性能试验

组数	固硫灰	灰砂比	石英砂	水	生石灰	稠度/mm	密度/(kg/m³)	纤维素醚(HPMC100000S 型)
1	G20	1 : 3	2 : 1	61%	20%	88	2123	0
2	G20	1 : 2	2 : 1	73%		75	2012	0
3	G20	1 : 2	1 : 1	77%		74	1952	0
4	G60	1 : 2	1 : 1	69%		72	2089	0
5	G20	1 : 2	1 : 1	60%		72	2111	0. 1%

表 7-33 熟石灰组膨胀性能试验

组数	固硫灰	灰砂比	石英砂	水	熟石灰	稠度/mm	密度/(kg/m³)	纤维素醚(HPMC100000S 型)
6	G20	1 : 3	2 : 1	80%	10%	87	2112	0
7	G20	1 : 2	1 : 1	60%		74	1892	0
8	G20	1 : 2	1 : 1	61%		75	2011	0. 1%
9	G60	1 : 2	1 : 1	93%		80	1987	0

图 7-26 和图 7-27 为试块的干燥收缩值随时间的变化曲线，21d 龄期内 1 ~ 9 号曲线均呈现上升趋势，这说明固硫灰中含有较多的硬石膏和游离氧化钙，是固硫灰膨胀性的主要来源。曲线在 28d 龄期相对上一龄期出现一定程度的收缩，说明砂浆的膨胀趋于缓和。4 号和 9 号收缩最大，这反映了固硫灰细度的增加能够减弱膨胀现象。

采用以上体系中最好的配比进行砌筑砂浆的保水性试验（表 7-34、表 7-35）。

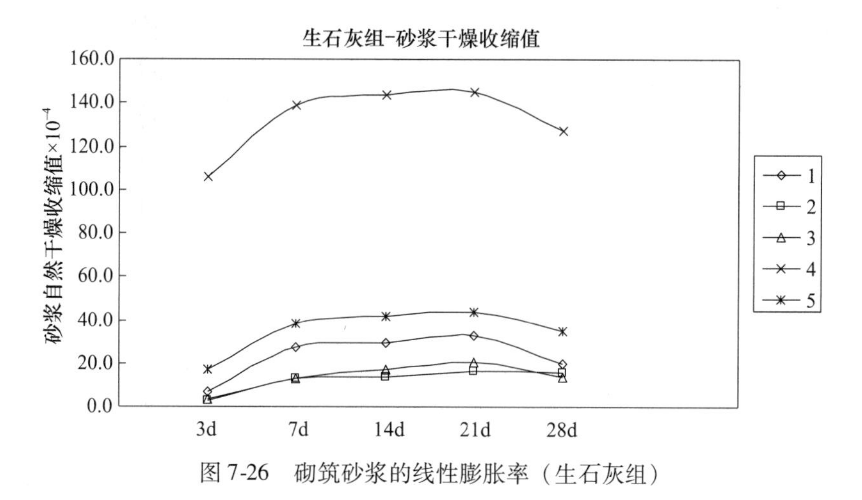

图 7-26 砌筑砂浆的线性膨胀率（生石灰组）

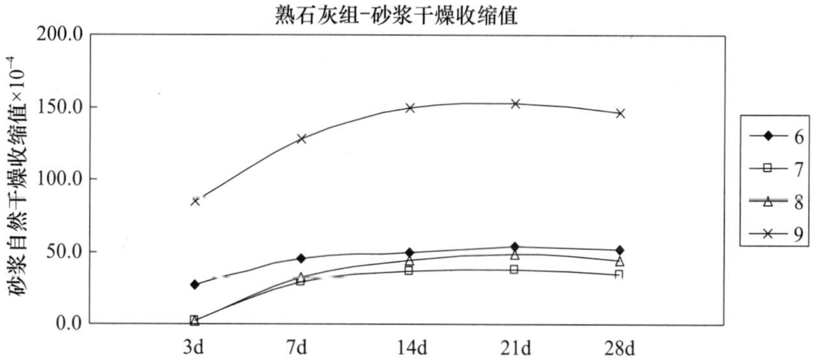

熟石灰组-砂浆干燥收缩值

图 7-27 砌筑砂浆的线性膨胀率（熟石灰组）

表 7-34 生石灰体系保水性试验

组数	灰砂比	石英砂	水	生石灰	稠度 /mm	密度 /(kg/m³)	纤维素醚 (HPMC100000S 型)	保水性
G20	1 : 3	2 : 1	61%	20%	88	2123	0	90.4%
G20	1 : 2	2 : 1	73%		75	2012	0	94.1%
G20	1 : 2	1 : 1	77%		74	1952	0	94.1%
G60	1 : 2	1 : 1	69%		72	2089	0	96.6%
G20	1 : 2	1 : 1	60%		72	2111	0.1%	94.5%

表 7-35 熟石灰体系保水性试验

组数	灰砂比	石英砂	水	熟石灰	稠度 /mm	密度 /(kg/m³)	纤维素醚 (HPMC100000S 型)	保水性
G20	1 : 3	2 : 1	80%	10%	87	2112	0	91.7%
G20	1 : 2	1 : 1	60%		74	1892	0	93.4%
G20	1 : 2	1 : 1	61%		75	2011	0.1%	96.3%
G60	1 : 2	1 : 1	93%		80	1987	0	94.2%

从上面的表格可知，各组保水性均大于88%，保水性良好，并未出现泌水现象。未加入纤维素醚（HPMC100000S型）的几组保水性在90%以上，说明在外掺生石灰或熟石灰的情况下，保水性已经较好。固硫灰的细度越大，保水性越好。可掺入0.1%纤维素醚（HPMC100000S型）改善砂浆体系的稠度和泌水现象。

采用以上体系中较佳的几组配比进行试验（表7-36）。

表7-36　凝结时间实验

组数	灰砂比	石英砂	水	生石灰	纤维素醚（HPMC100000S型）	稠度/mm
G20 A-Ⅰ组	1∶2	1∶1	69%	20%	0	75
G20 B-Ⅰ组			69%		0.1%	72
G60 C-Ⅰ组			88%		0	85
组数				熟石灰		
G20 A-Ⅱ组			61%	10%	0	78
G20 B-Ⅱ组			61%		0.1%	80
G60 C-Ⅱ组			78%		0	72

根据JGJ 70—2009《建筑砂浆基本性能试验方法》中砂浆凝结时间测试方法测得数据如图7-28所示。

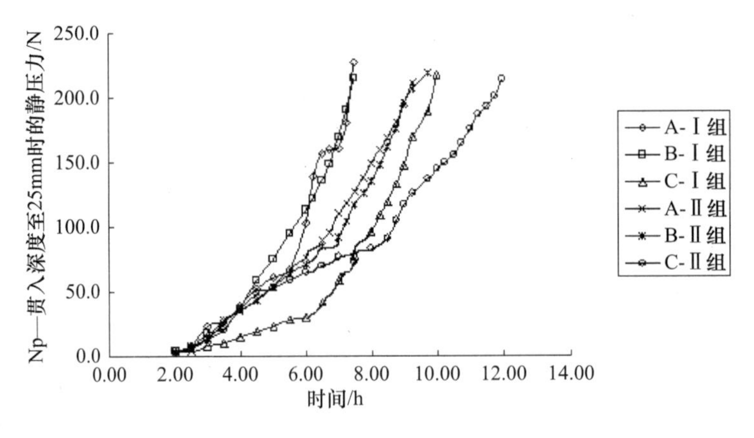

图7-28　砂浆凝结时间测定

由图7-28可以求出贯入阻力值达到0.5MPa（150N）时的所需时间即砂浆的凝结时间。

A-Ⅰ组凝结时间为6.3h；B-Ⅰ组凝结时间为6.9h；G60 C-Ⅰ组凝结时间为9.1h；

A-Ⅱ组凝结时间为8.1h；B-Ⅱ组凝结时间为8.3h；G60 C-Ⅱ组凝结时间为10.3h。

A-Ⅰ组、A-Ⅱ组、B-Ⅰ组和B-Ⅱ组的凝结时间符合国标要求。分析结果可知：砂浆的凝结时间与加入的固硫灰细度、加水量、HPMC 加入量有直接关系。G60 组的需水量远大于其他几组，故凝结时间较为缓慢，均超过 9h。纤维素醚的加入会延缓砂浆的凝结时间，本试验中纤维素醚（HPMC100000S 型）加入量较少（仅为总量的 0.1%），所以凝结时间比未加入纤维素醚慢 20 ~ 30min。

利用固硫灰制备干混普通砌筑砂浆，分析了固硫灰细度、灰砂比、砂级配、激发剂掺量和纤维素醚掺量等因素对砂浆性能的影响。固硫灰制备的干混普通抹灰砂浆 M7.5 的实验室配方如下：固硫灰采用粉磨 20min 细度的，灰砂比为 1 ∶ 2，石英砂级配为 20 ~ 40 目与 40 ~ 70 目 1 ∶ 1，生石灰掺量为 20%，纤维素醚采用 HPMC 75000S 型 0.1%。

7.4 固硫灰渣制备自流平砂浆技术

参考普通水泥基自流平砂浆最佳配方，重点研究固硫灰细度和掺量对砂浆的流动性、强度和膨胀性的影响。采用不同细度和掺量的固硫灰替代普通硅酸盐水泥，研究自流平砂浆的性能。

7.4.1 固硫灰细度对自流平砂浆的影响

用不同细度的固硫灰（G0、G1、G2、G3）分别取代普通硅酸盐水泥的 50%，配制固硫灰自流平砂浆（表 7-37），控制砂浆的初始流动度为 140 ~ 145mm，调整用水量为掺加不同细度固硫灰的自流平砂浆用水量。

表 7-37 水泥基自流平砂浆基础配方（wt%）

高铝水泥	P · O 42.5R	40 ~ 70 目砂	70 ~ 140 目砂	重钙	减水剂 JS-B	稳定剂 WD-A	消泡剂 XP-A	早强剂 ZQ-A	缓凝剂 HN
9	36	12.73	25.45	16.36	0.06	0.06	0.07	0.17	0.1

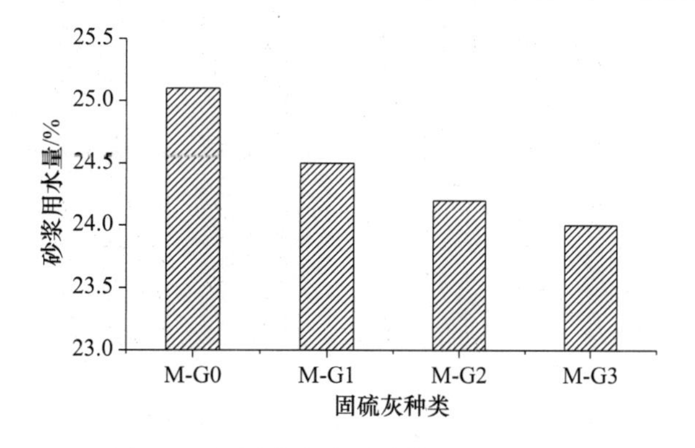

图 7-29 固硫灰细度对砂浆用水量的影响

从图 7-29 中可见，在自流平砂浆的初始流动度为 140 ~ 145mm 时，固硫灰的细度越细，自流平砂浆的用水量越小。固硫灰细度对砂浆用水量的影响因素主要有：（1）固硫灰原灰表面疏松多孔，在浆体中会吸收大量的水，而粉磨变细后，破坏了其疏松多孔的内部结构，将会减少其内部吸水量；（2）在一定的范围内，越细的固硫灰，微骨料填充效应越大，颗粒填充越密实，减少了填充在颗粒间隙中的用水量；（3）固硫灰比表面积增加，包裹固硫灰细颗粒表面的用水量增加；（4）固硫灰越细，水化反应速率越快，水化消耗水量越大，用水量越大。掺加固硫灰的砂浆用水量为这四方面作用的叠加，且用在砂浆中和用在固硫灰净浆时的情况有所差别，在砂浆中由于有较粗的砂的存在，固硫灰的细颗粒能充分起到填充作用从而减少了用水量，对砂浆用水量的影响前两种作用大于后两种作用。

对用 50% 不同细度的固硫灰取代普通硅酸盐水泥的自流平砂浆不同龄期的抗折和抗压强度的试验结果如图 7-30、图 7-31 所示。

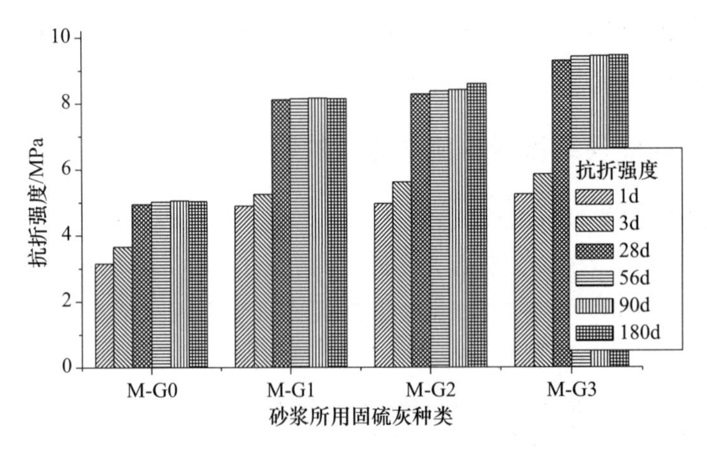

图 7-30　固硫灰细度对砂浆抗折强度的影响

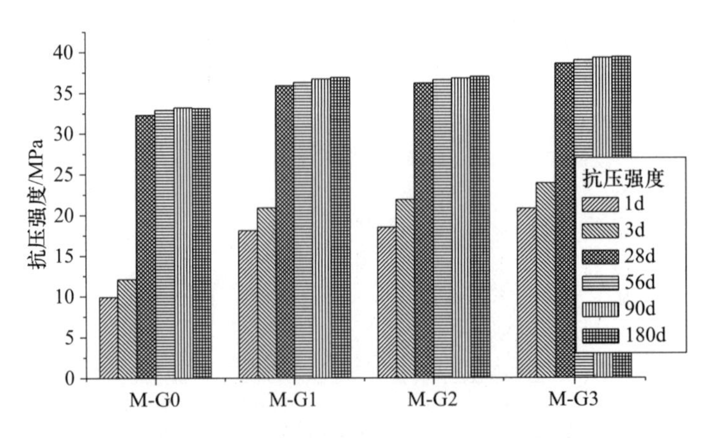

图 7-31　固硫灰细度对砂浆抗压强度的影响

从图 7-30 和图 7-31 中可见，随着固硫灰细度的增加，其各龄期的抗折强度和抗压强度都随之增加，原因主要有三方面：第一，固硫灰颗粒越细，比表面积越大，参与水化反应越剧烈，早期后期水化程度越高，水化产物生成量越大，这些生成的水化产物，填充砂浆内部的孔隙，增加砂浆强度；第二，固硫灰粉磨后，其内部包裹的 f-CaO 得以释放，在水化早期即可水化为 $Ca(OH)_2$，提高系统的碱度，有利于激发固硫灰中活性 SiO_2 和 Al_2O_3 的水化反应；第三，固硫灰通过粉磨，将其原本疏松多孔的结构破坏，减少了固硫灰内部吸收水分的量，减少了用水量，用水量的减少提高了砂浆浆体密实性，从而提高了砂浆强度。

图 7-32 为固硫灰细度对砂浆收缩性的影响，固硫灰自流平砂浆随着固硫灰细度的增加，其收缩先减小后增大，掺加固硫灰原灰 G0 的砂浆的收缩最大，而掺加 G1 的砂浆的收缩最小，固硫灰细度继续增加时砂浆的收缩增大。固硫灰细度主要从以下两方面影响砂浆的收缩。第一，固硫灰细度影响砂浆的用水量，因此影响砂浆内部的孔隙结构。用固硫灰原灰制备的砂浆用水量最大，砂浆内部产生的孔隙较大，水化生成的膨胀产物在砂浆内部产生微观膨胀，填充在这些孔隙中，而没有造成砂浆的宏观膨胀，因此测出的收缩较大。第二，固硫灰细度增加，破坏了固硫灰原本硬石膏包裹 f-CaO 的结构，使得硬石膏和 f-CaO 的比表面积增大，加速了硬石膏和 f-CaO 的水化以及钙矾石的生成，这几个反应产物都会产生膨胀，即固硫灰细度增加能使膨胀产物提前生成。因此在早期，固硫灰细度越细，膨胀产物生成越快，膨胀量越大，砂浆的收缩越小，而后期，由于砂浆中膨胀产物生成提前，使试验测得的总膨胀量减小，即收缩越来越大。因此，固硫灰细度越细，砂浆在较长龄期时收缩越大。但这几种细度的固硫灰在取代硅酸盐水泥 50% 时，制备的水泥基自流

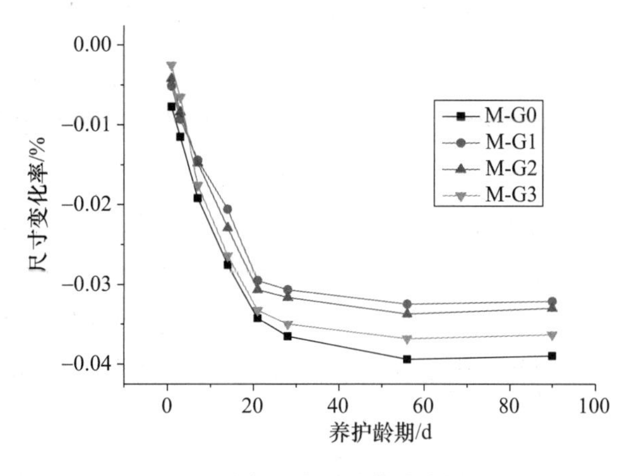

图 7-32 固硫灰细度对砂浆收缩性的影响

平砂浆的28d收缩率均远远小于JC/T 985—2005中要求的-0.15%。因此，对固硫灰原灰G0配制的砂浆主要为第一种作用的影响，而对于用较细的固硫灰G1、G2、G3配制的砂浆为第二方面影响起到主要作用。

固硫灰细度越细，制备的砂浆的强度越高，但固硫灰粉磨得越细，相应制备固硫灰细粉的能耗也越高，且试验结果中用固硫灰G1制备的砂浆的收缩最小，故综合考虑固硫灰细度对砂浆性能和砂浆成本的影响，掺入固硫灰G1的砂浆的整体成本和性能较优。

7.4.2 固硫灰掺量对自流平砂浆的影响

从上面的分析确定掺入G1灰的砂浆整体性能较优。因此，下面的试验都以掺入G1灰的砂浆为基准进行。用粉磨后的固硫灰G1，取代普通硅酸盐水泥的0%、20%、40%、50%、60%制备水泥基自流平砂浆，调整用水量，控制流动度为140~145mm，如图7-33所示为G1不同掺量时砂浆流动度为140~145mm的用水量。

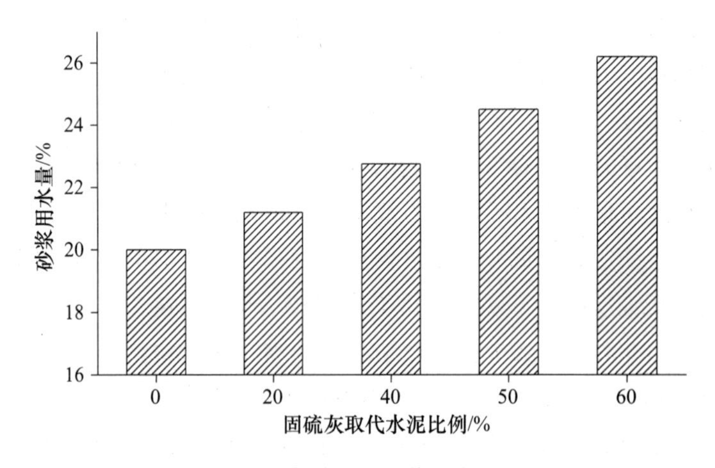

图7-33　固硫灰掺量对砂浆用水量的影响

从图7-33可见，在自流平砂浆初始流动度为140~145mm时，砂浆用水量随着固硫灰的掺量增加而增加。固硫灰掺量对砂浆用水量的影响主要有以下几方面：(1) 固硫灰的表面不规则且疏松多孔，吸水性较水泥颗粒强；(2) 粉磨后的固硫灰G1粒径小，在掺量较小的情况下，填充在较粗的颗粒间隙中，减少了填充水用量；(3) 固硫灰颗粒比表面积较水泥颗粒大，掺量较大时则会由于其较大的比表面积，增加颗粒表面吸附水。这三方面共同作用下，固硫灰取代硅酸盐水泥在20%~60%间变化时，(1) 和 (3) 方面增加砂浆用水量的作用大于 (1) 方面的作用，因此，随着固硫灰取代水泥量的增加，砂浆保持一定流动度的用水量也增加。

从图7-34、图7-35可见，随着固硫灰掺量的增加，砂浆的1d、3d强度先提高后降低，而28d及更长龄期的强度则呈减小趋势。这主要是由于固硫灰加入后能与高铝水泥和普通硅酸盐水泥水化生成的水化铝酸钙反应生成钙矾石，因此能促进高铝水泥和普通硅酸盐水泥的早期水化反应，同时生成膨胀性水化产物钙矾石填充砂浆内部孔隙，使砂浆内部更加密实，从而提高砂浆强度。因此，固硫灰掺量在一定范围内增加时有利于砂浆1d、3d强度的提高。当固硫灰取代普通硅酸盐水泥量超过一定范围后，浆体中的硅酸盐水泥水化生成的CAH和反应生成的钙矾石的量都减少，即减少了水化产物总量，因此降低了砂浆强度。由于固硫灰G1活性较差，56天活性指数仅为57%，导致自流平砂浆的28d及更长龄期的抗折强度和抗压强度随着固硫灰G1取代水泥比例的增加而降低。

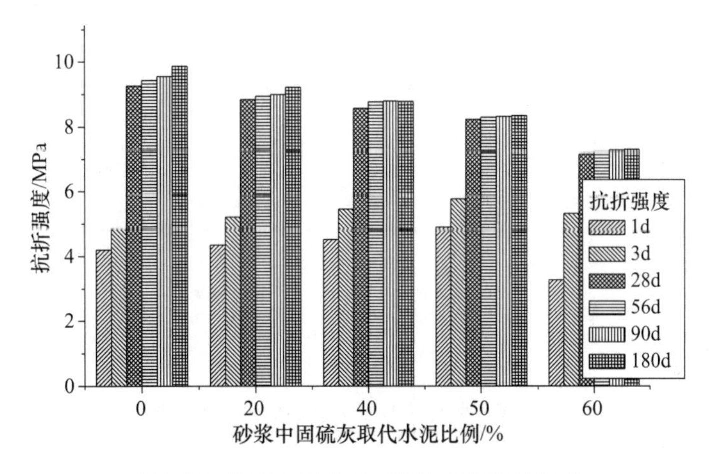

图7-34　固硫灰掺量对砂浆抗折强度的影响

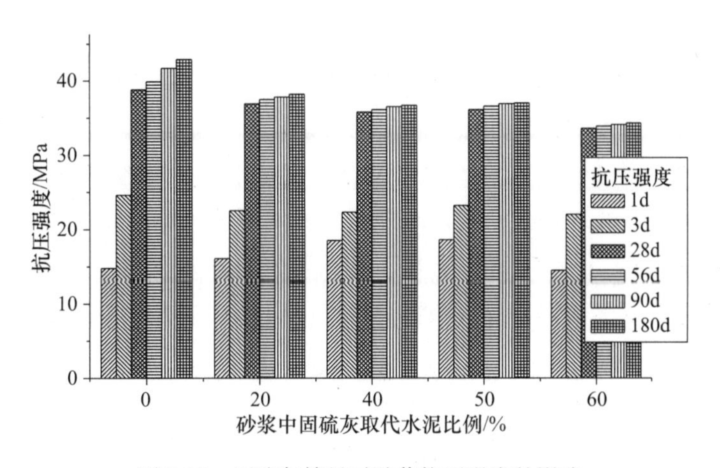

图7-35　固硫灰掺量对砂浆抗压强度的影响

测试固硫灰不同掺量的砂浆的收缩率，结果如图7-36所示。随着固硫灰掺量的增加，水泥基自流平砂浆的收缩减小，这主要是由于固硫灰加入后，促进了固硫灰-普通硅酸盐水泥-高铝水泥复合胶凝体系的水化反应，且能迅速生成钙矾石等膨胀产物，从前文XRD分析图表中可知，随着固硫灰掺量的增加，钙矾石生成量先增加后减少，在固硫灰取代水泥比例为50%时达到最大值，而普通硅酸盐水泥和高铝水泥水化产物CSH和CAH随着固硫灰取代比例的增加而不断减少，在这两个方面的共同作用下，固硫灰G1取代普通硅酸盐水泥比例从0%变化到50%，固硫灰自流平砂浆的收缩减少，取代比例继续增加到60%时，两方面作用抵消一部分，后者作用大于前者，使砂浆的收缩继续减少。因此，随着固硫灰取代水泥量的增加，水泥基自流平砂浆的收缩不断减少。

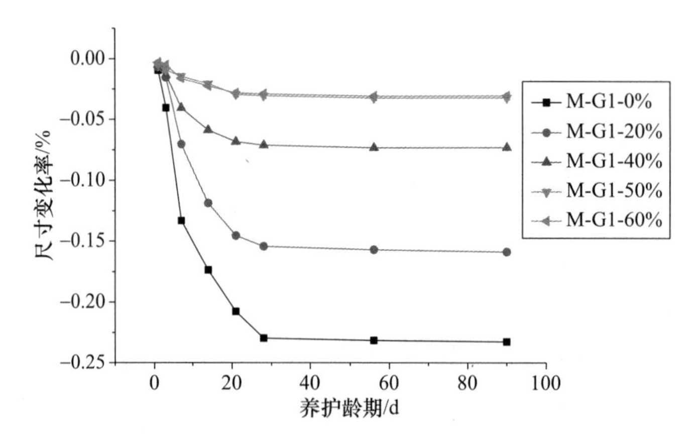

图7-36　固硫灰掺量对砂浆收缩率的影响

7.4.3　外加剂对自流平砂浆的影响

（1）减水剂

外加剂对水泥基自流平砂浆的性能有十分重要的影响，本处重点研究了多种外加剂对固硫灰自流平砂浆性能的影响。自流平砂浆是包括多种外加剂的复杂材料体系，这里重点研究减水剂、纤维素醚、消泡剂、早强剂、乳胶粉对固硫灰自流平砂浆性能的影响。试验中均采用固硫灰G1取代硅酸盐水泥50%的配方进行，具体配方列于表7-38中，其中，外加剂掺量变化后均通过调整重钙粉掺量调整配方使砂浆总量为100%。

表7-38　固硫灰自流平砂浆基础配方（wt%）

高铝水泥	固硫灰G1	P·O42.5R	40~70目砂	70~140目砂	重钙	减水剂JS-B	稳定剂WD-A	消泡剂XP-A	早强剂ZQ-A	缓凝剂HN
9	18	18	12.73	25.45	16.36	0.06	0.06	0.07	0.17	0.1

减水剂在砂浆中的主要作用是减少砂浆用水量，从而提高砂浆流动度和强度。减水剂的作用机理可以总结为五个方面：降低水泥颗粒固液界面能、静电斥力作用、空间位阻斥力作用、水化膜润滑作用与引气隔离“滚珠”作用。而不同的减水剂的减水机理也有所差异，本试验采用聚羧酸减水剂 JS-B 和密胺系减水剂 JS-A，分别研究两种减水剂对水泥基自流平砂浆性能的影响。对掺加 JS-B 和 JS-A 的砂浆用水量分别固定为 25.05% 和 24.9% 。减水剂的掺量对砂浆流动度的影响如图 7-37、图 7-38 所示。取聚羧酸减水剂 JS-B 0.04% ~0.12% 掺量，可见在用水量相同的情况下，JS-B 掺量在 0.00% ~0.07% 范围内变化时，砂浆初始流动度随着减水剂掺量增加迅速增加，流动度经时损失得到明显改善，在 0.07% ~0.12% 范围内变化时，砂浆初始流动度和随时间延长的损失

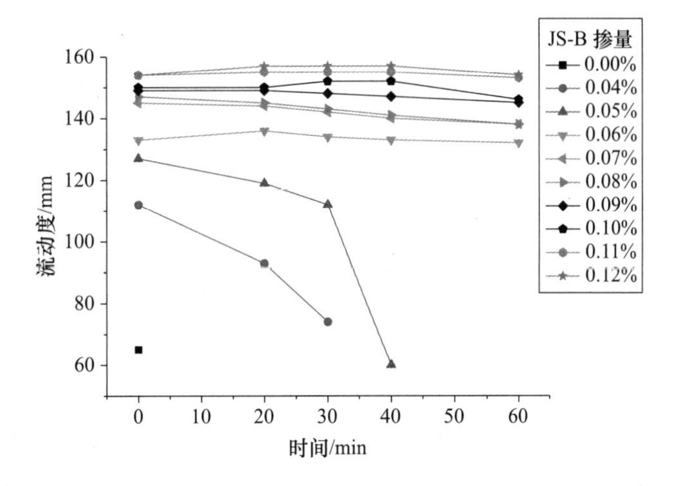

图 7-37　JS－B 掺量对砂浆流动度的影响

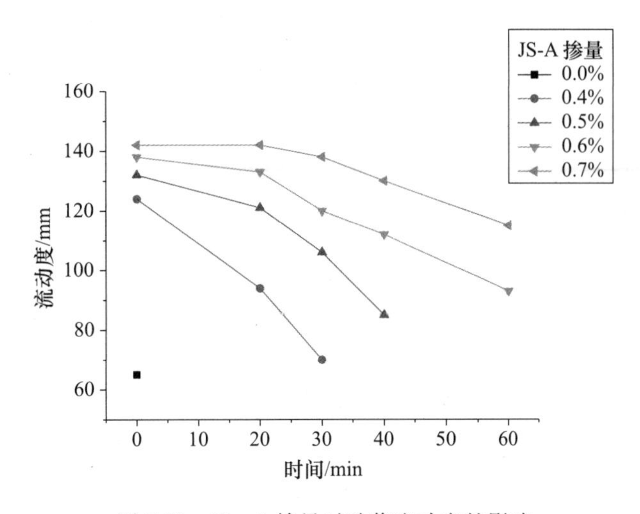

图 7-38　JS－A 掺量对砂浆流动度的影响

量明显减小，并在掺量为0.01%时流动度损失为零。这说明在用水量一定的情况下，聚羧酸减水剂JS-B可以明显改善砂浆的流动性并具有一定的缓凝作用，同时可延长砂浆的可操作时间。

取密胺型减水剂JS-A掺量0.4%～0.7%，由图7-38可见，在用水量相同的情况下，随着JS-A掺量的增加，砂浆初始流动度增加，流动度经时损失量明显减少，在掺量为0.7%时，20min流动度损失为零。因此，JS-A也能提高砂浆的流动性并减少砂浆流动度损失。

减水剂对砂浆流动性的改善作用主要是由于减水剂掺入水泥砂浆中，可破坏砂浆中水泥颗粒的絮凝结构，释放出絮凝结构中包含的自由水，增加浆体的流动性。当掺量较小时，不足以减少水泥表面的吸附水膜厚度和分散水泥颗粒，所以对流动性改善作用不明显；但随掺量的增加，其分散作用逐渐增大，到饱和点掺量附近时，水泥对减水剂的吸附也达到饱和状态，继续增加减水剂掺量，水泥对减水剂吸附量不再增加，因而流动性也基本不再增加。对比两种减水剂对砂浆流动性影响可发现，聚羧酸减水剂在掺量远远小于密胺型减水剂时，即可使砂浆流动度达到140mm以上，且流动度随时间的损失较掺密胺型减水剂砂浆小，即聚羧酸减水剂对掺固硫灰自流平砂浆的流动性改善作用较密胺型减水剂好。这主要是由于密胺型减水剂为阴离子型表格面活性剂，其作用机理以静电斥力为主；聚羧酸系减水剂以空间位阻斥力作用为主，因此聚羧酸减水剂的分散能力较强。

试验分别用聚羧酸减水剂JS-B和密胺型减水剂JS-A制备自流平砂浆，为研究减水剂对砂浆强度的影响，调整用水量控制砂浆初始流动度为140～150mm，不同减水剂掺量的砂浆的用水量和流动度如图7-39、图7-40所示。可见在初始流动度为140～150mm的情况下，砂浆用水量随着减水剂掺量增加而减少，且聚羧酸减水剂减水作用远远大于密胺型减水剂。20min流动度损失都随着减水剂掺量的增加而减少，砂浆在聚羧酸减水剂掺量为0.1%时20min流动度损失为零，在密胺型减水剂掺量为0.7%时20min流动度损失为零。这说明聚羧酸减水剂对自流平砂浆的减水作用和流动性保持作用均较密胺型减水剂好。改变聚羧酸减水剂JS-B和密胺型减水剂JS-A掺量，调整砂浆用水量，使砂浆的初始流动度为140～150mm，制备的砂浆的1d和28d抗折、抗压强度列于表7-39、表7-40中。砂浆的1d和28d抗折强度、抗压强度都随着聚羧酸减水剂掺量的增加而先增加后减少，在聚羧酸减水剂掺量为0.1%时强度最高。因此，聚羧酸减水剂掺量在本试验配方中存在的最佳值为0.1%。

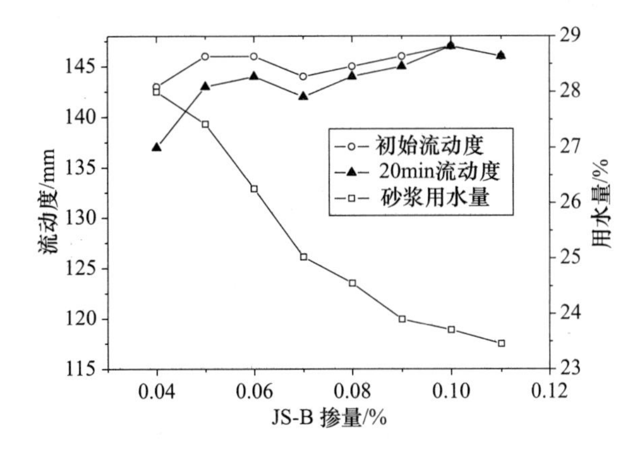

图 7-39 减水剂 JS-B 掺量对需水量和 20min 流动度的影响

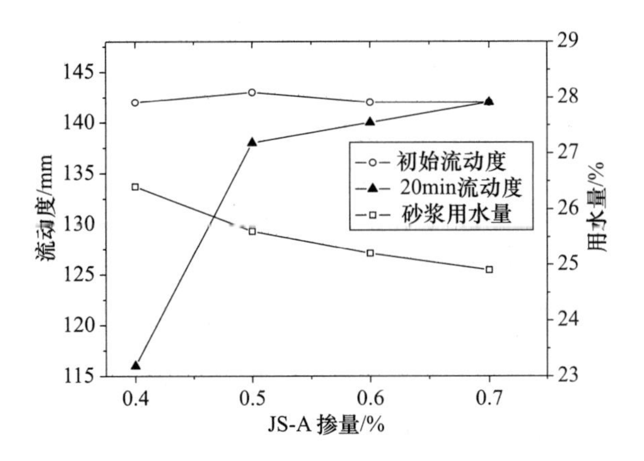

图 7-40 减水剂 JS-A 掺量对砂浆需水量和 20min 流动度的影响

表 7-39 聚羧酸减水剂 JS-B 对水泥基自流平砂浆强度的影响

编号	减水剂 JS-B /%	1d 抗折强度 /MPa	1d 抗压强度 /MPa	28d 抗折强度 /MPa	28d 抗压强度 /MPa
JS 对比	0	3. 5	13. 2	6. 9	17. 5
JS-B-1	0. 04	3. 6	14. 8	4. 3	20. 1
JS-B-2	0. 05	3. 8	16. 6	7. 0	27. 6
JS-B-3	0. 06	3. 7	18. 2	7. 6	27. 8
JS-B-4	0. 07	4. 3	19. 6	7. 2	31. 6
JS-B-5	0. 08	5. 0	19. 5	8. 1	33. 3
JS-B-6	0. 09	4. 3	20. 5	9. 0	35. 3
JS-B-7	0. 10	5. 0	21. 6	8. 3	39. 3
JS-B-8	0. 11	4. 9	22. 2	7. 0	34. 5
JS-B-9	0. 15	4. 3	20. 7	7. 0	32. 1
JS-B-10	0. 20	3. 8	21. 5	7. 3	33. 5

表 7-40　密胺型减水剂 JS-A 对水泥基自流平砂浆强度的影响

编号	减水剂 15G /%	1d 抗折强度 /MPa	1d 抗压强度 /MPa	28d 抗折强度 /MPa	28d 抗压强度 /MPa
JS 对比	0	3.5	13.15	6.89	17.5
JS-A-1	0.4	0.4	0.9	3.2	16.3
JS-A-2	0.5	0.9	3	6.0	23.0
JS-A-3	0.6	1.2	4.4	7.0	26.5
JS-A-4	0.7	2.9	12.1	8.2	30.0

由表 7-40 可见，砂浆的 1d 和 28d 抗折强度、抗压强度都随着密胺型减水剂掺量的增加而增加，但掺加聚羧酸减水剂的砂浆 1d、28d 抗折和抗压强度均较高。因此，聚羧酸减水剂更有利于掺固硫灰自流平砂浆强度的提高。这主要是由于聚羧酸减水剂对水泥颗粒分散作用好，减水能力强，砂浆用水量减少使得浆体孔隙率降低，因而提高了砂浆结构致密性。而到达减水掺量饱和点后，减水剂掺量的增加并不能减少用水量，反而会由于水泥颗粒对减水剂的吸附作用不再增强，使得水泥浆体出现泌水和离析，导致浆体匀质性变差，内部出现缺陷，强度降低。大量的高分子有机物减水剂会影响水泥的水化，超过饱和点掺量时，水化产物由正常的团簇状态变为树根状，水化产物所含的 Ca/Si 比相应提高，挪威研究者 Justnes 的研究表明，高 Ca/Si 的水化硅酸钙对应的水化硬化体的密实度和强度降低，减水剂掺量过多，会使水化产物中的 $Ca(OH)_2$ 块状变成板状，砂浆硬化结构会变得疏松。因此，只有适当的减水剂掺量能够对自流平砂浆起到早强的作用。

（2）早强剂对砂浆性能的影响

对自流平砂浆，为了能够实现较高的早期强度，通常加入早强剂改善其性能。本节主要讨论早强剂对水泥基自流平砂浆性能的影响，分别用 ZQ-A 和 ZQ-B 以不同掺量加入自流平砂浆中，试验结果列于表 7-41 和表 7-42 中。随着早强剂 ZQ-A 的加入，达到相同流动度的用水量逐渐增加，这主要是由于 ZQ-A 的加入加速了胶凝材料的水化，水化反应快速进行，因而消耗了一部分水，使得砂浆的用水量增加。此外，虽然 ZQ-A 的加入使得水泥基自流平砂浆达到相同初始流动度的用水量增加了，但是并未对 20min 流动度产生不利影响，反而在 ZQ-A 掺量较大时，20min 流动度较初始流动度高。而水泥基自流平砂浆的 1d 抗折和抗压强度随着 ZQ-A 掺量增加而提高，但在掺量大于 0.15% 后，1d 强度增长缓慢。28d 强度则随着 ZQ-A 掺量的增加先提高后降低。因此，在水泥基自流平砂浆中 ZQ-A 存在最佳掺量，不同配方需根据试验结果确定。

表 7-41 早强剂 ZQ-A 掺量对砂浆流动性及强度的影响

编号	ZQ-A /%	用水量 /%	流动度/mm		强度/MPa			
			初始	20min	1d 抗折	1d 抗压	28d 抗折	28d 抗压
ZQ 对比	0	25.17	142	142	1.2	2.6	5.2	17.9
ZQ-A-1	0.05	25.45	144	143	3.3	16.6	7.9	27.2
ZQ-A-2	0.10	25.50	143	142	3.4	17.3	8.8	32.7
ZQ-A-3	0.15	25.65	142	142	3.8	17.9	8.8	33.2
ZQ-A-4	0.20	25.80	143	145	3.7	17.8	7.3	30.3
ZQ-A-5	0.25	26.00	142	144	4.0	18.4	7.4	28.1

表 7-42 ZQ-B 掺量对砂浆流动性及强度的影响

编号	ZQ-B /%	用水量 /%	流动度/mm		强度/MPa			
			初始	20min	1d 抗折	1d 抗压	28d 抗折	28d 抗压
ZQ 对比	0	25.17	142	142	1.2	2.6	5.2	17.9
ZQ-B-1	0.05	25.28	143	142	3.1	11.6	8.0	27.3
ZQ-B-2	0.10	25.35	144	143	3.6	15.8	8.5	30.6
ZQ-B-3	0.15	25.44	143	142	4.0	17.0	9.1	33.4
ZQ-B-4	0.20	25.60	145	145	4.6	18.3	9.5	36.6
ZQ-B-5	0.25	25.75	143	143	4.6	18.6	9.3	34.9

从表 7-42 可见，随着 ZQ-B 的掺量的增加，保持一定流动度的用水量增加，1d 抗折和抗压强度提高，28d 抗折和抗压强度则先提高后降低。在掺量为0.2%时28d 强度最高。对比 ZQ-B 和 ZQ-A，则为 ZQ-B 能更好地提高砂浆的强度。由于 ZQ-B 和 ZQ-A 均为碳酸盐，加入砂浆中，对砂浆的作用原理相似。ZQ-B 与砂浆中水泥水化或固硫灰水化生成的 $Ca(OH)_2$ 和 $CaSO_4 \cdot 2H_2O$ 发生了以下反应：

$$CO_3^{2-} + Ca(OH)_2 \longrightarrow CaCO_3 + 2OH^- \tag{7-1}$$

$$CO_3^{2-} + CaSO_4 \longrightarrow CaCO_3 + SO_4^{2-} \tag{7-2}$$

这使得浆体中 $CaSO_4$ 浓度下降，促进固硫灰中硬石膏的溶解，使得钙矾石较多地在早期生成。另外，在 $CaSO_4$ 浓度较低时，水泥中 C_3A 可迅速进入溶液，析出六方片状的 C_3AH_6，因而使得砂浆的早期强度提高。而对后期强度，则由于当早期水化速率过快时，快速生成的水化产物包裹在胶凝材料颗粒表面，阻碍了后期水化反应的进行，因此，当碳酸盐早强剂掺量超过一定范围后，28d 强度反而降低。因此，对本试验配方，早强剂ZQ-A掺量0.1%～0.15%较为适当，ZQ-B掺量0.15%～0.2%较佳。

（3）消泡剂

消泡剂在砂浆中能抑制泡沫的形成和破坏已形成的泡沫。其作用机理是，消泡剂进入液膜，降低液体的黏度，形成新的低表面黏度界面，使液膜失去弹性，加速了液体的渗出过程，最终使液膜变薄而破裂。但不同种类的消泡剂对砂浆性能会产生不同的影响，需要通过试验找出较佳的消泡剂种类和掺量。本部分主要研究了粉末消泡剂XP-A（复合消泡剂）和XP-B（高级脂肪醇类）对砂浆流动性和力学性能的影响。试验配方及试验结果列于表7-43和表7-44中。

表7-43　消泡剂XP-A掺量对砂浆性能的影响

编号	XP-A /%	用水量 /%	流动度/mm		强度/MPa			
			初始	20min	1d 抗折	1d 抗压	28d 抗折	28d 抗压
XP对比	0	26.4	146	137	3.2	17.0	4.7	24.8
XP-A-1	0.035	25.9	146	146	3.7	17.5	5.3	27.7
XP-A-2	0.07	25.6	145	144	4.0	18.2	6.2	32.3
XP-A-3	0.105	25.4	146	145	4.0	17.6	7.6	32.7
XP-A-4	0.14	25.2	145	144	4.0	18.1	6.7	27.5

表7-44　消泡剂XP-B掺量对砂浆性能的影响

编号	XP-B /%	用水量 /%	流动度/mm		强度/MPa			
			初始	20min	1d 抗折	1d 抗压	28d 抗折	28d 抗压
XP对比	0	26.4	146	137	3.2	17.0	4.7	24.8
XP-B-1	0.035	26.4	142	133	4.2	16.4	7.9	25.3
XP-B-2	0.07	26.55	144	139	3.6	15.7	9.0	32.7
XP-B-3	0.105	27.2	140	137	3.2	14.7	6.8	29.1
XP-B-4	0.14	27.8	142	140	3.5	14.0	5.9	32.9

从表7-43可见，在初始流动度相同的情况下，掺加XP-A消泡剂在改善砂浆消泡效果的同时，能减小砂浆的用水量，同时减少砂浆的20min流动度损失；从表7-44中的试验结果可见，消泡剂XP-B对砂浆的流动度损失改善作用不佳。这可能是由于两种消泡剂的化学成分不同，虽然均能有较好的消泡效果，但是对于砂浆浆体中胶凝材料的水化的影响则有所差别，这就导致两种消泡剂对砂浆的水化早期流动性和流

动性损失影响不同。此外，两种消泡剂均随着掺量的增大，1d 和 28d 强度均呈先提高后降低的趋势，这主要是由于消泡剂减少了砂浆中由于搅拌或其他外加剂（如纤维素醚）引入的气泡，使得砂浆更为密实，提高了砂浆的强度，但掺量过大时，可能由于其化学成分对砂浆的水化有一定影响而又降低了砂浆的强度，说明消泡剂的掺量存在一个最佳值，需要通过实验确定。郭京东对消泡剂对混凝土强度的影响的研究也得到相同的结论。

（4）纤维素醚

纤维素醚是天然纤维素经过碱溶、醚化、水洗、干燥、研磨等工序加工而成的一种水溶性的高分子材料，在砂浆中应用能起到保水增稠，提高浆体均匀性、稳定性和和易性的作用。本试验选用 WD-A 和 WD-B 两种纤维素醚，分别以不同掺量取代重钙掺入砂浆，保证砂浆流动度为 140～150mm，调整用水量配制砂浆，砂浆的流动度和力学性能测试结果见表 7-45、表 7-46。

表 7-45　纤维素醚 WD-A 掺量对砂浆需水量和强度的影响

编号	WD-A /%	用水量 /%	流动度/mm		强度/MPa				备注
			初始	20min	1d 抗折	1d 抗压	28d 抗折	28d 抗压	
WD 对比	0	22.8	145	135	4.5	20.0	7.0	32.8	沉降泌水严重
WD-A-1	0.03	24.0	145	143	3.7	16.8	6.8	26.8	轻微泌水
WD-A-2	0.06	25.6	144	142	4.3	19.6	7.2	31.6	无泌水
WD-A-3	0.09	25.9	146	144	4.1	17.4	8.1	31.0	无泌水
WD-A-4	0.12	26.22	145	143	3.6	15.5	4.3	25.1	浆体黏稠消泡差

表 7-46　纤维素醚 WD-B 掺量对砂浆需水量和强度的影响

编号	WD-B /%	用水量 /%	流动度/mm		强度/MPa				备注
			初始	20min	1d 抗折	1d 抗压	28d 抗折	28d 抗压	
WD 对比	0	22.8	145	135	4.5	20.0	7.0	32.8	沉降泌水严重
WD-B-1	0.03	23.95	144	—	3.4	15.8	6.8	31.7	轻微泌水
WD-B-2	0.06	24.9	142	80	3.4	14.2	6.5	30.2	无泌水
WD-B-3	0.09	26.15	142	122	3.2	13.9	6.0	29.9	无泌水
WD-B-4	0.12	27.2	144	121	3.2	13.3	5.8	26.7	浆体黏稠流动缓慢

从表 7-45 可知：未掺加纤维素醚时自流平砂浆沉降泌水严重，但用水量少；纤维素醚掺量增加，砂浆在一定流动度时的用水量增加，而

泌水情况在小掺量时即得到了明显改善，但掺量过大时，浆体过稠，影响消泡效果。这主要是由于纤维素醚结构中含有羟基和醚键，这些基团上的氧原子可与水分子缔合成氢键，使游离的水分子变成结合水，使水失去流动性，游离水不能再自由流动，使得浆体稠度增大，要达到相同流动度的用水量增加。对比表7-45、表7-46中的流动度数据可见：纤维素醚WD-A掺入砂浆后，砂浆的20min流动度损失明显降低；而WD-B掺入后砂浆的20min流动度损失大大提高，但随着纤维素醚掺量的增加，流动度损失又逐渐减少。这主要是由于纤维素醚的组成和结构不同，使其对砂浆中胶凝材料的水化的影响不同，因此对砂浆流动度的延时性的影响不同。未加入纤维素醚时，砂浆强度较高，这主要由于沉降泌水使得实际砂浆试件中用水量减少，砂浆密实填充，强度较高。随着两种纤维素醚掺量的继续增加，两种砂浆强度变化趋势不同。这主要由于纤维素醚加入后，小掺量时使得砂浆的保水性和砂浆均匀性改善，但同时纤维素醚有引气作用，因此在小掺量时纤维素醚对砂浆强度的影响为这几方面的相互作用。对不同种类的纤维素醚，这几方面的作用结果均有所差异，因而两种纤维素醚在掺量为0.03%时对砂浆强度的影响趋势不同。当纤维素醚掺量继续增加时，则由于纤维素醚的引气作用使得砂浆内部气泡含量增多，砂浆致密性下降，因此强度下降。

（5）可再分散乳胶粉

可再分散乳胶粉是高分子聚合物乳液经喷雾干燥等后续处理而制成的粉状热塑性树脂，主要用于建筑方面，特别是在干混砂浆中可增加浆体内聚力、黏聚力与柔韧性，提高砂浆的综合性能。本处选用可再分散乳胶粉JF-A和JF-B以不同掺量（相对于砂浆的总质量）取代重钙粉，基础配方为G1取代水泥50%，其余配方原料掺量固定，加入水泥基自流平砂浆中对砂浆进行改性。试验的测试结果列于表7-47和表7-48中。

表7-47　乳胶粉JF-A掺量对砂浆需水量和强度的影响

编号	JF-A /%	用水量 /%	流动度/mm		强度/MPa					耐磨性/g
			初始	20min	1d 抗折	1d 抗压	28d 抗折	28d 抗压	28d 黏结	
JF对比	0	24.6	146	145	4.1	18.1	8.1	35.9	0.9	0.69
JF-A-1	0.5	24.6	147	145	4.1	17.6	8.5	35.7	1.1	0.64
JF-A-2	1.0	24.6	146	143	4.2	17.5	8.9	35.3	1.2	0.53
JF-A-3	1.5	24.6	144	139	4.5	16.2	9.3	34.9	1.4	0.40
JF-A-4	2.0	24.6	143	137	4.6	15.9	9.3	34.3	1.6	0.31

表 7-48 JF-B 掺量对砂浆需水量和强度的影响

编号	JF-B /%	用水量 /%	流动度/mm		强度/MPa					耐磨性/g
			初始	20min	1d 抗折	1d 抗压	28d 抗折	28d 抗压	28d 黏结	
JF 对比	0	24.6	146	145	4.1	18.1	8.1	35.9	0.9	0.69
JF-B-1	0.5	24.6	148	146	4.2	17.8	8.5	35.8	1.1	0.66
JF-B-2	1.0	24.6	147	144	4.2	17.6	8.8	35.5	1.2	0.56
JF-B-3	1.5	24.6	146	141	4.4	16.5	9.0	35.1	1.3	0.44
JF-B-4	2.0	24.6	143	138	4.5	16.3	9.2	34.6	1.6	0.33

乳胶粉掺入后，用水量相同的情况下，砂浆的初始流动度在可再分散乳胶粉掺量较小时略有增加，后随着胶粉掺量继续增加而逐渐减少，而 20min 流动度损失均随着乳胶粉掺量的增加而增加。这主要是由于乳胶粉制备过程中使用的大量表面活性剂，降低了水泥产品遇水形成的分散体系的表面张力，因此掺量较少时，流动度略有增大，随着胶粉掺量的增加，表面活性剂将处于“饱和”状态，对用水量影响不大。聚合物的加入会延缓水泥的水化，因而早期强度逐渐降低。

乳胶粉的加入提高了砂浆的抗折强度，降低了砂浆的抗压强度，既提高了砂浆压折比，也提高了砂浆的黏结强度和耐磨性。这主要是由于砂浆中掺入可再分散乳胶粉后，在固化的浆体中形成了由无机和有机黏结剂构成的体系，即水硬性材料构成的脆硬性材料，以及乳胶粉聚合物在间隙与固体表面成膜构成的柔性网络。由于乳胶粉所形成的树脂高分子薄膜的抗折抗拉伸强度通常高于水泥基材料一个数量级以上，因此乳胶粉可大大改善砂浆的抗折强度、拉伸黏结强度及耐磨性。

乳胶粉不同掺量的自流平砂浆的尺寸变化率的试验结果如图 7-41 所示。随着龄期的延长，砂浆的收缩不断增大，随着乳胶粉掺量的增

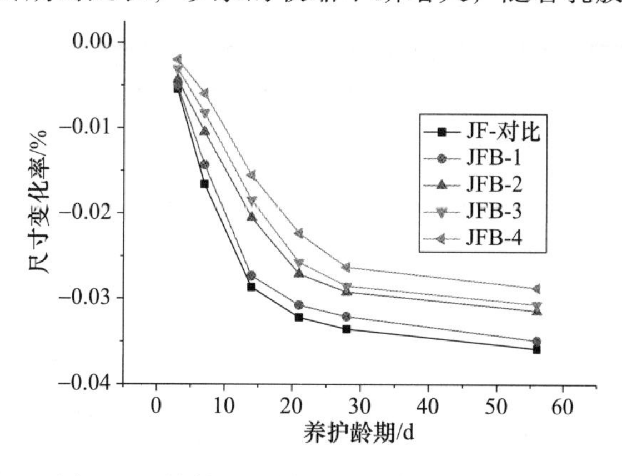

图 7-41 胶粉 JF-B 掺量对砂浆收缩性的影响

加，砂浆的收缩值逐渐变小，即乳胶粉能减小砂浆的收缩。这主要是由于聚合物粒子对水泥基体的孔隙和毛细管的渗透，显著提高了砂浆的内聚力，改善了水泥砂浆的收缩。

（6）固硫灰自流平砂浆外加剂最优配方

根据前面得出的结论，各种外加剂的最佳配方见表7-49。工程上使用的普通水泥基自流平砂浆的配方见表7-50。根据最佳配比制备的自流平砂浆和普通水泥基自流平砂浆的性能列于表7-51中。

表7-49　固硫灰自流平砂浆的最优配方（wt%）

高铝水泥	固硫灰G1	普通硅酸盐水泥	40~70目砂	70~140目砂	重钙	减水剂JS-B	稳定剂WD-A	消泡剂XP-A	早强剂ZQ-B	缓凝剂HN	乳胶粉JF-B
9	18	18	12.73	25.45	14.26	0.1	0.06	0.1	0.2	0.1	2

表7-50　普通水泥基自流平砂浆的配方（%）

高铝水泥	石膏	普通硅酸盐水泥	70~140目砂	重钙	聚羧酸减水剂	纤维素醚	消泡剂	早强剂	缓凝剂	胶粉
8	6	26	40	17.46	0.07	0.07	0.1	0.2	0.2	2

表7-51　普通水泥基自流平和固硫灰自流平砂浆的性能

砂浆种类	用水量/%	流动度/mm		耐磨性/g	28d收缩率/%	黏结强度/MPa	抗折强度/MPa		抗压强度/MPa	
		初始	20min				1d	28d	1d	28d
普通水泥基自流平砂浆	23.0	150	140	0.50	0.045	1.1	2.7	10.0	11.2	23.0
固硫灰自流平砂浆	24.5	144	143	0.32	-0.029	1.6	4.5	9.1	16.8	35.3

在标准《地面用水泥基自流平砂浆》（JC/T 985）中对砂浆的性能指标要求见表7-52、表7-53和表7-54。

表7-52　水泥基自流平砂浆物理力学性能指标

项目			技术指标
流动度/mm	初始流动度	≥	130
	20min流动度	≥	130
拉伸黏结强度/MPa		≥	1.0
耐磨性/g		≤	0.50
尺寸变化率/%			-0.15~+0.15
24h抗压强度/MPa		≥	6.0
24h抗折强度/MPa		≥	2.0

表 7-53 抗压强度等级

强度等级		C16	C20	C25	C30	C35	C40
28d 抗压强度/MPa	≥	16	20	25	30	35	40

表 7-54 抗折强度等级

强度等级		F4	F6	F7	F10
28d 抗折强度/MPa	≥	4	6	7	10

对比自流平砂浆的性能指标要求可知，用固硫灰 G1 取代硅酸盐水泥 50%，各种外加剂调配适宜时，制备得到的固硫灰自流平砂浆的各方面性能均能达到标准《地面用水泥基自流平砂浆》（JC/T 985）的要求。

对比固硫灰自流平砂浆和普通水泥基自流平砂浆的性能可见，在粉磨后的固硫灰 G1 取代普通硅酸盐水泥 50% 时，固硫灰膨胀作用的发挥使其能全部取代石膏，制备出的自流平砂浆的各方面性能均可较普通水泥基自流平砂浆的性能好。

7.4.4 固硫灰自流平砂浆的改性

为了进一步有效控制固硫灰的膨胀性，改善掺加固硫灰自流平砂浆的性能，同时降低砂浆的成本，本章将矿渣、粉煤灰和磷渣分别做磨细处理后与固硫灰和水泥复掺，研究复掺矿物掺合料对砂浆性能的影响。各组试验取上一部分得到的最佳配方作为基础配方，见表 7-55。

表 7-55 固硫灰自流平砂浆基础配方（wt%）

高铝水泥	固硫灰 G1	P·O 42.5R	40～70 目砂	70～140 目砂	重钙	减水剂 JS-B	稳定剂 WD-A	消泡剂 XP-A	早强剂 ZQ-B	缓凝剂 HN	减水剂 JS-B
9	18	18	12.73	25.45	14.26	0.1	0.06	0.1	0.2	0.1	2

粒化高炉矿渣简称矿渣，是高炉炼铁时排出的废渣，其化学成分与硅酸盐水泥相类似，含有的 SiO_2、CaO、Al_2O_3 占其总质量的 90% 以上，此外还含有 F_2O_3、MgO、TiO_2、MnO 等氧化物和少量硫化物。其矿物组成主要为水淬时形成的大量玻璃体、钙镁铝黄长石、假硅钙石和少量硅酸一钙（CS）或硅酸二钙（C_2S）。在通常情况下，水分子的作用不足以克服矿渣玻璃体中 CaO、MgO 的富钙相的分解活化能，矿渣的活性难以发挥，但在碱性环境下，高浓度的 OH^- 离子能进入矿渣的玻璃体的网状结构空穴中，使富钙相中的 Ca^{2+}、Mg^+ 离子溶解，从而分散和溶解富钙相的网状结构。之后再与富硅相中活性 SiO_2 和活性 Al_2O_3 反应生成 CSH 和 CAH 凝胶，这个反应过程使得矿渣的火山灰活性得以发挥。本处用矿渣粉部分取代固硫灰或水泥制备自流平砂浆，具体配方和试验结

果列于表7-56中，其中，固硫灰、硅酸盐水泥和矿渣三者质量之和为100%，表格中所列为各自占三者总和的比例。矿渣取代固硫灰量越大，砂浆在一定流动度时的用水量越少，因此，矿渣部分取代固硫灰时能减少砂浆用水量，这主要是由于矿渣中有大量的无定形态的玻璃体存在，其需水量远小于表面疏松多孔的固硫灰。但矿渣取代水泥时，用水量随着矿渣掺量的增大而减小，说明矿渣用水量较水泥用水量小。矿渣取代固硫灰时，会使砂浆强度随着矿渣掺量的增加而降低，矿渣取代水泥时，也随着矿渣掺量的增加而降低，这主要由于矿渣28d活性指数为50%较固硫灰活性指数54%略低，因此，取代固硫灰和取代水泥都会降低砂浆强度。

表7-56　矿渣复掺对砂浆用水量及力学性能的影响

编号	固硫灰/%	矿渣/%	普通硅酸盐水泥/%	用水量/%	流动度/mm		抗折强度/MPa			抗压强度/MPa		
					初始	20min	1d	28d	56d	1d	28d	56d
对比	50	—	50	24.5	143	142	4.0	5.2	5.6	18.4	30.0	31.5
KZ1	—	50	50	19.7	145	144	2.9	5.3	5.6	6.2	24.6	26.8
KZ2	30	20	50	22.15	144	143	4.2	5.7	5.8	14.2	24.9	27.3
KZ3	40	10	50	23.1	144	143	4.2	6.0	6.2	17.0	28.5	29.6
KZ4	40	20	40	22.75	143	141	4.2	5.2	5.5	17.2	26.9	27.9
KZ5	40	30	30	23	142	141	4.6	5.2	5.5	15.0	24.8	25.7

对复掺矿渣的各组砂浆试样的收缩性的测试结果如图7-42所示。随着矿渣取代固硫灰掺量的增加，砂浆的收缩逐渐增加，这是由于：(1) 矿渣取代固硫灰时，砂浆达到一定初始流动度的用水量减少，因此，由于水分蒸发引起的砂浆收缩减少；(2) 矿渣取代固硫灰时，由于减少了砂浆中硬石膏及游离氧化钙的含量而减少了砂浆中钙矾石生成量，减少了砂浆的膨胀性，即增加了砂浆的收缩。此外，由图可见，当矿渣取代水泥掺量增加时，砂浆的收缩逐渐减少。这主要是由于：(1) 矿渣取代水泥时，由于减少了砂浆的水泥用量，从而减少了水泥水化过程引起的收缩；(2) 矿渣取代水泥时，由于减少了砂浆达到一定初始流动度的用水量，从而减少了收缩。

磷渣是在用电炉法制取黄磷时，所得到的以硅酸钙为主要成分的熔融物，经过淬冷成粒，得到粒化高炉磷渣，其玻璃体含量达90%以上，潜在矿物相为硅灰石和枪晶石；此外还有部分结晶相，如石英、假硅灰石、方解石及氟化钙等。近年来磷渣在水泥混凝土中得到了较广泛的应

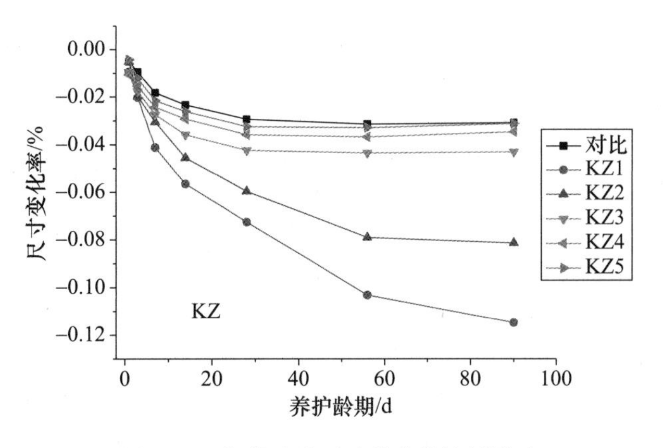

图 7-42　复掺矿渣对砂浆收缩性的影响

用，但由于磷渣中含有 P_2O_5 和 F^-，使磷渣具有缓凝作用，且掺量提高，凝结时间延长，早期强度降低，但对后期强度影响较小。本处主要研究磷渣粉取代固硫灰或水泥对自流平砂浆性能的影响。用磷渣粉取代固硫灰或水泥制备自流平砂浆，试验用外加剂、骨料和高铝水泥掺量取表 7-55 中配方添加。试验配方和结果列于表 7-57 中，其中，固硫灰、硅酸盐水泥和磷渣三者质量之和为 100%。磷渣粉取代固硫灰或水泥的比例越大，砂浆的用水量越少，这主要是由于磷渣粉颗粒表面结构致密，因此较固硫灰疏松多孔的表格面的需水量少，同时磷渣与水泥不同，不含 C_3A、C_3S 等水化产物，不能自身发生水化反应消耗大量的水，而只能在有水的情况下与 $Ca(OH)_2$ 反应，生成 CSH 和 CAH，且其反应过程较水泥水化慢，因此，磷渣取代水泥时，使砂浆达到一定流动度的用水量较少。磷渣取代固硫灰时，会使砂浆强度随着磷渣掺量的增加先增加后降低，在磷渣与固硫灰掺量比为 10% ：40% 时，砂浆的 1d 抗折和抗压强度与对比样相当，但 28d 抗折和抗压强度则明显高于对比样。这主要是由于磷渣粉的 28d 活性指数较高，虽然早期 1d 强度由于磷渣中的缓凝成分的影响而较低，但是后期强度能够缓慢不断增长，因而 28d 强度值超过对比样。

表 7-57　磷渣复掺对砂浆用水量及力学性能性能的影响

编号	固硫灰/%	磷渣/%	普通硅酸盐水泥/%	用水量/%	流动度/mm		抗折强度/MPa			抗压强度/MPa		
					初始	20min	1d	28d	56d	1d	28d	56d
对比	50	—	50	24.5	143	142	4.0	5.2	5.6	18.4	30.0	31.5
LZ1	—	50	50	19.8	146	145	3.7	8.9	10.0	6.2	20.6	23.0
LZ2	30	20	50	22	147	146	3.6	4.7	5.2	15.5	27.7	29.0

续表

编号	固硫灰/%	磷渣/%	普通硅酸盐水泥/%	用水量/%	流动度/mm		抗折强度/MPa			抗压强度/MPa		
					初始	20min	1d	28d	56d	1d	28d	56d
LZ3	40	10	50	23	146	146	3.6	11.0	11.2	18.5	34.8	35.2
LZ4	40	20	40	22.4	143	142	4.2	8.4	8.8	16.6	30.8	31.3
LZ5	40	30	30	21.4	145	145	3.9	4.7	5.2	15.6	28.0	28.6

磷渣以不同掺量取代固硫灰和水泥时砂浆的尺寸变化率的试验结果如图7-43所示。磷渣完全取代固硫灰时，砂浆收缩值最大，当磷渣取代固硫灰比例减少时，砂浆的收缩减少；磷渣以不同掺量取代水泥时，随着磷渣取代比例的增加，砂浆的收缩减少，其中LZ5的收缩值较对比样小，即磷渣以适当比例和固硫灰、水泥复掺时，有利于减小砂浆的收缩。这主要是由于磷渣取代固硫灰时，虽然减少了砂浆用水量，利于减少砂浆的收缩，但由于磷渣加入后减少了砂浆中的固硫灰含量，减少了固硫灰引起的膨胀，因此增大了收缩，而砂浆收缩值为这两方面共同作用之和，因此可见后者作用较大地影响了砂浆的收缩。而取代水泥时，由于其一方面减少了砂浆的用水量，减少了水分蒸发引起的砂浆的收缩；另一方面减少了水泥用量，减少了水泥水化引起的收缩，因此取代水泥时很好地改善了砂浆的收缩。在磷渣：固硫灰：水泥为30%：40%：30%时砂浆的收缩值最小。

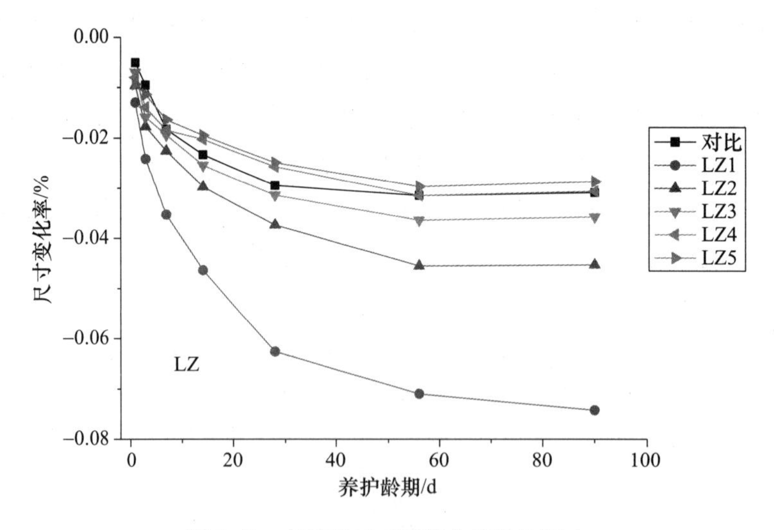

图7-43　复掺磷渣对砂浆收缩性的影响

粉煤灰是从火力发电厂燃煤锅炉排放出的烟气中收集到的粉尘，其颗粒多呈表面光滑的球形，化学成分与高铝黏土相似，主要成分为

SiO_2、Al_2O_3、Fe_2O_3，三者之和通常超过70%，此外还有少量的CaO、MgO、SO_3 等。其中，硫主要以硫酸盐形式存在，CaO含量不超过10%。粉煤灰中矿物是以高岭石为代表的黏土矿物在高温熔融状态下经快速冷却形成，含有以硅、铝氧化物为主要成分的玻璃体70%～85%，此外还有莫来石、a-石英、赤铁矿、磁铁矿等结晶矿物。粉煤灰应用在水泥混凝土制品中的作用表现在两方面：(1) 物理作用，由于粉煤灰的玻璃微珠能在水泥混凝土中起到滚珠轴承和密实填充作用，对水泥混凝土能起到增加流动性、提高致密性的作用；(2) 化学作用，粉煤灰的硅铝玻璃体能和水泥水化生成的 $Ca(OH)_2$ 反应生成CSH和CAH凝胶水化产物，有助于水泥混凝土后期强度提高。

本处用粉煤灰取代砂浆中的固硫灰或水泥制备自流平砂浆，试验用外加剂、骨料和高铝水泥掺量按表7-55中的配方添加。具体的配方和试验结果列于表7-58中，其中，将固硫灰、硅酸盐水泥和粉煤灰三者质量之和视为100%，表格中所列为各自占三者总和的比例。

表7-58　粉煤灰复掺对砂浆用水量及力学性能的影响

编号	固硫灰/%	粉煤灰/%	普通硅酸盐水泥/%	用水量/%	流动度/mm		抗折强度/MPa			抗压强度/MPa		
					初始	20min	1d	28d	56d	1d	28d	56d
对比	50	—	50	24.5	143	142	4.0	5.2	5.6	18.4	30.0	31.5
FA1	—	50	50	19.8	146	146	3.1	9.7	10.8	7.3	16.6	17.8
FA2	30	20	50	21.8	147	147	3.9	7.2	7.4	16.5	25.4	26.0
FA3	40	10	50	22.8	146	146	3.7	5.4	5.6	18.4	31.6	31.9
FA4	40	20	40	22.4	141	140	3.5	4.2	4.4	17.7	30.5	30.6
FA5	40	30	30	22.4	144	144	3.9	5.5	5.6	17.7	26.7	27.1

从表7-58中数据可见，砂浆的用水量随着粉煤灰取代固硫灰比例的增加而减少，随着取代水泥比例的增加而减少，这主要是由于粉煤灰形态效应起到的减水作用。强度方面，从表中可见砂浆的强度随着粉煤灰取代固硫灰掺量的增加而先提高后降低，粉煤灰：固硫灰为10%：40%时，强度较未掺加粉煤灰的对比样高，即少量掺加粉煤灰能提高砂浆的强度，砂浆强度随着粉煤灰取代水泥比例的继续增加而降低。原因有以下几方面。(1) 粉煤灰取代固硫灰和水泥时均有较好的减水作用。由于粉煤灰颗粒表面为光滑的圆球形，形貌规则，因此需水量远小于表格面疏松多孔的固硫灰，用水量的减少既有利于砂浆内部孔隙率的减小，又有利于砂浆强度的提高。(2) 粉煤灰的活性较固硫灰G1差，故取代固

硫灰时由于其活性较低对砂浆强度有降低作用。砂浆强度为这两方面作用的结果。

粉煤灰复掺取代水泥或固硫灰均将影响砂浆的水化，也必将对砂浆的收缩性产生影响，对不同配比复掺粉煤灰的砂浆的收缩实验结果如图 7-44 所示。粉煤灰完全取代固硫灰时的收缩值 <0.6%，大于对比样的收缩值，但远远小于矿渣和磷渣粉完全取代水泥的收缩值，这主要是由于粉煤灰颗粒为规则的圆球型，其能较好地填充砂浆中的孔隙，使砂浆更为密实，减少砂浆的收缩。随着粉煤灰取代水泥比例的增加，砂浆收缩值变大，这主要是由于固硫灰的加入能生成二水石膏、钙矾石等膨胀产物补偿砂浆的收缩，而粉煤灰取代固硫灰则使得砂浆中生成的膨胀产物减少，因此砂浆的收缩增大。随着粉煤灰取代水泥量的增加，砂浆的收缩值变小，这主要是由于：一方面，砂浆中的水泥水化过程将产生化学收缩，粉煤灰部分取代水泥后，砂浆中由水泥水化引起的收缩减小；另一方面，粉煤灰取代水泥减少了砂浆的用水量，因而也减少了砂浆因水分蒸发而引起的收缩。

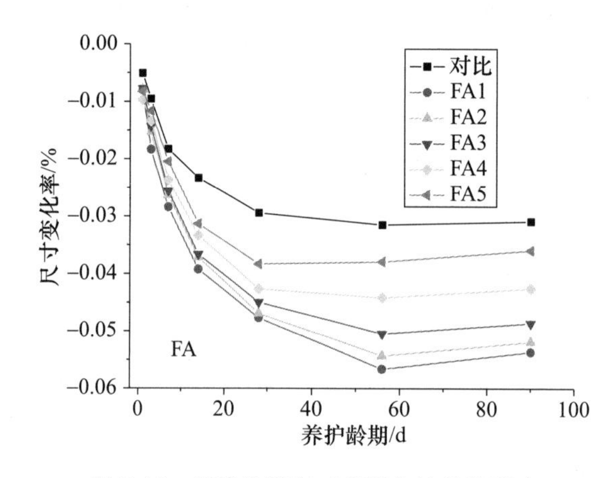

图 7-44 复掺粉煤灰对砂浆收缩性的影响

7.4.5 综合评述

研究了影响水泥基自流平砂浆性能的各种因素，确定基体配比后，加入固硫灰，研究其细度和掺量对砂浆性能的影响，此外，研究了砂浆中各种外加剂、复掺矿物掺合料对砂浆性能的影响。综合试验结果认为，利用固硫灰制备自流平砂浆的是可行的，为获得更好的砂浆性能，需要对固硫灰进行粉磨处理，掺量控制在取代硅酸盐水泥量 50% 以内。在砂浆中高铝水泥 9%，固硫灰 18%，硅酸盐水泥 18%，重钙 14.26%，40～70 目砂 12.73%，70～140 目砂 25.45% 时，减水剂、早强剂、消泡剂、纤维素醚、乳胶粉最佳配方分别为 JS-B 0.1%，

ZQ-B 0.2%，XP-A 0.1%，WD-A 0.06%，JF-A 0.2%，所制得的自流平砂浆 28d 抗折强度 >9MPa，抗压强度 >35MPa，28d 收缩率 <0.029%，耐磨性 <0.4g，黏结强度 >1.5MPa，达到标准《地面用水泥基自流平砂浆》（JC/T 985）的要求，且和普通水泥基自流平砂浆相比性能较佳。此外，少量复掺磷渣有利于固硫灰自流平砂浆收缩性和强度的改善。

7.5 固硫灰渣制备活性粉末混凝土（RPC）

7.5.1 固硫灰对 RPC 性能的影响

固硫灰作为制备 RPC 的主要工业副产物，它的掺量、细度以及不同的 SO_3 含量都会对 RPC 活性粉末混凝土的性能产生不同程度的影响。以 0%、5%、10%、15%、20%、25% 的固硫灰原灰分别替代水泥制备的 RPC 的基础配合比见表 7-59，不同掺量的固硫灰对 RPC 流动度的影响如图 7-45 所示。随着固硫灰原灰掺量的增加，RPC 的流动度逐渐降低，当固硫灰掺量为 5% ~10% 时，RPC 的流动度为 196 ~204mm，与不掺固硫灰的 RPC 相当。

表 7-59 不同固硫灰掺量下 RPC 活性粉末混凝土的配合比

编号	水泥/%	硅灰/%	固硫灰/%	砂胶比	减水剂/%	水胶比
C	85	15	0	1.2	2.5	0.17
CFBC-5%	80	15	5	1.2	2.5	0.17
CFBC-10%	75	15	10	1.2	2.5	0.17
CFBC-15%	70	15	15	1.2	2.5	0.17
CFBC-20%	65	15	20	1.2	2.5	0.17
CFBC-25%	60	15	25	1.2	2.5	0.17

固硫灰掺量增加至 25% 时，RPC 的流动度减小到 166mm。其原因是：（1）固硫灰是在 850 ~900℃ 的温度下产生的，并且在这个温度范围内是很难产生液相的，因此就造成了固硫灰表面的疏松多孔结构。所以，用相同质量的固硫灰取代水泥之后，固硫灰比水泥具有更大的吸水率；（2）在固硫灰颗粒较粗的时候，浆体中可以吸附水分的孔隙也相对变多，所以相对于相同质量的水泥以及其他活性矿物掺合料来说，固硫灰的加入大大增加了水泥的需水量，宏观上表现为降低了 RPC 的流动度；（3）固硫灰的比表面积较水泥的比表面积大，与水泥质量相同的情况下，固硫灰的加入会吸附更多的水分，从而会降低吸附在其他颗粒表

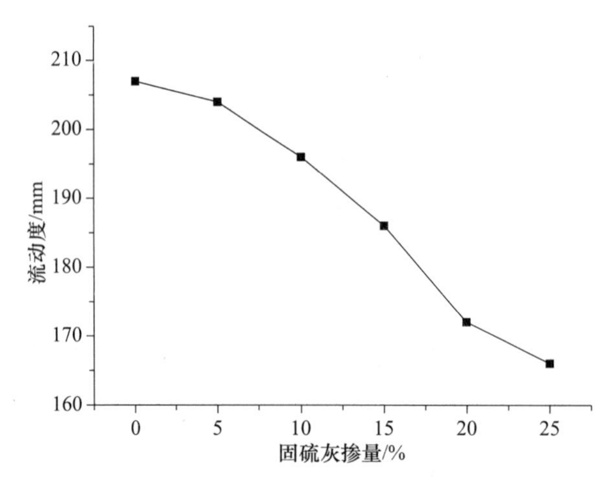

图 7-45　固硫灰掺量对 RPC 流动度的影响

面的吸附水，降低 RPC 的流动性。综上可得，固硫灰掺量在 10% 以内时，RPC 的流动度满足要求。

RPC 在 90℃蒸汽养护 2d 的条件下随养护箱自然冷却至室温，再在空气中自然养护 3d、11d、14d、28d、90d 后，不同固硫灰原灰掺量下 RPC 抗折强度如图 7-46 所示，抗压强度见表 7-60 和图 7-47。

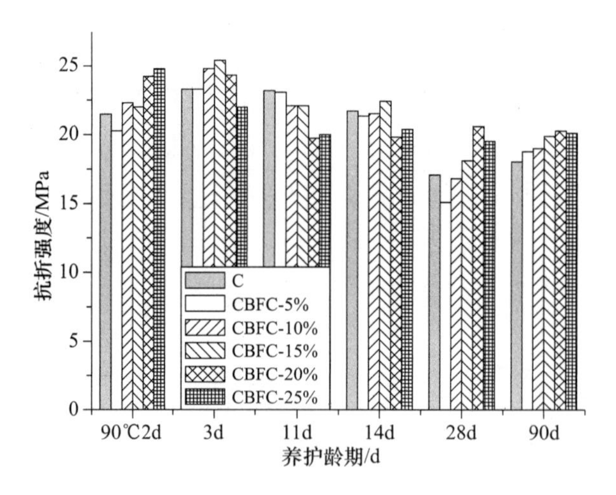

图 7-46　固硫灰掺量对 RPC 抗折强度的影响

表 7-60　不同固硫灰掺量下 RPC 的抗压强度

编号	固硫灰/%	抗压强度/MPa					
		90℃蒸养 2d	自养 3d	自养 11d	自养 14d	自养 28d	自养 90d
C	0	132. 5	136. 6	129. 2	115. 9	122. 3	122. 9
CFBC-5%	5	116. 5	132. 2	129. 7	123. 0	131. 3	117. 7

续表

编号	固硫灰/%	抗压强度/MPa					
		90℃蒸养2d	自养3d	自养11d	自养14d	自养28d	自养90d
CFBC-10%	10	124.3	130.5	125.7	115.5	126.3	120.6
CFBC-15%	15	126.4	136.3	130.3	110.3	124.6	117.5
CFBC-20%	20	121.0	130.6	126.7	114.9	119.0	120.3
CFBC-25%	25	129.4	132.5	124.1	122.2	114.0	123.9

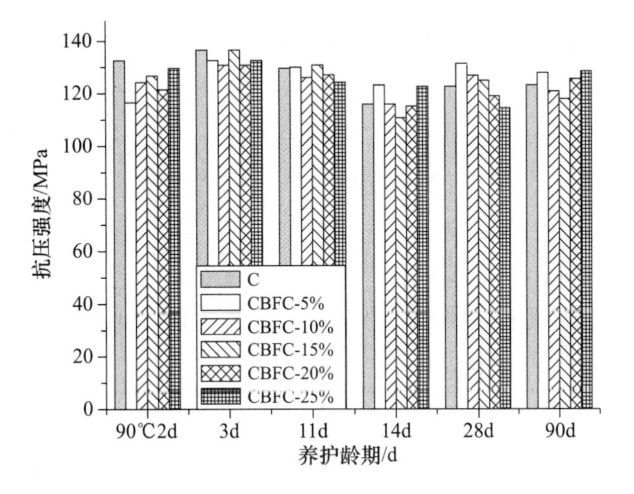

图7-47　固硫灰掺量对RPC抗压强度的影响

RPC的抗折强度随着原灰掺量的增加先增加后降低，RPC的早期抗折强度比对照组的RPC强度高，这是由于固硫灰和硅灰中的活性组分与水泥水化浆体中的$Ca(OH)_2$发生的二次水化反应改善了体系的密实程度，使RPC的强度进一步地增加，因此加入固硫灰后，RPC的后期强度超过了对照组RPC的强度。RPC的早期抗压强度会随着原灰掺量的增加而增加，90℃蒸养2d时，RPC的抗压强度比对照组RPC强度低，但是固硫灰掺量在15%以内，蒸养2d后在空气中养护11d的RPC抗压强度与对照组几乎相同；当自然养护至28d时，原灰掺量为5%、10%、15%的RPC强度高于对照组RPC的强度。当蒸养结束后，自然养护3d时，掺加固硫灰的各组RPC抗压强度整体呈现增加的趋势。但是，自然养护至28d，固硫灰掺量超过15%后，RPC的抗压强度整体呈现出倒缩的趋势，这是因为在90℃蒸汽养护的条件下，水化产生的钙矾石（AFt）不能稳定存在，会转变成单硫型水化硫铝酸钙（AFm），溶液中的SO_4^{2-}、Ca^{2+}、Al^{3+}等会被水化硅酸钙凝胶吸附，在混凝土后期的养护过程中，水化产物AFm的存在形式会发生转化，被释放出来SO_4^{2-}等又会再次与 AFm 发生反应生成钙矾石。

有研究资料表明，混凝土在进行高温蒸汽养护时，水化产物中生成的 AFt 晶体结构会遭到破坏，变成无定型物质。蒸汽养护结束后，在有外界提供水分的情况下，$[Al(OH)_6]^{3-}$ 又重新吸水而恢复原状，在这个过程中，混凝土将会释放出较多的热量并产生体积的膨胀，从而对混凝土的强度产生影响。所以，蒸养结束后的 RPC 会产生强度倒缩的现象。图 7-48 为原灰掺量对 RPC 早期干缩性能的影响。RPC 的收缩与固硫灰原灰的掺量成正相关，90℃蒸汽养护结束后，自然养护时，RPC 出现了不同程度的干缩，并随着原灰掺量的增加 RPC 的干缩逐渐减小，当自然养护至 90d 时，不掺固硫灰的 RPC 干缩率为 4.1×10^{-3}，当固硫灰掺量增加至 25% 时，RPC 的干缩率降至 1.5×10^{-3}，降低了 36.6%。固硫灰掺量为 10% 时，RPC 干缩率降至 1.4×10^{-3}，降幅达 33.1%。可见，固硫灰的加入有助于降低 RPC 后期的干缩。结合上述分析可知，当原灰的掺量为 10% 时，RPC 的抗压强度较高，流动度较好，而且产生的膨胀不致过大而对体系的稳定性造成不良的影响。因此，后面若无特别说明，将继续研究固硫灰掺量为 10% 的情况下，固硫灰的细度对 RPC 强度以及干缩等性能的影响。

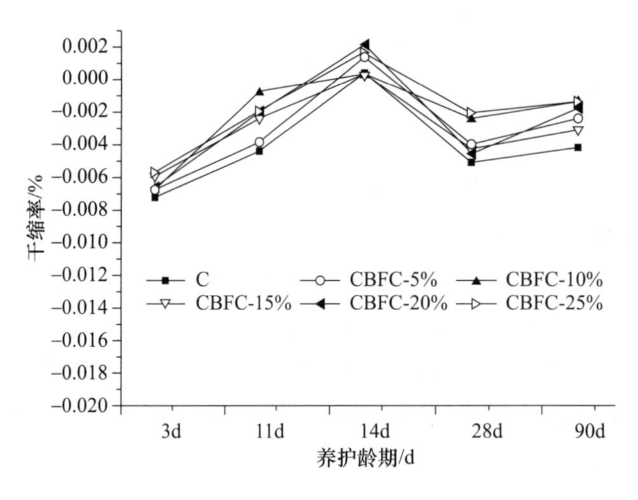

图 7-48　固硫灰掺量对 RPC 干缩率的影响

机械粉磨处理是改善固硫灰性能的有效方式之一，粉磨处理不仅可以改善其活性，而且对固硫灰的膨胀能的释放也具有一定的促进作用。本小节采用实验室球磨机对固硫灰进行粉磨处理，并将其粉磨至不同细度，研究其对 RPC 活性粉末混凝土强度和干缩性能的影响。

表 7-61 为固硫灰掺量为 10%，不同细度固硫灰的 RPC 活性粉末混凝土的基础配合比，图 7-49 和图 7-50 为固硫灰的掺量为 10% 时四种细度的固硫灰对 RPC 抗折和抗压强度的影响。在 90℃蒸汽养护 2d 后，掺

有不同细度固硫灰的 RPC 强度比对照组 RPC 的强度低，但是，在自然养护至 14d 以后，RPC 的抗压强度高于不掺固硫灰的 RPC 强度（表 7-62），自然养护至 28d 时，掺有固硫灰的各组 RPC 抗压强度已经高于同龄期对照组的 RPC 的强度，这是由于固硫灰经过粉磨处理以后，包裹在固硫灰硬石膏内部的残余 CaO 暴露了出来，提高了体系的碱度，对活性 Al_2O_3 和 SiO_2 起到了碱激发作用，液相也更容易进入活性矿物中，从而激发了固硫灰的火山灰活性；另外，机械粉磨处理也提高了固硫灰的微骨料效应，适当细度固硫灰颗粒的填充作用也使基体的强度得到进一步提高。但是，当粉磨时间超过 20min 时，粉磨时间对 RPC 强度的作用不再明显，RPC 的强度甚至略有降低。由此可知，适当的细度不仅可以提高掺合料的活性，而且可以使体系更加密实，降低粉磨成本。90℃蒸汽养护 2d 后，掺固硫灰的 RPC 活性粉末混凝土抗折强度高于不掺的 RPC 强度。先蒸养后自然养护 3d 时，固硫灰的粉磨粒径 d_{50} 为 15.88μm 的 RPC 抗折强度与对照组 RPC 强度相当，养护 28d 后的抗折强度均高于不掺固硫灰的对照组强度。因此，后续的研究将把固硫灰的粉磨粒径控制在 d_{50} 为 15.88μm 左右。

表 7-61　不同细度固硫灰的 RPC 活性粉末混凝土的配合比

编号	d_{50}/μm	水泥/%	硅灰/%	固硫灰/%
C	0	85	15	0
CFBC0-10%	22.12	75	15	10
CFBC20-10%	15.88	75	15	10
CFBC40-10%	14.55	75	15	10
CFBC60-10%	12.41	75	15	10

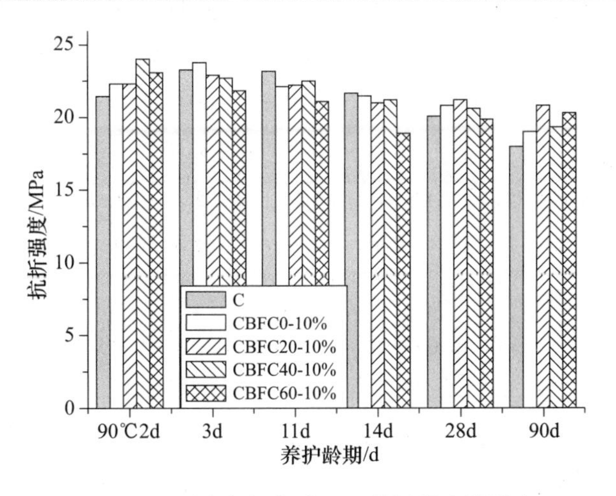

图 7-49　固硫灰细度对 RPC 抗折强度的影响

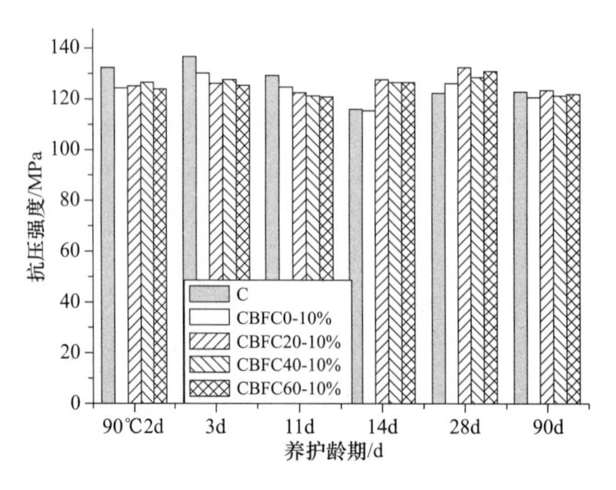

图 7-50　固硫灰细度对 RPC 抗压强度的影响

表 7-62　不同细度固硫灰的 RPC 的抗压强度

编号	固硫灰/%	抗压强度/MPa					
		90℃ 2d	自养 3d	自养 11d	自养 14d	自养 28d	自养 90d
C	0	132. 5	136. 6	129. 2	115. 9	122. 3	122. 9
CFBC0-10%	10	124. 3	130. 5	125. 7	115. 5	126. 3	120. 6
CFBC20-10%	10	125. 0	126. 3	122. 5	127. 6	132. 3	123. 4
CFBC40-10%	10	126. 4	127. 6	121. 4	126. 8	128. 5	121. 5
CFBC60-10%	10	123. 8	125. 4	120. 8	126. 8	130. 8	122. 0

固硫灰细度对 RPC 干缩性能的影响如图 7-51 所示。在自然养护条件下，RPC 的干缩均表现出了增加的趋势，机械粉磨得越细，RPC 早期的膨胀量越大。粉磨 0min、20min、40min、60min 的 RPC 的干缩率分别为 1.4×10^{-3}、7.1×10^{-3}、0.8×10^{-3}、1.2×10^{-3}，相比于对照组 RPC 的干缩，固硫灰磨细后 RPC 干缩降低了 19.5% ~26.8%，这是由于固硫灰经过粉磨处理后，其比表面积的增加导致了活性的提高，在与外界水分接触的时候，其可吸附水分的表面增多，降低了基体内部的自由水分，使水泥自身养护的水分减少，因此在干燥条件下的干缩较小。从试验的结果可以推断出，细度对固硫灰的膨胀性影响较大，将固硫灰进行适当的粉磨处理可以提前释放膨胀能，可以减少对 RPC 后期的破坏作用，而且粉磨至粒径 d_{50} 为 15.88μm 时，RPC 强度较高，干缩相比于对照组 RPC 降低了 26.8%。

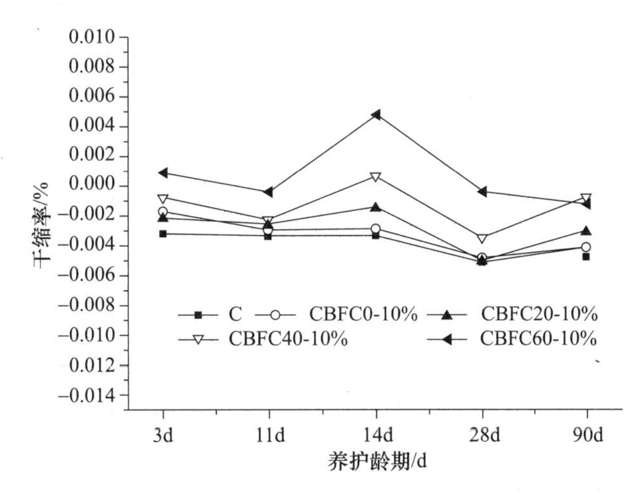

图 7-51 固硫灰细度对 RPC 干缩的影响

前期进行了原灰的掺量和细度对 RPC 活性粉末混凝土强度和干缩性能的影响研究，但是由于各地循环流化床燃煤锅炉的燃煤范围较为宽泛，因此所排出固硫灰的化学成分也随着原煤种类、燃烧工艺、固硫剂等许多因素的变化而变化。总的来说，固硫灰中 f-CaO 的含量较高时，SO_3 含量也相应较高，这是由于固硫剂的加入是由原料中所含的硫含量而决定的，而一般固硫灰中的 f-CaO 和 SO_3 含量越高，水泥水化浆体中生成的 AFt 也就较多。因此，研究不同 SO_3 含量的固硫灰对 RPC 活性粉末混凝土的强度和干缩性能的影响就显得比较重要。

表 7-63 为不同 SO_3 的 RPC 的配合比，表 7-64 为不同 SO_3 下 RPC 的抗压强度。图 7-52 和图 7-53 为不同产地，不同 SO_3 含量的固硫灰对 RPC 早期强度的影响。90℃蒸汽养护 2d 结束后，RPC 的抗折强度和抗压强度均随着固硫灰中的 SO_3 含量的增加大体呈现增加的趋势，在空气中自然养护至 3d 以后，掺有固硫灰的 RPC 强度已经超过了对照组的水泥胶砂的强度。

表 7-63 不同 SO_3 下 RPC 的配合比

编号	SO_3/%	水泥/%	硅灰/%	固硫灰/%
C	—	85	15	0
CFBC1-10%	6.86	80	15	10
CFBC2-10%	10.72	80	15	10
CFBC3-10%	12.23	80	15	10

表 7-64　不同 SO_3 下 RPC 的抗压强度

编号	SO_3/%	抗压强度/MPa					
		90℃ 2d	自养 3d	自养 11d	自养 14d	自养 28d	自养 90d
C	—	132.5	136.6	129.2	115.9	122.3	122.9
CFBC1-10%	6.86	121.0	135.3	132.0	127.9	133.4	123.5
CFBC2-10%	10.72	125.0	136.3	132.5	137.6	132.3	123.4
CFBC3-10%	12.23	127.6	141.1	136.2	126.5	136.8	124.8

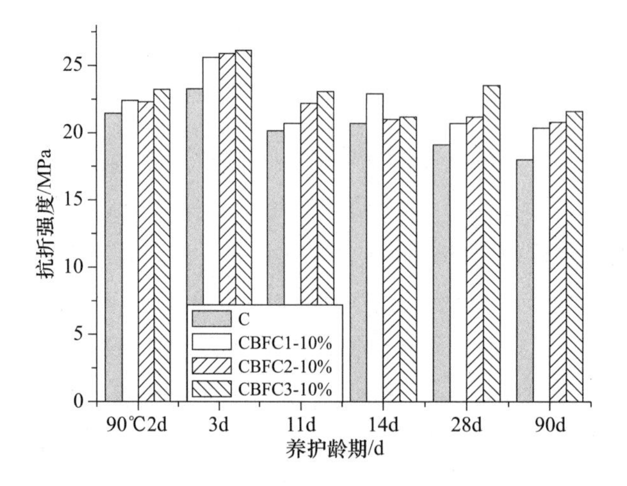

图 7-52　SO_3 含量对 RPC 抗折强度的影响

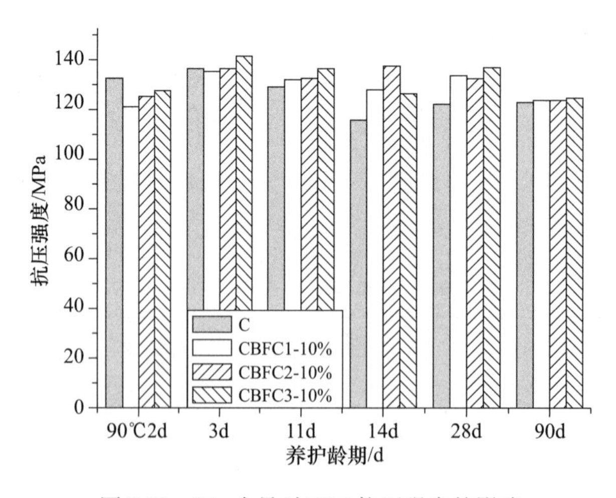

图 7-53　SO_3 含量对 RPC 抗压强度的影响

图 7-54 为不同 SO_3 含量的固硫灰对 RPC 干缩性能的影响。在空气养护条件下，CFBC1、CFBC2、CFBC3 组 RPC 90d 的干缩率分别为 1.3 ×

10^{-3}、1.2×10^{-3}、0.9×10^{-3}，可见随着 SO_3 含量的增加，RPC 的干缩率逐渐减小，但相比于对照组 RPC 的干缩来说，掺有固硫灰的 RPC 的后期干缩相对较小，当固硫灰中的 SO_3 含量为 10.72 时，CFBC2 组 RPC 的干缩率相比于对照组 RPC 降低了 29.3%。

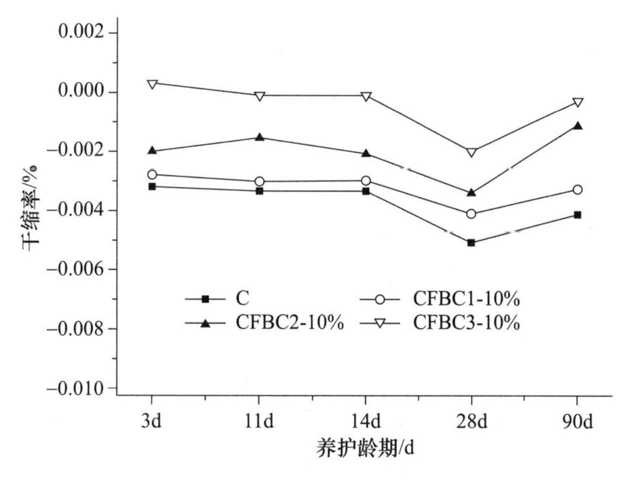

图 7-54　SO_3 含量对 RPC 干缩的影响

7.5.2 水胶比对 RPC 性能的影响

水胶比作为水泥混凝土材料最基本的配合比参数之一，对 RPC 的性能具有重要的影响，水胶比不仅影响 RPC 浆体的流动性，而且对其水化性能、硬化结构中毛细孔的结构和基体的密实程度具有一定的影响。

由表 7-65、图 7-55 可以看出，RPC 的流动度随着水胶比的增加而提高，这是由于水胶比的增加会使胶凝材料的水化更充分，并且有利于水化产物的形成。同时，当基体中固相颗粒的数量一定时，随着水胶比的增加，吸附在单位颗粒上的水膜厚度将会增加，浆体的流动阻力减少，使 RPC 的流动度增加。

表 7-65　不同水胶比下 RPC 的配合比

W/C	固硫灰/%	SO_3/%	水泥/%	硅灰/%	流动度/mm
0.19	10	10.72	75	15	229
0.18	10	10.72	75	15	209
0.17	10	10.72	75	15	195
0.16	10	10.72	75	15	175
0.15	10	10.72	75	15	167

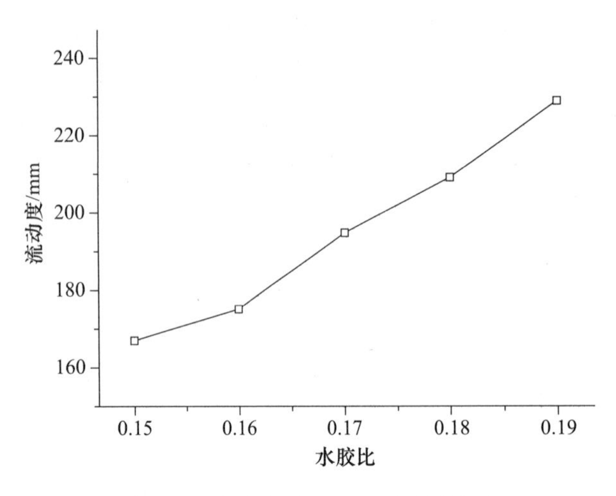

图 7-55　水胶比对 RPC 流动度的影响

由表 7-66、图 7-56 可以看出，当水胶比增加时，RPC 的强度逐渐降低，自然养护 3d 的时候，RPC 的早期强度提高，此后随着养护时间的继续延长，RPC 的强度有所降低，当自然养护 28d 的时候，RPC 的强度逐渐地恢复并且出现了提高的趋势。这是由于 90℃蒸汽养护可以加速水泥、固硫灰和硅灰的早期水化速率，使 RPC 的早期强度较高，90℃蒸汽养护结束后 RPC 强度又出现了短时期的倒缩，当自然养护至 28d 时，硅灰和固硫灰再次与水泥的水化产物氢氧化钙发生二次水化反应，使体系密实度进一步提高，强度增加（表 7-66）。

表 7-66　不同水胶比下 RPC 的抗压强度

W/C	SO_3/%	抗压强度/MPa					
		90℃ 2d	自养 3d	自养 11d	自养 14d	自养 28d	自养 90d
0. 19	10. 72	112. 3	0. 19	10. 72	112. 3	0. 19	10. 72
0. 18	10. 72	110. 5	0. 18	10. 72	110. 5	0. 18	10. 72
0. 17	10. 72	125. 0	0. 17	10. 72	125. 0	0. 17	10. 72
0. 16	10. 72	119. 2	0. 16	10. 72	119. 2	0. 16	10. 72
0. 15	10. 72	123. 5	0. 15	10. 72	123. 5	0. 15	10. 72

从图 7-57 可以看出，随着水胶比的减小，RPC 的干缩逐渐减小，当水胶比为 0. 19 时，RPC 90d 的干缩率为 12.5×10^{-3}，当继续降低水胶比时，RPC 的干缩率逐渐减小，水胶比为 0. 15 时 RPC 干缩率仅为 1.9×10^{-3}。由 RPC 的强度、流动度和干缩的性能可以得出，水胶比为 0. 17 时，RPC 28d 的强度为 132. 2MPa，90d 的干缩率比对照组降低了 26. 8%，膨胀不致过大而对 RPC 的性能产生影响。

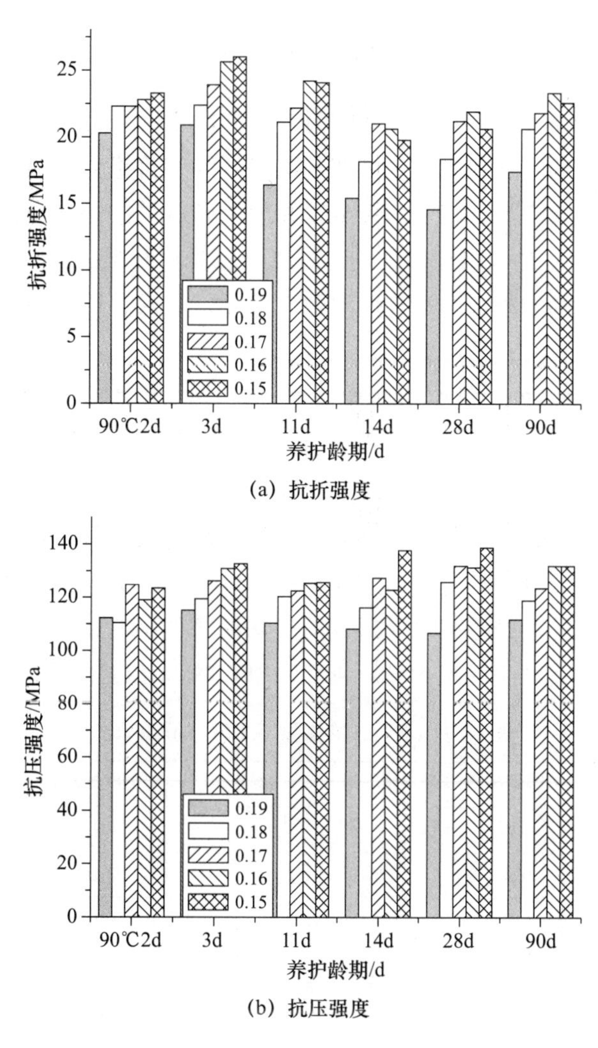

(a) 抗折强度

(b) 抗压强度

图 7-56 水胶比对 RPC 强度的影响

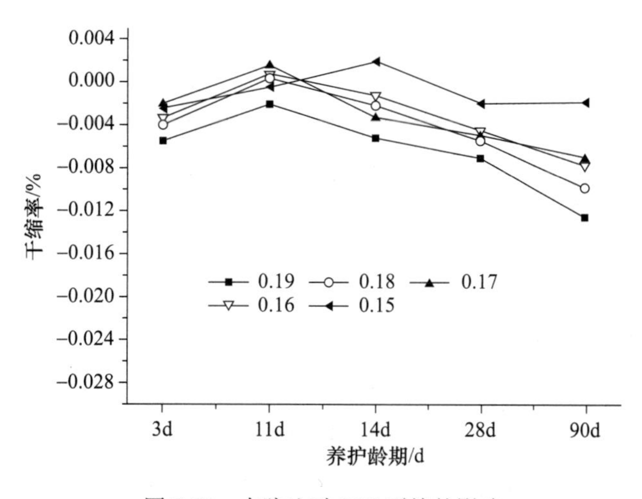

图 7-57 水胶比对 RPC 干缩的影响

7.5.3 玄武岩纤维对 RPC 性能的影响

玄武岩纤维是在 1450～1500℃ 的高温下将纯天然的玄武岩熔融以后，通过拉丝的方法制成的。虽然玄武岩纤维的价格较为昂贵，但是其相比于钢纤维来说具有较好的稳定性和耐酸碱侵蚀的特性，玄武岩纤维的掺入可以大大改善 RPC 活性粉末混凝土因为钢纤维的掺入而造成的纤维锈蚀等引发的混凝土的耐久性问题。因此，玄武岩纤维的掺入对 RPC 耐久性的影响具有重要的意义。

表 7-67 是不同纤维掺量的 RPC 的配合比。图 7-58 为不同掺量的纤维对 RPC 的流动度的影响。RPC 的流动度随着纤维掺量的增加而逐渐下降，这是由于纤维的乱向分布，形成的空间网络结构将水泥浆体包围在网状的结构中，从而阻碍了水泥浆体的流动性，并且单位体积中纤维所占的比例随着纤维掺量的增加而增加。纤维随机分布的密度越大，需要包裹水泥浆体的纤维越多，形成的空间网络的结构也就越小，所以纤维的掺量越多，产生的阻力作用越大，RPC 的流动度也就越低。

表 7-67 不同纤维掺量下 RPC 的配合比

编号	纤维掺量/%	水泥/%	硅灰/%	固硫灰/%	流动度/mm
C	0	75	15	10	194
CFBC2-0.5%	0.5	75	15	10	188
CFBC2-1.0%	1.0	75	15	10	186
CFBC2-1.5%	1.5	75	15	10	185
CFBC2-2.0%	2.0	75	15	10	184
CFBC2-2.5%	2.5	75	15	10	176

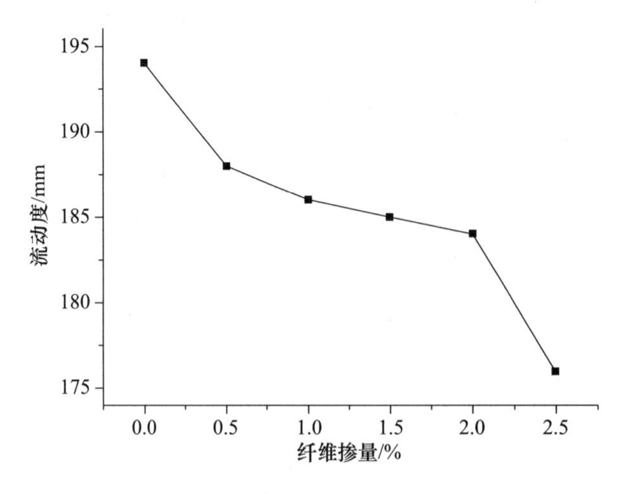

图 7-58 纤维掺量对 RPC 流动度的影响

RPC 力学性能见表 7-68、图 7-59。纤维掺量为 0.5% 时对 RPC 强度的影响较小，当纤维的掺量增加到 1.0% 时，各龄期的 RPC 强度有所增加，当继续增加玄武岩纤维的掺量为 1.5% ~2.5% 时，RPC 的强度基本不再增加，甚至呈现下降的现象，这是由于纤维掺入较多时相对增加了 RPC 中微细裂缝产生的数量，在 RPC 中产生了许多的薄弱界面，使 RPC 的整体结构遭到了一定程度的破坏，因此随着玄武岩纤维的加入，RPC 的强度出现一定程度的下降。少量玄武岩纤维的掺入，可以保证在搅拌的过程中纤维的均匀分散以及在 RPC 中的连续分布，改善 RPC 的内部结构，提高 RPC 结构的连续性。但是，当纤维过量掺入 RPC 时，如果不能很好地分散，就容易在 RPC 内部成团，包裹水泥浆体和空气，造成混 RPC 内部生成较多的孔隙，由此导致 RPC 密实性的降低以及强度的下降。

表 7-68　不同纤维掺量下 RPC 的抗压强度

编号	纤维掺量/%	抗压强度/MPa					
		90℃ 2d	自养 3d	自养 11d	自养 14d	自养 28d	自养 90d
C	0	125.0	135.6	118.2	107.6	125.9	123.4
CFBC2-0.5%	0.5	128.9	133.0	123.9	114.9	125.7	123.3
CFBC2-1.0%	1.0	131.7	138.4	130.5	120.2	131.9	129.8
CFBC2-1.5%	1.5	131.4	131.5	127.1	114.4	122.8	126.0
CFBC2-2.0%	2.0	129.9	126.9	124.8	111.1	120.9	127.8
CFBC2-2.5%	2.5	124.6	120.5	122.3	120.0	119.5	120.1

由图 7-60 可以看出，玄武岩纤维加入到 RPC 以后，使 RPC 中可失水的面积有所减少，即 RPC 中的毛细管失水所造成的毛细孔张力的减小，所以纤维的加入一定程度上减小了 RPC 的干缩程度，同时由于纤维与胶凝材料之间产生的黏结力，有效地约束了基体内骨料与水化产物之间的干缩变形。当纤维的掺量为 1.0% 时，RPC 90d 的干缩率为 1.2×10^{-3}，相比对照组 RPC 的干缩降低了 29.3%。但是，随着纤维掺量的继续增加，其对 RPC 后期干缩的影响已基本不显著。结合 RPC 的流动度、强度和干缩等性能综合考虑，选择玄武岩纤维掺量为 1.0% 时进一步研究纤维的长径比对 RPC 强度和干缩性能的影响。

不同纤维长度的 RPC 力学强度见表 7-69 和图 7-61。当纤维的掺量一定时，纤维的长度为 6mm 时可以提高水泥胶砂的强度，12mm 的纤维对 RPC 强度的提高不明显，几乎与对照组的 RPC 强度相当。这是因为，

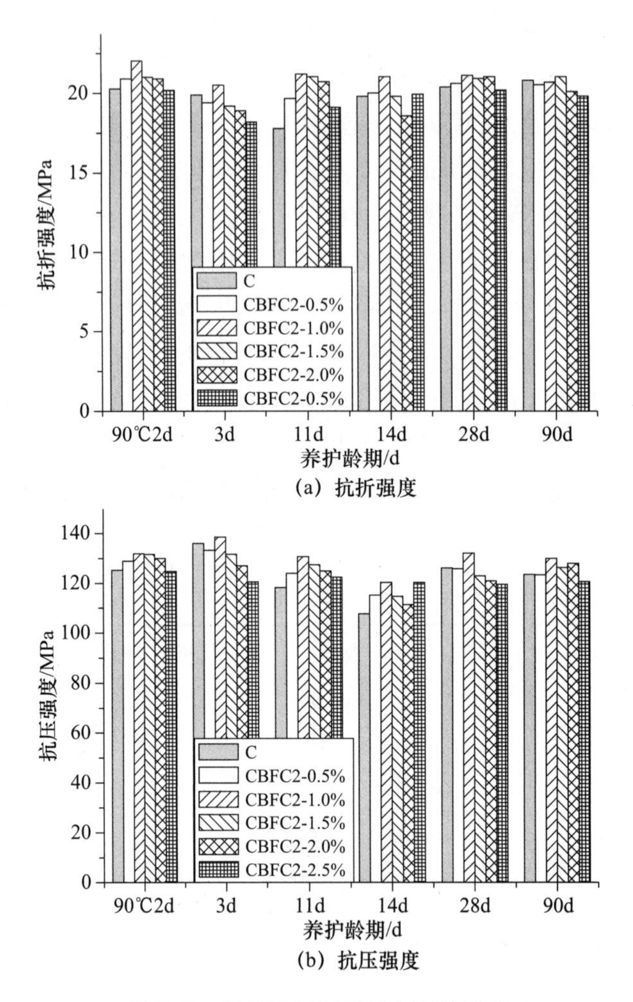

(a) 抗折强度

(b) 抗压强度

图 7-59　纤维掺量对 RPC 强度的影响

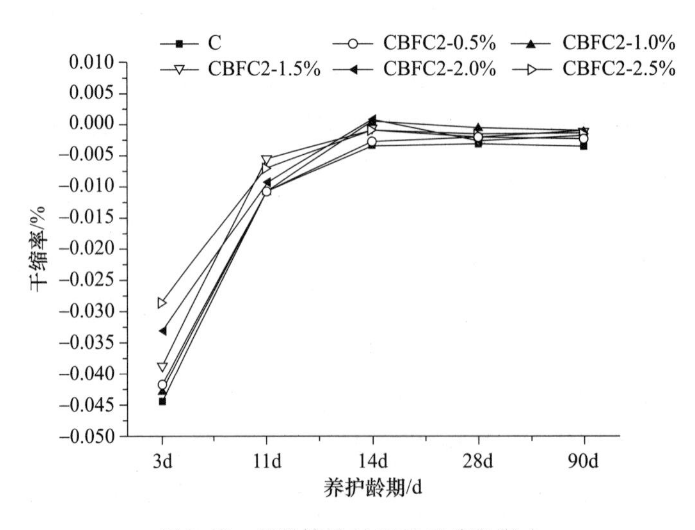

图 7-60　纤维掺量对 RPC 干缩的影响

在纤维的掺量相同时，纤维越短，在RPC中的分散会越均匀，并且纤维更容易与RPC中的骨料界面相互交织，能比较好地阻止混凝土裂缝的产生，提高混凝土的强度。因此，可以通过适当地调节纤维长径比的大小，来改善混凝土的性能，提高混凝土的强度。

表7-69　不同纤维长度下RPC的抗压强度

编号	纤维掺量/%	SO_3/%	抗压强度/MPa					
			90℃ 2d	自养 3d	自养 11d	自养 14d	自养 28d	自养 90d
C	0	0	125.0	126.3	122.5	121.6	132.3	123.4
6mm	1.0	10.72	131.7	138.4	130.5	128.6	135.7	126.3
12mm	1.0	10.72	127.5	128.2	123.0	124.0	130.2	124.0

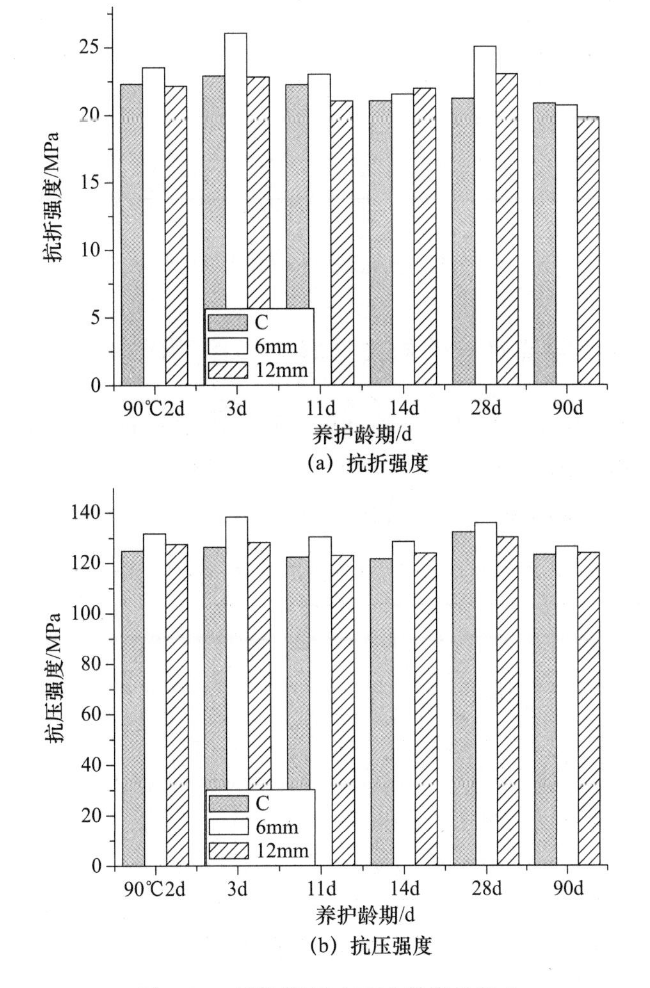

图7-61　纤维长度对RPC强度的影响

图7-62为不同长度的玄武岩纤维对RPC干缩性能的影响。从图中可以看出，蒸养结束后，在自然养护期间，玄武岩纤维对RPC的干缩具有一定的约束作用，当自然养护到28d以后，RPC的干缩已经基本趋于稳定的状态，说明纤维长度对RPC的干缩性能在28d后影响不大。当自养90d时，掺有6mm和12mm长度纤维RPC的干缩率分别为1.3×10^{-3}和1.2×10^{-3}。由此可以得出，玄武岩纤维的掺入对RPC的干缩具有一定的约束作用，并在一定程度上减少了由于基体的干缩引发的裂缝。

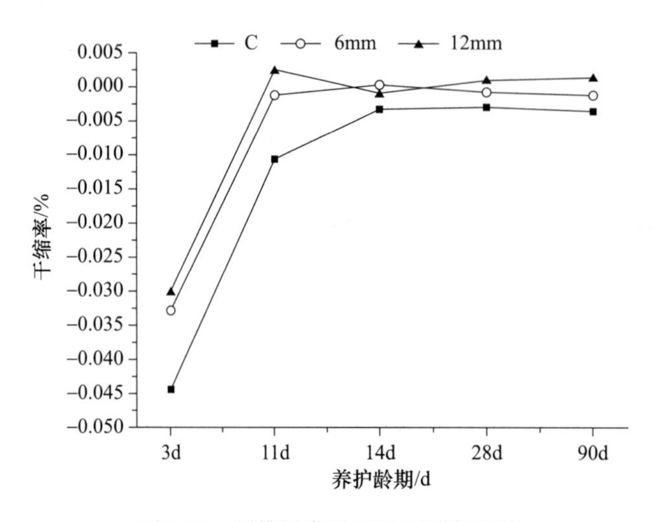

图7-62 纤维长度对RPC干缩的影响

7.5.4 养护制度对活性粉末混凝土性能的影响

在一定温度下，早期恒温时间的长短会影响到混凝土强度的增长程度。表7-70和图7-63所示为在90℃蒸养的条件下，早期恒温时间的长短对RPC抗折和抗压强度的影响。

表7-70 不同养护时间下RPC的抗压强度

编号	SO_3/%	抗压强度/MPa					
		90℃	自养3d	自养11d	自养14d	自养28d	自养90d
90℃1d	10.72	112.0	106.4	103.5	100.2	94.9	98.5
90℃2d	10.72	131.7	138.4	130.5	126.2	122.3	123.5
90℃3d	10.72	108.1	118.8	125.2	120.3	111.3	115.2

RPC的抗折和抗压强度随着养护时间的延长先提高后降低，蒸汽养护2d的RPC强度达到了最高，养护3d的RPC的强度虽有降低但还是高于养护1d的RPC强度。尽管蒸汽养护可以加快RPC强度的发展速

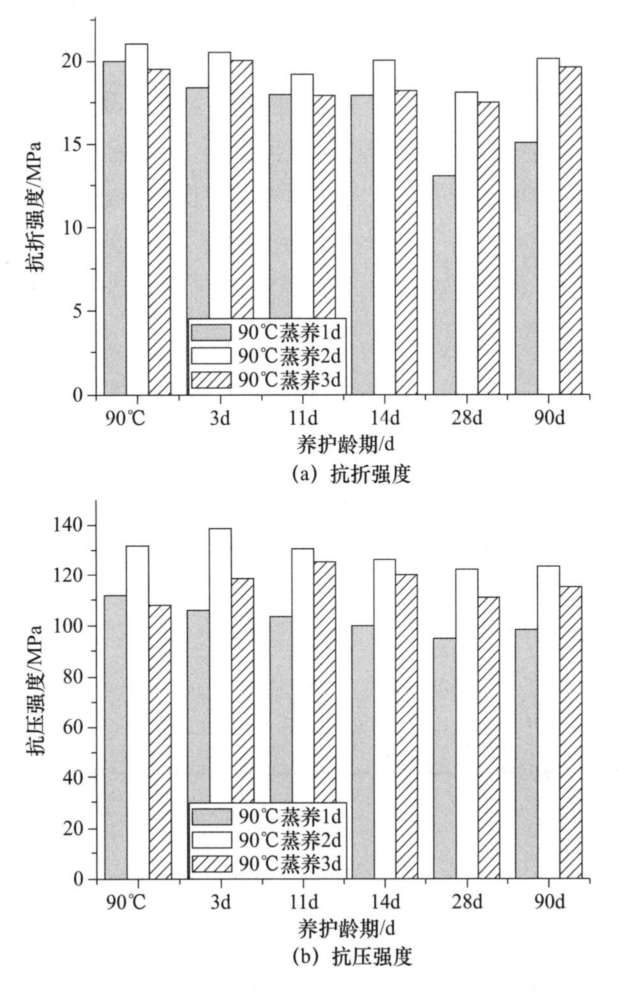

(a) 抗折强度

(b) 抗压强度

图 7-63　养护时间对 RPC 强度的影响

度，适当的蒸汽养护时间对 RPC 强度的发展是有利的，但是超过临界的养护时间，继续延长养护时间反而会对 RPC 的强度产生不利的影响。这可能是因为在混凝土的成型过程中，包裹在混凝土内部的空气和混凝土中的自由水分在高温作用下会产生膨胀和迁移现象，这些气体和水蒸气在向混凝土的表面移动的过程中，会在混凝土的内部产生连通的孔隙，并且随着养护时间的延长，水分和气体向混凝土外部迁移的也就越多，对混凝土强度造成的损害就越大。

图 7-64 所示为在 90℃下蒸养 1d、2d、3d 后分别在自然养护条件下不同的养护时间对 RPC 干缩性能的影响。从图中可以看出，在自然养护至 11d 时，三种养护时间下的 RPC 均表现出了膨胀的趋势，在养护至 28d 的过程中，有稍微的收缩现象，养护至 90d 时，90℃蒸养 1d、2d、3d 的 RPC 干缩率为 1.1×10^{-3}、0.8×10^{-3}和 1.3×10^{-3}。这是因为，在高温蒸汽养护条件下，养护时间越长，水泥、硅灰和固硫灰之间的反应

就越快，产生的水化产物越多，在这个过程中虽然基体的强度得到了提高，但是高温蒸汽养护也给基体的内部结构造成了一定程度的损害，比如混凝土内部水分和气泡的迁移造成混凝土内部孔隙的增加，在后期混凝土的使用过程中产生的自干燥应力也就越小，并且这种情况会随着养护时间的延长而更加明显，从 RPC 的强度数据我们也可以看出，90℃养护 3d 的混凝土的强度出现了倒缩的情况。综上可得，90℃蒸汽养护时间的长短对 RPC 的强度和自然养护期间的干缩影响较大，混凝土的强度基本随着养护时间的延长先提高后降低。

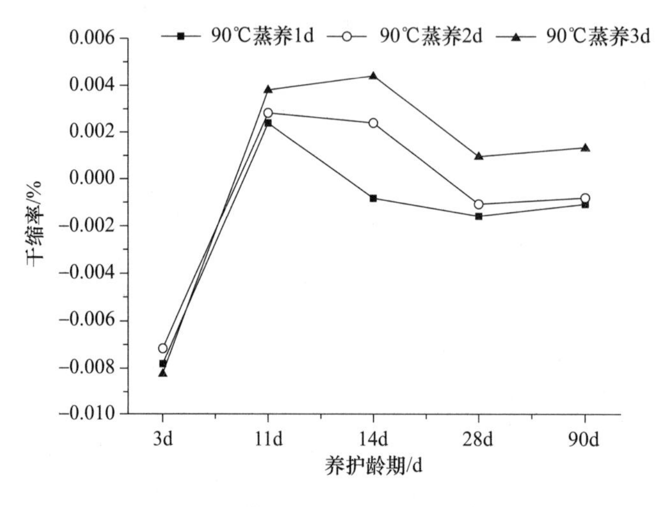

图 7-64　养护时间对 RPC 干缩的影响

由于水泥基胶凝材料在不同的养护方式下，水泥以及矿物掺合料的水化程度有所不同，反应快慢也不同，而且水化产物的数量和类型也不一致，导致基体结构的致密性和强度也有所不同，因此，研究不同的养护方式对 RPC 强度和干缩性能的影响有着重要的意义。

表 7-71 和图 7-65 为不同的养护方式对 RPC 强度的影响。不同的养护方式对 RPC 的强度影响较大，抗压强度大小依次为：90℃蒸养 2d > 60℃蒸养 2d > 标准养护 2d > 自然养护 2d，其中，90℃蒸养 2d 的强度分别比 60℃蒸养 2d、标准养护 2d 和自然养护 2d 的 RPC 的抗压强度高出 29. 1MPa、71. 2MPa、76. 2MPa。这是因为，RPC 活性粉末混凝土中的大量活性组分在高温蒸汽养护的条件下水化程度比标养和一般自然养护的高，在 90℃蒸汽养护的条件下非常有利于硅灰活性的发挥，在这个养护温度下，硅灰、固硫灰会迅速与水泥水化产物中的氢氧化钙发生二次水化反应，使体系中水化硅酸钙凝胶的数量增加，孔隙率降低的同时使体系的结构得到改善。同时，纤维和基体的黏结能力也得到增强，因此，蒸汽养护制度下的 RPC 强度高于标准养护和自然养护。但是，在 90℃

蒸汽养护下，水化产物在短时间内大量生成，并很快达到峰值，因此，RPC后期强度涨幅较小，甚至会出现倒缩的现象。

表7-71 不同养护方式对RPC的抗压强度的影响

编号	SO_3 /%	抗压强度/MPa					
		2d	自养3d	自养11d	自养14d	自养28d	自养90d
90℃	10.72	131.7	138.4	130.5	126.2	122.3	123.5
60℃	10.72	102.6	105.7	85.3	69.8	85.4	91.2
标养	10.72	60.5	72.0	65.3	62.0	75.2	80.6
自养	10.72	55.5	62.2	55.3	53.2	65.5	68.2

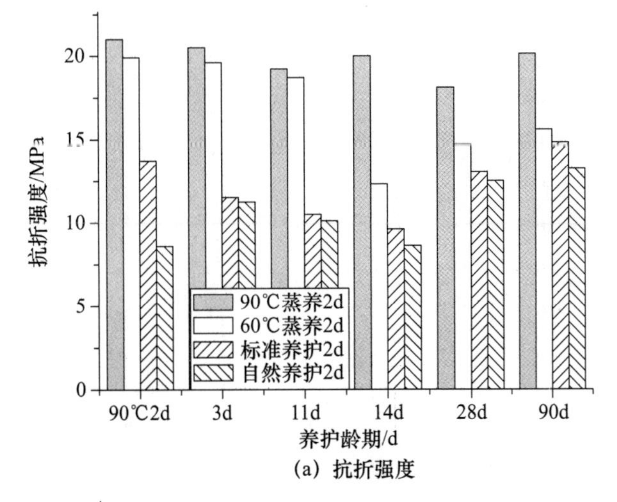

(a) 抗折强度

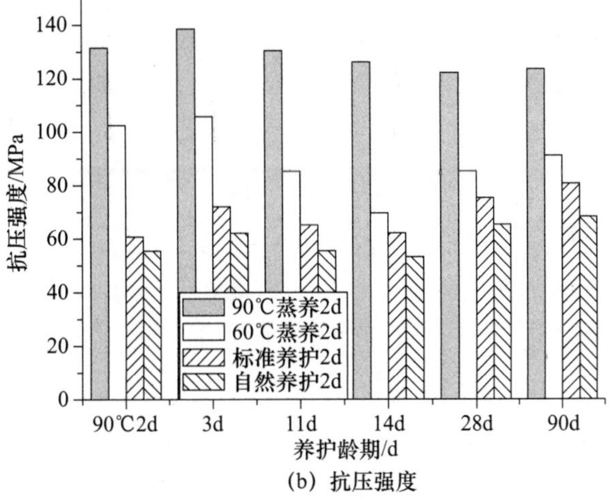

(b) 抗压强度

图7-65 养护制度对RPC强度的影响

从图7-66的干缩结果可以看出，经过蒸汽养护后RPC的干缩比标准养护和自然养护的RPC干缩小。90℃蒸养、60℃蒸养、标准养护和自然养护RPC的干缩率分别为0.8×10^{-3}、0.4×10^{-3}、2.4×10^{-3}和3.0×10^{-3}，其中，自然养护RPC的干缩率最大，其次是标养和蒸汽养护。这可能是因为在蒸汽养护条件下，RPC在早期升温和恒温的过程蒸发了更多的凝胶孔水和毛细孔水，出现上述结果的原因是，在高温下C-S-H凝胶微观结构的变化对RPC干缩的影响起主要作用，经高温蒸汽养护以后，C-S-H凝胶相中［SiO_4］四面体的聚合度提高，且在聚合的过程中将OH^-以自由水的形式释放出来，提高了C-S-H凝胶的致密度。这种结构的变化使得水泥石中吸附的结合水减少，不易变形，所以相应的干缩减少。

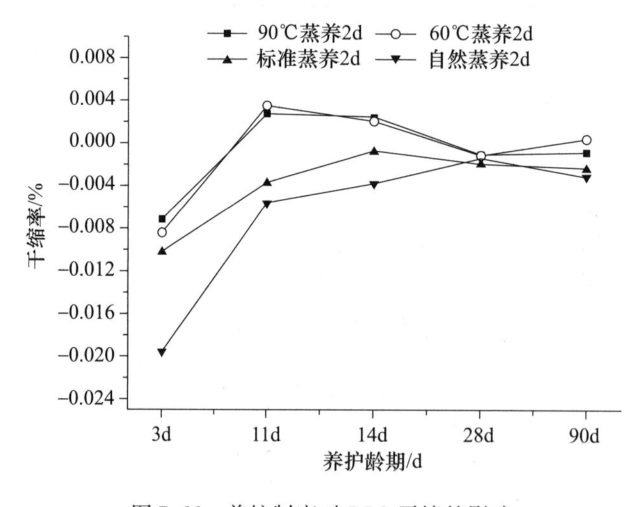

图7-66　养护制度对RPC干缩的影响

分别取90℃蒸汽养护、60℃蒸汽养护、标准养护和自然养护的水泥净浆，测试其在不同养护条件下养护2d和自然养护至28d的水化产物，图7-67为不同养护条件下水化产物的XRD图谱。

从图7-67水化产物的衍射峰可以看出，蒸汽养护加快了硅灰与水泥的水化产物中氢氧化钙的反应速度，消耗了大量的氢氧化钙，因此在90℃和60℃蒸汽养护条件下几乎看不到氢氧化钙的衍射峰，同时蒸汽养护也促进了硅酸盐水泥的水化速度，使水泥石的孔径由大孔向小孔转化。相关研究表明，随着养护温度的升高，溶液中的SO_4^{2-}会被水化硅酸钙凝胶吸附，混凝土后期如果在湿度较大的环境中养护时，SO_4^{2-}又会被再次释放出来并且进入到孔溶液中，与铝酸盐反应，生成更多的钙矾石，因此蒸汽养护在增加混凝土早期收缩的同时，也使得混凝土的结构更加密实，相对降低了混凝土的后期干缩程度。而标准养护期间，水

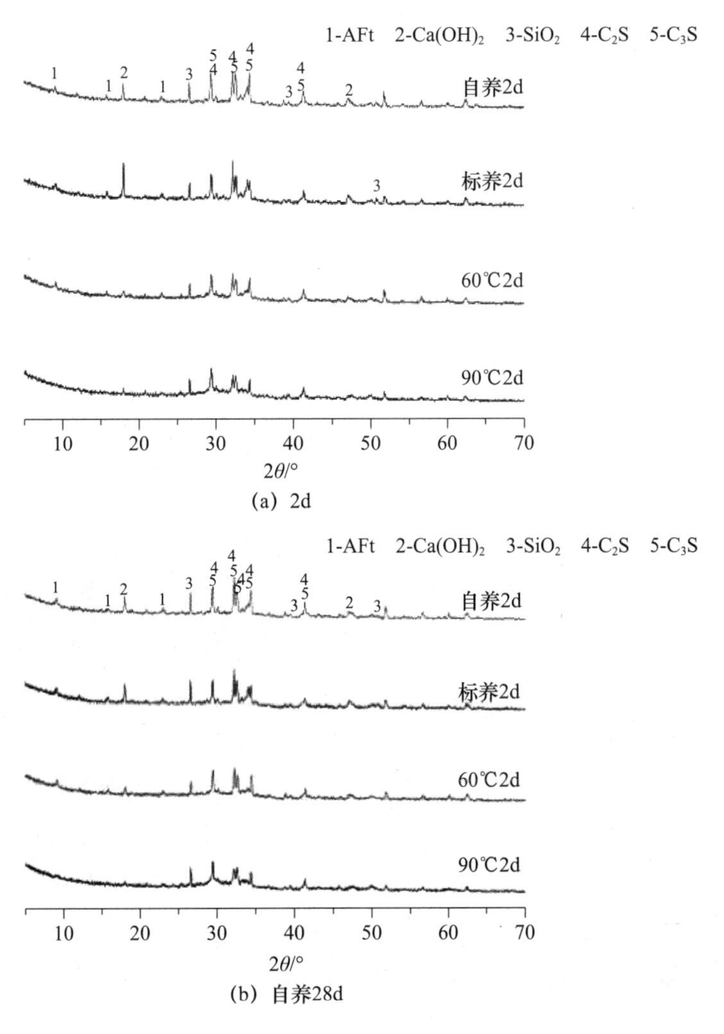

图 7-67 养护制度对 RPC 水化产物的影响

化产物的生成量较少，混凝土的收缩较小，在后期自然养护的过程中，由于外界的湿度小于混凝土自身的湿度，因此导致混凝土向外界大量散失水分，造成了其自身干缩程度的增加。因此，相比于蒸汽养护的 RPC 来说，标养和自养的 RPC 的后期干缩比蒸汽养护的大。

7.5.5 掺固硫灰活性粉末混凝土的耐久性

研究固硫灰粉磨 20min，掺量为 10%，SO_3 含量为 10.72，添加 1.0% 长度为 6mm 的玄武岩纤维活性粉末混凝土与对照组活性粉末混凝土的耐久性。

为了加快碳化效果，本研究在进行碳化试验时采用混凝土碳化试验箱进行 RPC 的碳化试验，用 1% 的酚酞酒精溶液作为 RPC 碳化指示剂以测定不同碳化时期 RPC 的碳化深度。其碳化结果如表 7-72 和图 7-68 所示。

表 7-72　RPC 的碳化性能

试验编号	碳化深度/mm				备注
	3d	7d	21d	28d	
0-0	0	0	0	0	85% 水泥 +15% 硅灰
20-10	0	0	0	0	70% 水泥 +15% 硅灰 +10% 固硫灰
20-10（1%）	0	0	0	0	70% 水泥 +15% 硅灰 +10% 固硫灰 +1% 纤维

图 7-68　不同碳化时间混凝土的碳化深度

随着碳化时间的延长，RPC 表现出良好的抗碳化性能，碳化至 28d 时各组 RPC 的碳化深度仍为 0mm，相比于其他普通混凝土具有良好的抗碳化性能。根据有关学者的研究可知，混凝土的碳化深度主要取决于混凝土中 $Ca(OH)_2$ 的含量和混凝土中孔隙的结构形态，由于硅灰、固硫灰等矿物掺合料加入到 RPC 中以后，其火山灰效应和微骨料效应相应提高了 RPC 的致密性，增加了气体进入到 RPC 内部的阻力，使得 CO_2 气体很难进入 RPC 内部与 RPC 中的碱性物质 $Ca(OH)_2$ 反应，因此其碳化速度较慢，碳化至 28d 时，RPC 的碳化深度仍然为 0mm。

混凝土抗冻融循环在一定程度上反映了混凝土在外界寒冷地区温差变化较大或者外界水分较为充足的条件下抵抗膨胀、表层剥落或者崩裂的能力，混凝土的抗冻性能也可间接地反映混凝土抵抗外界环境水侵入以及抵抗破坏的能力，因此，混凝土的抗冻性能是反映混凝土耐久性能的一项重要指标。本文采用混凝土快速冻融循环设备对 RPC 进行抗冻融循环，以此来评价 RPC 的抗冻性能的好坏，根据《普通混凝土长期性能和耐久性能试验方法标准》（GB/T 50082）测试各组 RPC 的抗冻融循环性能，其抗冻融循环结果见表 7-73。从表中数据可以看出，在冻融循环进行到 100 次时，各组 RPC 的质量损失为 0，说明试验中制备的 RPC 在早期表现出较好的抗冻性能。当冻融循环进行到 200 次时，各组 RPC 的质量损失与冻融循环进行到 100 次时的质量损失相同，相比于其他普通混凝土而言仍然具有较好的抗冻性能。

表 7-73　混凝土的抗冻性能

编号		0-0	20-10	20-10（1.0%）
	抗冻前试块平均质量/g	8.655	9.293	8.660
50 次冻融循环	抗冻后试块平均质量/g	8.655	9.293	8.660
	质量损失/%	0	0	0
100 次冻融循环	抗冻后试块平均质量/g	8.655	9.293	8.660
	质量损失/%	0	0	0
150 次冻融循环	抗冻后试块平均质量/g	8.655	9.293	8.660
	质量损失/%	0	0	0
200 次冻融循环	抗冻后试块平均质量/g	8.655	9.293	8.660
	质量损失/%	0	0	0

分别以侵蚀溶液 5% H_2SO_4、5% NaOH、5% Na_2SO_4 和 20% Na_2SO_4 溶液，研究各种离子单独存在时对 RPC 性能的影响，本试块的浸泡时间为一个月，浸泡结束后，测试其对应龄期标准养护条件下 RPC 的抗压强度以及经过溶液侵蚀后 RPC 的抗压强度，以混凝土抗压强度的强度损失率来表征 RPC 的抗化学溶液侵蚀性能。

混凝土抗酸溶液侵蚀的侵蚀介质为 5% H_2SO_4，将标准养护至 28d 的试块放入预先配制好的酸溶液中，浸泡一个月。图 7-69 为活性粉末混凝土在酸溶液中侵蚀前后的外观形貌，从试块的外表可以看出，强酸对混凝土试块的侵蚀较为严重，侵蚀后 RPC 试块的表面已经由原来的灰色变为灰白色，RPC 表层的水泥浆体完全被破坏，表面的标记已经完全看不到。在浸泡了一个月之后几乎所有表面均剥落了一层，将试块用外力破坏后可以看出，侵蚀显著是由外向内逐渐深入的。因此，从表观受侵蚀的情况来看，酸性溶液对凝胶体中的主要强度成分 C-S-H 凝胶体造成了彻底的破坏。从表 7-74 中 RPC 的抗压强度耐蚀系数可以看出，酸性溶液对掺固硫灰的 RPC 侵蚀较为严重，这主要是因为在标准养护下，掺固硫灰活性粉末混凝土的水化较慢，相比于相同质量的水泥来说，掺入的固硫灰大部分以微骨料的形式填充在混凝土中，因此，酸溶液在进入 RPC 后可以直接与 RPC 中未反应的固硫灰发生反应，以及与 RPC 中的水化产物的水化铝酸钙和水化硅酸钙发生反应生成钙盐，对 RPC 造成侵蚀。

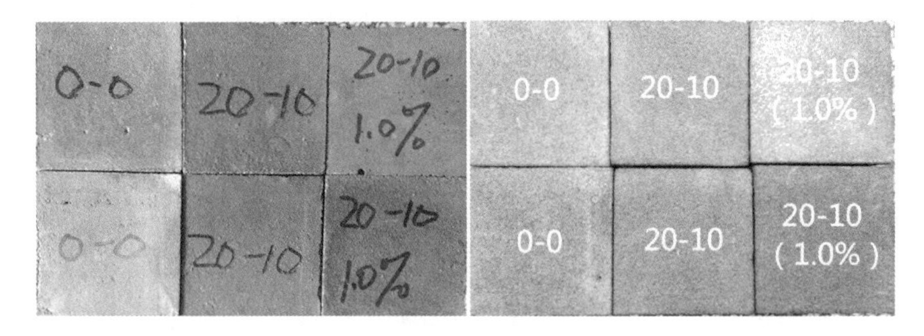

图 7-69　侵蚀前后 RPC 表面

表 7-74　RPC 的抗硫酸侵蚀性能

编号	5% H_2SO_4			备注
	对照组抗压强度/MPa	侵蚀后抗压强度/MPa	抗压强度耐蚀系数/%	
0-0	70.3	59.1	15.9	85%水泥+15%硅灰
20-10	80.6	63.5	21.2	70%水泥+15%硅灰+10%固硫灰
20-10（1.0%）	89.2	72.7	18.5	70%水泥+15%硅灰+10%固硫灰+1%纤维

由于一般的混凝土均呈现碱性，因此混凝土抗碱侵蚀的问题一直未受到重视，但是对于 RPC 这种胶凝材料用量很多、$Ca(OH)_2$ 含量较少的混凝土材料就比较容易受到碱溶液的侵蚀。因此，本次试验采用 5% NaOH 溶液作为侵蚀介质研究其对 RPC 抗碱侵蚀的影响。表 7-75 为活性粉末混凝土在强碱溶液 NaOH 中浸泡一个月前后 RPC 的抗压强度。RPC 的耐碱溶液侵蚀主要是由于水泥石中的 SiO_2 和 Al_2O_3 的溶解造成混凝土的强度下降。从表中数据可以看出，掺入固硫灰后 RPC 的抗强碱溶液的侵蚀性能得到提高，这主要是由于固硫灰中含有较高含量的 CaO，在水化后会产生氢氧化钙，使 RPC 相比于不掺固硫灰时呈现出较强的碱性，因此掺入固硫灰后 RPC 的抗碱溶液侵蚀较小。

表 7-75 RPC 的抗 NaOH 侵蚀性能

编号	5% NaOH			备注
	对照组抗压强度/MPa	侵蚀后抗压强度/MPa	抗压强度耐蚀系数/%	
0-0	70.3	54.0	23.2	85%水泥+15%硅灰
20-10	80.6	63.6	21.1	70%水泥+15%硅灰+10%固硫灰
20-10（1.0%）	89.2	72.1	19.2	70%水泥+15%硅灰+10%固硫灰+1%纤维

将 RPC 在5%的 Na_2SO_4 溶液中浸泡一个月，其中每隔 7d 将混凝土从溶液中取出，在（80±5）℃的烘箱中烘 24h，干湿循环完后对其进行性能测试。其抗压强度测试结果见表 7-76。对照组 RPC 的抗硫酸盐侵蚀性能较差，这主要是因为混凝土中的 SO_4^{2-} 浓度较低时，$Ca(OH)_2$ 和 C-A-H 会与硫酸盐溶液中的 SO_4^{2-} 发生反应生成水化产物钙矾石（AFt），AFt 会产生膨胀应力，导致硬化混凝土的结构受到破坏，强度下降。而 AFt 产生的膨胀应力大小与 AFt 的结晶形貌和大小有关，混凝土中的碱度较低时，往往会形成较大的板状 AFt，这类 AFt 在混凝土中一般不会产生有害的膨胀；当混凝土中的碱度较高时，一般会形成针状、片状或者胶状 AFt，这类 AFt 的吸附能力强，具有较强的吸水肿胀能力，从而对混凝土的结构产生破坏。由于硅灰等掺入到水泥后与水泥水化生成的 $Ca(OH)_2$ 反应，相对降低了 RPC 的碱度，因此改善了 RPC 的抗硫酸盐侵蚀性能。

表 7-76 RPC 的抗硫酸盐侵蚀性能

编号	5% Na_2SO_4			备注
	对照组抗压强度/MPa	侵蚀后抗压强/MPa	抗压强度耐蚀系数/%	
0-0	70.3	65.0	92.5	85%水泥+15%硅灰
20-10	80.6	77.1	95.7	70%水泥+15%硅灰+10%固硫灰
20-10（1.0%）	89.2	85.4	95.7	70%水泥+15%硅灰+10%固硫灰+1%纤维

从表 7-77 中的数据可以看出，在20% Na_2SO_4 溶液侵蚀下，RPC 受到的侵蚀作用较小，这是由于在低浓度 SO_4^{2-} 下，液相中的碱度也较低，生成板条状的钙矾石，而这类钙矾石的吸附能力较弱，一般不会对 RPC 性能产生不良的影响。当继续提高溶液中 SO_4^{2-} 离子的浓度时，液相中

氢氧化钙离子的浓度也相应得到提高，钙矾石的膨胀受到抑制，从而改善了 RPC 的抗硫酸盐侵蚀性能。

表 7-77　RPC 活性粉末混凝土的抗硫酸钠侵蚀性能

编号	20% Na_2SO_4			备注
	对照组抗压强度/MPa	侵蚀后抗压强/MPa	抗压强度耐蚀系数/%	
0-0	70.3	65.7	93.5	85%水泥+15%硅灰
20-10	80.6	84.0	104.2	70%水泥+15%硅灰+10%固硫灰
20-10（1.0%）	89.2	88.2	98.9	70%水泥+15%硅灰+10%固硫灰+1%纤维

7.6　小结

长期以来，固硫灰渣的膨胀性一直困扰着灰渣排放和应用企业。上述研究表明，其膨胀性是把双刃剑，关键是掌握应用方向和应用技术。对于高强度、高流动性要求的灌浆材料和自流平砂浆，固硫灰一是能够吸水保水，降低离析泌水，二是能够使高水泥掺量体系收缩得到改善，三是可大掺量替代水泥。而对于低力学性能、高水胶比体系同样如此，在砌筑砂浆中，膨胀能有释放空间，也能填充空隙。在高性能混凝土中，固硫灰主要起活性和减缩作用。综上所述，若能利用好固硫灰渣的膨胀性，则能够实现其高附加值应用。

8 循环流化床锅炉燃煤灰渣聚合物填料应用技术

随着对固硫灰特性认识的不断加深，固硫灰的高附加值应用引起广泛关注。固硫灰经超细化、改性处理后用于填充高分子材料，其一方面可以减少高分子材料工业对天然矿物填料的消耗，降低原料成本；另一方面，也能为固硫灰的高附加值资源化利用提供新途径。无机填料应用于高分子聚合物工业中，不仅起到增容增量的作用，而且可提高材料加工性能，如改善流动性、提高耐磨性能、提高塑料制品机械性能和热学性能。无机填料种类、形貌、尺寸、表面性质对其填充效果均有重要影响。常用无机填料主要有玻璃、碳、$CaCO_3$、金属氧化物、金属粉末、SiO_2、硅酸盐等。目前，传统粉煤灰已被大量用作高分子聚合物无机填料，而将固硫灰用于高分子中的研究鲜有报道。

8.1 固硫灰渣改性

固硫灰经过超细化后，粒径可达到近亚微米级别，可归属为超细无机矿物粉体粒子。一般认为，无机矿物填料填充聚合物前，必须对其进行表面改性处理。表面改性的优点有：(1) 借矿物表面的反应点，防止聚合物中稳定剂的破坏，即保护作用；(2) 防止矿物表面吸附水，即疏水化作用；(3) 提高抗张强度，即增强与机体的键合力；(4) 改进分散度以提高冲击强度，易于加工。基于此，分别采用硬脂酸、乙烯基三乙氧基硅烷（A151）和 NaOH 处理固硫灰。

8.1.1 硬脂酸改性固硫灰（M1 - CFAs）研究

硬脂酸作为一种阴离子表面活化剂，价廉，适宜应用于工业生产。固硫灰表面分布着大量亲水性较强的羟基，呈现较强的碱性。其分子一端为 C17 的烷基，其结构与聚合物相似；另一端为 RCOO-基团，其与无机粉体浆液中的阳离子发生反应，生成脂肪酸盐沉淀物包覆在固硫灰颗粒表面，而 C17 暴露在外面，使无机粉体表面表现为亲油性。

固硫灰 pH 值与 Zeta 电位之间的关系如图 8-1 所示。这表明固硫灰的等电点（IEP）在 pH = 2 附近。当 pH 值高于 2 时，固硫灰表面是负电。Zeta 电位绝对值随 pH 值增加而增加，直到 pH 值达到 7～8 时出现最大绝对值。因此，可以推定，固硫灰的表面改性由于羟基的增加而应该更容易，即固硫灰的表面改性最佳 pH 值为 7～8。

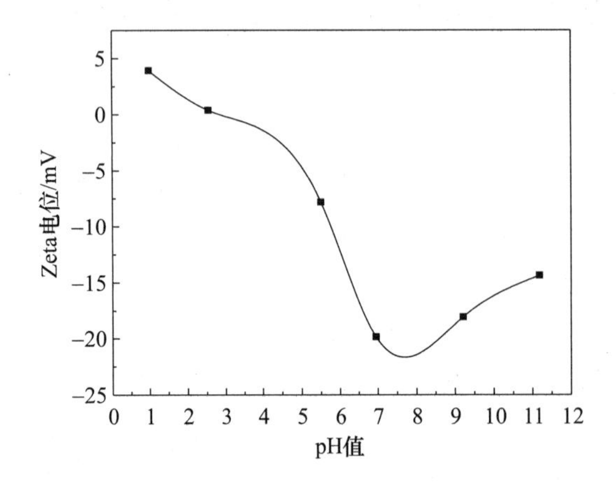

图 8-1　固硫灰 Zeta 电位与 pH 值之间的关系

图 8-2 为不同用量硬脂酸改性固硫灰的活化度。随着硬脂酸含量增加，固硫灰的活化度增加，当硬脂酸用量为 3% 时，改性固硫灰活化度接近 100%。

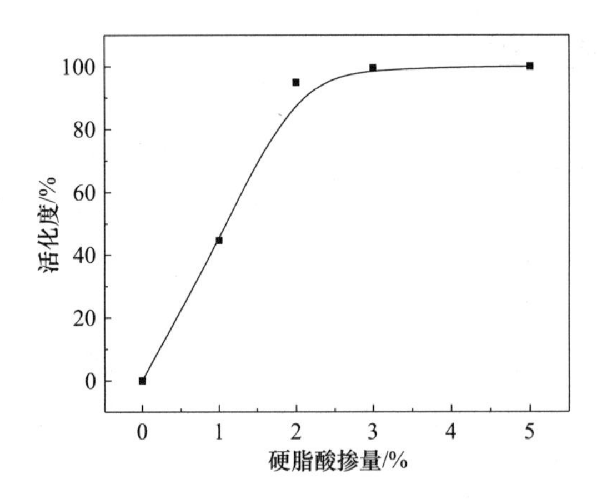

图 8-2　不同用量硬脂酸改性固硫灰的活化度

图 8-3 为不同用量硬脂酸改性固硫灰的沉降体积。由图可知，硬脂酸用量≥2%，无机粉体颗粒在无水乙醇中堆积体积小。这可能是由于改性固硫灰表面为亲油基团，在有机相中，根据相似相容原理，颗粒之间自团聚消失，颗粒尺寸减小。颗粒分散均匀、规整、堆积密实。同时发现，2% 之后，沉降速率减小。而未改性固硫灰的沉降体积较大，主要是由于固硫灰自身疏松多孔，同时发现，其沉降速率很快。

吸油值是用于反映粉体改性效果好坏的标准。如果吸油值大，则粉体在加工时所需的润滑剂就多，加工成本就高。因此，改性后粉体的吸

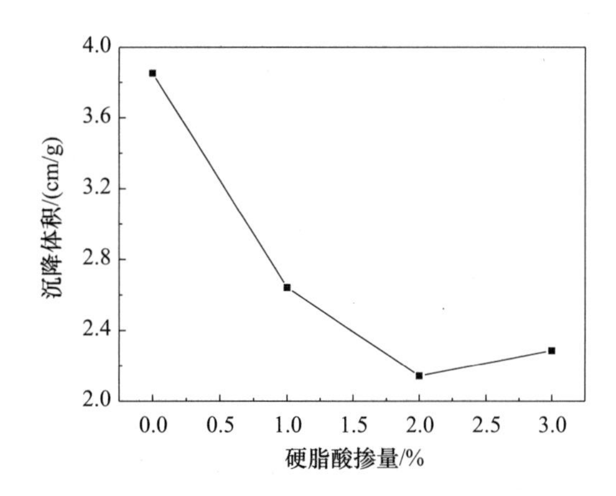

图 8-3　不同用量硬脂酸对固硫灰沉降体积的影响

油值越小越好。图 8-4 为不同用量硬脂酸改性固硫灰的吸油值。改性固硫灰吸油值随着硬脂酸用量增加先升高后降低，当硬脂酸用量为 1% 时，吸油值最大，说明 1% 硬脂酸改性固硫灰在加工过程中需要的润滑剂最多。综合考虑，固硫灰的最佳用量为 3%，以下所说的硬脂酸改性固硫灰均为 3% 硬脂酸改性固硫灰。

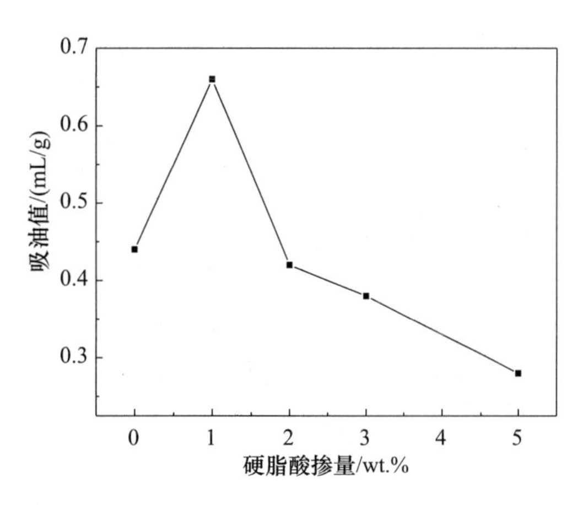

图 8-4　不同用量硬脂酸改性固硫灰前后的吸油值

图 8-5 为硬脂酸改性固硫灰前后的红外谱图。由图可知，在 $2919cm^{-1}$ 和 $2851cm^{-1}$ 处出现—CH_2—中 C—H 的不对称伸缩振动峰和对称伸缩振动峰。在 $2957cm^{-1}$ 处出现—CH_3 基团中 C—H 的反对称伸缩振动峰。在 $1618cm^{-1}$ 处出现明显的吸收峰，同时 $874cm^{-1}$ 附近的峰减弱，可能是 COO—和固硫灰表面的金属离子发生了反应。固硫灰微观结构表面包覆了一层有机分子，同时其非极性端暴露在空气中。同时，$1118cm^{-1}$ 附近的 Si—O 对称伸缩振动峰增强。以上现象表明，固硫灰颗粒和硬脂酸之间发生了物理化学反应。在 $3619cm^{-1}$ 和 $1618cm^{-1}$ 处的峰增强，可能是反应中生成的二水石膏等脱去结晶水。

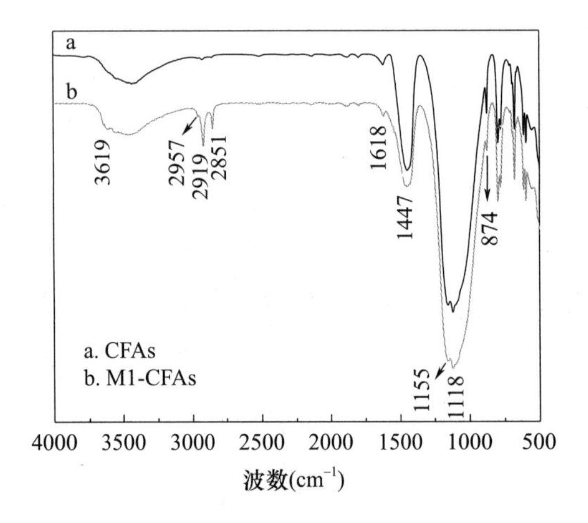

图 8-5　硬脂酸改性固硫灰前后的红外谱图

图 8-6 为硬脂酸改性固硫灰前后的 X 射线粉末衍射图像。从图 8-6 可以看出，硬脂酸改性固硫灰 X 射线衍射图像和未改性固硫灰 X 射线衍射图像基本一致，并未出现明显的晶型转变和新物相，说明硬脂酸改性并未影响固硫灰自身活性。

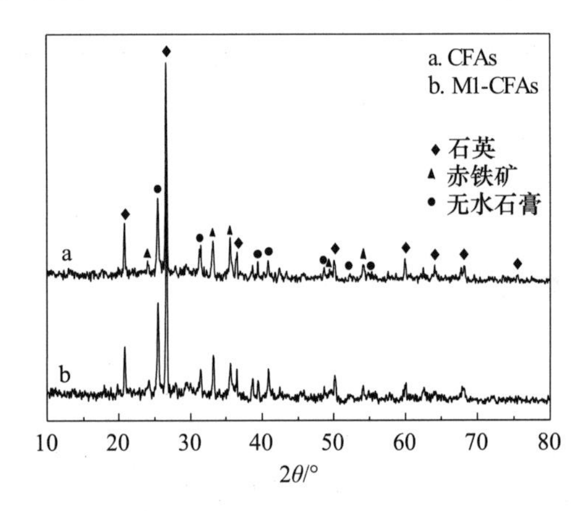

图 8-6　硬脂酸改性固硫灰前后的 X 射线衍射图像

硬脂酸改性固硫灰的疏水性可通过接触角来表征。图 8-7 为硬脂酸改性前后固硫灰的接触角。图 8-7 中的两图展现出明显不同：（a）中水滴几乎全部渗入样品中，其接触角为 0°；（b）样品薄片对水具有一定的排斥作用，其润湿角为 148. 44°，表明经硬脂酸改性后，固硫灰颗粒表面具有一定的疏水性。

图 8-8 为硬脂酸改性固硫灰前后的粒度分布图。可以看出，在 2 ~ 7μm 的范围内，改性固硫灰颗粒尺寸的百分比增加，说明改性后颗粒分布集中，主要是因为改性过程中的超声分散的影响，未改性固硫灰颗粒的中值粒径 d_{50} 为 2. 9μm，硬脂酸改性固硫灰的中值粒径 d_{50} 为

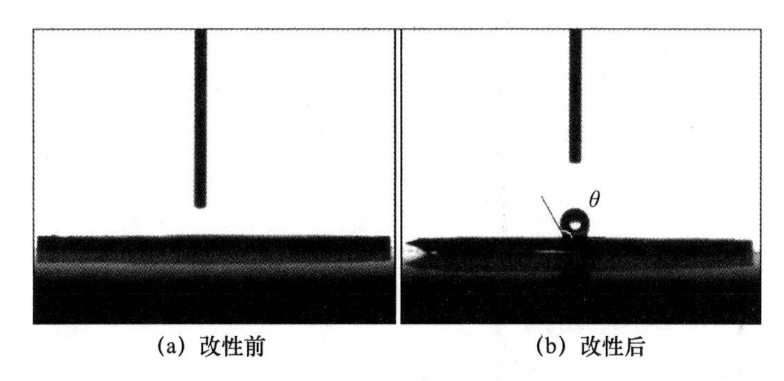

(a) 改性前　　(b) 改性后

图 8-7　硬脂酸改性固硫灰前后的润湿角

3.2μm，说明改性后固硫灰颗粒略有增大，主要是因为其表面包覆了硬脂酸分子。

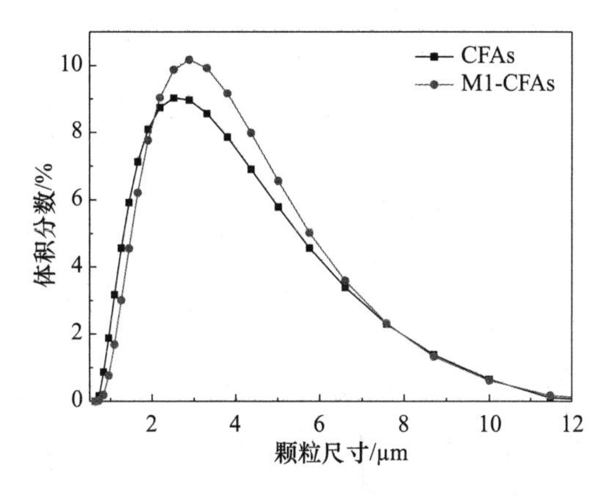

图 8-8　改性前后颗粒尺寸分布图

图 8-9 为改性前后固硫灰的 TEM 图。固硫灰颗粒发生堆积，为形状不规则的椭圆形颗粒。硬脂酸改性后固硫灰颗粒与颗粒之间存在一层可见的云状物质，颗粒表面变得模糊，可能是硬脂酸包裹的缘故。

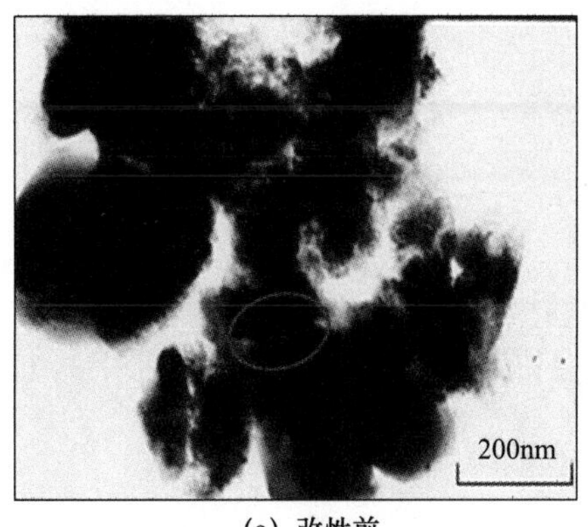

(a) 改性前

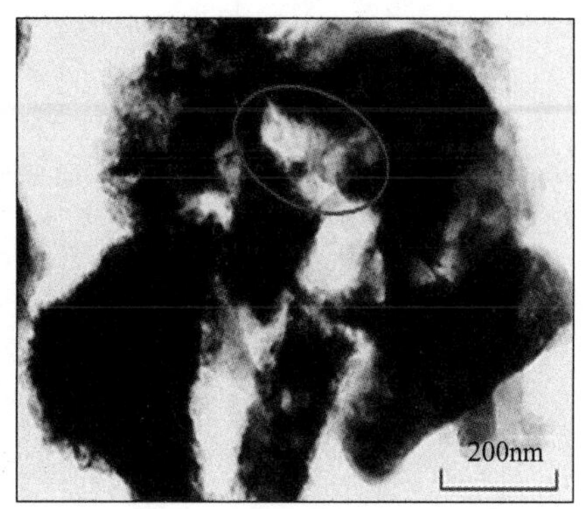

(b) 改性后

图 8-9　改性前后固硫灰的 TEM 图

由于硬脂酸在一定温度下易于烧失或分解，因此可采用热解重量分析法来测定硬脂酸在无机粉体表面的包覆量和包覆率。其包覆量（M）公式如式（8-1）所示：

$$M=\frac{M_{SA}}{M_0} \tag{8-1}$$

式中 M_{SA}——硬脂酸的质量（g）；

M_0——固硫灰的质量（g）。

表面包覆率（n）的计算公式如式（8-2）所示：

$$n=\left(\frac{M}{q}N_A a_0\right)/S_W \tag{8-2}$$

式中 M——粉体颗粒表面的包覆量；

q——硬脂酸的分子量（284.48）；

N_A——阿伏伽德罗常数（6.022×10^{23}）；

a_0——硬脂酸分子的截面积（$2.2\times10^{-15}cm^2$）；

S_W——固硫灰的比表面积（cm^2）。

图 8-10 为硬脂酸改性前后固硫灰的 TGA-DTA 图。由图可知，未改性固硫灰的 TGA 曲线中，在 400～600℃出现明显的吸收峰，主要是因为其中少量未燃烧的碳燃烧和 Si-O 和 Al-O 键发生脱水缩聚所致。在 600～750℃的变化为 $CaCO_3$ 分解所致。硬脂酸改性固硫灰的 TGA 曲线中，在 200～450℃出现硬脂酸氧化分解特征峰，说明硬脂酸已包覆在固硫灰颗粒表面。同时，硬脂酸改性固硫灰在起始温度失重较明显，和 IR 分析结果一致。

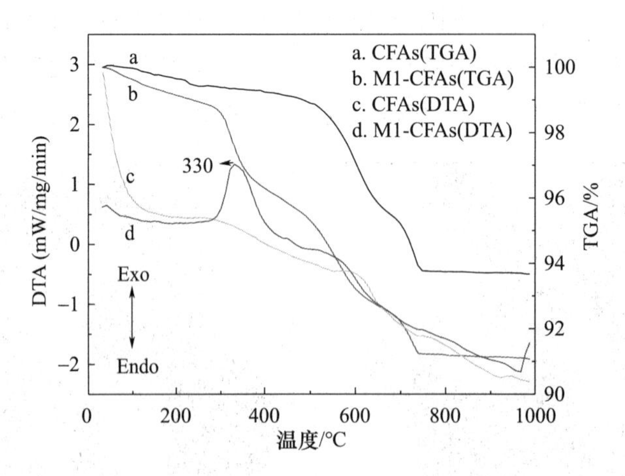

图 8-10 改性前后固硫灰的 TGA-DTA

经分析知，固硫灰表面包覆硬脂酸的量为 2.4%，表 8-1 列出了每段失重率和比表面积（BET）值。

表 8-1　样品 TGA 和 BET 实验结果

样品	失重率/%			比表面积/(m^2/g)
	Ⅰ	Ⅱ	Ⅲ	
CFAs（未改性）	4.6218	1.7734	—	4.807
M1-CFAs（硬质酸改性）	4.2652	3.1048	1.5345	5.758

通过计算，硬脂酸的包覆率为 2.05%，小于 3%。从表 8-1 中还发现，改性固硫灰的比表面积略大于未改性固硫灰，主要原因是固硫灰改性过程的超声分散。

采用 XPS 分析硬脂酸改性前后固硫灰表面主要元素的结合能变化。固硫灰中主要元素 O、C、Si、Mg、S、Na 和 Al 的化学结合能详见表 8-2。图 8-11 为改性前后固硫灰的 XPS 图谱中 C1*s* 及其拟合曲线。

表 8-2　不同元素的化学结合参数

元素（光电子能级）	化合态	峰位* $2p_{3/2}$/1s（±0.5eV）	原子相对比例%		半高宽 $2p_{3/2}$（±0.1eV）	
			CFAs	c－CFAs	CFAs	c－CFAs
C1*s*	Ca_2C	282.3	1.11	1.25	1.50	0.90
	Fe_3C	283.7	1.11	—	1.20	—
	C－C	285.0	12.65	47.50	2.00	1.67
	C－O	286.6	1.02	—	1.50	—
	C＝O	287.8	—	1.43	—	1.20
	O－C＝O	289.2	5.48	2.87	1.90	1.67
O1*s*		531.8	54.9	32.57	2.6	2.7
Si2*p*		102.44	10.83	5.54	2.51	2.24
Al2*p*		74.16	5.53	3.73	2.47	1.63
S2*p*		169.19	4.44	3.57	2.5	2.3
Mg1*s*		1305.62	2.37	1.55	2.49	2.58
Na1*s*		1073.33	0.57	0	1.08	0

* 以结合能表示。

发现 C 元素的光电子能谱增加 31.38%，其他主要元素的光电子峰面积在不同程度上都有所减少，对比 C/O 比值发现，固硫灰的 C/O 为 0.14，而 M1-CFAs 的 C/O 为 0.59，说明硬脂酸改性固硫灰颗粒表面活性提高。对比其元素结合能谱位置，分析各种元素的化学结合能，发现

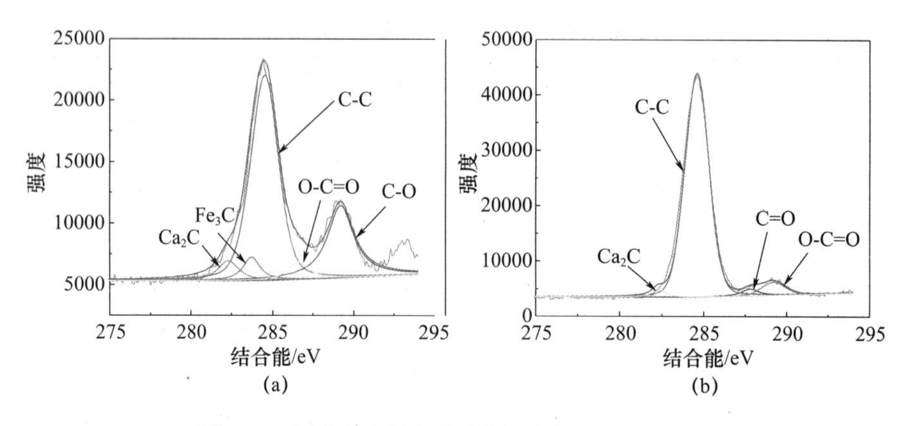

图 8-11　固硫灰和硬脂酸改性固硫灰的 C1s 的 XPS

在 285.0eV 处对应 C-H/C-C 的结合能的光电子峰增强，对照结合能谱表发现，其为 CH2/CH3 结合能，即固硫灰表面存在硬脂酸分子，这和 FT-IR 分析结果一致。这说明硬脂酸的羧基和固硫灰颗粒表面的—OH 基团或者粒子发生反应，可能是硬脂酸分子的亲水端和固硫灰中的 Si、Ca、Mg、Na 和 Al 的氧化物表面的—OH 基团发生反应，生成硬脂酸盐，从而吸附在固硫灰颗粒表面。

8.1.2　A151 改性固硫灰（M2－CFAs）的研究

硅烷偶联剂是所有改性剂中应用最为广泛的一类，其中的乙烯基三乙氧基硅烷用于不饱和聚酯、聚烯烃和 EPDM 橡胶中。硅烷偶联剂可在无机物和有机物界面架起“分子桥”，把两种性质悬殊的材料连接在一起，起到提高复合材料的性能和增加黏结强度的作用。硅烷偶联剂虽然具有以上优点，但是价格昂贵，不适宜改性固硫灰的工业化生产。

偶联剂的品种和无机粉体的比表面积决定硅烷偶联剂用量。假设为单分子层吸附，可按式（8-3）计算：

$$硅烷偶联剂用量=\frac{填料质量（g）\times 填料的比表面积（m^2/g）}{硅烷偶联剂最小包覆面积（m^2/g）} \tag{8-3}$$

经测量知：超细固硫灰的比表面积为 7.4841m^2/g，因此，偶联剂 A151 改性 100g 固硫灰最佳用量 D 为：

$$D=100\times 7.4841/411=1.82g \tag{8-4}$$

振实密度，即在规定条件下容器中的粉体经振实后所测得的单位容积的质量。松装密度，即在规定条件下容器中的粉末自然堆砌起来后所测得的单位容积的质量。表 8-3 为 A151 改性固硫灰前后的振实密度。2% A151 改性后固硫灰比未改性灰振实密度降低。这说明通过 A151 改性固硫灰，使得固硫灰表面包覆一层有机相，可以起到一定的分散作用，流动性变好，有利于加工。

表 8-3　M2-CFAs 和 CFAs 的振实密度

	松装密度/(g/mL)	振实密度/(g/mL)	卡尔系数
CFAs	0.41	0.94	0.46
2% A151 改性	0.44	0.92	0.40

图 8-12 为 A151 改性固硫灰前后的红外谱图。1416cm^{-1}左右出现 CH_2═C—Si 伸缩振动峰，附近的峰强度降低，960cm^{-1}处出现 Si—O—Si 伸缩振动峰，这说明，A151 成功附着在固硫灰颗粒表面。这主要是因为 A151 水解生成硅醇，与无机粉体颗粒表面上的—OH 反应，形成—Si—O—M（粉体）共价键。同时，硅烷各分子的硅醇通过氢键相互缔结，形成网络状结构的膜，覆盖在颗粒表面，使无机粉体表面有机化。由图可知，A151 对固硫灰具有一定的改性作用。

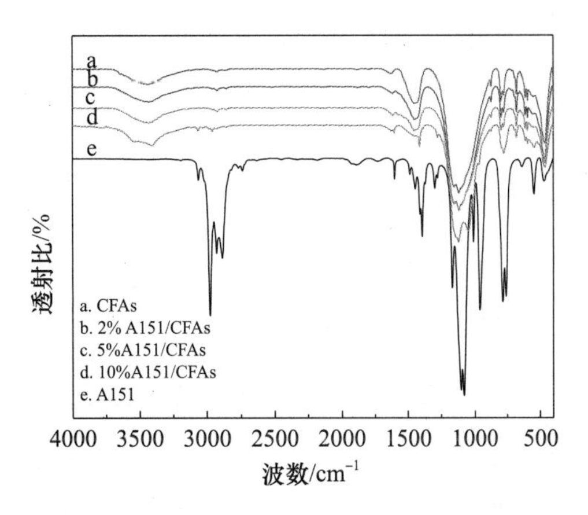

图 8-12　A151 改性固硫灰前后的红外测试图

图 8-13 为改性前后固硫灰 SEM 图。从图可以看出，经 A151 改性后，固硫灰粒径间界面明显。颗粒尺寸变大，主要是因为硅烷偶联剂包覆在固硫灰表面。

8.1.3　NaOH 改性固硫灰（M3 - CFAs）的研究

碱激发是指将玻璃体结构中的—O—Si—O—Al—O—链解聚生成 $[SiO_4]^{4-}$ 和 $[AlO_4]^{5-}$ 四面体，进而发生缩聚反应生成新的—O—Si—O—Al—O—无机聚合物网络结构胶凝材料，其可以提高凝结速率、加速黏结力发展，起到结构加固作用。其可以提高混凝土的拉伸强度，还对聚醋酸乙烯酯薄膜具有增韧作用。借鉴碱激发粉煤灰的方法，Koukouzasa 采用 NaOH 激发固硫灰制备混合沸石吸附废水中的重金属。Li 也采用

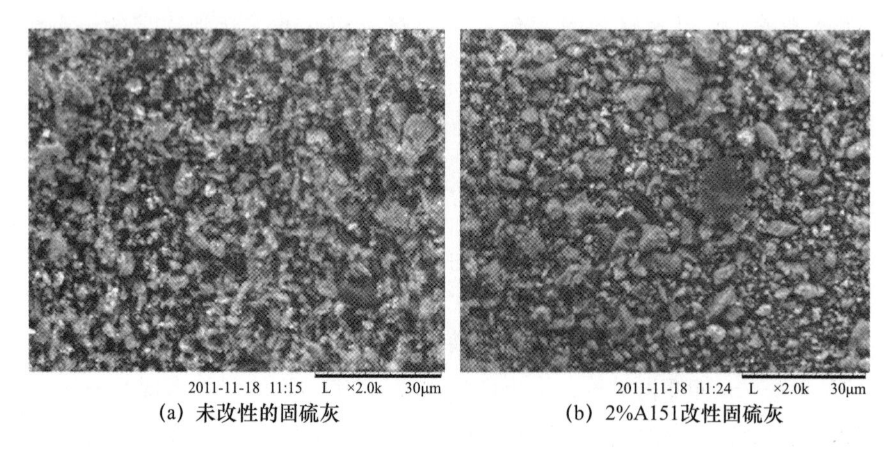

(a) 未改性的固硫灰 (b) 2%A151改性固硫灰

图 8-13 A151 改性固硫灰前后的 SEM 图

碱激发固硫灰，对固硫灰的胶凝性和水化机理进行了研究。由于在相同温度下，NaOH 较 KOH 具有更高的激发效率，因此，采用 NaOH 激发固硫灰具有特殊用途。

图 8-14 为 NaOH 激发前后固硫灰的颗粒尺寸分布图。可以看出，活化前，颗粒主要分布在 0 ~ 8μm 的狭小区域，而活化后的固硫灰颗粒尺寸分布曲线向右偏转，主要在 3 ~ 20μm 的较宽区域中。其主要原因是有新的晶体结构如沸石生成，或者是存在颗粒团聚。

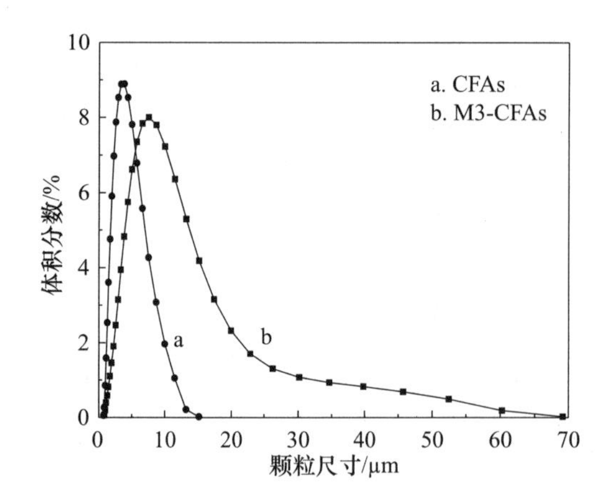

图 8-14 NaOH 激发前后固硫灰的颗粒尺寸分布图

通过 XRF 分析，碱激发前后固硫灰的主要化学组分见表 8-4，图 8-15 为碱激发前后固硫灰的 XRD 谱图。固硫灰的主要结晶矿物为石英、赤铁矿、无水石膏和石灰石。激发固硫灰在 2θ 为 29. 4°处的峰增强，说明石灰石含量增加。20° ~ 40°的散射区面积增加，表明无定型物质增加，进一步说明反应产物中有远程无序的凝胶生成。2θ 分别为 25. 6°、31. 4°和 41. 8°处的峰消失，说明无水石膏减少。从表 8-4 中也可看出 S 元素减少，同时，Al_2O_3 略微减少，而 SiO_2 基本未变。这主要是因为 NaOH

对 Al 的腐蚀作用更明显。由于 Al—O 和 Si—O 之间的电荷分布不均，会引起 Al—O 的极化和晶格活性中心的增加。推测无水石膏中的 SO_4^{2-} 在 Ca^{2+} 的作用下，与溶解于液相的活性 Al_2O_3 反应，使 Ca^{2+} 扩散到固硫灰内部，与活性 Al_2O_3 和 SiO_2 反应。

表 8-4　碱激发前后固硫灰的主要化学组分/wt%

组分	SiO_2	Al_2O_3	CaO	Fe_2O_3	SO_3	MgO	Na_2O	烧失量
CFAs	39.68	15.18	13.84	12.19	8.58	0.72	0.23	6.40
M3 - CFAs	39.56	14.54	13.69	12.09	0.48	1.18	0.86	13.93

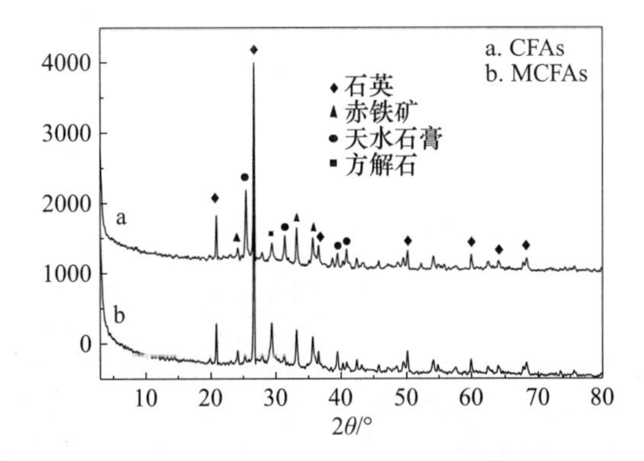

图 8-15　碱激发前后固硫灰的 XRD 谱图

无机化合物基团的晶格振动会在 IR 图谱中有所体现。图 8-16 为碱激发前后固硫灰红外光谱分析结果。从图中还可以看出硬石膏和石灰石的特征峰，其中 612cm^{-1} 和 1158cm^{-1} 代表硬石膏，875cm^{-1} 代表石灰石。而在激发固硫灰谱图中，波数在 1200～600cm^{-1} 的峰发生明显偏移，即 Al—O/Si—O 发生重排，同时，1158cm^{-1} 和 612cm^{-1} 处的峰消失，说明无水石膏参与了激发过程，而 875cm^{-1} 处的峰增强，说明石灰石含量增加，和 XRD 结果一致。

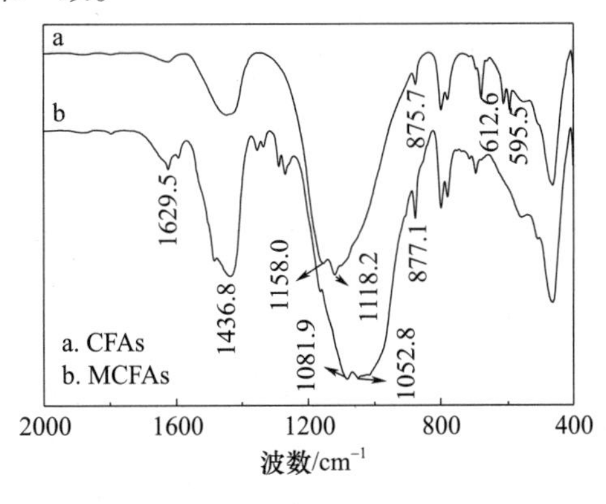

图 8-16　碱激发前后固硫灰的 IR 谱图

按照对刚性凝胶的认识，凝胶是由尺寸在 1μm 左右的粒子组成的近程有序、远程无序的物质。图 8-17 为激发前后固硫灰的 SEM 照片。从图 8-17（a）中可以看出：未激发的固硫灰颗粒极不规则、薄而易剥落。与之相比，NaOH 激发产物［图 8-17（b）］表面粗糙多孔，有大片云雾状凝胶存在，同时发现，在不同位置出现尺寸为 0.1 ~ 1μm 的晶体，其形状略有差异。对"+"微区进行能谱扫描［图 8-17（c）］，进一步分析发现，晶体的主要元素有 Na、Si、Al、Ca，其中，摩尔比 n（Na，Ca）：n（Si，Al）约为 1：6，因此，推测生成的细小晶体为沸石。而剩余的 Ca 主要以 $CaCO_3$ 形式存在，可能是 Ca^{2+} 直接或间接吸附了空气中的 CO_2。但是，上述 XRD 图谱中并无明显的晶型矿物生成。这主要是因为碱激发生成的晶体太小，可能被其他相包覆起来，使得其特征衍射峰也被掩盖。

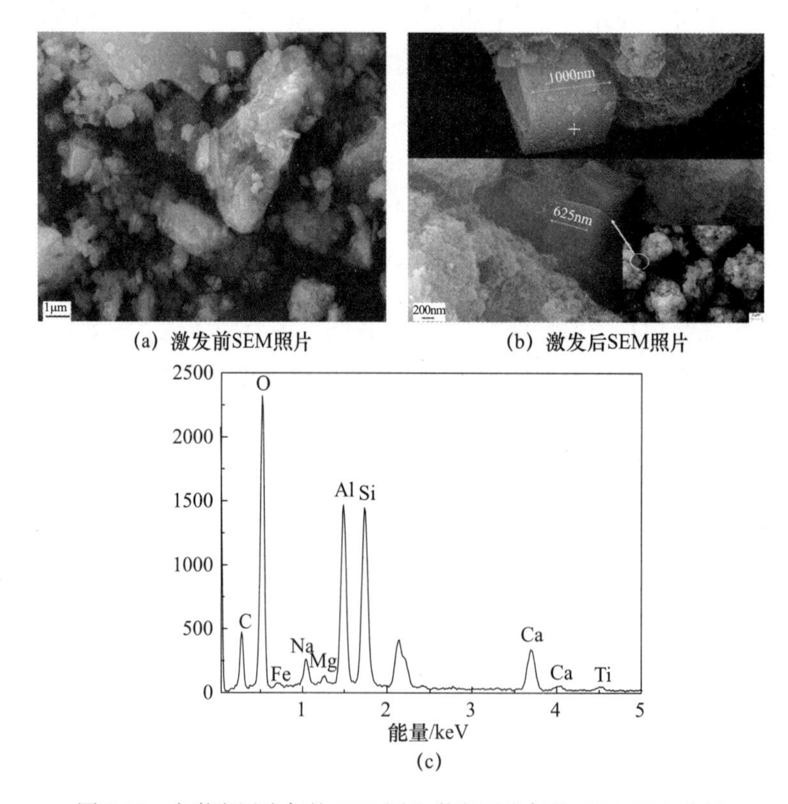

图 8-17　未激发固硫灰的 SEM 图和激发固硫灰的 SEM/EDS 分析

图 8-18 为碱激发前后的 TGA-DTA 曲线图。固硫灰在 449℃ 出现宽放热峰，激发固硫灰在 422℃ 出现放热峰，前者峰面积明显大于后者。400℃之后 TGA 曲线斜率几乎没有变化，说明固硫灰中大量的非晶质矿物的重结晶产生了放热。此外，200℃ 之前出现质量的快速损失（TGA 曲线斜率变大）主要是激发固硫灰含有的表面吸附水和结晶水脱水。

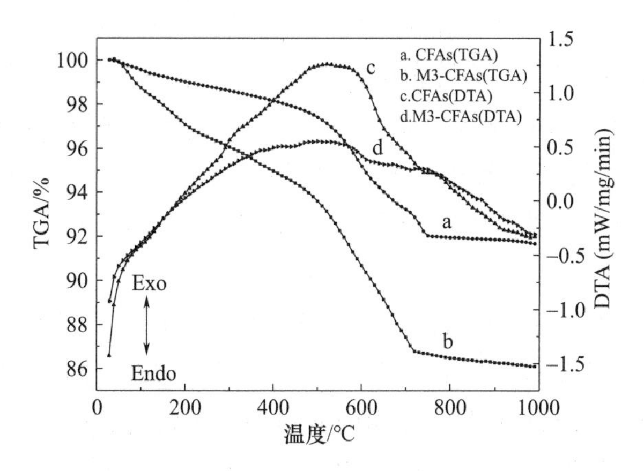

图 8-18　CFAs 和 M3-CFAs 的 TGA-DTA 曲线

图 8-19 示出了激发前后固硫灰的 Si2*p*、Al2p 的 X 射线光电子能谱以及分峰和拟合结果。碱激发前，Si2*p* 的结合能范围为 95～110eV，其中 103. 0eV 为 α-SiO_2 中的—OH 和—O—结合能；Al2p 的结合能范围为

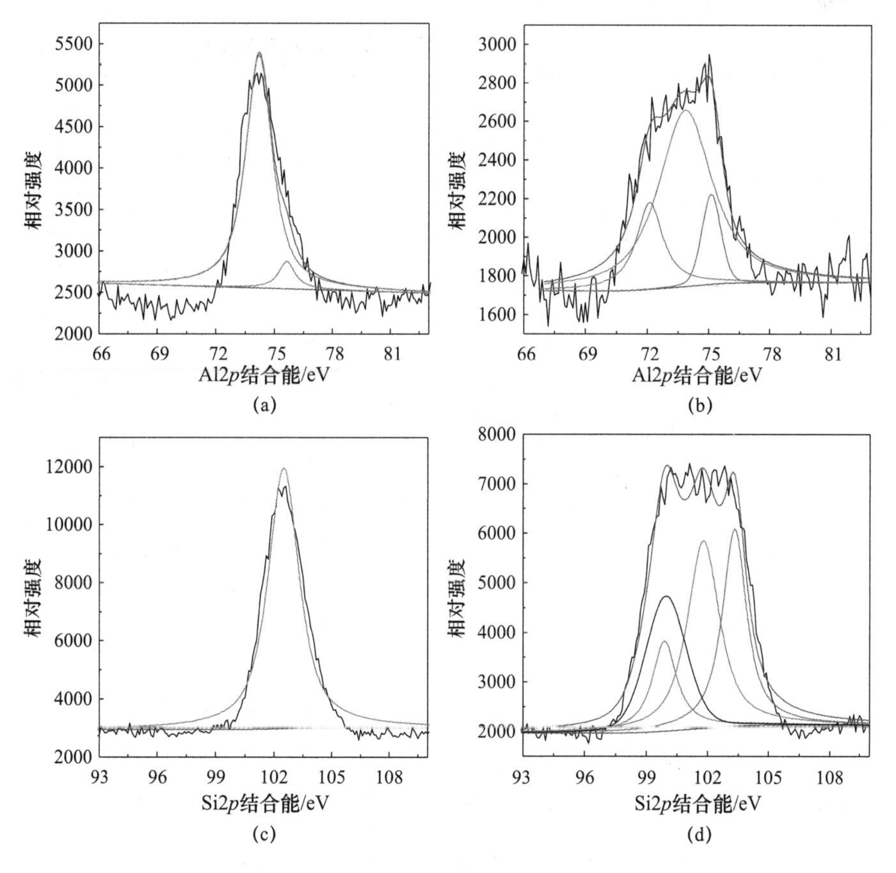

图 8-19　CFAs 和 M3－CFAs 的 XPS 图

注：（a）、（c）为 CFAs 的 Si2*p* 和 Al2*p*；（b）、（d）为 M3－CFAs 的 Si2*p* 和 Al2*p*。

64～84eV，其中，74.3eV附近为Al_2O_3的结晶水和—O—结合能。碱激发后，固硫灰的Si2p结合能范围向小光电子方向转移2eV，其中，Si—OH的原子数从9.13%减少为3.10%；Al2p结合能范围向小光电子方向也发生1eV的转移，其中，Al_2O_3结晶水的原子数由4.46%减小为3.39%。这证实了固硫灰经NaOH激发，Al—O/Si—O键发生重排，与IR结果一致。

从表8-5中还可以看出，固硫灰表面的S主要是Na_2SO_4，与未激发固硫灰相比，激发固硫灰中的Si、O、Ca的原子数百分含量略有增加，而S未检测到。结合XRF结果可解释碱激发过程为：OH^-先溶解固硫灰颗粒表面的活性硅、铝等物质，Na^+进入到网络结构中，使网络结构变异或发生解聚，释放更多活性SiO_2和Al_2O_3；$CaSO_4$中的SO_4^{2-}在Ca^{2+}的作用下，与溶解于液相的活性Al_2O_3反应，使Ca^{2+}扩散到固硫灰内部，与内部活性Al_2O_3和SiO_2反应后沉积在残余的颗粒表面，被Ca^{2+}置换出的Na^+继续循环反应。

表8-5　不同元素的化学能谱参数

元素（光电子能级）	CFAs				M3 - CFAs			
	化合态	峰位* $2p_{3/2}/1s$（±0.5eV）	原子相对比例%	半高宽 $2p_{3/2}$（±0.1eV）	化合态	峰位* $2p_{3/2}/1s$（±0.5eV）	原子相对比例%	半高宽 $2p_{3/2}$（±0.1eV）
Si2*p*	Si - O/Si - OH	102.5	9.13	1.91	2*p*3	99.89	1.23	1.45
					Si - C	99.96	2.22	2.34
					Si - O/Si - OH	101.79	3.10	1.87
					SiO_2	103.31	2.59	1.43
Al2*p*	Al_2O_3/$Al_2O_3 \cdot nH_2O$	74.28	4.46	1.73	2*p*3	72.11	0.91	1.57
					Al_2O_3/$Al_2O_3 \cdot nH_2O$	73.85	3.39	3.1
	Ntv Ox	75.65	0.32	1.00	Ntv Ox	75.11	0.48	1.09
Ca2*p*	CaO	345.32	6.34	2.31	CaO	345.22	9.46	2.36
O1*s*	Al_2O_3	529.79	50.66	2.69	MgO	529.37	53.79	2.98
S2*p*	Na_2SO_4	168.5	4.44	2.51	—	—	—	—

* 以结合能表示。

8.2　固硫灰在 PP 中的应用研究

PP 作为一种通用型热塑性塑料，具有良好的加工性能和物理机械性能，但由于其具有冲击韧性差、尺寸收缩率大等缺点，限制了其在工程领域的应用。因此，本文利用固硫灰填充改性 PP，通过硬脂酸和 A151 对其进行表面改性，同时添加改性剂乙烯-醋酸乙烯酯共聚物（EVA），制备固硫灰/聚丙烯/乙烯-醋酸乙烯酯共聚物（CFAs/PP/EVA）复合材料，同时与重质 $CaCO_3$ 和活性 $CaCO_3$ 填充 PP 复合材料的性能进行对比，以期用固硫灰取代 $CaCO_3$，在降低材料的成本的同时，得到高填充量的 PP 制品，从而实现固硫灰的资源化利用。

8.2.1　改性前后 CFAs 填充 PP 复合材料的 IR 分析

图 8-20 为未添加固硫灰和添加硬脂酸改性前后固硫灰（用量为 15%）填充 PP 的 IR 曲线。从图中可以看出，3400～3500cm^{-1}为结合水的特征峰，曲线 c 较曲线 a 和 b 此处的峰面积明显减少。这说明硬脂酸改性 CFAs 填充 PP 具有一定效果。但是 IR 谱中并未出现新的特征吸收峰，可能是由于 M1-CFAs 的用量较少（为 15%），其表面包覆的硬脂酸量更少，同时，和塑料的特征吸收峰重合。

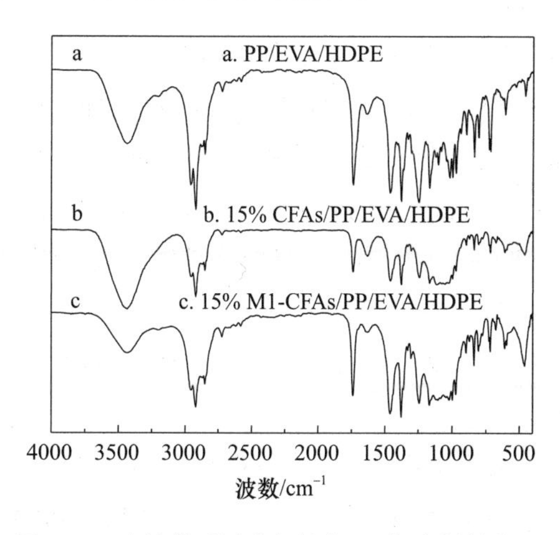

图 8-20　改性前后固硫灰填充 PP 复合材料的 IR

8.2.2　改性前后 CFAs 在 PP 复合材料中的分散性

图 8-21 为 CFAs、M1-CFAs 及 M2-CFAs 填充 PP 复合材料的断面 SEM 图。从图中可以看出，CFAs/PP 断面中颗粒和界面结合性能微弱，而 M1-CFAs/PP 和 M2-CFAs/PP 断面颗粒镶嵌在塑料基体中。这说明

M1-CFAs 和 M2-CFAs 能与树脂基体很好结合。

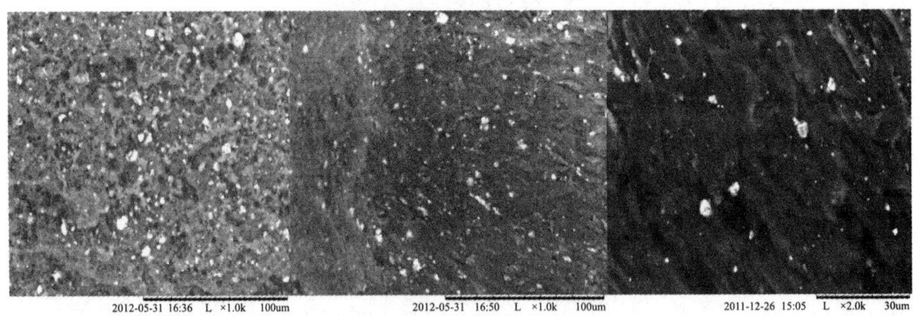

(a) CFAs/PP复合材料　(b) M1-CFAs/PP复合材料　(c) M2-CFAs/PP复合材料

图 8-21　改性前后固硫灰填充复合材料的断面 SEM 图

8.2.3　CFAs 填充 PP 复合材料的力学性能研究

（1）CFAs 替代 $CaCO_3$ 填充 PP 复合材料的力学性能研究

CFAs 代替 $CaCO_3$ 填充 PP 复合材料的力学性能如图 8-22 所示。图 8-22（a）为不同用量 CFAs 和 $CaCO_3$ 填充 PP 复合材料的弯曲强度。从中可以看出：CFAs 和 $CaCO_3$ 的加入均使复合材料弯曲强度呈现先提高后降低的趋势，但加入 $CaCO_3$ 的样品弯曲强度比加入同比例固硫灰的样品好；CFAs 在加入 5% 时，复合材料的弯曲强度最高，$CaCO_3$ 则在加入 10% 时达到最高。

图 8-22（b）为不同用量 CFAs 和 $CaCO_3$ 填充 PP 复合材料的弯曲模量的变化。$CaCO_3$ 和 CFAs 用量不同造成制品弯曲模量变化很大；CFAs 的用量为 15% 时，复合材料的弯曲模量高于 $CaCO_3$/PP 复合材料。

图 8-22（c）为不同用量 CFAs 和 $CaCO_3$ 填充 PP 复合材料的拉伸强度。可以看出：随 CFAs 和 $CaCO_3$ 用量的增加，拉伸强度均呈现先降低再提高再降低的趋势；当无机粉体用量为 15% 时，CFAs/PP 复合材料拉伸强度优于 $CaCO_3$/PP 复合材料，进一步增加无机粉体用量，两组样品的拉伸强度均降低。

图 8-22（d）为不同用量 CFAs 和 $CaCO_3$ 填充 PP 复合材料的断裂伸长率。可以看出：随着无机粉体用量的增加，CFAs/PP 复合材料的断裂伸长率先降低后增加再降低，$CaCO_3$/PP 则为先增加后降低；当 $CaCO_3$ 用量为 10% 时，$CaCO_3$/PP 断裂伸长率达到最大，当 CFAs 的用量为 15% 时，CFAs/PP 的断裂伸长率达到最大。

图 8-22（e）为不同用量 CFAs 和 $CaCO_3$ 填充 PP 复合材料的冲击强度。可以看出：随着无机粉体用量的增加，CFAs/PP 复合材料和 $CaCO_3$/PP 复合材料的冲击强度先提高后降低。当 $CaCO_3$ 用量为 10% 时，

$CaCO_3$/PP的冲击强度达到最大值341.25MPa，当CFAs的用量为10%时，CFAs/PP的冲击强度达到最高。综上分析可知，CFAs的最佳用量为15%。

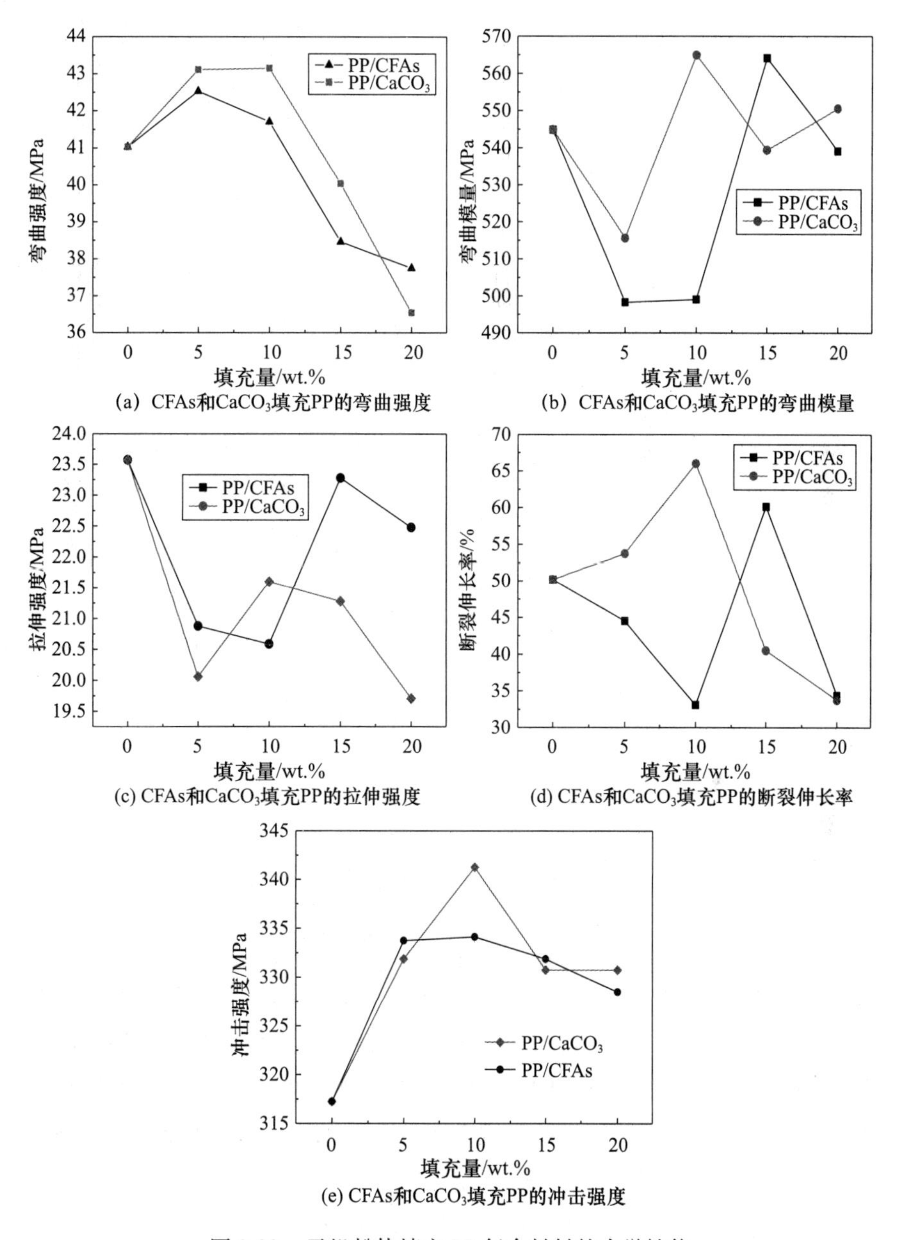

图8-22　无机粉体填充PP复合材料的力学性能

（2）CFAs填充PP复合材料的拉伸性能研究

为了进一步研究固硫灰在PP中的性能，本文分别取5%、10%、15%、20%、30%（CFAs与PP的质量比）CFAs填充PP。图8-23、图8-24分别为CFAs和M1-CFA填充PP复合材料的载荷-位移图。未填充CFAs的复合材料的拉伸强度为23.57MPa，断裂伸长率为50.17%。

随着 CFAs 用量的增加，复合材料的拉伸强度和断裂伸长率均减小。但是，在用量为 15% 时，增韧较明显。

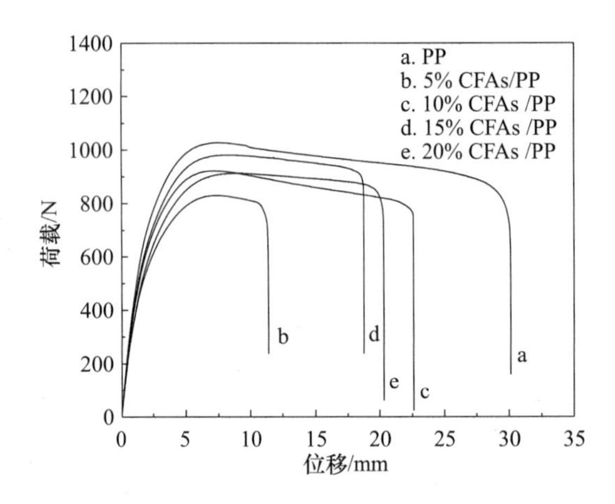

图 8-23　CFA/PP 复合材料拉伸性能

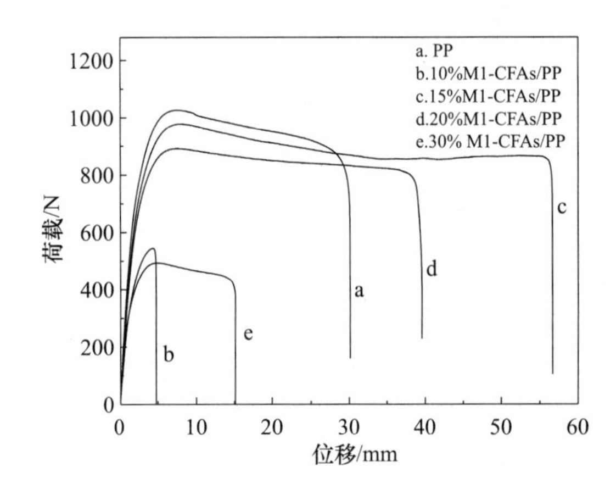

图 8-24　M1-CFA/PP 复合材料拉伸性能

从图 8-24 可以看出，当 M1-CFA 用量为 10% 时，复合材料的断裂伸长率最小。当 M1-CFA 用量为 15% 时，复合材料的拉伸强度为 22.05MPa，和未填充 M1-CFA 的复合材料基本相当，但是，断裂伸长率达到最大值 80.20%。这主要是因为 M1-CFA 和树脂基体界面黏结良好，在外力作用时，界面脱粘造成的应力集中效应较小，由于界面处于空化，使断裂伸长率大于相应纯基体树脂。随着 M1-CFA 用量进一步增加，复合材料断裂伸长率减小。这是由于 M1-CFA 颗粒发生团聚造成 PP/EVA 共混体系产生缺陷，在外力作用下，团聚粒子易产生应力集中，复合材料的断裂伸长率减小，韧性降低。这一结果表明：M1-CFA 粒子的加入对复合材料增韧效果明显，M1-CFA 与弹性体 EVA 之间存在协同增韧，呈现的并不是二者独立增韧作用的简单加和。而加入 M1-CFA

后，材料的拉伸强度均有不同程度的降低，主要是M1-CFA减少了PP分子链间的作用力，同时减少了PP的链缠绕，同时，相当数量的M1-CFA分散到EVA相中，增加了EVA的体积含量，从而使得复合体系的拉伸强度下降。

（3）CFAs替代$CaCO_3$填充PP复合材料的力学性能研究

表8-6为改性前后CFAs和$CaCO_3$填充PP的机械性能。从表8-6中可以看出，未改性固硫灰填充PP的弯曲强度、断裂伸长率和屈服伸长率远不及硬脂酸和硅烷偶联剂改性固硫灰，且弹性模量远高于硬脂酸和硅烷偶联剂改性固硫灰，不能替代$CaCO_3$增韧PP。硬脂酸和硅烷偶联剂改性固硫灰填充PP的机械性能和$CaCO_3$填充PP性能相当，改性固硫灰的填充量在30%时，改性效果依旧特别明显，因此，改性固硫灰可实现部分或者完全替代$CaCO_3$在PP中的应用。由于硅烷偶联剂价格昂贵，因此，之后的内容着重研究硬脂酸改性固硫灰在高分子中的应用。

表8-6　CFAs和$CaCO_3$填充PP的机械性能（其中PP质量为M）

序号	样品	填充量	拉伸强度/MPa	弯曲强度/MPa	断裂伸长率/%	屈服伸长率/%	弹性模量/MPa
1	重质$CaCO_3$	15% M	20.29	40.04	32.00	1.80	518.48
2	改性$CaCO_3$		22.56	33.04	38.50	2.08	454.48
3	CFAs		21.31	31.76	40.07	1.64	550.66
4	M1-CFAs		22.05	36.68	80.20	2.01	492.28
5	重质$CaCO_3$	20% M	19.71	36.54	33.75	1.60	550.54
6	改性$CaCO_3$		21.78	33.04	36.02	2.00	446.95
7	CFAs		22.48	35.06	34.38	1.70	539.08
8	M1-CFAs		22.30	36.68	34.10	2.00	551.93
9	改性$CaCO_3$	30% M	12.84	32.99	17.00	1.26	372.58
10	CFAs		26.28	27.02	9.90	1.89	750.13
11	M1-CFAs		13.52	39.15	26.13	1.11	477.43
12	1% A151CFAs		24.32	32.49	10.07	2.30	586.24
13	1.5% A151CFAs		25.25	32.06	12.38	2.42	583.64

图8-25为不同用量的未改性CFAs填充PP复合材料的拉伸断面形貌图。其中，a、b_0、c_0、d_0和e_0分别是用量为0%、5%、10%、15%和20%的未改性固硫灰填充PP复合材料的拉伸断面形貌图。CFAs和PP基体之间的黏合力较差，随着CFAs用量增加，拉伸断面颗粒脱粘明显。

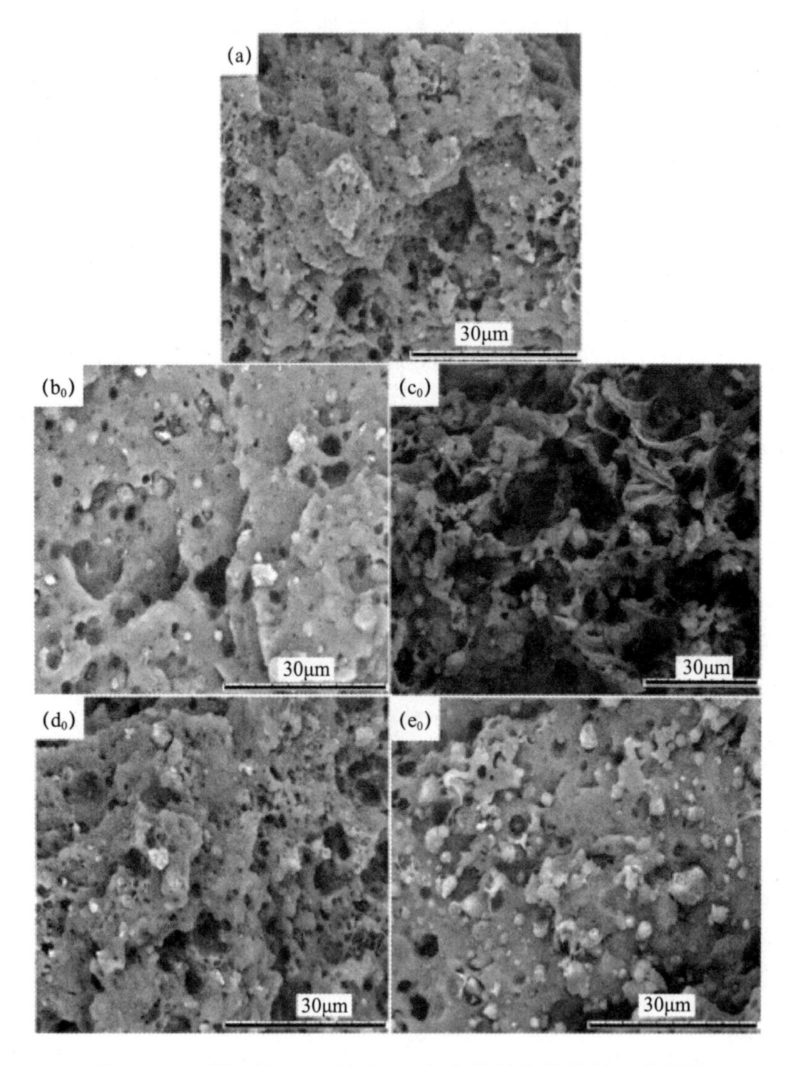

图 8-25　不同用量 CFAs 填充 PP 复合材料的拉伸断面形貌图

图 8-26 为 M1-CFAs 和活性 $CaCO_3$ 填充 PP 复合材料的拉伸断面形貌图。其中，a、b、c、d 和 e 分别为添加量为 0%、5%、10%、15% 和 20% 的 M1-CFAs/PP 复合材料的拉伸断面形貌图，B、C、D 和 E 分别为 0%、5%、10%、15% 和 20% 的 $MCaCO_3$/PP 复合材料的拉伸断面形貌图。从图 8-26（a）中可以看出，EVA 以粒径分布较均匀的球状粒子分散于 PP 基体中，断面凹凸不平，出现许多不规则的空穴，同时发现断口存在纤维区，为韧性断裂，说明 EVA 对 PP 具有增韧作用。从图 8-26（b）~（e）中看出，复合材料断面为延性断裂，同时出现脱粘和屈服形态，也均属于韧性断裂，说明 M1-CFAs 具有一定的增韧作用。其中，图 8-26（c）的延性断面表现出一定的取向断裂，同时发现拉伸断面上残留有很多粒子。主要原因是 EVA 的存在使体系黏度上升，在剪切塑

化过程中，体系受到的剪切作用增加，从而促使 M1-CFAs 充分分散而不易团聚，形成的众多微小应力集中源，可引发微裂纹，并充分吸收外界能量；M1-CFAs 粒子对 EVA 弹性体颗粒产生细化作用，并且使其分散得更加均匀。对比发现，随着 $MCaCO_3$ 用量增加，$MCaCO_3$ 和树脂基体的黏合性良好，在 $MCaCO_3$ 用量为 10% 时，材料拉伸断面出现明显的延性断裂。可见，M1-CFAs 和 $MCaCO_3$ 对 PP 的增韧存在差异。

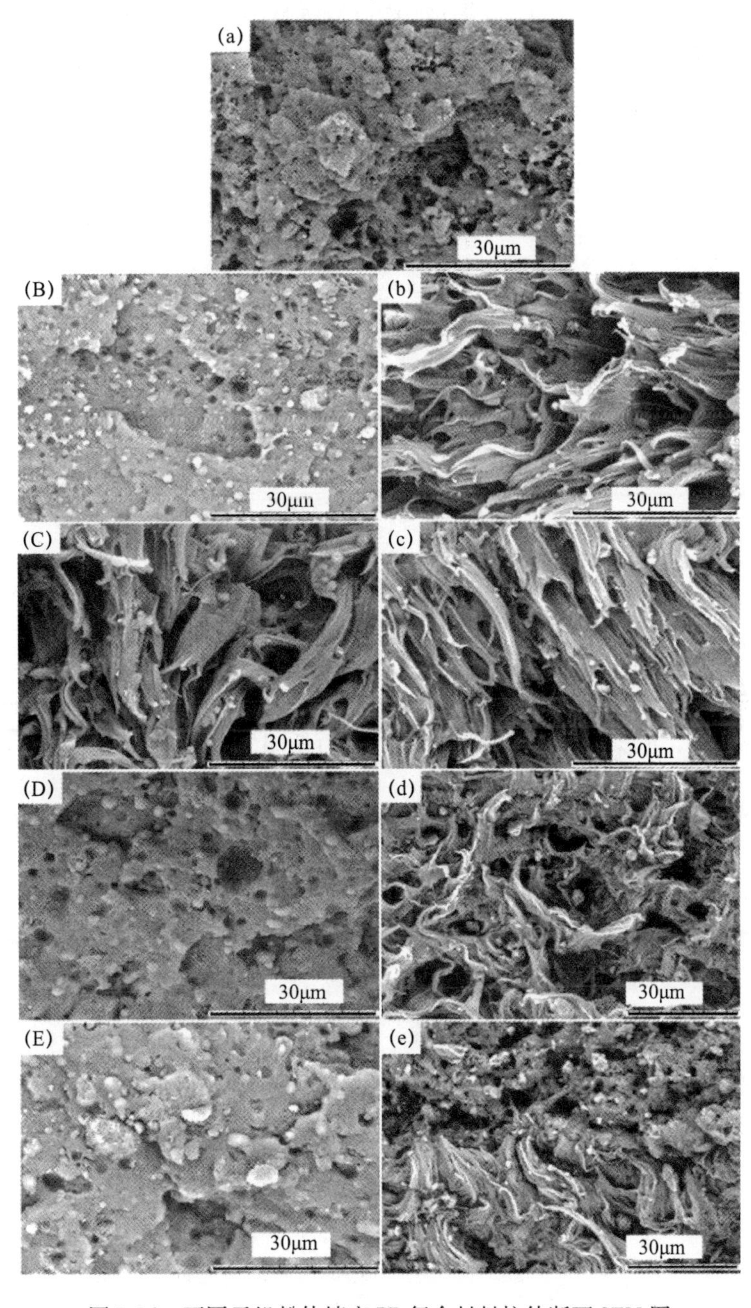

图 8-26　不同无机粉体填充 PP 复合材料拉伸断面 SEM 图

图 8-27 为 M1-CFAs/PP 复合材料的 TGA 曲线。图中的曲线均只有一个失重的台阶，因此，采用最大失重速率温度（T_{max}）来表征材料热稳定性。从图中可以看出，未添加 M1-CFAs 的复合材料的失重率约为 100%，T_{max}为 394.07℃。当 M1-CFA 用量为 10% 时，复合材料的失重率约为 97.60%，T_{max}为 412.22℃。当 M1-CFAs 用量为 15% 时，失重率约为 95.17%，T_{max}为 430.15℃。当 M1-CFAs 用量为 20% 时，复合材料的失重率约为 92.72%，T_{max}为 417.97℃。当 M1-CFAs 用量为 30% 时，复合材料的失重率约为 88.88%，T_{max}为 419.58℃。以上结果说明增加 M1-CFAs 用量，材料热稳定性增加。

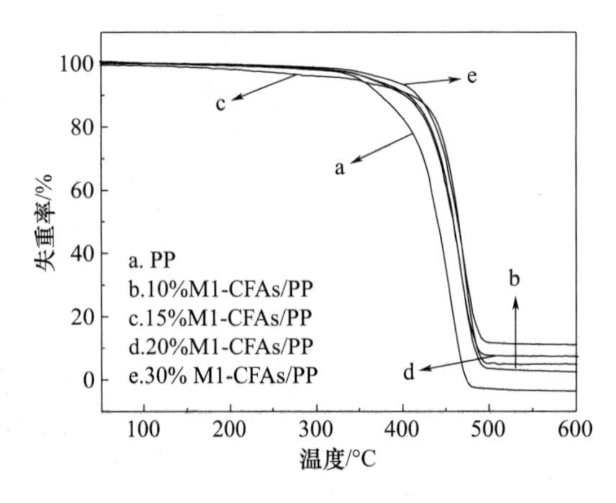

图 8-27　M1-CFAs/PP 复合材料的 TGA 图

图 8-28 为 M1-CFAs/PP 复合材料的 DSC 升温曲线。DSC 曲线存在两个明显的熔融峰。温度较低的为 HDPE 的熔融峰，温度较高的是 PP 的熔融峰。可以看出，曲线 c 的熔融峰向低温方向偏移，说明 M1-CFAs 用量为 15% 的复合材料在较低温度下已发生熔融，其加工流动性能变好，而 b 曲线恰好相反，和拉伸性能结果一致。可能是因为 M1-CFAs 用量为 10% 时，PP 球晶尺寸最大，从而导致熔融温度最高。

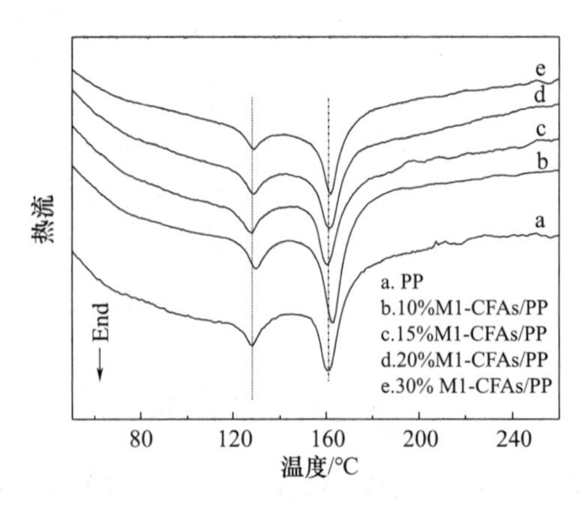

图 8-28　M1-CFA/PP 复合材料的 DSC 图

图 8-29 为不同用量的 M1-CFAs 填充 PP 复合材料的熔融指数。

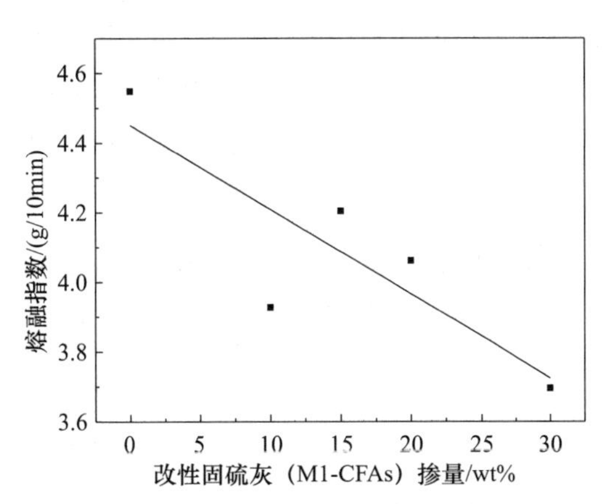

图 8-29 M1-CFAs/PP 复合材料的熔融指数

可以看出，随着 M1-CFA 用量增加，熔融指数呈递减趋势，说明随着 M1-CFAs 用量增加，复合材料的流动性降低。但是，在 M1-CFAs 用量为 10% 时，熔融指数值发生骤降，和 DSC 分析结果一致，主要是因为此配比时，M1-CFAs 在表面包覆的硬脂酸的作用下，和树脂基体界面存在较好的相互作用，阻碍分子链移动明显，同时促进 PP 球晶生长，使得流动性降低，和 SEM 结果一致。

8.3 固硫灰在 EPDM 中的应用研究

根据报道，添加量为 20% 的 NaOH 激发粉煤灰对聚醋酸乙烯酯（PVA）薄膜具有明显的增韧作用。而将碱激发固硫灰作为聚合物填料制备高附加值产品的研究报道较少。通过前期的研究得知，硬脂酸改性固硫灰在工业生产方面具有不可忽视的优势，无机非金属氧化物表面常见—OH 功能基团或离子如 Si—OH，对基体表面物理键合具有重要作用。碱激发硅酸盐可生成凝胶类产物，其中的 Si—OH 可以与三元乙丙橡胶（EPDM）发生交联，起到补强作用。因此，首先采用硬脂酸改性固硫灰和 SiO_2 按一定配比补强 EPDM；其次，采用 NaOH 激发固硫灰补强 EPDM，并和 CFAs/EPDM 复合材料进行比较，为固硫灰在聚合物中的应用提供理论和试验依据。

8.3.1 M1-CFAs 对 EPDM 力学性能的影响

表 8-7 为 M1-CFAs 和 SiO_2 按不同配比补强 EPDM 复合材料的力学性能。从表中可以看出，随着 M1-CFAs 用量的增加，复合材料的拉伸强度从 5.62MPa 降为 2.74MPa，300% 定伸应力从 1.68MPa 变为 1.13MPa。

这说明添加 M1-CFAs 对 EPDM 的补强作用并不理想。同时发现，30% CFAs/EPDM 复合材料的拉伸强度大于 30% M1-CFAs/EPDM 复合材料。可能是因为固硫灰中含有 S 元素，有助于 EPDM 交联网络的形成。随着 M1-CFAs 用量增加，邵氏 A 硬度降低。这说明 M1-CFAs 不利于 EPDM 交联网络的形成。

表 8-7　无机粉体填充 EPDM 的力学性能

无机填料	拉伸强度 /MPa	断裂伸长率 /%	300% 定伸应力/MPa	邵氏 A 硬度 SHA
1. 10% M1-CFAs + 20% SiO_2	4.29	218.47	1.63	56.63
2. 15% M1-CFAs + 15% SiO_2	3.76	235.52	1.52	56.63
3. 20% M1-CFAs + 10% SiO_2	2.74	295.66	1.13	54.37
4. 30% M1-CFAs	2.06	230.81	1.13	54.30
5. 30% SiO_2	5.62	269.86	1.68	58.10
6. 30% CFAs	2.76	236.47	1.30	54.63

8.3.2　M1-CFAs 对 EPDM 复合材料的微观形貌影响

图 8-30 为 M1-CFAs 和 SiO_2 按不同配比填充 EPDM 拉伸断面的 SEM 图。从图 8-30（a）和图 8-30（e）中可以看出，粒径较小颗粒完全镶嵌在 EPDM 中，而部分大颗粒和 EPDM 发生脱粘。分析图 8-30（b）~（d）发现，无机粉体颗粒在 EPDM 中分散均匀，随着 M1-CFAs 用量增加，拉伸断面残余颗粒增多，说明填料与 EPDM 之间的相互作用不强。可能硬脂酸改性固硫灰只填充了 EPDM，而并未参与 EPDM 的交联反应，因此，随着 M1-CFAs 用量增加，复合材料拉伸强度逐渐降低。

8.3.3　M1-CFAs 对 EPDM 复合材料热稳定性的影响

将 30% SiO_2/EPDM、30% CFAs/EPDM 和 30% M1-CFAs/EPDM 的试样在高纯氮气保护下，得到的 TG 曲线如图 8-31 所示。

图中的曲线均只有一个失重的台阶，本文通过 T_{max}（最大失重速率温度）来表征材料的热稳定性。将各个样品的 T_{max} 值列于表 8-8。从表中的 T_{max} 可知，当用量为 30% 时，CFAs/EPDM 的 T_{max} 值略大于 SiO_2/EPDM。这可能是因为固硫灰中有未燃烧的煤。但是，M1-CFAs/EPDM 的 T_{max} 值小于 CFAs/EPDM，主要是因为 M1-CFAs 表面包裹了硬脂酸分子，其在 330℃ 会发生分解。

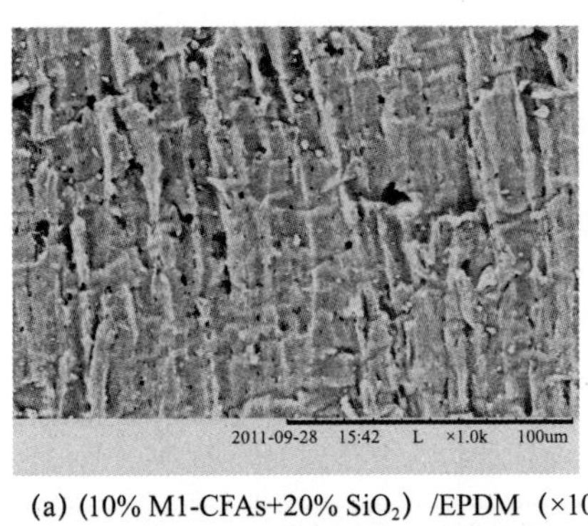

(a) (10% M1-CFAs+20% SiO_2) /EPDM (×1000)

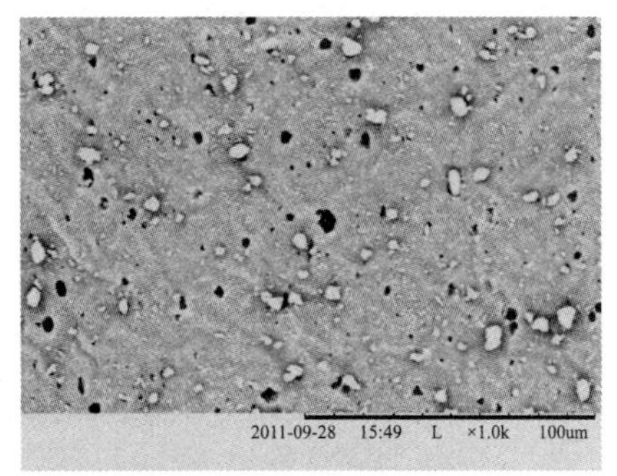

(b) (15% M1-CFAs+15% SiO_2) /EPDM

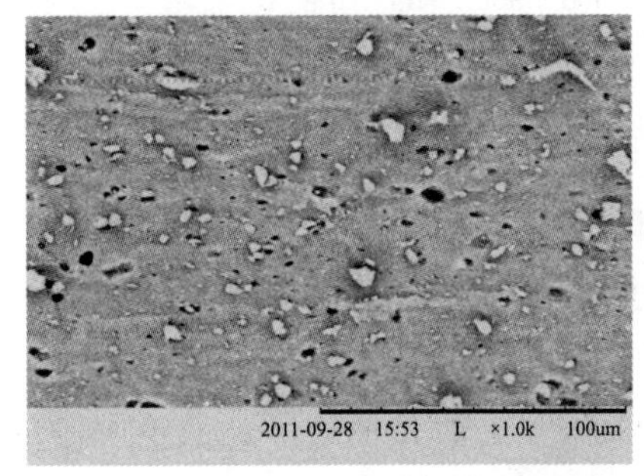

(c) (20% M1-CFAs+10% SiO_2) /EPDM

(d) 30%M1-CFAs/EPDM

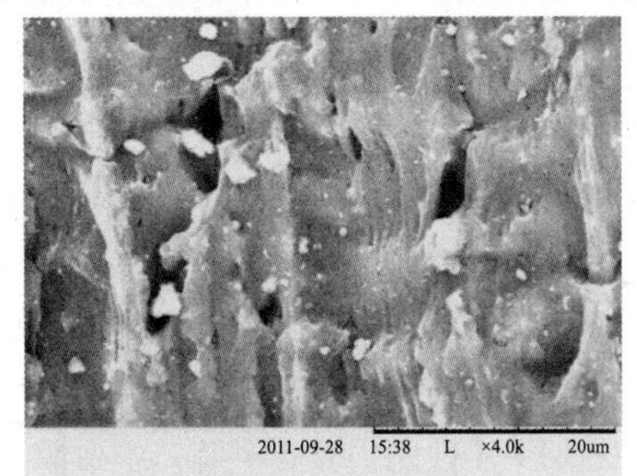

(e) (10% M1-CFAs+20% SiO_2) /EPDM (×4000)

图 8-30 不同无机粉体填充 EPDM 复合材料的微观形貌

表 8-8 30%无机粉体填充 EPDM 的最大分解速率温度（T_{max}）

编号	T_{max}/℃
a	503. 3
b	503. 8
c	502. 7

8. 3. 4 M3-CFAs 对 EPDM 复合材料力学性能的影响

由于硬脂酸改性固硫灰填充 EPDM，随着 M1-CFAs 用量增加，复合材料拉伸强度降低，因此，采用 NaOH 激发固硫灰以 10wt% 和 20wt% 的

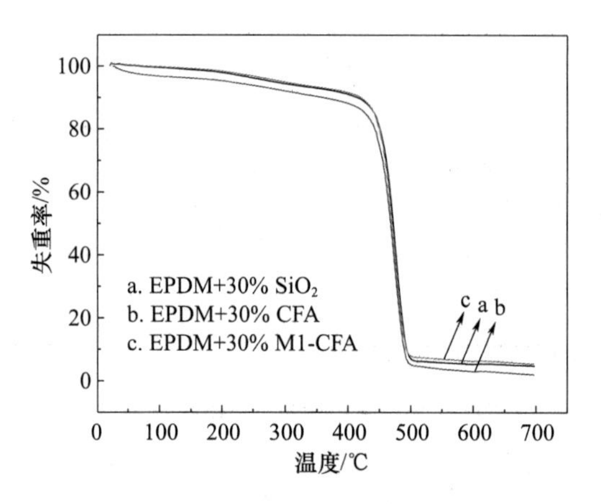

图 8-31 30% 无机粉体填充 EPDM 的 TG 曲线

添加量填充到 EPDM 中，比较它们的拉伸性能和硬度，结果见表 8-9。从表 8-9 中可以看出，M3-CFAs 添加量为 10% 时，M3-CFAs/EPDM 的各项拉伸性能指标均优于 CFAs/EPDM。添加量为 20% 时，M3-CFAs/EPDM 的拉伸强度比 CFAs/EPDM 提高 28%，300% 定伸应力和邵氏 A 硬度也有所增加，但是，激发固硫灰的断裂伸长率较固硫灰降低 11%。这主要是因为碱激发固硫灰为多孔蓬松、黏附有沸石类块状微纳米颗粒的缩聚物，具有一定的界面补强作用。另外，碱激发固硫灰表面的—OH 与 EPDM 表面可形成氢键或者化学键，参与交联反应，这些均有利于促进应力的均匀传递，进而阻止裂纹扩展，从而提高复合材料的拉伸强度和断裂伸长率。而当固硫灰填充量增加到 20% 时，EPDM 分子链的柔顺性受碱激发颗粒影响显著降低，导致断裂伸长率减小。与 SiO_2 补强 EPDM 相比，M3-CFAs 补强 EPDM 性能仍有所不及，主要原因在于，本章所用 SiO_2 已经过偶联剂表面改性。因此，为了更好地填充聚合物，可对碱激发固硫灰进行表面有机化包覆。

表 8-9 两种固硫灰填充 EPDM 的拉伸性能和硬度

添加量 /wt%	填料	拉伸强度 /GPa	断裂伸长率 /%	300% 定伸应力/GPa	邵氏 A 硬度 (HAS)
10	SiO_2	2. 98	243. 65	1. 27	52. 43
	CFAs	1. 85	171. 75	1. 01	52. 03
	M3-CFAs	2. 01	213. 47	1. 20	52. 57
20	SiO_2	4. 10	255. 33	1. 47	56. 00
	CFAs	1. 90	227. 26	1. 14	53. 00
	M3-CFAs	2. 43	202. 83	1. 43	55. 43

8.3.5 M3-CFAs 对 EPDM 微观形貌的影响

为了更加直观地观察 M3-CFAs/EPDM 和 SiO_2/EPDM 复合材料的微观形貌，解释力学性能变化，对 M3-CFAs/EPDM 和 SiO_2/EPDM 复合材料的拉伸断面进行扫描电镜观察。图 8-32 是 M3-CFAs/EPDM 和 SiO_2/EPDM 复合材料的拉伸断面形貌图。图 8-32（a）是 10% SiO_2/EPDM，从体系的组分分析，可确定白色斑点是 SiO_2，可知 SiO_2 均匀地分散到橡

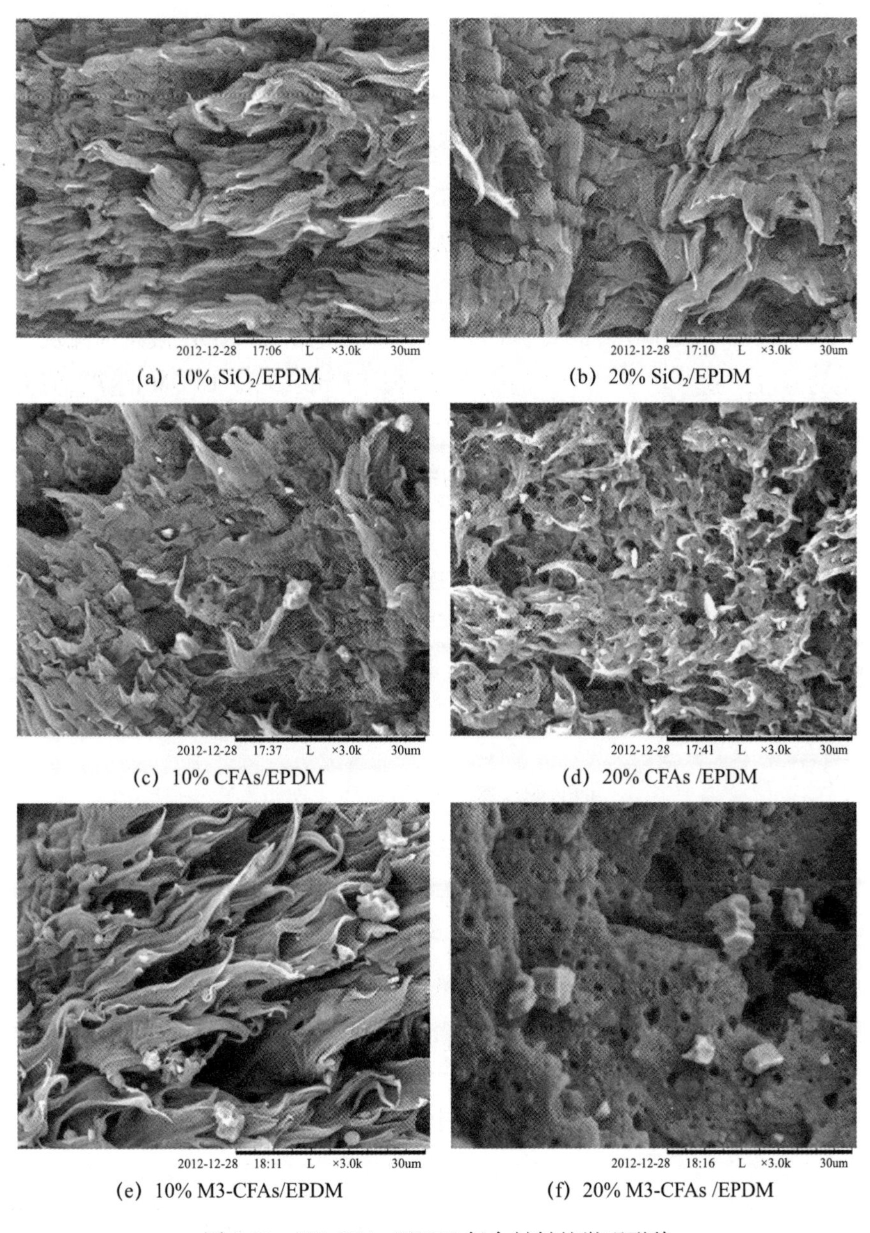

(a) 10% SiO_2/EPDM　(b) 20% SiO_2/EPDM

(c) 10% CFAs/EPDM　(d) 20% CFAs /EPDM

(e) 10% M3-CFAs/EPDM　(f) 20% M3-CFAs /EPDM

图 8-32　M3-CFAs/EPDM 复合材料的微观形貌

胶基体中，说明开炼机混炼的效果较好，同时发现橡胶为延性断裂；图 8-32（c）是 10% CFAs/EPDM，从体系的组分分析可知，断面残存 CFAs 颗粒，但是，橡胶基体的延性断裂不及图 8-32（a）；图 8-32（e）是 10% M3-CFAs/EPDM，可以看出断面出现较图 8-32（a）更明显的脱黏和屈服形态，说明 M3-CFAs 的确参与了 EPDM 的网络交联反应。同时发现拉伸断面上残留有很多粒子，进一步说明 M3-CFA 和树脂基体之间的界面存在相互作用。

8. 3. 6　M3-CFAs 对 EPDM 复合材料热稳定性的影响

将 20% SiO_2/EPDM、20% CFAs/EPDM 和 20% M3-CFAs/EPDM 的试样在高纯氮气保护下，得到的 TGA 曲线，如图 8-33 所示。图中的曲线均只有一个失重的台阶，因此，采取和第 3 章一样的方法来分析材料的热定性。将各个样品的 T_{max} 值列于表 8-10。从表中的 T_{max} 可知，当用量为 20% 时，M3-CFAs/EPDM 的 T_{max} 值大于 CFAs/EPDM 和 SiO_2/EPDM。M3-CFAs/EPDM 的 T_{max} 值大于 CFAs/EPDM，是由于 NaOH 激发固硫灰产生的凝胶产物参与了 EPDM 的交联反应。而 M3-CFAs/EPDM 的 T_{max} 值大于 SiO_2/EPDM 可能是因为固硫灰中的 P、Al、Mg 等阻燃元素的作用，也可能是生成的胶凝产物中大量的结晶水蒸发吸热，延缓了 EPDM 的分解。

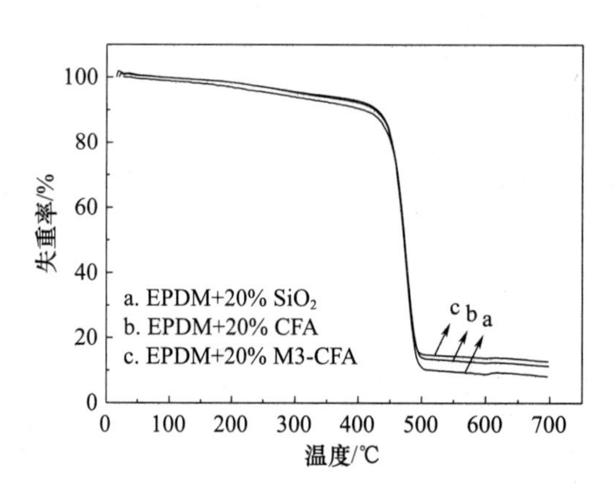

图 8-33　无机粉体填充 EPDM 的 TG 曲线

表 8-10　M3-CFAs 补强 EPDM 的最大分解速率温度

编号	T_{max}/℃
a	456. 1
b	497. 0
c	500. 2

8.3.7 CFAs 对 EPDM 复合材料流变性能的影响

储能模量（E'）、损耗模量（E''）和损耗角正切（$\tan\delta$）是聚合物材料的 3 个主要动态力学性能参数，一般 E''和 $\tan\delta$ 越大，材料耗散外界作用能的能力越大。图 8-34、图 8-35 和图 8-36 分别为几种粉体补强 EPDM 的储能模量 E'-温度曲线、损耗模量 E''-温度曲线和损耗正切 $\tan\delta$-温度曲线。

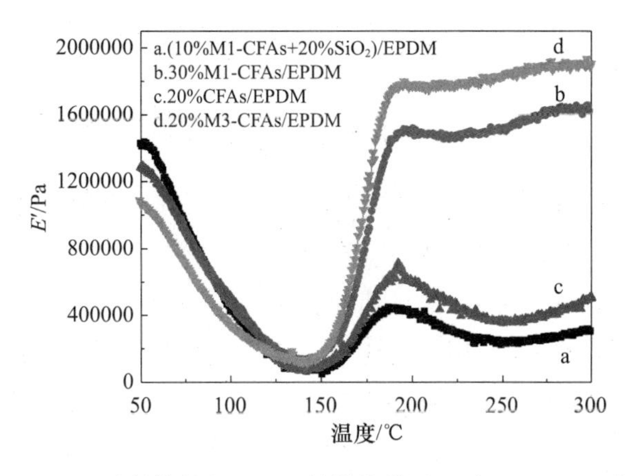

图 8-34　几种粉体填充 EPDM 的储能模量-温度（$E'-T$）曲线

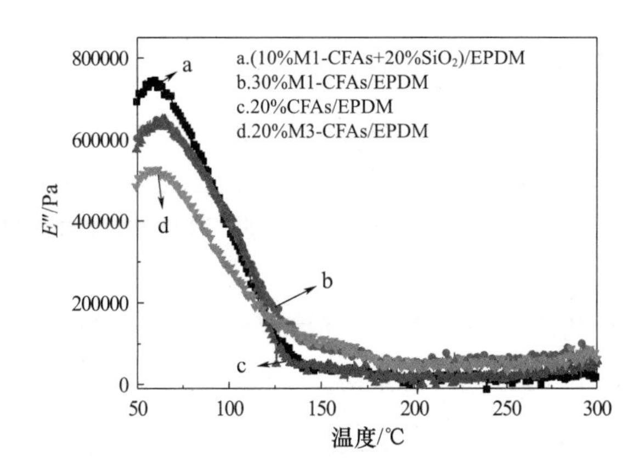

图 8-35　几种粉体填充 EPDM 的损耗模量-温度（$E''-T$）曲线

从图 8-34 可知，在起始硫化温度（130 ~ 150℃）之前，随着温度的升高，EPDM 橡胶逐渐变软，储能模量 E'下降，即升高温度，EPDM 开始软化。对比曲线 a 和 b，发现（10% M1-CFAs + 20% SiO_2）/EPDM 的起始储能模量 E'大于 30% M1-CFAs/EPDM 的储能模量 E'，因为加入 10% M1-CFAs + 20% SiO_2 的 EPDM 的硬度较大。当温度达到起始硫化温度后，随着温度的升高，EPDM 在硫化促进剂的作用下发生交联反应，交联密度增大，表现为储能模量 E'增加。这主要是因为硫化促进剂释放

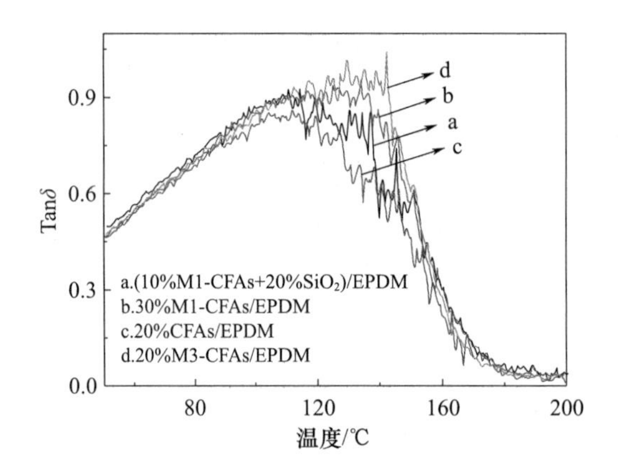

图 8-36　几种粉体填充 EPDM 的 $\tan\delta - T$ 曲线

出羟基自由基，能够快速引发 EPDM 的交联反应，形成稳定的橡胶交联体系。在 190℃时，（10% M1-CFAs + 20% SiO_2）/EPDM 的储能模量 E' 小于 30% M1-CFAs/EPDM 的储能模量 E'，这可能是因为 M1-CFAs 表面的硬脂酸和 DCP 协同作用，促使 EPDM 发生交联。对比曲线 c 和 d，发现 20% M3-CFAs/EPDM 的储能模量 E'大于 20% CFAs/EPDM。结合拉伸性能结果得知，碱激发固硫灰颗粒生成的凝胶物质在 DCP 的引发下参与了热硫化过程中的交联反应。因此，加入 M3-CFAs 的 EPDM 硫化速率较快。

从图 8-35 可知，随着温度升高，E''先增大后减小。在 95℃前，a 的损耗模量大于 b，在 95℃后，a 的损耗模量小于 b。在交联初期，可能是 SiO_2 优于 M1-CFAs 参与交联网络的形成。随后，CFAs 中释放更多的活性 SiO_2 参与交联。对比 c 和 d 发现，在 120℃前，c 的损耗模量大于 d；在 120℃后，c 的损耗模量小于 d。

在 $\tan\delta$ 温度谱里（图 8-36），随着温度升高，M3-CFAs/EPDM 内耗峰的温度最高，表明 M3-CFAs 阻碍分子链运动最为显著。以上现象均说明，M3-CFAs 可与 EPDM 发生交联。

8.4　固硫灰在 PP/EPDM 中的应用研究

三元乙丙橡胶（EPDM）增韧 PP 的研究较为活跃，其作为一种橡塑材料得到了广泛的应用。但是由于在加大 EPDM 含量的同时成本较高，因此，常采用无机粒子如 $CaCO_3$ 等协同增韧。采用 EPDM 与硬脂酸改性固硫灰（M1-CFAs）作为 PP 增韧改性剂，使分散相 EPDM 形成弹性粒子，以 M1-CFAs 作为刚性粒子，以达到弹性粒子和刚性粒子协同增韧 PP 的目的。采用两步法的共混路线，将 M1-CFAs 和市售活化 $CaCO_3$

与 EPDM 按不同比例混炼制成二元预混料，预混料再与 PP 共混，最后模压成型，探讨固硫灰取代 $CaCO_3$ 的可行性。

8.4.1　M1-CFAs 替代 $CaCO_3$ 填充 EPDM/PP 的拉伸性能研究

表 8-11 为 M1-CFAs（或 $CaCO_3$）/EPDM/PP 复合材料的力学性能。从表中可以看出，随着 $CaCO_3$ 含量增加，PP/EPDM/$CaCO_3$ 复合材料的拉伸强度、屈服伸长率和断裂强度增加，断裂伸长率先提高后降低，在 $CaCO_3$ 为 9% 时，复合材料的断裂伸长率最大为 24.88%。随着 M1-CFAs 含量增加，PP/EPDM/M1-CFAs 复合材料的拉伸强度、断裂伸长率提高，断裂强度降低，屈服伸长率先提高后降低。PP/EPDM 的质量比为 70：30 时，复合材料的断裂伸长率最大，为 25.00%。在无机填料分别为 4.5% 和 9% 时，PP/EPDM/M1-CFAs 复合材料的拉伸强度大于 PP/EPDM/$CaCO_3$，可能是因为改性固硫灰对 PP 的异相成核作用更显著，从而有助于复合材料拉伸性能的增加。

表 8-11　不同粉体填充 EPDM/PP 复合材料的力学性能

序号	样品	拉伸强度/MPa	断裂伸长率/%	屈服伸长率/%	断裂强度/MPa
1	PP：EPDM（70：30）	6.89	43.25	1.12	2.50
2	PP：EPDM：$CaCO_3$（70：25.5：4.5）	5.60	11.00	1.06	1.33
3	PP：EPDM：$CaCO_3$（70：21：9）	7.53	24.88	1.16	2.00
4	PP：EPDM：$CaCO_3$（70：16.5：13.5）	14.18	14.13	2.05	4.25
5	PP：EPDM：M1-CFAs（70：25.5：4.5）	8.90	8.50	1.25	2.75
6	PP：EPDM：M1-CFAs（70：21：9）	11.50	10.38	1.53	2.25
7	PP：EPDM：M1-CFAs（70：16.5：13.5）	10.66	25.00	1.27	1.67

图 8-37 为 M1-CFAs（$CaCO_3$）/EPDM/PP 复合材料的位移-载荷图。从图中可以看出，随着 M1-CFAs 用量增加，材料的韧性先减小后增加，在 M1-CFAs 为 13.5% 时，PP/EPDM/M1-CFAs 复合材料的韧性较好，此结果和以上数据分析一致。

8.4.2　M1-CFAs 对 PP/EPDM 复合材料微观形貌的影响

图 8-38 为无机粉体和 EPDM 按不同配比填充 PP 复合材料的拉伸断面 SEM 图，PP 和 EPDM 的质量比为 70：30 时，PP/EPDM 共混物具有明显的连续相和分散相之分，分散相 EPDM 颗粒尺寸较大（几十微米），EPDM 以弹性颗粒形态分布，并以此起增韧作用。从图 8-38（b）、（c）

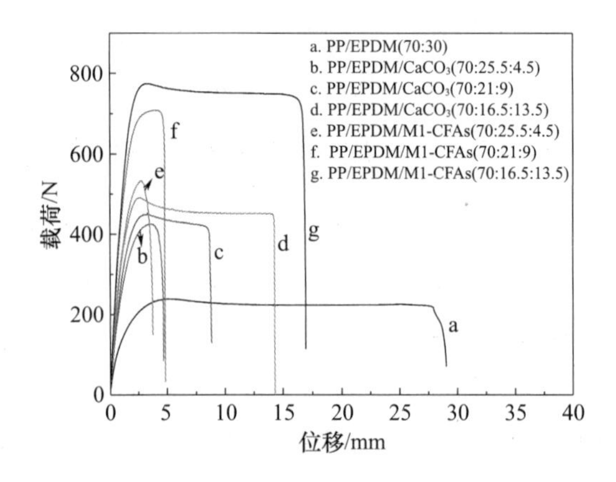

图 8-37　不同粉体填充 EPDM/PP 复合材料的拉伸性能

和（d）中可以发现，$CaCO_3$ 颗粒包裹在树脂基体中，PP/EPDM/$CaCO_3$ 复合材料断面无明显的凸出颗粒。将 PP/EPDM/$CaCO_3$ 复合材料微观形貌图对比发现，当材料受拉伸力断裂时，材料断裂面无明显脱黏颗粒。

从图 8-38（e）、（f）和（g）中可以发现，M1-CFAs 与 $CaCO_3$ 颗粒填充 PP/EPDM 复合材料不同，M1-CFAs 均匀分散在 PP/EPDM 复合材料基体中，材料断面出现明显的延性断裂。由于 $CaCO_3$ 颗粒太小，在外力作用下，颗粒被裂纹吞没，并未起到延缓应力集中的效果，与之相反，在外力作用下，M1-CFAs 颗粒可有效缓解裂纹增长，对聚合物起到增韧、增强作用。

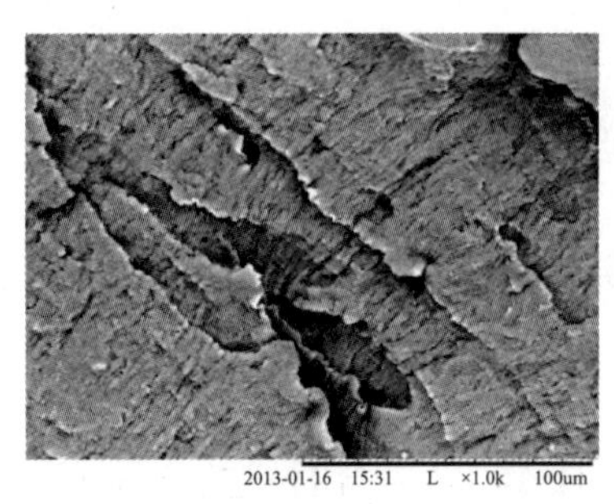

(a) PP：EPDM为70：30的复合材料拉伸断面形貌

(b) PP：EPDM：$CaCO_3$为70：25.5：4.5的复合材料拉伸断面形貌

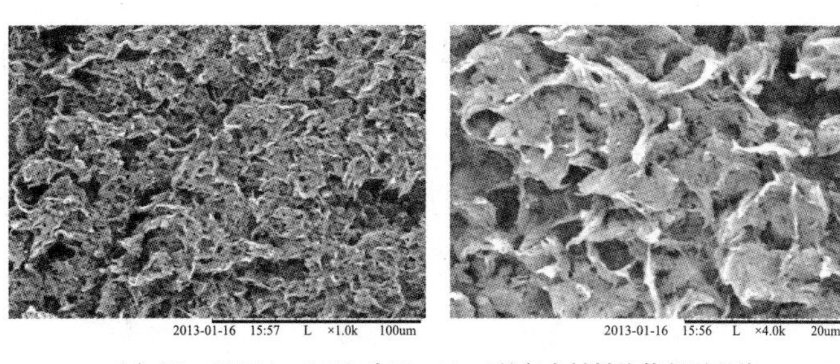

(c) PP：EPDM：$CaCO_3$为70：21：9的复合材料拉伸断面形貌

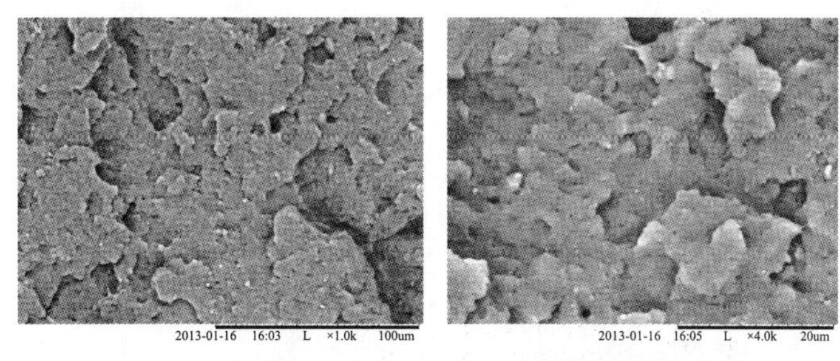

(d) PP：EPDM：$CaCO_3$为70：16.5：13.5的复合材料拉伸断面形貌

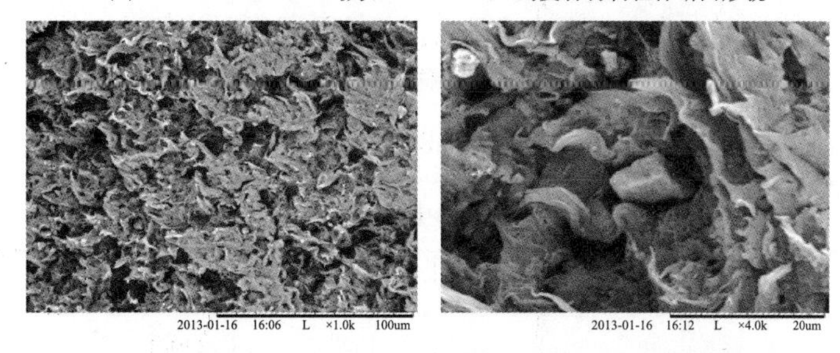

(e) PP：EPDM：M1-CFAs为70：25.5：4.5的复合材料拉伸断面形貌

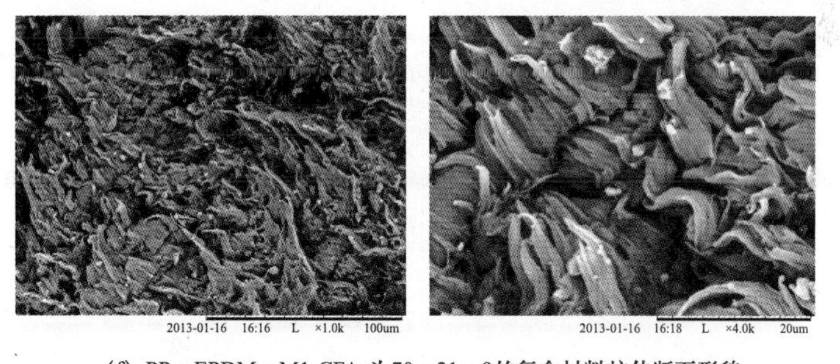

(f) PP：EPDM：M1-CFAs为70：21：9的复合材料拉伸断面形貌

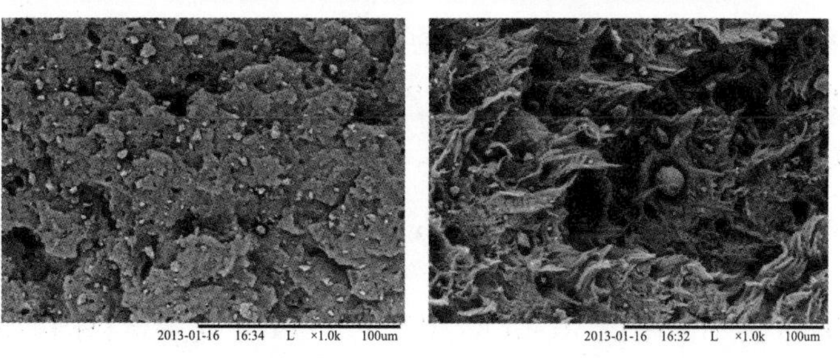

(g) PP：EPDM：M1-CFAs为70：16.5：13.5的复合材料拉伸断面形貌

图 8-38 不同粉体填充 EPDM/PP 复合材料的微观形貌

8.4.3 M1-CFAs 对 EPDM/PP 复合材料热稳定性的影响

M1-CFAs（$CaCO_3$）/EPDM/PP 复合材料在高纯氮气保护下，得到的 TGA 曲线如图 8-39 所示。图中的曲线均只有一个失重的台阶，本文通过 T_{max}温度（最大失重速率温度）来表征材料的热稳定性。将各个样品的 T_{max}值列于表 8-39。

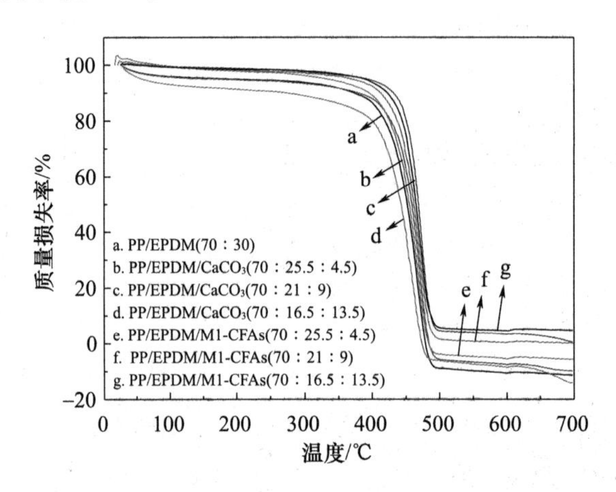

图 8-39 不同粉体填充 PP/EPDM 复合材料的 TGA 曲线

表 8-12 不同粉体填充 EPDM/PP 复合材料的最大失重速率温度

编号	T_{max}/℃
a	429.1
b	438.2
c	439.8
d	448.8
e	490.9
f	494.9
g	498.5

从表中的 T_{max}可知，M1-CFAs 为 13.5%时，复合材料的 T_{max}温度最高，说明在 M1-CFAs 为 13.5%时，PP/EPDM/M1-CFAs 复合材料的热稳定性最好。

8.4.4 M1-CFAs 对 EPDM/PP 复合材料熔融性能的影响

图 8-40 为不同用量 M1-CFAs 填充 PP/EPDM 复合材料的 DSC 曲线。从图中可以看出，随着 M1-CFAs 用量的增加，T_{max}值增大，但是增加量不明显。当 M1-CFAs 为 13.5%，T_{max}为 160.8℃，比 4.5% M1-CFAs 填

充 EPDM 的复合材料（T_{max}为 159.2℃）增加 1.6℃。这可能是因为 M1-CFAs 有助于 PP 结晶。

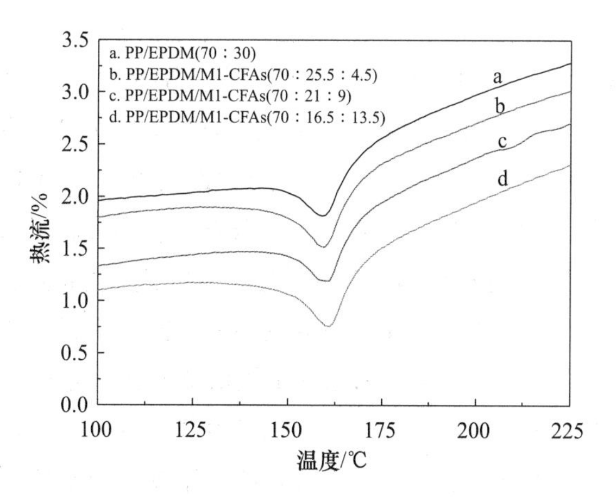

图 8-40　不同用量 M1-CFAs 填充 EPDM/PP 复合材料的 DSC 曲线

8.5　小结

（1）硬脂酸改性固硫灰，固硫灰表面被硬脂酸分子包覆，其包覆率为 2.05%。颗粒表面表现出明显的亲油性。硬脂酸改性固硫灰其颗粒分布集中，有利于作为高分子填料。A151 改性固硫灰，固硫灰表面与 A151 发生物理化学反应，颗粒尺寸变大。碱激发固硫灰产物为远程无序、近程有序的凝胶物质和沸石产物。S 元素含量减小为 0.48，固硫灰中无水石膏参与激发过程，$CaSO_4$ 中的 SO_4^{2-} 在 Ca^{2+} 的作用下，与溶解于液相的活性 Al_2O_3 反应，使 Ca^{2+} 扩散到固硫灰内部，与活性 Al_2O_3 和 SiO_2 反应后沉积在残余的颗粒表面，被 Ca^{2+} 置换出的 Na^+ 继续循环反应。

（2）未改性固硫灰填充 PP 的弯曲强度、断裂伸长率和屈服伸长率远不及硬脂酸和硅烷偶联剂改性固硫灰，不能替代 $CaCO_3$ 增韧 PP。硬脂酸和硅烷偶联剂改性固硫灰填充 PP 的机械性能和 $CaCO_3$ 填充 PP 性能相当，改性固硫灰的填充量在 30% 时，改性效果依旧特别明显。改性固硫灰对 PP 复合材料具有明显的增韧效果，提高了复合材料断裂伸长率，当 M1-CFA 用量为 15% 时，复合材料的断裂伸长率最大为 80.20%，与未添加 M1-CFA 的复合材料相比增加了 60%。熔融指数随 M1-CFAs 用量的增加呈降低趋势，在 M1-CFAs 用量为 15% 时，流动性能最好。随着 M1-CFAs 用量的增加，复合材料的热稳定性增加。硬脂酸包覆固硫灰，使其具有很好的疏水性，并能和聚合物基体很好地相容。M1-CFAs 填充聚合物与未改性固硫灰相比，其力学性能得到明显改善，尤其是弯曲强度，甚至超过 $CaCO_3$ 填充聚合物，因此，M1-CFAs 可成为新型有效无机填充剂。

（3）M1-CFAs 和 SiO_2 按不同配比填充 EPDM 复合材料的拉伸强度随着 M1-CFAs 用量增加逐渐降低。采用 2mol/L 的 NaOH 溶液激发固硫灰，添加量为 10% 的复合材料的各项拉伸性能均有所提高；添加量为 20% 的复合材料的拉伸强度提高 28%，断裂伸长率略微降低。碱激发固硫灰颗粒生成的凝胶物质在 DCP 的引发下参与了热硫化过程中的交联反应。因此，加入 M3-CFAs 的 EPDM 硫化速率较快。NaOH 激发固硫灰可作为聚合物填料，为固硫灰资源化利用提供新的有效途径。

（4）随着 $CaCO_3$ 含量增加，PP/EPDM/$CaCO_3$ 复合材料的拉伸强度、屈服伸长率和断裂强度增加，断裂伸长率先提高后降低，在 $CaCO_3$ 为 9% 时，断裂伸长率最大为 24.88%。与之不同，随着 M1-CFAs 含量增加，PP/EPDM/M1-CFAs 复合材料的拉伸强度、断裂伸长率提高，而断裂强度降低，屈服伸长率先提高后降低。PP/EPDM 的质量比为 70∶30 时，复合材料的断裂伸长率最大。在无机填料配比分别为 4.5% 和 9% 时，PP/EPDM/M1-CFAs 复合材料的拉伸强度大于 PP/EPDM/$CaCO_3$。随着 EPDM/M1-CFAs（$CaCO_3$）比值的增加，热稳定性提高，M1-CFAs 为 13.5% 时，PP/EPDM/M1-CFAs 复合材料的热稳定性最高。

9 展望

循环流化床锅炉燃煤技术作为一种清洁燃煤发电技术，得到了国家的重点推广。但推广的前期，并未预见到该种燃煤发电技术带来的固硫灰渣排放和处置成为巨大的问题。随着研究的不断推进和逐步深入，固硫灰渣与传统煤粉炉排放粉煤灰的不同逐渐显现，而固硫灰渣在建材方面的资源化利用途径也得到开发。

固硫灰在我国有可能取代粉煤灰成为排放量最大的火山灰质燃煤工业废渣，是工业固体废弃物复合胶凝体系的重要组成部分，其需水量大、火山灰活性较高、含硫组分和 f-CaO 等含量较高所引起的膨胀性都通过采用合理的途径因势利导而被改善或者加以利用。系统性研究显示，不仅固硫灰能够通过预处理如粉磨加工、化学激发或复合改性提高其活性、改善其工作性，而且可以通过在建材领域的大量使用达到消纳目的。本书基于对固硫灰渣特性、加工改性手段的深入研究，开发了利用固硫灰渣制备硫铝酸盐特种水泥熟料，作为混合材/缓凝剂生产普通水泥，作为矿物掺合料制备混凝土、生产路面基层材料、道路混凝土面层、沥青混凝土面层，制作新型墙体材料包括蒸压加气混凝土试块以及泡沫混凝土试块、制备膨胀剂、成型砂浆以及高分子填料等领域的应用关键技术，相关技术均已具备了实际工业化应用条件，其中，固硫灰渣辅助性胶凝材料、固硫灰新型墙体材料、路面基层材料等已经进行了工厂示范性生产和应用，固硫灰沥青混凝土也成功应用于道路示范工程建设。

本书对固硫灰渣特性 - 加工改性 - 建材化应用等方面的研究，将有力推进固硫灰渣在建筑材料领域的高质高效应用，从而降低其排放、堆存对电厂周边自然和居住环境的污染，进一步促进燃煤电厂和建材工业节能减排，为我国作为世界上循环流化床锅炉台数最多、单台装机容量和总装机容量最大、发展速度最快的国家发展清洁燃煤技术奠定坚实基础。

参考文献

[1] 中华人民共和国2019年国民经济和社会发展统计公报，三、工业和建筑业. 国家统计局 [EB/OL]. (2020-06-02). http://www.gov.cn/xinwen/2020-02/28/content_ 5484361.htm.

China Statistical Yearbook 2019: Chapter 3 Iudustral and construction. National BereauStatistics of China, [EB/OL]. (2020-06-02). http://www.gov.cn/xinwen/2020-02/28/content_ 5484361.htm.

[2] 黄中，杨娟，车得福. 大容量循环流化床锅炉技术发展应用现状 [J]. 热力发电，2019 (6): 1-8.

[3] 中国行业研究网. 2019—2025年中国煤炭行业竞争分析及发展前景预测 [R]. 深圳：中国行业研究网，2018.

[4] 黄叶，钱觉时，王智，等. 循环流化床锅炉固硫灰与煤粉锅炉粉煤灰的比较研究 [J]. 粉煤灰综合利用，2009 (3): 7-10.

[5] Wu Y, Wang C, Tan Y, et al. Characterization of ashes from a 100 kWth pilot-scale circulating fluidized bed with oxy-fuel combustion [J]. Applied Energy, 2011, 88: 2940-2948.

[6] Li X G, Chen Q B, Huang K Z, et al. Cementitious properties and hydration mechanism of circulating fluidized bed combustion (CFBC) desulfurization ashes. Construction and Building Materials [J]. Construction and Building Materials, 2012, 36: 182-187.

[7] 王智，钱觉时，汪宏涛. 流化床燃煤固硫渣的物理特性 [J]. 粉煤灰综合利用，2003 (5): 32-33.

[8] 王智，钱觉时. 流化床燃煤固硫渣火山灰活性评定的探讨 [J]. 重庆建筑大学学报，2006 (6): 128-131.

[9] 纪宪坤，周永祥，冷发光. 流化床 (FBC) 燃煤固硫灰渣研究综述 [J]. 粉煤灰，2009 (6): 41-45.

[10] 郑洪伟，王智，钱觉时，等. 流化床燃煤固硫渣活性评定方法 [J]. 粉煤灰综合利用，2002 (2): 6-9.

[11] 宋远明，钱觉时，王智，等. 固硫灰渣的微观结构与火山灰反应特性 [J]. 硅酸盐学报，2006 (12): 1542 ~ 1546.

[12] 宋远明，刘艳涛，罗梦醒. 燃煤灰渣中无定形物质差异研究 [J].

粉煤灰，2009（4）：9-17.

［13］霍琳，李军，卢忠远，等．粉磨超细化对循环流化床固硫灰水化特性的影响［J］．武汉理工大学学报，2013，35（1）：27-33.

［14］李英丁，张铬，徐迅．硬石膏与高铝水泥掺量对无收缩灌浆料性能的影响［J］．新型建筑材料，2009（3）：10-12.

［15］S. Chandra，J Bjornstrom. Influence of cement and superplasticizer type and dosage on the fluidity of cement mortars-part I［J］. Cement and concrete Research. 2002，32：1605-1611.

［16］王智，钱觉时，彭朝晖．固硫渣中 f-CaO 存在状态及其对膨胀性能影响的研究［C］．2012（7）：21-26.

［17］宋远明，钱觉时，徐惠忠，等．流化床燃煤固硫灰渣微观结构研究［J］．粉煤灰，2008（5）：32-34.

［18］霍琳，李军，卢忠远，等．循环流化床燃煤固硫灰制备地聚合物的研究［J］．武汉理工大学学报，2012（10）：14-18.

［19］姚源，王敏，张凯峰，等．循环流化床固硫灰与磨细灰渣用作混凝土掺合料的关键技术研究［J］．新型建筑材料，2020，42（2）：88-91.

［20］刘数华，王军．石灰石粉对砂浆孔结构的影响［J］．建筑材料学报，2011，14（4）：532-536.

［21］高燕．固硫灰复合矿物掺合料的制备及应用研究［D］．绵阳：西南科技大学，2014.

［22］霍琳．固硫灰基矿物掺合料的性能及应用研究［D］．绵阳：西南科技大学，2013.

［23］宋远明，柴俊青，陈菲．流化床燃煤固硫灰渣体积稳定性及影响因素研究［J］．粉煤灰，2010（1）：3-5.

［24］王志娟，宋远明，徐惠忠．固硫灰渣水化浆体中钙矾石稳定性［J］．硅酸盐通报，2009（6）：1267-1270.

［25］钱觉时，张志伟．固硫灰渣中含硫矿物的种类及分布规律［J］．煤炭学报，2013（4）：651-655.

［26］焦雷．CFBC 固硫灰膨胀性改善及利用研究［D］．绵阳：西南科技大学，2010.

［27］郑洪伟，王智，董孟能．流化床燃煤固硫灰渣的综合利用［J］．粉煤灰综合利用，2000（04）：53-56.

［28］宋远明，钱觉时，刘景相，等．SO_3 对固硫灰渣胶凝系统水化及性能的影响［J］．建筑材料学报，2013，16（4）：688-693.

[29] 宋远明，钱觉时，王志娟. 流化床燃煤固硫灰渣水硬性机理研究 [J]. 硅酸盐通报，2007（3）：417-422.

[30] 王志娟，侯文斌，查忠勇. 流化床燃煤固硫灰渣自硬机理的研究 [J]. 粉煤灰，2007（4）：21-23.

[31] 陈雪梅，卢忠远，吕淑珍. 固硫灰制备贝利特-硫铝酸钙水泥熟料的研究 [J]. 水泥，2011（2）：6-8.

[32] 王智，钱觉时. 流化床燃煤固硫渣—粉煤灰砂浆的研制 [J]. 新型建筑材料，2003（11）：43-45.

[33] 宋远明. 流化床燃煤固硫灰渣水化研究 [D]. 重庆：重庆大学，2007.

[34] 何科文，卢忠远，李军，等. 循环流化床固硫灰渣性能比较研究 [J]. 武汉理工大学学报，2014（03）：6-13.

[35] 范晓玲. 固硫灰特性及其在水泥基自流平砂浆中的应用研究 [D]. 绵阳：西南科技大学，2012.

[36] 夏艳晴. 固硫灰免蒸压加气混凝土的制备及性能研究 [D]. 绵阳：西南科技大学，2013.

[37] 杨娟. 固硫灰渣特性及其作水泥掺合料研究 [D]. 重庆：重庆大学，2006.

[38] 朱文尚. 循环流化床固硫灰特性及作水泥混合材应用的研究 [D]. 中国建筑材料科学研究总院，2011.

[39] 黄叶，钱觉时，王智，等. 循环流化床锅炉固硫灰与煤粉锅炉粉煤灰的比较研究 [J]. 粉煤灰综合利用，2009（3）：7-9.

[40] 陈德玉，刘元正，李经宏. 利用流化床燃煤固硫灰制备混凝土膨胀剂的研究 [J]. 混凝土与水泥制品，2012（01）：1-4.

[41] 高燕，卢忠远，吕淑珍，等. 固硫灰做水泥混合材及缓凝剂的研究 [J]. 水泥，2012（11）：7-11.

[42] 高燕，吕淑珍，段新勇，等. 固硫灰对水泥性能的影响 [J]. 武汉理工大学学报，2013，35（4）：17-21.

[43] 张克. 流化床固硫灰渣配制的水泥与混凝土性能研究 [D]. 重庆：重庆大学，2012.

[44] Xia Y，Yan Y，Hu Z. Utilization of circulating fluidized bed fly ash in preparing non-autoclaved aerated concrete production [J]. Construction and Building Materials，2013，47：1461-1467.

[45] Anthony E J，Berry E E，Blondin J，et al. Advanced ash management technologies for CFBC ash [J]. Waste Management，2003，23

(6): 503-516.

[46] X. Fu, Q. Li. The physical-chemical characterizationof mechanically-treated CFBC fly ash [J]. Cement & Concrete Composites, 2008 (30): 220-226.

[47] G. Sheng, Q. Li. Investigation on the hydration of CFBC fly ash [J]. Fuel, 2012 (98): 61-66.

[48] 陈恩义. 国内外燃煤脱硫废渣利用的现状 [J]. 硅酸盐建筑制品, 1992 (3): 11-14.

[49] C. -S. Shon, D. Saylak, S. Mishra. Evaluation of manufactured fluidized bed combustion ash aggregate as road base course materials [A]. World of Coal Ash Conference [C]. 2011.

[50] R. A. Winshcel, and Wu, M. M. Use of aggregates produced from coal-fired fluidized-bed combustion residues as a component in bituminous concrete [A]. Ninth International Coal Conference on Coal Science [C]. 1997.

[51] R. J. Deschamps. Using FBC and stoker ashes as roadway fill: A case study [J]. Journal of Geotechnical and Geo-Environmental Engineering, 1998, 124 (11): 1120-1127.

[52] M. P. Arleen Reyes. Evaluation of CFBC fly ash for Improvement of Soft Clays [A]. World of Coal Ash [C]. 2007.

[53] 刘宗炎, 毕建光. 日本流化床锅炉煤灰用于制造路基材的研究 [J]. 粉煤灰综合利用, 1999 (2): 62-64.

[54] 尹元坤, 卢忠远, 杨奉源, 等. 水泥固硫灰稳定碎石制备路面基层材料的研究 [J]. 新型建筑材料, 2011 (7): 6-8.

[55] 黄煜镔, 钱觉时, 张建业, 等. 燃煤固硫灰渣混凝土路面材料研究 [J]. 应用基础与工程科学学报, 2011, 19 (5): 767-775.

[56] 谌军. 脱硫灰改良路基软土特性研究及工程应用 [D]. 南京: 河海大学, 2007.

[57] 交通部公路科学研究院. JTG E51-2009 公路无机结合料稳定材料试验规程 [S]. 北京: 人民交通出版社, 2009.

[58] 孙吉书, 陈朝霞, 肖田, 等. 石灰粉煤灰稳定铁尾矿碎石的路用性能研究 [J]. 武汉理工大学学报, 2012, 34 (3): 59-62.

[59] 沙庆林. 高等级公路半刚性基层沥青路面 [M]. 北京: 人民交通出版社, 1999.

[60] 胡力群. 半刚性基层材料结构类型与组成设计研究 [D]. 西安:

长安大学，2004.
[61] 张志权，王志勇. 最大干密度和最优含水率的准确性探讨 [J]. 长安大学学报，2004，21 (2)：23-26.
[62] 纪宪坤. 流化床燃煤固硫灰渣几种特性利用研究 [D]. 重庆：重庆大学，2007.
[63] 朱文尚，颜碧兰，江丽珍. 循环流化床燃煤固硫灰渣研究利用现状 [J]. 粉煤灰，2011 (03)：25-26 +33.
[64] 韦迎春，钱觉时，张志伟，等. 蒸压养护对固硫灰渣膨胀性能的影响研究 [J]. 土木建筑与环境工程，2010 (6)：142-146.
[65] X. Fu，Q. Li，J. Zhai et al. The physical-chemical characterization of mechanically-treated CFBC fly ash [J]. Cement and Concrete Composites，2008，30 (3)：220-226.
[66] 钱觉时，郑洪伟，宋远明，等. 流化床燃煤固硫灰渣的特性 [J]. 硅酸盐学报，2008 (10)：1396-1400.
[67] 许洁. 二灰碎石混合料组成设计与路用性能研究 [D]. 大连：大连理工大学，2003.
[68] 宋远明，钱觉时，王智. 燃煤灰渣火山灰反应活性 [J]. 硅酸盐学报，2006，34 (8)：962-965.
[69] 张宏君. 基于路用要求的半刚性基层抗裂评价与改善措施研究 [D]. 西安：长安大学，2009.
[70] 徐灏. 疲劳强度 [M]. 北京：高等教育出版社，1988.
[71] 周浩，沙爱民. 半刚性材料疲劳性能材料组成影响因素 [J]. 武汉理工大学学报，2012，34 (1)：41-45.
[72] 周强. 中国煤中的硫氮赋存状态研究 [J]. 洁净煤技术，2008，14 (1)：73-77.
[73] 王雁，郑楚光，游小清. 煤燃烧过程中硫化物的生成特性研究 [J]. 煤炭转化，2002 (7)：43-46.
[74] 管仁贵，李文，陈皓侃，等. 煤燃烧时形态硫的析出及钙基添加剂的作用 [J]. 化工学报，2003 (6)：813-818.
[75] 郑洪伟. 流化床燃煤固硫灰渣中无水石膏作用研究 [D]. 重庆：重庆大学，2008.
[76] 宋远明，徐惠忠，王美娥. 流化床燃煤固硫灰渣膨胀控制因素研究 [J]. 粉煤灰综合利用，2010 (1)：3-5.
[77] 杨南如，岳文海. 无机非金属材料图谱手册 [M]. 武汉：武汉工业大学出版社，2000.

[78] P. Li, C. Kong, Z. Zhang. Influence of filler on asphalt mortar's viscosity [A]. International conference on measuring technology and mechatronics automation [C]. 2009: 778-780.

[79] 余继凤，刘德品. 基于矿料级配的矿料间隙率 VMA 经验计算法 [J]. 交通科技，2009 (5): 69-71.

[80] 王燕谋，苏慕珍，张量. 第三系列水泥——硫（铁）铝酸盐水泥系列介绍 [J]. 混凝土，1994 (1): 21-25.

[81] S. J. H. L. C. D. Y. R. Calcium sulfoaluminate cements-low-energy cements, special cements or what [J]. Adv Cem Res, 1999 (11): 3-6.

[82] G. F. P. Z. L. High-performance cement matrices based on calcium ulfoaluminate-belite compositions, 2001 (31): 1881-1886.

[83] 王燕谋，苏慕珍，张量. 硫铝酸盐水泥 [M]. 北京：北京工业大学出版社，1999.

[84] 王晶，隋同波，文寨军，等. 高贝利特水泥熟料与硅酸盐水泥熟料复合体系的性能研究 [J]. 水泥工程，2004 (4): 14-16.

[85] 隋同波，刘克忠，王晶，等. 高贝利特水泥的性能研究 [J]. 硅酸盐学报，1999，27 (4): 488-492.

[86] 王文龙，董勇，任丽，等. 电厂脱硫灰烧成硫铝酸盐水泥的试验研究 [J]. 环境工程学报，2008 (06): 835-839.

[87] 刘瑞红，华卫东，李发堂. 固硫渣烧制贝利特硫铝酸盐水泥的研究 [J]. 粉煤灰综合利用，2008 (5): 19-20.

[88] 王宇才，李金洪，王浩林. 湿法脱硫渣制备硫铝酸盐水泥的实验研究 [J]. 环境科学与技术，2010，33 (5): 129-132.

[89] 刘辉敏. 利用脱硫灰烧制贝利特-硫铝酸盐水泥 [J]. 再生资源与循环经济，2008，1 (1): 42-44.

[90] 刘辉敏，郭献军. 阿利特-硫铝酸盐水泥熟料的率值公式 [J]. 水泥，2005 (6): 13-15.

[91] M. C. Martín-Sedeño, Cuberos, Antonio J. M., et al. Aluminum-rich belite sulfoaluminate cements: Clinkering and early age hydration [J]. Cement and Concrete Research, 2010, 40 (3): 359-369.

[92] C. M. Irvin A., C. G. Juenger. Incorporation of waste materials into portland cement clinker synthesized from natural raw materials [J]. J Mater Sci, 2009, 44: 2617-2627.

[93] 范磊. 高贝利特水泥高性能混凝土的研究 [D]. 北京：中国建筑

材料科学研究总院，2003.
[94] H. Boerner. Zement-Kalk-Gips，1954（45）：153.
[95] 沈威，黄文熙，闵盘荣. 水泥工艺学［M］. 武汉：武汉工业大学出版社，1991.
[96] 黄有丰，汪澜，王家安. 水泥颗粒粒级及形貌对其性能的影响研究［J］. 中国水泥，1999（3）：3-5.
[97] 王昕，白显明，王文义，等. 水泥颗粒形貌对其性能影响的研究（上）［J］. 中国水泥，2003（03）：33-35.
[98] 王昕，白显明，王文义，等. 水泥颗粒形貌对其性能影响的研究（下）［J］. 中国水泥，2003（04）：33-36.
[99] 黄有丰，汪澜，王家安. 水泥颗粒形貌和分布对水泥与混凝土性能的影响［J］. 水泥技术，2007（5）：31-33.
[100] 黄新，袁润章，龙世宗，等. 水泥粒径分布对水泥石孔结构与强度的影响［J］. 硅酸盐学报，2004（7）：888-891.
[101] 赵飞，冯修吉. 颗粒大小对水泥水化和性能的影响［J］. 硅酸盐通报，1992（4）：10-15.
[102] 张巍，杨全兵. 混凝土收缩研究综述［J］. 低温建筑技术，2003（5）：4-6.
[103] 曹文聪，杨树森. 普通硅酸盐工艺学［M］. 武汉：武汉理工大学出版社，2009.
[104] 李浩璇，潘伟胤，廖松. 低水胶比水泥石中钙矾石性状研究［J］. 水泥，1996（01）：1-4.
[105] 吴宗道. 钙矾石的显微形貌［J］. 中国建材科技，1995（04）：9-14 +13.
[106] 薛君玕. 论形成钙矾石相的膨胀［J］. 硅酸盐学报，1984，12（2）：251-257.
[107] 周伟玲. 钙矾石和延迟性钙矾石的形成与膨胀［J］. 水利水电施工，2001（04）：13-14.
[108] 胡宏泰，朱祖培，陆纯煊. 水泥的制造与应用［M］. 济南：山东科学技术出版社，1994：3.
[109] 要秉文，梅世刚，罗永会，等. 高贝利特硫铝酸盐水泥的熟料煅烧及其强度［J］. 硅酸盐通报，2008，27（3）：601-605.
[110] 刘克忠. C4A3-C2S 的体系水泥［A］. 7th International Congress on the Chemistry of Cement［C］，1980：31-36.
[111] 要秉文，梅世刚，宋少民. 石膏对高贝利特硫铝酸盐水泥水化的

影响［J］．武汉理工大学学报，2009，31（7）：1-4.

［112］兰明章，张海文，张振秋，等．高贝利特硫铝酸盐水泥最佳石膏掺量的研究［J］．中国水泥，2005（9）：51-53.

［113］赵宏亮．影响水泥干缩率和与耐磨性的因素探讨［J］．水泥，1998（11）：24-27.

［114］薛君玕．钙矾石相的形成、稳定和膨胀：记钙矾石学术讨论会［J］．硅酸盐学报，1983（2）：247-251.

［115］韩宇栋，张君．高原混凝土抗硫酸盐侵蚀研究综述［J］．混凝土，2011（1）：52-61.

［116］S. U. Al-Dulaijan，M. Maslehuddin，M. M. Al-Zahrani，et al. Sulfate resistance of plain and blended cements exposed to varying concentrations of sodium sulfate［J］. Cement and Concrete Composites，2003，25（4-5）：429-437.

［117］H. R. D. BROWN P. Ettringite and thaumasite formation in laboratory concretes prepared using sulfate-resisting cements［J］. Cem Concr Compos，2002，24（3-4）：361-370.

［118］S. B. S. Sahu，N. Thaulow. Evidence of thaumasite formation in Southern California concrete［J］. Cement & Concrete Composites，2002，24：379-384.

［119］温宝山，王兴庭，周明学．水工混凝土抗冻性能影响因素研究［J］．东北水利水电，2010（01）：56-58+72.

［120］张成联．浅谈早强硫铝酸盐水泥的抗冻性能［J］．低温建筑技术，1988（03）：20.

［121］亢景富．混凝土硫酸盐侵蚀研究中的几个基本问题［J］．混凝土，1995（5）：9-18.

［122］R. P. S. Chakradhar，V. D. Kumar. Water-repellent coatings prepared by modification of ZnO nanoparticles［J］. Spectrochim. Acta，Part A，2012（94）：352-356.

［123］Iraola-Arregui，H. P. I. Evaluation of Coupling Agents in Poly（propylene）/ Fly Ash Composites：Effect on Processing and Mechanical Properties［J］. Macromolecular Materials and Engineering，2011（9）：810-819.

［124］L. Kelebopile，R. Sun，J. Liao. Fly ash and coal char reactivity from Thermo-gravimetric（TGA）experiments［J］. Fuel Process. Technol，2011（92）：1178-1186.

[125] 郑水林. 粉体表面改性 [M]. 北京：中国建材工业出版社，2003.

[126] Y. Wu, C. Wang, Y. Tan, et al. Characterization of ashes from a 100kWth pilot-scale circulating fluidized bed with oxy-fuel combustion [J]. Applied Energy, 2011, 88 (9): 2940-2948.

[127] X. -k. Ma, N. -H. Lee, H. -J. Oh, et al. Surface modification and characterization of highly dispersed silica nanoparticles by a cationic surfactant [J]. Colloids and Surfaces A: Physicochemical and Engineering Aspects, 2010, 358 (1-3): 172-176.

[128] L. Zhang, L. Chen, H. Wan, e. al. Synthesis and Tribological Properties of Stearic Acid-Modified Anatase (TiO_2) Nanoparticles [J]. Tribol. Lett, 2010 (41): 409-416.

[129] W. Ye, T. Cheng, Q. Ye, et al. Preparation and tribological properties of tetrafluorobenzoic acid-modified TiO_2 nanoparticles as lubricant additives [J]. Materials Science and Engineering: A, 2003, 359 (1-2): 82-85.

[130] P. Ghods, O. B. Isgor, J. R. Brown, et al. XPS depth profiling study on the passive oxide film of carbon steel in saturated calcium hydroxide solution and the effect of chloride on the film properties [J]. Appl. Surf. Sci, 2011, 257: 4669-4677.

[131] S. Mallakpour, A. Barati. Efficient preparation of hybrid nanocomposite coatings based on poly (vinyl alcohol) and silane coupling agent modified TiO_2 nanoparticles [J]. Prog. Org. Coat, 2011 (71).

[132] L. X. G, C. Q. B, H. K. Z, et al. Cementitious Properties and Hydration Mechanism of Circulating Fluidized Bed Combustion (CFBC) Desulfurization Ashes [J]. Construction and Building Materials, 2012 (36): 182-187.

[133] 钱觉时，郑洪伟，王智，等. 流化床燃煤固硫灰渣活性评定方法 [J]. 煤炭学报，2006，31 (4)：506-510.

[134] 范春辉，马宏瑞，花莉. XRD 和 FTIR 对沸石合成机制的光谱学解析 [J]. 光谱学与光谱分析，2012，32 (4)：1118-1122.

[135] 田晓峰，张大捷，侯浩波，等. 矿渣胶凝材料稳定软土的微观结构 [J]. 硅酸盐学报，2006，34 (5)：636-640.

[136] 王旻. 碱激发胶凝材料的反应产物 [J]. 硅酸盐学报，2009，37 (7)：1130-1136.

[137] N. Koukouzas, C. Vasilatos, G. Itskos, et al. Removal of heavy metals

from wastewater using CFB-coal fly ash zeolitic materials [J]. Journal of hazardous materials, 2010, 173 (1-3): 581-588.

[138] 吴德意，孔海南，赵统刚，等. 合成条件对粉煤灰合成沸石过程中沸石生成和品质的影响 [J]. 无机材料学报，2005，20 (5): 1153-1158.

[139] J. Koornneef, M. Junginger, A. Faaij. Development of fluidized bed combustion—An overview of trends, performance and cost [J]. Progress in Energy and Combustion Science, 2007, 33 (1): 19-55.

[140] K. N, K. C, I. G, et al. Synthesis of CFB-Coal Fly Ash Clay Bricks and Their Characterisation [J]. Waste and Biomass Valorization, 2011, 2 (1): 87-94.

[141] 杨明山. 聚丙烯改性及配方 [M]. 北京：化学工业出版社，2009: 122.

[142] 邹燕，纪彬彬，温变英. 滑石粉、碳酸钙填充聚丙烯复合材料非等温结晶行为的对比研究 [J]. 中国塑料，2009，23 (11): 26-29.

[143] H. Kim, J. Biswas, S. Choe. Effects of stearic acid coating on zeolite in LDPE, LLDPE, and HDPE composites [J]. Polymer, 2006, 47: 3981-3992.

[144] L. Peng. Hyperrbranched polymers grafted inorganic nanoparticles: a literature review [J]. Mater. Res. Innov, 2005, 9 (4): 103-105.

[145] J. L. Leblanc. Rubber-filler interactions and rheological properties in filled compounds [J]. Progress in Polymer Science, 2002, 27 (4): 627-687.

[146] 何曼君，陈维孝，董西侠. 高分子物理 [M]. 上海：复旦大学出版社，2000.

[147] 崔哲. 聚丙烯/三元乙丙橡胶/膨胀阻燃剂/层状双氢氧化物纳米复合材料的制备及性能研究 [D]. 合肥：中国科学技术大学，2009.

[148] H. Yang, X. Zhang, C. Qu, et al. Largely improved toughness of PP/EPDM blends by adding nano-SiO_2 particles [J]. Polymer, 2007, 48 (3): 860-869.

[149] 宫蕾，尹波，李澜鹏，等. PP/EPDM/nano-$CaCO_3$ 复合材料的形

态和性能［J］. 合成树脂及塑料，2010，27（3）：65-68.
［150］林桂. 纳米粉体在橡胶基体中的聚集与分散的研究［D］. 北京：北京化工大学，2004.
［151］C. S. S. Influence of storage time and temperature and silane coupling agent on bound rubber formation in filled styrene-butadiene rubber compounds［J］. Polymer Testing，2002（21）：201.

致谢

本书所介绍的研究成果是在“十二五”国家科技支撑计划项目课题“燃煤电厂固硫灰渣高效利用成套技术（2011BAA04B04）”的支持下获得的，特此鸣谢！

除本书编著者外，固硫灰渣新型墙体材料、固硫灰渣特种水泥、固硫灰渣膨胀剂及灌浆材料相关内容分别由西南科技大学严云教授、吕淑珍教授、陈德玉教授承担和指导研究生完成，西南科技大学徐迅副教授、章岩高级工程师、宋丽贤副研究员、张平副研究员协助指导研究生完成了固硫灰渣砂浆、固硫灰渣路面基层材料和固硫灰渣聚合物填料方面的研究工作，在此一并致谢！

国家科技支撑计划项目课题组合作承担单位四川白马循环流化床示范电站有限责任公司、中铁八局集团有限公司、重庆大学及课题组成员钱觉时教授、王智教授为本课题固硫灰渣材料研究和应用提供了大力支持，特此致谢！